本书由陕西理工资助出版

# 电子测量原理与仪器

王明武　编著

陈应舒　主审

科学出版社

北　京

# 内 容 简 介

　　本书以模拟仪表、数字仪表、智能仪器、虚拟仪器四个发展阶段为主线，系统介绍了测量概论、模拟万用表、数字万用表、常用电子元器件、信号发生器、示波器、频率和时间测量仪器及现代电子测量技术的基本原理和使用方法。本书编写思路清晰，测量原理讲述透彻，深入浅出，通俗易懂。各章均配置了思考题与习题。

　　本书可作为应用型本科院校、高等职业院校电子技术、通信技术等专业的教学用书，也可作为从事相关专业的工程技术人员和广大电子爱好者的参考书。

**图书在版编目(CIP)数据**

电子测量原理与仪器/王明武编著. —北京：科学出版社，2018.11

ISBN 978-7-03-059147-0

Ⅰ. ①电… Ⅱ. ①王… Ⅲ. ①电子测量技术②电子测量设备
Ⅳ. ①TM93

中国版本图书馆 CIP 数据核字(2018)第 237458 号

责任编辑：潘斯斯　张丽花　赵微微/责任校对：郭瑞芝
责任印制：吴兆东/封面设计：迷底书装

科 学 出 版 社 出版
北京东黄城根北街 16 号
邮政编码：100717
http://www.sciencep.com

北京建宏印刷有限公司 印刷
科学出版社发行　各地新华书店经销
*
2018 年 11 月第 一 版　开本：787×1092　1/16
2019 年 2 月第二次印刷　印张：19
字数：450 000

定价：59.00 元
(如有印装质量问题，我社负责调换)

# 前　言

电子测量是获取信息的重要手段，在工农业生产、科学研究、国防现代化等各个领域都有着广泛的应用。电子测量技术和电子测量仪器早已成为各行各业所需的通用技术和通用设备。特别是近年来，微电子技术、大规模集成电路、信号处理芯片、计算机技术的飞速发展大大促进了电子仪器的发展，使得功能单一的传统测量仪器逐步向智能仪器、虚拟仪器和自动测试系统发展。大型生产企业的生产线通常采用大量先进的智能仪器和自动测试系统。

电子测量是建立在电路分析基础、模拟与数字电路、信号与系统、微机原理与接口技术等基础课程内容之上的，它是把电子、计算机、通信与控制等专业知识综合应用在测量科学技术中所形成的一门独具特色的课程，它是电子信息工程、通信工程、测控技术与仪器等专业必不可少的专业课。因此，编写适合于培养学生实际动手能力和应用能力，以现代仪器应用为目标的电子测量仪器教材，具有非常重要的意义。

本书以模拟仪表、数字仪表、智能仪器、虚拟仪器四个发展阶段为主线，以培养应用型人才为目标，紧密结合电子测量过程实践，详细介绍电子测量与常用仪器的基本原理和实际应用。全书共 8 章。第 1 章介绍测量学科的丰富内涵，重点讨论测量原理、测量方法和测量系统中的共性问题；第 2 章介绍模拟万用表的基本原理和使用方法；第 3 章介绍数字万用表的基本原理和使用方法；第 4 章介绍常用电子元器件的识别和检测方法；第 5 章介绍信号发生器的基本原理和使用方法；第 6 章介绍示波器的基本原理和使用方法；第 7 章介绍频率与时间测量仪器的基本原理和使用方法；第 8 章介绍智能仪器、虚拟仪器、自动测试系统等现代电子测量仪器的基本原理和使用方法。

由于本书涵盖知识面广，实践性强，学生需要结合一定数量的实验和实训，才能熟练应用电子测量仪器和测量设备进行工程测量。相关专业的技术人员通过翻阅本书也能完成相关的测量工作。

由于作者学识水平有限，书中难免有不妥之处，诚恳欢迎读者批评指正。

编　者

2018 年 6 月

# 目　　录

# 第1章 绪 论

## 1.1 测量与计量

### 1.1.1 测量的意义

21 世纪是信息技术作为第一工业的世纪。信息技术包括很多要素,我国著名科学家钱学森曾指出:信息技术包括测量技术、计算机技术和通信技术。测量技术是关键和基础。其中,测量技术是获取信息的技术,通信技术是信息的传输技术,计算机技术是信息的处理技术。测量在这个信息流中处于源头位置,只有获取到信息才有可能传输信息和处理信息。从一定意义上说,没有测量,信息就成了无本之木、无源之水。

测量技术不管是在工业、农业、航空航天,还是在生物医学、科学研究及人类生活的各个领域都有着广泛的应用。日常生活中处处离不开测量。比如,买水果要称重量;有些疾病需要做心电图等检查;为了保证产品质量,必须对产品进行检测,把好质量关等。由此可见,人们随时随地都离不开测量。

科学定律是定量的定律,建立在严格数量概念上的科学,就更加离不开测量了。俄国著名科学家门捷列夫用一句话概括了测量对科学的作用:科学始于测量,没有测量,便没有精密的科学。测量是我们在科学研究中全面、准确地收集信息、证据的重要方法。测量可以使人们更为客观、精确地把握各种自然现象和社会现象存在的状况。这主要是因为测量工具通常比人的感官更敏感,通过特定工具而进行的测量往往比仅靠人自身感觉的测量要精确得多。例如,对人体基因的测定和人体血液的定量分析,可以判断病变的根源;对蛋白质的反应测量,可以了解胚胎的生长情况;对细胞的测量,可以判断肌体是否发生病变等。

人类的许多知识是依靠测量得到的,通过对自然和社会现象的测量,有时候还可以发现一些未知的物体和现象。在科学技术领域内,许多新的发现、新的发明往往是以测量技术的发展为基础的,测量技术的发展推动着科学技术的前进。从 20 世纪初到现在,诺贝尔奖颁发给仪器发明、发展与相关的实验项目就多达 27 项。纵观科学发展史和科技发明史,许多重大发现和发明都是从仪器仪表与测试技术的进步开始的。众所周知,没有哈勃空间望远镜就难以进行天体科学的研究,天体科学上的许多重大发现都是依靠哈勃空间望远镜的观测而得到的,扫描隧道显微镜的发明也对纳米科技的兴起和发展起着决定性作用。

在现代生产活动中,新的工艺、新的技术、新的设备的产生,也依赖测量技术的发展水平。可靠的测量技术对生产过程自动化、设备的安全以及经济运行都是不可缺少的先决条件。无论是在科学实验还是在生产过程中,一旦离开了测量,必然会给工作带来巨大的盲目性。只有通过可靠的测量,正确地判断测量结果的意义,才有可能进一步解决自然科学和工程技术上提出的问题。

生产力是社会发展的决定因素，一个国家的国力首先取决于它的生产力，特别是它的制造能力，而测量技术是决定制造水平的因素之一。测量是精细加工和生产过程自动化的基础，没有测量就没有现代化的制造业。在产品设计和生产过程中，为了检查、监督、控制生产过程和产品质量，必须对生产过程中的各道工序和产品的各种参数进行测量，以便进行在线实时监控。生产水平越是高度发达，测量的规模就越大，需要的测量技术与测量仪器也就越先进。例如，在宝山钢铁股份有限公司建设中仪器测试设备投资占总投资的 1/3。仪器仪表、测试装备对整个国民经济的推动作用很大。王大珩等指出仪器仪表是工业生产的倍增器，是高新技术和科研的催化剂，在军事上体现的是战斗力。例如，20 世纪 90 年代美国仪器仪表工业产值只占工业总产值的 4%，但它对国民经济的影响占 66%。

在医学领域，由于心电图、核磁共振成像设备、多普勒脑血管测量仪、超声波诊断设备等现代医用诊断治疗仪的出现，可以快速、准确地测量出人体各部位的生理状态等基本信息，使人类诊断疾病的效率、准确性和可靠性大大提高，这极大地提高了人类战胜疾病的能力。

总之，电子测量技术已渗透到生活、生产、国防、科学研究等各个领域，其应用的广泛性和重要性已越来越为人们所认识。

### 1.1.2 测量的定义

测量和我们每个人都有密切的联系，人们或多或少对它都有一定的了解。但并非每个人对测量都能给出一个明确的科学定义，也并非每个人都能懂得它的真正含义。英国物理学家开尔文说过：当你能测量并用数字来表达你所谈及的事物，你对它是有所了解的。反之，你的知识则是贫瘠和不能令人满意的，无论该事物是何种事物，你或许处于知识的启蒙阶段，但你尚还未进入科学的殿堂。因此，如果说科学是测量的话，那么，没有测量学便没有科学。这句话既指出了测量是科学研究的基础，同时指出了科学研究的基本内涵。关于测量的科学定义，可以从狭义和广义两个方面进行阐述。

#### 1. 狭义测量的定义

测量是以确定量值为目的的一组操作，操作可以是手动或自动进行的。测量有时也称计量。在此过程中，人们借助专门的设备或仪器，把被测量直接或间接地与同类已知单位进行比较，然后取得用数值和单位共同表示的测量结果。例如，用游标卡尺或螺旋测微计测量工件尺寸，用天平测量物体的质量，用弹簧秤测量物体的重量等。

量：在国家计量技术规范 JJF 1001—2011《通用计量术语及定义》中"量"的定义是现象、物体或物质的特性，其大小可用一个数和一个参照对象表示。人们把事物可定性区别和定量确定的属性称为量。量可指广义量或特定量。广义量，如长度、电阻等；特定量，如某根金属棒的长度、某根导线的电阻等。

量值：一个数值乘以测量单位所表示的特定量的大小，即数值和单位共同表示的量，量值=数值×单位，如 220V、100Ω、37℃等。

被测量：作为测量对象的特定量，如给定的水样品在 20℃时的蒸汽压力。对被测量的详细描述，可要求包括对其他有关量(如温度、时间和压力)做出说明。

测量结果：通过测量所得到的被测量的量值。在测量结果的完整表述中应包括测量不确定度，必要时还应说明有关影响量的取值范围。

单位：人们共同约定的，用于定量表示同种量大小的特定参考量。单位有名称、符号和定义，数值为1。

上述关于测量的定义较为全面地阐述了测量的内涵，它表明：①测量是通过实验过程去认识对象，说明测量具有实践性；②测量是通过比较来确定被测量的数值的，比较可以采用专门的设备以直接或间接的方法实现；③测量需要同类已知单位来确定被测量的数值；④测量的目的是对被测对象有一个定量的认识，测量结果包含数值(大小和符号)，以及单位(标准量的单位名称)。

### 2. 广义测量的定义

广义地讲，测量不仅对被测的物理量进行定量的测量，而且包括更广泛地对被测对象进行定性、定级的测量，如故障诊断、无损探伤、遥感遥测、矿藏勘探、地震源测定、卫星定位等。而测量结果不仅是由量值和单位来表征的一维信息，还可以用二维或多维的图像、图形信息来表示被测对象的属性特征、空间分布和拓扑结构。

广义测量原理可以从信息获取的过程来说明。信息获取的首要环节是信息的感知，把事物信息转换成某种物理量形式表现的信号。所以，感知的实质是识别所感受到的信息是有用的还是无用的，甚至是否为有害的。如果是有用的信息，则要把这种信息同其他信息分离出来，再判明它属于哪一类信息；如果是有害的信息，则要找到有效的方法对它进行抑制或消除。有用信息识别的基本原理是与标准量进行比较，判断出信息的属性和数量。为了对感知的信息进行定性区分和定量测量，建立信息类别相似性的表示和信息量值的度量是信息识别的主要任务。

例如，天平称重是通过天平机构来感知重物，并通过与砝码的直接比较来获取被测物体质量的量值信息。换句话说，测量的主体借助天平完成感知和识别的任务。弹簧秤称重是通过弹簧来感知重物，即把重量变成弹簧的形变，最后变成指针移动。测量主体从指针的位移感知出质量，而质量的识别是通过与标准量进行间接比较来完成的。

### 1.1.3 测量的组成

测量系统是用来对被测对象特性定量测量或定性评价的仪器或量具、标准、操作、方法、夹具、软件、人员、环境和假设的集合，即用来获得测量结果的整个系统。从上述定义可知，测量要有测量对象；测量要由测量人员来实施；测量需要有相应的测量仪器作为工具；测量要由相应的测量技术作为指导，并在具体的测量环境下完成实施。因此，构成测量的基本要素有被测对象、测量仪器、测量技术、测量人员和测量环境。

被测对象是从被测的客体中取出的信息；测量仪器包括测量量具与设备；测量技术是所采用的测量原理、方法及技术措施；测量人员是实施测量过程的主体；测量环境是测量过程所处空间的一切物理和化学条件的总和，它们之间相互联系与配合，具体如

图 1-1 所示。

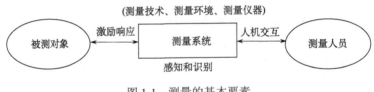

图 1-1　测量的基本要素

### 1. 被测对象——信息

1948 年，数学家香农在论文《通信的数学理论》中指出"信息是用来消除随机不定性的东西"。信息，指音讯、消息、通信系统传输和处理的对象，泛指人类社会传播的一切内容。在一切通信和控制系统中，信息是一种普遍联系的形式。创建一切宇宙万物的最基本万能单位是信息，人们通过获得、识别自然界和社会的不同信息来区别不同事物，进而认识和改造世界。信息所描述的内容能通过某种载体如符号、声音、文字、图形、图像等来表征和传播。

### 2. 测量系统——量具和测量仪器

测量系统包括量具、测试仪器、测试系统及附件等，它是为执行一定的测量任务组合起来的量具和测量仪器。

量具是实物量具的简称，它是一种在使用时具有固定形态、用以复现或提供给定量的一个或多个已知量值的器具。量具一般不带指示器，也不含测量过程中的运动部件，而由被计量对象本身形成指示器。

量具按照用途可以分为标准器具、通用器具和专用器具。标准器具指用作测量或检定标准的量具，如量块、多面棱体等；通用器具一般指由量具厂统一制造的通用性量具，如直尺、平板、角度块、卡尺等；专用器具指专门为检测工件某一技术参数而设计制造的量具，如内外沟槽卡尺、钢丝绳卡尺、步距规等。

测量仪器是为了取得被测对象某些属性值所需要的第三方标准，它能间接或直接地测量各种被测量的仪表设备。借助于测量仪器，可把测量结果转换为测量主体能直接感觉的形式，如指针偏转、耳机声音、显示器的数值或图像等。测量仪器有万用表、示波器等。

### 3. 测量技术

测量中所采用的原理、方法和技术措施，总称为测量技术。

测量原理作为测量基础的原理，它可以是具有物理、化学或者生物性质的原理，例如，利用热电效应测量温度，利用能量吸收现象测量物质的量的浓度。

测量中用各种手段将被测量与同类标准量进行比较，从而确定出被测量大小的方法称为测量方法，如间接测量法、直接测量法、组合测量法，又或者时域测量法、频域测量法等。

被测对象不同，所采用的技术措施也不同。测量技术对测量工作是十分重要的，它关系测量任务能否完成。例如，被测量中有电量和非电量之分，电量中又有电流电压、幅值大小、频率范围、有源和无源等不同，这些差别在测量中需要采用不同的技术措施，需要针对不同测量任务的具体情况进行分析后，找出切实可行的测量方法，然后根据测量方法选择合适的检测技术工具组成测量系统，从而进行实际的测量。

### 4. 测量人员

测量人员是获取信息的主体，主宰了测量过程中的一切活动。测量人员可以直接手动完成测量过程；或者事先完成测量策略制定、软件算法和程序编写，然后控制智能设备仪器完成测量。测量人员首先完成仪器调零、开机预热等工作，以及借助于仪器仪表的人机对话功能完成测量项目、测量量程的选择；在测量过程中，测量人员对仪器仪表发布各种控制命令，并实时查询仪器的工作状态；在测量结束后，测量人员读取最后的测量结果，并记录、存储、显示和打印测量结果。

例如，用模拟示波器测量电压，需要事先完成校正、预热、辉度调节等工作，然后把被测电压接至输入通道，并选择合适的水平扫描速度和垂直电压分辨率，待被测波形稳定后，再在屏幕上根据偏转的距离和分辨率完成被测电压的读数。

### 5. 测量环境

测量环境是指测量过程中人员、对象和仪器系统所处空间的一切物理和化学条件的总和。环境条件对测量性能的影响，是指环境的温度、湿度、噪声、振动、电源、电磁干扰、化学气雾和粉尘等条件对能直接或间接测量被测对象量值的装置、量具、仪器仪表和标准物质的计量设备的影响。标准测量环境是指按统一条件设定的测量场所，可以控制环境对测量的不利影响，以保证测量的正确性，如果不符合规定的条件，则会给测量结果带来一定的误差。测量环境对被测对象、测量系统，以及测量人员均有影响。因此，应当重视测量环境，采取适当的措施，尽量减少由于环境而造成的测量误差。

## 1.1.4 测量的方案设计

测量过程是指测量人员获取测量客体的量值信息的过程。测量过程可分为论证阶段、设计阶段和实施阶段。整个过程如图 1-2 所示。

(1) 论证阶段：测量人员根据测量任务的要求、被测对象的属性特点，以及现有仪器设备的状况，综合考虑，拟定测量的总体方案。

(2) 设计阶段：测量人员根据现有的仪器设备，选用测量仪器并进行互连，搭建起硬件测试平台；根据测量的任务和原理、方法、技术措施，制定出测量算法和测量程序。

(3) 实施阶段：测量人员对仪器和系统实施测量操作，发出控制命令，按照逻辑和时序完成测量过程，获取测量数据，分析测量误差并显示测量结果。

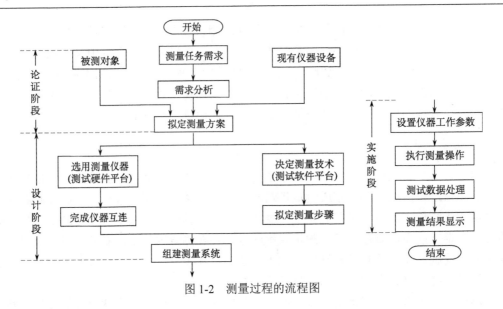

图 1-2　测量过程的流程图

### 1.1.5　计量的基本概念

**1. 计量的定义**

随着生产的发展，商品交换与国内、国际交往越来越频繁，客观上要求对同一个量在不同的地方用不同的测量手段测量时，所得的结果应该是一致的。为了保证这种一致性，必须定义出人们能够共同遵守的、准确的、经得起时间考验的单位。几百年来，各国政府和科学家为此付出了巨大的努力，并创立了以国际单位制(SI)单位为基础的国际测量标准，从而奠定了计量学的基础。

计量是指为实现单位统一、量值准确可靠的活动。计量是利用技术与法制手段实施的一种特殊形式的测量，即把被测量与国家计量部门作为基准或标准的同类单位量进行比较，以确定被测量合格与否，并给出具有法律效力的鉴定证书。因此，计量是为了保证量值统一和准确的一种测量，它具有统一性、准确性和法制性等三个主要特征。计量工作是国民经济中一项极为重要的技术基础工作，它在工农业生产、科学技术、国防建设以及人们生活等各个方面起着技术保障和技术监督的作用。

测量是通过一定的测量方法将被测未知量和同类已知的标准单位量进行比较的过程，认为被测量的真实值是存在的，测量误差是由测量仪器和测量方法等引起的。计量是通过计量器具用法定标准的已知量和同类的未知量进行比较的过程，认为标准量和计量器具是准确、法定的，而测量误差是由受检仪器引起的。在测量过程中，已知量是通过所使用的测量仪器直接或间接地表现出来的，为了保证测量结果的准确性，必须定期地对测量仪器进行检定和校准，这个过程就是计量，计量是测量的特殊形式。因此，计量和测量是既有密切联系，又有一定区别的两个概念。

**2. 单位和单位制**

在测量过程中，被测量与标准量相比较后得到的结果是被测量是标准量的若干倍，这个标准量的取值称为一个单位。如果标准单位选取不同或出现偏差，则测量结果失去了可比性。单位制就是以科学理论为依据，严格定义、统一的标准单位的体制。因此，单位制是计量学的基础内容。

但是，单位制类型过多会给科学技术应用带来许多麻烦。为了解决这一突出问题，1948 年第 9 届国际计量大会上通过一项决议，建议国际上采用一种以实用单位为基础的统一单位制。1960 年第 11 届国际计量大会上正式通过了包括米、千克等在内的 6 个基本单位，命名为国际单位制，并规定以 SI 作为国际单位制的简称，1974 年第 14 届国际计量大会又决定在原先的国际单位制中增补一个基本单位——物质的量的单位摩尔。我国也确立了以国际单位制为基础的法定计量单位，并以法律形式强制使用。1984 年 2 月国务院颁布了《中华人民共和国法定计量单位》，决定我国法定计量单位以国际单位制为基础，并包括 11 个我国选定的非国际单位制单位，具体有时间(分、时、天)、平面角(秒、分、度)、长度(海里)、质量(吨、原子质量单位)、体积(升)、面积(公顷)、旋转速度(转每分)、速度(节)、能(电子伏)、级差(分贝)和线密度(特克斯)。

在国际单位制中，单位包括基本单位、导出单位和辅助单位三类。基本单位是可以彼此独立地加以规定的物理量单位，共有 7 个，分别是长度单位米(m)、质量单位千克(kg)、时间单位秒(s)、电流单位安培(A)、热力学温度单位开尔文(K)、发光强度单位坎德拉(cd)和物质的量单位摩尔(mol)。将基本单位按一定的定义、定律或函数关系推导出来的单位称为导出单位，例如，力的单位牛顿(N)定义为使质量 1kg 的物体产生加速度 $1m/s^2$ 的力，即 $1N=1kg \cdot m/s^2$。国际单位制中包括两个辅助单位，分别是平面角的单位弧度(rad)和立体角的单位球面度(sr)。国际单位制就是由 7 个基本单位、2 个辅助单位及 19 个具有专门名称的导出单位构成的一种单位制。

SI 单位的倍数是由 SI 词头和 SI 单位构成的。词头通常按顺序从 $10^{-24}$ 到 $10^{24}$ 改变单位的量，具体见表 1-1。据此，可组成大小不同的 SI 单位的十进制倍数单位或分数单位，以满足不同场合对单位大小的不同需要。例如，词头千(k)与长度单位米(m)构成的倍数单位为千米(km)。

表 1-1　SI 单位词头

| 因数 | 词头 | 国际符号 | 中文符号 | 因数 | 词头 | 国际符号 | 中文符号 |
|---|---|---|---|---|---|---|---|
| $10^{24}$ | yotta | Y | 尧 | $10^{-1}$ | deci | d | 分 |
| $10^{21}$ | zetta | Z | 泽 | $10^{-2}$ | centi | c | 厘 |
| $10^{18}$ | exa | E | 艾 | $10^{-3}$ | milli | m | 毫 |
| $10^{15}$ | peta | P | 拍 | $10^{-6}$ | micro | μ | 微 |
| $10^{12}$ | tera | T | 太 | $10^{-9}$ | nano | n | 纳 |
| $10^{9}$ | giga | G | 吉 | $10^{-12}$ | pico | p | 皮 |
| $10^{6}$ | mega | M | 兆 | $10^{-15}$ | femto | f | 飞 |
| $10^{3}$ | kilo | k | 千 | $10^{-18}$ | atto | a | 阿 |
| $10^{2}$ | hecto | h | 百 | $10^{-21}$ | zepto | z | 仄 |
| $10^{1}$ | deca | da | 十 | $10^{-24}$ | yocto | y | 幺 |

### 3. 计量标准

基准是指依据当代最先进的科学技术和工艺水平，以最高的准确度与稳定性建立起来的专门用以规定、保持和复现物理量计量单位的特殊量具或仪器装置。根据基准的地位、性质和用途，基准通常又分为主基准、副基准和工作基准三种，也分别称为一级基准、二级基准和三级基准。

1) 主基准（一级基准）

主基准也称为原始基准，是用来复现和保存计量单位，具有现代科学技术所能达到的最高准确度的计量器具，并经国家鉴定批准，作为统一全国计量单位量值的最高依据。因此，主基准也叫国家基准。

2) 副基准（二级基准）

副基准是指通过直接或间接与国家基准比对，确定其量值并经国家鉴定批准的计量器具。它在全国作为复现计量单位的地位仅次于国家基准，平时代替国家基准或验证国家基准的变化。

3) 工作基准（三级基准）

工作基准是指经与主基准或副基准校准或比对，并经国家鉴定批准，实际用以检定下属计量标准的计量器具。它在全国作为复现计量单位的地位仅在主基准和副基准之下。因为主、副基准器具的结构一般都十分精细、价格昂贵、操作复杂，对环境条件及稳定性也有严格要求，不宜经常使用或搬动，因此设立工作基准的目的是避免主基准、副基准由于频繁使用而丧失其准确度。

### 4. 测量标准的传递

标准器具：能够复现量值或将被测量转换成可直接观测的指示值或等效信息的仪器、量具、装置等。

工作器具：在工作岗位上使用的，直接用来测量被测对象量值的，而不是用于进行量值传递的仪器、用具或装置等。

检定：使用高一等级准确度的计量器具对低一等级的计量器具或工作器具进行比较，以达到全面评定被检器具性能是否合格的测量过程，一般要求计量标准的准确度为被检者的 $1/10 \sim 1/3$。

比对：在规定条件下，对相同准确度等级同类标准或工作器具之间的量值进行比较，其目的是考核量值的一致性。

校准：对被校器具与高一等级的计量标准进行比较，以确定被校器具的示值误差或其他性能指标，供测量中参考使用。一般来说，检定要比校准包括更广泛的内容。

测量标准的传递是由主基准、副基准逐级向下传递，高一级测量标准检定低一级测量标准的精确度，同级测量标准的精确度只能通过比对来鉴别。各地区或各部门所使用的计量标准器具和上级标准器具相比较，若比较结果的误差在允许的范围内，则这些标准器具就可作为地区或部门的计量器具的标准。下一级的标准器具就以这些标准器具为标准进行比较，若误差在允许范围内，就可作为更下一级的标准器具。这样逐级比较和传递，一直传递到日常工作的各种量具和仪器，从而将测量标准统一在国家标准的监理之下。

检定是测量标准传递的具体形式。各级计量局、计量检定所按照法定的包括检定方法、所用设备、操作步骤等程序定期对各级各类测量标准进行检定，行使国家对测量标准的行政管理权，对达到检定标准者发给合格证书，持有合格证书的测量标准才具有法律效力。新生产的测量器具在制造完毕后，必须按照规定等级的标准进行校准和标定，再由有关计量部门进行检定，对达到检定标准者发给合格证书。

各种类别等级的标准以及各种工作测量仪器在使用一段时间后，由于元器件、部件的老化或性能的不稳定，都将引起准确度的下降，也必须定期地进行检定和校准，发给新的检定合格证书。对于已超过合格证书有效期者，所标定的准确度是不可信的。检定、比对和校准是各级计量部门的重要业务活动。所以说，正是这些业务活动和国家的有关法令、法规的执行，才将全国各地区、各部门、各行业、各单位都纳入法律规定的完整计量体系中，从而保证全社会的生产、科研、贸易、日常生活等各个环节工作的顺利进行。

## 1.2　电子测量概述

### 1.2.1　电子测量的内容

电子测量是测量领域的重要组成部分，它泛指以电子技术为基本手段的一种测量技术，是测量技术和电子技术相互结合的产物。电子测量除运用电子学的原理、方法和设备对各种电能量、电信号及电路元器件的特性与参数进行测量外，还可以通过各种敏感器件和传感器装置对非电量进行测量。

随着科学技术的不断发展，测量的内容也越来越多。通常，人们把电参数测量分为电磁测量和电子测量两大类。电磁测量的内容主要是指交直流电量的指示测量法、比较测量法，以及磁量的测量；而电子测量是以电子技术理论为依据，以电子仪器和设备为手段，对电量或非电量进行测量。其中，电量测量可分为以下几个方面。

(1) 能量的测量：对各种信号波形，以及不同频率下的电流、电压、功率、电磁场强度等参量的测量。

(2) 电路参数的测量：对电阻、电感、电容、阻抗、品质因数、损耗率等参量的测量。

(3) 信号特性的测量：对频率、周期、时间、相位、噪声、调制系数、失真度等参量的测量。

(4) 电子设备性能的测量：对通频带、选择性、放大倍数、衰减量、灵敏度、信噪比等参量的测量。

(5) 特性曲线的测量：对幅频特性、相频特性、器件特性等电路或器件特性曲线的测量。

上述各种参量中，频率、时间、电压、相位、阻抗等是尤为重要的基本参量，其他的为派生参量，基本参量的测量是派生参量测量的基础。例如，放大器的增益测量实际上就是其输入、输出端电压的测量，脉冲信号波形参数的测量可以归纳为电压和时间的测量。

　　电压测量是最基本、最重要的测量内容。在许多情况下，不方便进行电流测量，就以电压测量来代替。同时，由于时间和频率测量具有其他测量所不可比拟的精确性，因此人们越来越关注把其他被测量转换成时间或频率再进行间接测量的方法和技术。

　　在科学研究和生产实践中，常常需要对许多非电量进行测量。非电量是指各种非电物理量，如压力、流量、液位、速度、位移、温度等。随着电子技术的发展，非电量测量可以通过传感器，先将被测物理量转换成与之大小相关的电压、电流，再通过对电压、电流的测量进而得到被测物理量的大小。自动化生产中，系统将生产过程中各有关的过程量转换成标准的 $4\sim20\mathrm{mA}$ 或 $1\sim5\mathrm{V}$ 信号进行输出，其测量数据经过处理后，再提供给控制装置或执行机构，以保证生产过程的平稳运行和连续化。

### 1.2.2　电子测量的特点

　　电子技术领域中的新理论、新技术、新器件、新材料和新工艺的不断涌现，电子测量技术得到了前所未有的迅速发展，广泛地应用于各个领域。电子测量与其他测量方法和仪器相比有着众多优点，具体如下。

#### 1. 测量频率范围极宽

　　电子测量除测量直流外，还可以测量交流，其频率范围低至 $10^{-6}\mathrm{Hz}$，高达 $10^{12}\mathrm{Hz}$，这使得从变化极慢的物理量到频率极高的光波信号，都可以通过传感器或其他手段变为电信号后进行测量，而且随着电子技术的发展，目前电子测量频率还在向着更高频段发展。因此，电子测量除用于各类电参数测量外，还应用于声、光、热、力、速度和几何尺寸等几乎所有物理量的测量。

　　另外，实际中即使测量同一电量，在不同的频段中所依据的原理、方法和仪器都可能相差甚远。因此，要根据不同的工作频带，采用不同的测量原理、不同的测量仪器，如超低频信号发生器、低频信号发生器、高频信号发生器等。当然，近年来研制了很多宽频设备，可使一台仪器能在很宽的频率范围内工作，适用性比较强。

#### 2. 量程范围广

　　量程是指测量范围的上限与下限的差值。电子信号量值悬殊，例如，远程雷达发出的脉冲功率可高达 $10^{8}\mathrm{W}$，而天线输出的信号功率低至 $10^{-14}\mathrm{W}$，两者相差 22 个数量级。由于物理量大小相差极大，因此，要求测量仪器也应具备足够宽的量程，而电子测量恰好能满足这一要求。例如，高灵敏度的数字电压表，可测量纳伏级至千伏级，量程达到 12 个数量级，数字式频率计的量程更可达 17 个数量级等。

#### 3. 测量准确度高

　　电子测量仪器和系统的准确度通常可比其他类型的测量高得多。例如，对于时间和频率的测量，采用了原子频标和原子秒作为基准，可以使测量准确度达到 $10^{-15}\sim10^{-13}$

的数量级，即使按照 $10^{-13}$ 数量级计算，时间测量可达 30 万年不差一秒的水平。人们有时会把其他参数转换成时间或频率后进行测量，其重要原因就是有利于准确度的提高。

另外，由于现代电子测量仪器采用了高性能的微处理器、数字信号处理器、嵌入式系统等，这进一步提高了对测量数据的处理能力，大大减小了测量误差，提高了测量的准确度。正因为电子测量技术测量准确度高，那些对准确度要求比较高的领域及应用场合，几乎毫无例外地应用电子测量技术，或者采用其他技术与之配合来进行测量。

### 4. 测量速度快

电子测量是通过电子运动和电磁波传播进行工作的，加之现代测试系统中计算机的应用，使得电子测量无论在测量速度，还是在测量结果的处理和传输方面，都以极高的速度进行。这也是其他测量方法无法比拟，以及电子测量技术广泛运用于各个领域的重要原因。例如，洲际导弹发射过程中需要快速测出运动轨迹参数，并通过数据处理后，再对飞行轨迹进行调整或修改，以达到准确击中目标的目的；同样地，卫星、火箭、宇宙飞船等各种航天器的发射和运行，没有快速、自动化的测量与控制是无法实现的。现代化生产中，对测量速度的要求也越来越高，很多参数要求实时在线测量，没有高速测量就不能掌握被测对象瞬息万变的情况，也无法对它进行控制。

### 5. 可实现遥测、遥控

电子测量可以通过电磁波进行信息传递，因此可以通过各种类型的传感器进行信息采集和传输，从而实现遥测、遥控。例如，对于距离遥远或环境恶劣，以及人们不便接触或无法到达的区域(如卫星、深海、地下核反应堆等)，可使用传感器或电磁波、光、辐射等方式进行非接触测量；可运用电子设备对军事设备进行侦查等，这样就扩大了人类用测量的方法定量地认识世界的范围。另外，对于需要长期不间断测量的场合，或对缓慢变化的现象长期测量，电子测量也有其独特之处。例如，对物质放射性半衰期的长期测量、楼宇火警的长期监测、桥梁变形情况的测量等，常用电子测量的方法或与其他方法相互配合来实现。

### 6. 可实现测量过程的自动化和微机化

电子测量的被测对象、测量结果和控制信号一般都是电信号，更易于利用计算技术和通信技术、网络技术，形成测量、传输和处理相互融合的体系，这一特点使电子测量具有得天独厚的优势，也是电子测量最重要的特点。

由于大规模集成电路和计算机的广泛应用，电子测量出现了崭新的局面，主要体现在智能仪器、虚拟仪器与自动测试系统等方面。例如，内嵌有微处理器的智能仪器都可以实现自动调节、自动校准、自动完成数据的运算、分析和处理，部分智能仪器还有 GPIB 标准总线接口，可方便地在仪器之间、仪器与计算机之间用标准总线连接起来组成自动测试系统，从而实现程控自动校准、自动量程转换、自动故障诊断，对于测量结果自动进行数据运算、分析和处理、记录和显示等。

电子测量技术与计算机技术在软件和硬件上的融合，使测量仪器与计算机的界限逐渐模糊甚至消失。虚拟仪器以安装功能强大的应用软件的工控机或工作站为主体，再加上相应的硬件和仪器驱动程序，用户即可像操作传统仪器一样在软面板上操作计算机，仪器的功能从由厂商定义变为由用户定义，仪器功能的实现也由以硬件为中心变为以软件为中心，这就是虚拟仪器。特别是基于 RS-232、GPIB、VXI、PXI 等接口的虚拟仪器，充分利用计算机的软件资源，通过软件完成测试任务，开创了自动测试技术的新局面。

7. 易于实现仪器的小型化

随着电子技术、材料制造技术的发展和人类活动及生活的需要，电子仪器正朝着小型化、智能化、低功耗方向发展。可编程器件、高集成度的微电子器件的采用，可使电子仪器做得越来越小，功耗越来越低，功能越来越丰富。特别是随着模块化仪器、嵌入式系统的采用，可以将多个仪器模块连同微处理器装入一个机箱组成自动测试系统，在某些场合，如航空航天、军事等领域，这些具有重要意义。

## 1.2.3　电子测量的方法

测量一个被测量，可以选用不同的测量方法。测量方法选择正确与否，直接关系到测量结果的可信赖程度，也关系测量工作的可行性和经济性。若采用不当或错误的测量方法，除了不能得到正确的测量结果，甚至还会损坏测量设备和造成不必要的浪费。因此，测量时应对被测量的物理特性、测量精度和速度要求，以及经费情况等方面进行综合考虑，依据现有的仪器、设备条件，择优选取合适的测量方法。测量方法按技术特点分为多类形式，下面具体介绍几种常见的分类方法。

1. 按照测量的实测对象分类

按照测量的实测对象，测量可分为直接测量、间接测量和组合测量。

1）直接测量

在直接测量中，无须通过与被测量呈函数关系的其他量的测量而直接用测量仪器对被测量进行测量并取得被测量值。这种测量方法是工程上大量采用的方法，如图 1-3 所示。例如，用游标卡尺测量工件尺寸，用磁电式电流表测量电路的支路电流，用弹簧管式压力表测量锅炉压力等。直接测量的优点是测量过程简单而迅速，测量结果直观，缺点是测量精度不容易做到很高。

图 1-3　各种直接测量的实例

2) 间接测量

若有些被测量的参数不便于或无法直接测量，则可以对几个与被测量有确定函数关系的物理量进行直接测量，然后通过公式计算或查表等方式得出被测量的测量方法称为间接测量法。例如，伏安法测量电阻的方法即属于间接测量法，它是先测出流过电阻的电流及电阻两端的电压后，再利用电压除以电流来求出电阻值。

3) 组合测量

组合测量是建立在直接测量和间接测量基础上的测量方法。当无法通过直接测量或间接测量得出被测量的结果时，需要改变测量条件进行多次测量，然后按被测量与有关未知量间的函数关系组成联立方程组，求解方程组得出有关未知量，最后将未知量代入函数式得出测量结果。

例如，测量在任意环境温度 $t$℃时某电阻的阻值，已知任意温度下电阻阻值的计算式为：$R_t = R_{20} + \alpha(t-20) + \beta(t-20)^2$，式中，$R_t$、$R_{20}$ 分别为环境温度为 $t$℃、20℃时的电阻值；$\alpha$、$\beta$ 为电阻温度系数，$\alpha$、$\beta$ 与 $R_{20}$ 均为不受温度影响的未知量。显然，单独使用直接测量或间接测量测出任意温度下的电阻值是不现实的。如果改变测试温度，分别测出三种不同测试温度下的电阻值，代入上述公式，求解由此得到的联立方程组，得出未知量 $\alpha$、$\beta$、$R_{20}$ 后，代入该式即可得出任意温度下的电阻阻值。

组合测量法与间接测量法并没有本质上的区别，只是测量过程比较复杂，并能同时估计出测量方程所包含的多个未知参数而已。

**2. 按照测量的进行方式分类**

按照测量的进行方式，测量可分为偏差式测量法、零位式测量法、微差式测量法和替代法。

1) 偏差式测量法

在测量过程中，用仪器仪表指针的位移偏差表示被测量大小的测量方法，称为偏差式测量法。例如，使用万用表测量电压、电流等。由于可从仪器仪表刻度上直接读取测量量，包括大小和单位，因此这种方法也叫直读法。

2) 零位式测量法

零位式测量法又称零示法或平衡式测量法。测量时用被测量与标准量相比较，用指零仪表指示被测量与标准量相等或平衡，从而获得被测量。由于指示仪表只用于指零，所以，仪表误差并不影响测量结果的准确度，测量准确度只与度量器及指示仪表灵敏度有关。图 1-4 的惠斯通电桥测量电阻就是这种方法的一个典型例子。当电桥平衡时，可得到 $R_x = R_1 R_3 / R_2$，通常是先大致调整比率 $R_1/R_2$，再调整标准电阻 $R_3$ 的值。

3) 微差式测量法

偏差式测量法和零位式测量法相结合，构成微差式测量法。具体如图 1-5 所示，它通过测量被测量与已知标准量的差值来得到待测量量值。$S$ 为已知标准量，$X$ 为被测量，$P$ 可测出被测量与已知标准量的差值 $\Delta$，那么，被测量 $X = S + \Delta$。

4) 替代法

替代法是将被测量与已知标准量先后接入同一测量装置，如果两次测量中测量装置的工作状态能保持相同，则认为替代前接在装置上的待测量，与替代后的已知标准量完全相同，例如，古代曹冲称象就是采用了替代法。

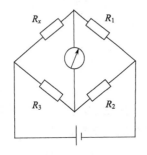
图1-4　惠斯通电桥测量电阻

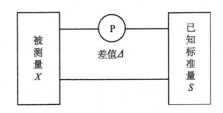
图1-5　微差式测量法示意图

采用这种方法，若前后两次测量间隔时间很短，而且是在同一地点进行，那么装置内部特性和外界因素所产生的误差认为完全相同，测量误差极小，准确度几乎完全取决于标准量本身的误差。

**3. 按照被测量的性质分类**

根据被测量的性质，测量可分为时域测量、频域测量、数据域测量和随机测量。

**1) 时域测量**

时域测量是以获取被测对象和系统在时间域的特性为目的，主要测量被测对象的幅度-时间特性，以得到信号波形和系统的阶跃响应或冲激响应，也叫瞬态测量。例如，用示波器观察正弦信号、脉冲信号的上升沿、下降沿参数，以及动态过程和暂态过程等。它是研究信号随时间变化和分析系统瞬态过程的重要手段。

时域测量的信号一般为脉冲、方波和阶跃信号。特别是脉冲信号和阶跃信号，频谱相当丰富。脉冲信号和阶跃信号作为激励信号，可以向被测系统提供几乎全部的频谱，从而可以对被测系统进行全面的描述，因此，时域测量也称为脉冲测量。

**2) 频域测量**

频域测量是以获取被测信号和被测系统在频率域的特性为目的，通过测量被测对象的复数频率特性，包括幅频特性和相频特性，以得到信号的频谱和系统的传递函数。频域测量的主要对象是信号频谱和网络特性的参数，无论是分析信号的频谱成分还是测量系统的频率响应，常常基于正弦波测量技术。由于正弦波测量必须等被测系统达到稳定状态时才能进行，所以，频域测量也称为稳态测量。

需要说明的是，时域测量和频域测量是从两个不同的角度去观测同一个被测对象，其结果是一致的。从时域测量的观点来看，时域波形直观，对复杂信号的认识十分方便直接；从频域测量观点来看，频域能更细致地观察信号频率成分，以及能量的分布和结构。

**3) 数据域测量**

数据域测量是以获取被测系统的逻辑状态或逻辑关系为目的，也称逻辑测量或数字测量。和传统的正弦测量技术、脉冲测量技术一样，数据域测量仍然是从研究被测系统的激励-响应关系出发，测量被测系统的工作性能指标。在数据域测量中，被测对象是数字脉冲电路或数字系统，其激励信号是二进制的数字信号。

4）随机测量

随机测量主要是对各类随机信号进行统计分析和动态测量，由于最普遍存在、最有用的随机信号是各类噪声，所以随机测量技术又称为噪声测试技术。在测量中，利用噪声作为随机信号源进行测量，研究系统的动态特性以及淹没在噪声中的微弱信号检测技术。

它的作用主要是：第一，用已知特性的噪声作为激励源，对被测系统进行统计性测量，研究被测系统的特性；第二，关于噪声信号统计特性的测量，如时域中的均值、方均值特性，频域中的频谱密度函数、功率谱密度函数；第三，在噪声背景下，对信号，特别是微弱信号的精确测量。

### 4. 按照参量有源与无源性质分类

按照参量有源与无源性质，测量可分为有源参量测量和无源参量测量。

1）有源参量测量

有源参量表征电信号的电磁特性，如电压、功率、频率和场强等。它的测量可以采用无源测量技术，即让被测的有源参量以适当方式激励一个特性已知的无源网络，通过后者的响应求得被测参量的量值。如通过回路的谐振测量信号频率。有源参量测量也可采用有源测量技术，即把作为标准的同类有源参量与它相比较，从而求得其量值。

2）无源参量测量

无源参量表征材料、元件、无源器件和无源电路的电磁特性，如阻抗、传输特性和反射特性等。它只在适当信号激励下才能显露其固有特性时进行测量。这类测量技术常称为激励与响应测量技术。

### 5. 按照被测量是否随时间变化分类

按照被测量是否随时间变化，测量可分为静态测量和动态测量。

1）静态测量

静态测量是指被测量的值在测量期间被认为是恒定不变的，测量系统也处于静止不变的状态，测量系统对应于一个缓变的输入激励信号。测量原理、方法、手段最简单，测量过程不受时间和空间的控制，测量系统的激励与响应之间有一一对应的关系和特性，测量的精度也是最高的。传统的测量大多是在静态或准静态下进行的，基本方法就是比较。

2）动态测量

动态测量是指为确定被测量的瞬时值，或者被测量的值在测量过程中随时间或其他影响量而变化所进行的测量。随着科学技术的发展，工程技术中测量位移、振动、速度、加速度、应力应变、压力等参量，以及光学、声学、热力学、电学测量各种参量时，越来越重视动态测量和数据处理。现代动态测量技术已完全不同于传统的测量技术，不仅仅是简单的比较测量，而是有严格时限要求，需要对随时间、空间变化的物理量，及时地采集和分析处理数据。

### 6. 按照测量条件相同与否分类

按照测量条件相同与否，测量可分为等精度测量和不等精度测量。

1）等精度测量

在测量过程中，在影响测量误差的各种因素不改变的条件下进行的测量，即在相同的环境条件下，由同一个测试人员，在同样的仪器设备下，采用同样的方法对被测量进行重复测试。

2）不等精度测量

在多次测量中，若对测量结果精确度有影响的一切条件不能完全维持不变的测量称为不等精度测量，即不等精度测量的测量条件发生了变化。例如，用不同精度的仪器或不同的测量方法，或在不同的测量环境下，对同一被测量进行多次测量。

电子测量技术还可有许多分法，如模拟测量技术和数字测量技术，接触测量技术和非接触测量技术，不再赘述。

## 1.2.4　电子测量仪器的发展

仪器仪表的电子器件经历了真空管、晶体管、集成电路三个时代。从仪器仪表发展史来看，电子测量仪器经历了模拟仪器、数字仪器、智能仪器和虚拟仪器四个阶段，具体如图 1-6 所示。

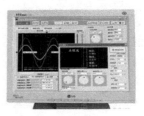

　　(a)模拟仪器　　　　　(b)数字仪器　　　　　(c)智能仪器　　　　　　(d)虚拟仪器

图 1-6　电子测量仪器的发展阶段

第一代：模拟仪器。从 17 世纪工业革命到 20 世纪初，测量仪器主要是模拟仪器。20 世纪 30 年代末至 40 年代初，出现了气动仪表，50 年代出现了电磁动圈式毫伏计、电子电位差计、电子测量仪表，以及电动和电子单元组合式仪表，这些仪表基本上满足了当时许多物理量的测量需求。模拟仪器又称为指针式仪器，它的基本结构是电磁机械式的，借助指针来显示测量结果，功能简单、精度低、体积大、响应速度慢。典型的模拟仪器有指针式电压表、电流表、功率表和一些通用的磁电式测试仪表等。

第二代：数字仪器。随着半导体集成电路技术的飞速发展，数字化技术应运而生，并成功地运用于测量仪器。20 世纪 70 年代中后期，各种数字仪器得以问世，把模拟仪器的精度、分辨率与测量速度提高了几个数量级，并且将微处理器和数字显示装置植入仪器仪表中。数字仪器仪表具有精度高、速度快、读数清晰直观、结果可打印、便于远距离传输等特点。

第三代：智能仪器。智能仪器是计算机技术、通信技术、微电子技术、人工智能与电子仪器相结合的产物。20 世纪 80 年代以来的测量仪器，由于采用了 ASIC 芯片和高速数字信号处理芯片，并将测量、控制、通信技术和人工智能有机地融为一体，其处理速度越来越快、信息容量越来越大、通信能力越来越强，因此称为智能仪器。智能仪器是把一个微型计算机系统嵌入数字式电子测量仪器中而构成的独立式仪器，它具有数据存储、运算、逻辑判断能力，并根据被测参数的变化自选量程以及进行自动校正、自动补偿、自动诊断、自动测试等功能。

第四代：虚拟仪器。虚拟仪器的概念是 1986 年由美国 NI 公司率先提出的。虚拟仪器实质上是一种计算机辅助测量系统，它利用计算机的输入输出接口装置和硬件电路进行信号的采集与处理，使用计算机的软件功能来实现测量数据的运算、分析和处理，使用计算机显示器的显示功能来模拟传统仪器的控制面板，并以多种形式表达输出测量结果，从而完成各种测试与测量任务。虚拟仪器实质上是"软硬结合""虚实结合"的产物，主要体现在以下两方面。

(1)虚拟面板。它充分利用计算机技术来实现和扩展传统仪器的功能。传统仪器面板上的器件都是实物，以手动或触摸方式进行操作；而虚拟仪器前面板控件是外形与实物相似的"图标"，只需要在后面板窗口中摆放所需要的控件，然后编写相应的程序，即可用鼠标或键盘对该"图标"进行操作。用户使用虚拟仪器软件，如 LabVIEW、LabWindows/CVI 等语言，即可完成美观而又实用的虚拟仪器前面板的设计。

(2)软件即仪器。硬件只是信号传输的介质，软件才是整个仪器系统的关键。用户可根据自己的需要通过不同功能软件模块的组合来构建不同功能的测试系统，从而实现多种测试功能，其中，许多硬件功能可直接由软件实现，系统具有极强的通用性和多功能性。因此有"软件即仪器"的说法，强调了软件在虚拟仪器中所占据的显要地位。

## 1.2.5 电子测量仪器的分类

电子测量仪器一般分为专用仪器和通用仪器两大类。专用仪器是指各个专业领域中测量特殊参量的仪器，如机械部门的超声波探伤设备，医疗部门的超声波诊断设备等；通用仪器则是为了测量一个或某一些基本参数而设计的，它能用于各种电子测量。通用仪器按照功能，可进行如下分类。

### 1. 信号发生器

信号发生器主要用来提供各种所需的信号。根据用途的不同，有各种波形、各种频率和各种功率信号发生器，如低频信号发生器、函数信号发生器、脉冲信号发生器、任意波形发生器等。

### 2. 信号分析仪器

信号分析仪器主要用来观测、分析和记录各种电量的变化，有各种示波器、波形分析仪和频谱分析仪等。

### 3. 电平测量仪器

电平测量仪器主要用于测量电压、电流等，如各种电流表、电压表、电平表和万用表等。

### 4. 频率、时间和相位测量仪器

频率、时间和相位测量仪器主要用来测量电信号的频率、时间间隔和相位，如各种频率计、相位计、波长仪等。

### 5. 网络特性测量仪

网络特性测量仪主要用来测量电气网络的频率特性、阻抗特性、功率特性等，如阻抗测量仪、频率特性测量仪和网络分析仪等。

### 6. 电子元器件测量仪

电子元器件测量仪主要是指用于电波特性、干扰强度等参量测量的仪器，如干扰测试仪、场强计等。

### 7. 逻辑分析仪

逻辑分析仪是专门用于分析数字系统的数据域测量仪器，利用它对数字逻辑电路和系统在实时运行过程中的数据流或事件进行记录与显示，并通过各种控制功能实现对数字系统的软件、硬件故障分析和诊断。

### 8. 辅助仪器

辅助仪器主要用于配合上述各种仪器对信号放大、检波、隔离、衰减，以便使仪器更充分地发挥作用，如各种放大器、检波器、衰减器、显示器及交直流稳压电源均属于辅助仪器。

## 1.2.6　电子测量仪器的性能

为了正确地选择测量方法、使用测量仪器和分析测量结果，测量人员需要了解和熟悉电子测量仪器的主要性能指标。电子测量仪器的性能指标主要包括频率范围、测量准确度、稳定度、灵敏度、线性度、输入特性与输出特性、响应特性、环境条件等。

### 1. 频率范围

频率范围是指能保证仪器其他指标正常工作的有效频率范围。例如，不同型号的示波器就有不同的频率范围。

### 2. 测量准确度

测量准确度又称为测量精度，描述的是测量结果在测量过程中由于受各种因素的影响而产生的与被测量真实值间的差异程度，即测量误差。目前精度还没有一个公认的数学表达式，常作为一个笼统的概念来使用。精度越高，表明误差越小；精度越低，表明误差越大。因此，精度不仅用来评价测量仪器的性能，也是评定测量结果最基本、最主要的指标。

测量准确度通常以容许误差或不确定度的形式给出。容许误差是为了描述测量仪器的测量准确度而规定的，是利用仪器进行测量时，允许仪器产生的最大误差。不确定度是指在对测量数据进行处理的过程中，为了避免丢失真实数据而人为扩大的测量误差，它以在一定程度上能反映出测量数据的可信程度而得名。不确定度的数值越大，丢失真实数据的可能性越小，即可信度越高。

### 3. 稳定度

稳定性是指在一定的工作条件下，在规定时间内，仪器保持指示值或供给值不变的能力。稳定度可用示值绝对变化量与时间一起表示。例如，某数字电压表的稳定度为 $(0.003\%U_m+0.005\%U_x)/8h$，其含义为：在 8h 内，测量同一电压，在外界条件维持不变的情况下，电压表的示值可能发生 $0.003\%U_m+0.005\%U_x$ 的上下波动，其中 $U_m$ 为该量程满度值，$U_x$ 为示值。当然，稳定度也可以用示值的相对变化率与时间一起表示。如国产 XFC-6 标准信号发生器在 220V 电压和 20℃的环境温度下，频率稳定度小于或等于 $2\times10^{-1}/(10min)$。

### 4. 灵敏度

灵敏度表示测量仪器对被测量变化的敏感程度，一般定义为测量仪器的指示值增量(指针的偏转角度、数值的变化、位移的大小等)$\Delta y$ 与被测量 $\Delta x$ 之比。例如，在单位输入电压的作用下，示波器荧光屏上光点偏移的距离定义为它的偏转灵敏度，单位为 V/cm、mV/cm 等。

灵敏度的另一种表述为分辨力或分辨率，定义为仪器所能直接反映出的被测量变化的最小值，即指针式仪表刻度盘上最小刻度所代表的被测量大小，或者数字仪表最低位的"1"所表示的被测量大小。例如，某数字电压表的分辨率为 1μV，表示该电压表显示器上最末位跳变 1 个字时，对应的输入电压变化量为 1μV，即这种电压表能区分出最小 1μV 的电压变化。可见，分辨率的值越小，其灵敏度越高。同一仪器不同量程的分辨力不同，通常以仪器最小量程的分辨力作为仪器的分辨力。

### 5. 线性度

线性度表示仪器仪表的输出量随输入量变化的规律。若仪器的输出为 $y$，输入为 $x$，两者之间关系用函数 $y=f(x)$ 表示，如果该函数为 $x$-$y$ 平面上过原点的直线，则称为线性刻度系数特性，否则称为非线性刻度系数特性。由于各类测量仪器的原理各异，不同测量仪器可能呈现出不同的刻度特性。例如，万用表的电阻档具有非线性刻度特性，而数字电压表具有线性刻度特性。

### 6. 输入特性与输出特性

输入特性主要包括测量仪器的输入阻抗、输入形式等。输出特性主要包括测量结果的指示方式、输出电平、输出阻抗、输出形式等。测量仪器的接入会使被测系统的状态发生改变，例如，电流表在测量电流时串联在被测系统中，由于其内阻不等于零，会使被测电流下降，为了提高测量精度，要尽量降低电流表的内阻。对于信号源等仪器需要考虑输出阻抗，在高频尤其是微波测量等场合，还必须注意阻抗的匹配。

### 7. 响应特性

一般来说，仪器的响应特性是指输出的某个特征量与其输入的某个特征量之间的响应关系，或者驱动量与被驱动量之间的关系。例如，受检测电路带宽、扫描速度、示波管响应速度等限制，示波器无法测量和显示频率很高的信号波形。

### 8. 环境条件

环境条件指保证测量仪器正常工作的工作环境，如基准工作条件、正常工作条件、额定工作条件等。电子仪表按防护外界电场或磁场的性能分为Ⅰ、Ⅱ、Ⅲ、Ⅳ四个等级。在外界电场或磁场的影响下，Ⅰ级仪表允许其指示值与实际值偏差不超过±0.5%；Ⅱ级仪表允许偏差不超过±1.0%；Ⅲ级仪表允许偏差不超过±2.5%；Ⅳ级仪表允许偏差不超过±5.0%。

## 1.2.7　电子测量仪器的维护

电子测量仪器的日常维护是一项不可缺少的工作，它对确保仪器的使用安全，满足测量准确度等方面的技术要求，以及消除一些故障隐患起着重要的作用。维护内容主要有以下几个方面。

### 1. 技术资料的保管

完整地积累和保存技术资料，可以有助于维修人员了解仪器的基本状况、技术性能，以及正确的使用方法。

技术文件应包括仪器的技术说明书、出厂时的技术数据、以往的维修记录、平时的使用情况记录，以及定期检定的测试数据等，这些文件资料无疑有助于及时排除故障，保证仪器的正确使用。

### 2. 仪器的保管

仪器保管的好坏将直接影响仪器的工作状态及使用寿命。仪器保管的环境条件一般为0~40℃，相对湿度为50%~80%，室内清洁无尘，无腐蚀性气体，无强电磁场。具体应做到如下几个方面。

1）防尘

灰尘具有吸湿性，当仪器内积满尘埃时，会使仪器的绝缘性能变差，活动部件和接触部件的磨损加剧，或者发生电击穿，以致仪器不能正常工作。因此，电子仪器均应配备防尘罩，仪器使用完毕，等降温后再加防尘罩。当对仪器外表进行擦拭时，应使用毛刷、干布或沾绝缘油的抹布，不应使用沾水湿布，以免机壳生锈或潮气侵入。

2) 防潮

潮气会使电子仪器内部的元器件绝缘性能下降，尤其是用纤维材料制成的绝缘材料，以及变压器、线圈、线绕电位器、表头线圈等，都会因受潮而发霉断线，潮气还会使金属部件生锈。因此，电子仪器应放置在比较干燥的房间里，且通风良好。禁止将仪器长期搁置在水泥地或靠墙的地板上，不要在仪器上放置杂物等。电子仪器的室温以 20~25℃ 为最佳，如果超过 35℃ 应采取通风排热措施，但禁止洒水或放置冰块降温，以免水汽浸蚀仪器。

3) 防震动

搬动电子仪器时，应轻拿轻放以免剧烈震动或碰撞，在放置有电子仪器的桌面上，不应进行敲击锤打的工作。

4) 防漏电

电子仪器大多使用交流电源，防漏电是一项重要的维护措施。在不通电的情况下，把被测仪器的电源开关置于接通的位置，然后用兆欧表检查仪器电源线和机壳之间的绝缘是否符合要求。一般规定，电器的最小绝缘电阻不得小于 $500\text{k}\Omega$，否则应禁止使用。另外，还要保持电子仪器良好的接地状态，定期检查地线是否可靠。对于采用两芯电源插头的电子仪器，更应注意漏电情况，消除隐患。

5) 防腐蚀

为了防止酸、碱等气体对电子测量仪器的腐蚀作用，切忌将蓄电池与电子测量仪器放置一起，也不要采用石灰作为防潮剂。电子仪器内部的干电池如果长期不用，应取出另行存放，以免酸液泄漏，损坏电路板和仪器。

### 3. 正确使用仪器

使用人员要学习和熟悉仪器的使用方法，按照仪器的正确规范操作仪器，例如，仪器的开关旋钮要轻按轻旋，在加载之前要先调好量程范围，准确无误后再加负载，以免烧坏仪器。操作使用仪器中，若发现仪器有异常声音，或者闻到有烧焦烧煳的味道，应立即关机、切断电源，及时报维修人员处理，避免扩大仪器故障。

电子仪器一般都应定期进行检查，首先外观上检查附件是否齐全，仪器面板上的旋钮、开关、接线柱、插座、表盘等是否有松动、滑位、损坏等现象，然后通电检查仪器的基本功能是否正常，从而及早发现并解决问题。

# 1.3 电子测量的基本技术

## 1.3.1 电子测量的信息感知

### 1. 传感器的定义及组成

在高度发展的现代社会中，每一个人都与信息密切相关，无论是在生产活动中还是在日常生活中，人们必须从外界获取信息。测量的第一个环节是信息的感知，根据这些信息再经过一系列的分析、判断，从而决定自己的行动。

感知就是指对客观事物的信息直接获取并进行认知、理解的过程。信息感知是指人或人造系统所具有的对环境与目标信息的获取、探测、提取、识别、测量等技术的总称。没有对原始参数的准确、可靠、实时的测量，信息处理与传输的能力再强，都没有任何实际意义。

显然，信息的获取是关键所在，自然界中的大量信息是以非电量的形式表现出来的。历来，人是通过感觉器官与外界保持接触的。人所感觉到的信息，无论是大小还是数量都是有限度的，单靠人们自身的感觉器官，在研究自然现象和规律以及生产活动中它们的功能远远不够。为了获取更多、更有用的信息，人们不得不借助某些能代替或补充感觉器官的工具，这就是"传感器"这一名词的由来。因此，可以说传感器是人类五官的延长。

中华人民共和国国家标准(GB/T 7665—2005《传感器通用术语》)对传感器(Transducer/Sensor)的定义是：能感受被测量并按一定的规律转换成可用输出信号的器件或装置，通常由敏感元件和转换元件组成。在 JJF 1001—2011《通用计量术语及定义》中，将测量传感器定义为：用于测量的，提供与输入量有确定关系的输出量的器件或器具；而将敏感元件或敏感器定义为：测量系统中直接受带有被测量的现象、物体或物质作用的测量系统的元件；检测器或探测器则定义为：当超过固定量的阈值时，指示存在某现象、物体或物质的装置或物质。

传感器是信息技术的源头，它能够感知各种非电信息并把非电量转换为电量输出的器件或装置，它是非电量与电量的接口，本质上是完成信息载体的转换。这种转换的机理是遵循某个物理定理或效应实现的，多数情况下侧重利用信息产生的目标对象的物理特性、光学特性、电声特性、化学特性等，如压力、温度、湿度、位移等，采用无线电、电容、静电、光、声、冲击、振动等方式来实现。

图 1-7 是通过传感器获取信息的过程。在测量系统中，当传感器受被测量的直接作用后，能按一定规律将被测量转换成同种或别种量值输出，其输出通常是电信号。例如，金属电阻应变片将机械应力值的变化转换成电阻的变化；电容式传感器测量位移将位移量变化转换成电容量的变化等。信号调理将来自传感器的电信号进行放大和转换，使之更适合传输。信号处理环节接收来自信号调理的信号，并进行各种计算、滤波、分析，最后将结果输入显示记录环节。显示记录环节以观察者易于识别的形式来显示测量的结果，或将测量结果存储，供需要时使用。激励装置能够激励被测对象，使其产生既能充分表征其有关信息，又便于测量的信号。

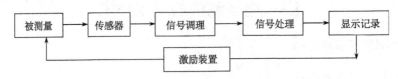

图 1-7　获取信息过程的流程图

在上述所有环节中，为保证测量结果的准确性，信号必须遵循的基本原则是各环节的输出量与输入量之间保持对应和尽量不失真的关系，这种关系通常是线性关系，并且必须尽可能地减少或排除各种干扰。

2. 传感器的分类

由于被测参量种类繁多，其工作原理和使用条件又各不相同，因此传感器的种类和规格十分繁杂，分类方法也很多。现将常采用的分类方法归纳如下。

(1) 按外界输入的信号变换为电信号采用的效应分类，传感器可分为化学型、生物型和物理型三大类。

化学型传感器是利用电化学反应原理，把无机或有机化学的物质成分、浓度等转换为电信号的传感器。

生物型传感器是利用生物活性物质选择性地识别和测定生物化学物质的传感器。生物活性物质对某种物质具有选择性亲和力，也称为功能识别能力，利用这种单一的识别能力来判定某种物质是否存在，其浓度是多少，进而利用电化学的方法进行电信号的转换。这两类传感器广泛应用于化学工业、环保监测和医学诊断等领域。

物理型传感器是利用某些敏感元件的物理性质，或某些功能材料的特殊物理性能进行被测非电量的变换，它又可以分为结构型传感器和物性型传感器。结构型传感器是以结构为基础，利用某些物理规律来感受被测量，并将其转换为电信号实现测量的，如电容式压力传感器，当被测压力作用在电容式敏感元件的动极板上时，引起电容间隙的变化导致电容值的变化，从而实现对压力的测量。物性型传感器就是利用某些功能材料本身所具有的内在特性及效应感受被测量，并转换成可用电信号的传感器。例如，利用半导体材料在被测压力作用下引起内部应力变化导致其电阻值变化制成的压阻传感器。

(2) 按传感器对信号转换的作用原理分类，传感器可分为应变式传感器、电容式传感器、压电式传感器、热电式传感器、电感式传感器、霍尔传感器、热电式传感器等。这种分类方法较清楚地反映出传感器的工作原理，避免了传感器的名目过于繁多，故最常采用。其缺点是用户选用传感器时会感到不够方便。

(3) 按传感器的被测量对象(输入信号)分类，传感器可以分为温度、压力、流量、物位、加速度、速度、位移、转速、力矩、湿度、黏度、浓度等传感器。同时，这种方法还将种类繁多的物理量分为两大类，即基本量和派生量。例如，将"力"视为基本物理量，可派生出压力、重量、应力、力矩等派生物理量。这种分类方法明确地说明了传感器的用途，给使用者提供了方便，容易根据被测量对象来选择所需要的传感器，缺点是这种分类方法是将原理互不相同的传感器归为一类，很难找出每种传感器在转换机理上有何共性和差异。

(4) 根据敏感元件与被测对象之间的能量关系分类，传感器可分为能量转换型和能量控制型两类。能量转换型传感器在进行信号转换时不需要另外提供能量，直接由被测对象输入能量，把输入信号能量变换为另一种形式的能量输出使其工作，例如，光电传感器能将光射线转换成电信号；压电传感器能够将压力转换成电压信号。能量控制型传感器在进行信号转换时，需要从外部电源供给能量，并且由被测量来控制外部供给能量的变化等，这类传感器本身不是一个换能器，被测非电量仅对传感器中的能量起控制或调制作用，通过测量电路将它变为电压或电流量，然后进行转换、放大，以推动指示或记录仪表。电阻式、电容式传感器都属于这一类。

(5)按输出信号的性质分类，传感器可分为模拟式和数字式两类。模拟式传感器将被测非电量转换成连续变化的电压或电流，若要求输入至数字计算机进行处理、分析和显示，还需要模/数转换装置。数字式传感器能直接将非电量转换为数字量，可以直接用于数字显示和计算，可直接配合计算机，具有抗干扰能力强、适宜远距离传输等优点。目前这类传感器可分为脉冲、频率和数码输出三类，如光栅传感器等。

(6)按传感器与被测对象是否接触分类，传感器可分为接触式和非接触式两大类。接触式传感器如电位差计式、应变式、电容式、电感式等。接触式传感器的优点是传感器与被测对象视为一体，传感器的标定无须在使用现场进行，缺点是传感器与被测对象接触会对被测对象的状态或特性不可避免地产生或多或少的影响。非接触式传感器可以消除因传感器介入而使被测量受到的影响，提高测量的准确性，同时，可使传感器的使用寿命延长。但是非接触式传感器的输出会受到被测对象与传感器之间介质或环境的影响，因此传感器标定必须在使用现场进行。

(7)按传感器构成来分类，传感器可分为基本型、组合型和应用型三大类。基本型传感器是一种最基本的单个变换装置；组合型传感器是由不同单个变换装置组合而构成的传感器；应用型传感器是基本型传感器或组合型传感器与其他机构组合而构成的传感器。例如，热电偶是基本型传感器，把它与红外线辐射转为热量的热吸收体组合成红外线辐射传感器，即一种组合型传感器，把这种组合型传感器应用于红外线扫描设备中，就是一种应用型传感器。

由于敏感材料和传感器的数量特别多，类别十分繁杂，相互之间又有着交叉和重叠，这里就不再赘述。在现代工业生产中，要用各种传感器来监视和控制生产过程中的各个参数，使设备工作在正常状态或最佳状态，并使产品达到最好的质量。在基础学科研究中，传感器更具有突出的地位。现代科学技术的发展，出现了对深化物质认识、开拓新能源新材料等具有重要作用的各种极端技术研究，如超高温、超低温、超高压、超高真空、超强磁场等，要获取大量人类感官无法直接获取的信息，没有相适应的传感器是不可能的。传感器早已渗透在工业生产、海洋探测、环境保护、医学诊断、生物工程等极其广泛的领域。由此可见，传感器技术在发展经济、推动社会进步方面的重要作用是十分明显的，世界各国也都十分重视这一领域的发展。

### 1.3.2　电子测量的比较技术

测量最基本的原理是比较，没有比较，就不能定量，也就没有测量。因此，比较是认识和区别被测对象的一种重要方法，测量是通过比较来取得一个定性和定量的认识。在测量中进行量值比较常采用间接比较法和直接比较法。

弹簧秤是间接比较法的典型例子，弹簧秤把物体的重量按比例地变换成弹簧的弹性形变，形变带动机械式仪表的指针成比例地偏转或移动，指示出被测物体的重量；天平称重是直接比较法的典型例子，当加上适当的砝码，使天平处于平衡时，被测物体的质量就等于标准砝码的质量。而在电子测量中，常见的有电压、阻抗、频率、相位等类型参量，相应的有电压比较器、阻抗比较器、频率比较器和相位比较器等，它们是各类参量的天平。

### 1. 比较的基本概念

比较的基本类型有标量比较、矢量比较、差值比较、比值比较和量化比较五种。其中，第 1、2 种常用于定性测量，第 3 种常用于定级测量，第 4、5 种常用于定量比较。电子测量中常用的典型比较方法有差值比较和比例比较两种。

(1) 差值比较 $y = x - s$。若测量过程中调节标准量，使电路平衡，当指示器为零时，即 $y = 0$，则被测量 $x = s$；若测量过程中选择接近 $x$ 的 $s$，指示器测出微小差值，则 $x = s + y$；若 $s = 0$，则 $x = s$。

(2) 比例比较 $y = x/s$。若测量过程中调节标准量，使电路平衡，当指示器为零时，即 $y = 1$，则被测量 $x = s$；若测量过程中固定 $s$ 值，指示器测出 $y$ 值，则 $x = sy$。

### 2. 电压比较

(1) 模拟电压比较。电压比较电路是用来鉴别和比较两个模拟输入电压大小的电路。比较器的输入量是模拟量，输出量是数字量，所以它兼有模拟电路和数字电路的某些属性，是模拟电路和数字电路之间联系的接口电路。

电压比较器符号和特性具体如图 1-8 和图 1-9 所示。所设定进行检测的门限电压 $U_R$（又称阈值电压或基准电压）接至比较器的一个输入端，用来和输入电压进行比较。当 $U_i < U_R$ 时，比较器输出逻辑 1 电平；当 $U_i > U_R$ 时，比较器输出逻辑 0 电平；当 $U_i = U_R$ 时，是输出变化的临界点。电压比较器被设计成专用的电路，并出现了各种集成比较器，常用的性能优良的集成电压比较器有高精度通用型 LM111、高速型 LM119 和 LM161、低功耗低失调型 LM339 等。

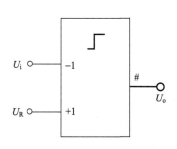

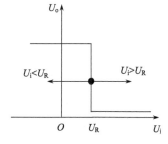

图 1-8　电压比较器符号　　　　图 1-9　电压比较器特性

(2) 差值型比较。如果需要对两个电压的差值进行测量，应当采用能输出模拟差值电压的减法运算放大器代替电压比较器。实现减法运算功能的方法也有差动型比较和求和型比较两种。各种差动型及求和型的电平广泛用于测量电路中。此外，常用的电压比较电路还有滞回比较电路、窗口比较电路等。

(3) 比例型比较。具有除法或比例运算功能的电路或部件，也可完成被测量与标准量的比较。例如，双积分式模/数转换器中，被测电压 $U_x$ 与标准电压 $U_s$ 之间具有如下关系

$$\frac{U_x}{U_s} = \frac{T_2}{T_1} \quad \text{或} \quad U_x = \frac{T_2}{T_1} U_s \tag{1-1}$$

式中，$T_1$ 为第一次积分取样期时间；$T_2$ 为第二次积分比较时间。式 (1-1) 表明，双积分模数转换器具有比例运算的比较电路，此外，电桥电路也有这样的功能。

### 3. 阻抗比较

电桥电路具有对称差动的电路结构，可以十分方便地实现差值检测和比例比较的功能。电桥电路是一种阻抗的电量天平，可对阻抗类电参量(如电阻、电容、电感等)进行直接比较，或者把这些电量的微小变化量(差值)检测出来，并转换成相应的电压或电流的变化量输出。

电桥电路具有灵敏度高、测量范围宽、温度补偿容易实现、测量电路的零点调节方便等优点，它是电量测量和非电量测量技术中广泛应用的一种电路。比例臂电桥和放大器阻抗比较如图 1-10 所示，当电桥平衡时，根据电路平衡条件，则有

$$Z_x = \frac{Z_2}{Z_1} Z_s \quad \text{或} \quad Z_x = \frac{U_o}{U_s} Z_s \tag{1-2}$$

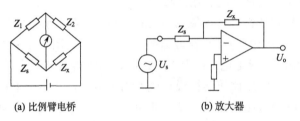

(a) 比例臂电桥　　　　　　(b) 放大器

图 1-10　比例臂电桥和放大器阻抗比较

可见，$Z_x$ 与 $Z_s$ 呈正比例关系，比例系数为 $Z_2 / Z_1$ 或 $U_o / U_s$。当 $Z_2 = Z_1$ 或 $U_o = U_s$ 时，即有 $Z_x = Z_s$ 成立。

### 4. 频率和时间比较

(1) 时间差值比较。用 RS 触发器可实现时差的比较，具体如图 1-11 所示。$t_1$ 时刻，RS 触发器触发置位，Q 端输出 1 电平，$t_2$ 时刻 RS 触发器触发复位，Q 端输出 0 电平，根据 Q 端输出即可测量出 $t_1$ 时刻和 $t_2$ 时刻的时差 $\Delta t$。

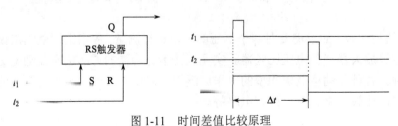

图 1-11　时间差值比较原理

(2)时间或频率的差值比较。混频器可以实现两个频率的减法运算，具体如图 1-12 所示。两个信号频率 $f_x$ 和 $f_s$ 经过混频器实现减法运算，输出频率 $f_0=f_x-f_s$。此外，还可利用差频比较法测量频率，被测频率 $f_x$ 和标准频率 $f_s$ 经过混频器，当输出端零差指示为零时，即有 $f_x=f_s$ 成立。

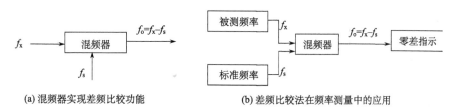

(a) 混频器实现差频比较功能　　　　　　(b) 差频比较法在频率测量中的应用

图 1-12　差频比较原理及应用

(3)时间或频率的比例比较。用一个门电路可以实现两个脉冲信号频率的数字式比例运算功能。如果用周期为 $T_2$ 的脉冲形成开门时间，让频率为 $f_1$ 的脉冲通过门电路，则输出用脉冲数表示的比值为 $N=f_1/f_2$(或 $T_1/T_2$)，具体如图 1-13 所示。电子计数器就是采用了这种比较方式。

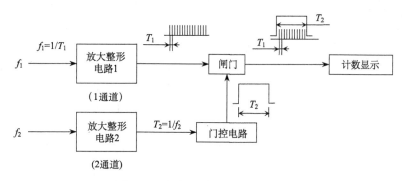

图 1-13　频率(周期)比例比较原理

**5. 相位比较**

(1)模拟鉴相器使用乘法器或相敏检波器进行相位比较，模拟乘法器如图 1-14 所示，乘法器的输入信号为低频调制信号 $u_x$ 和高频调幅信号 $u_s$，乘法器最终的输出为

$$u_o = \frac{Ku_{xm}u_{sm}}{2}\cos\phi \tag{1-3}$$

式中，$K$ 为乘法器增益，其量纲为 $V^{-1}$，可以看出 $u_o$ 与 $u_x$ 和 $u_s$ 的相位差有关，从而根据 $u_o$ 即可测出两者之间的相位差。

(2)脉冲与数字鉴相器是使用触发器构成的脉冲鉴相器，或用专用的数字鉴相器芯片进行相位比较。

6. 数字比较

二进制的数 $n_1$ 和 $n_2$ 加于异或门的输入端，即可进行比较，具体如图 1-15 所示。多位二进制数 $n_1$ 和 $n_2$ 可以由多个异或门构成数字比较器。多位数字比较器已做成专用集成电路芯片。

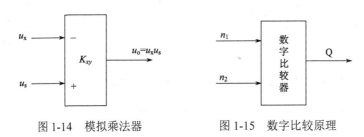

图 1-14　模拟乘法器　　　　图 1-15　数字比较原理

### 1.3.3　电子测量的变换技术

在电子测量中广泛应用了各种变换技术，主要原因如下。

(1)传感器输出的电信号很微弱，大多数不能直接输出进行模数转换、显示或处理分析，需要进一步放大，有的还要进行阻抗变换。

(2)传感器输出的电信号中混杂有噪声干扰，需要去掉噪声干扰，提高信噪比。

(3)某些应用场合，为便于信号的远距离传输，需要对传感器输出信号进行调制与解调处理。

(4)某些量不便于直接比较，或者无法直接测量而采用了变换，如雷达测距，通过直接测量脉冲信号往返传输的时间而间接得到距离。

(5)为了获得更高的测量准确度，将压力、温度、流量等各种非电量变成电量之后，大大提高了测量的准确度。目前，由于时间和频率具有最高的准确度，因此，通常将许多参量变换成时间、频率来进行测量。

(6)提高测量速度、扩大测量范围，如过程控制系统中的压力、流量、温度等模拟量，通过传感器将这些非电量变换成电量，便于信号处理和自动化控制，大大提高了测量速度和测量范围。

在电子测量中，为了避免在某些量程、频段和测量域上对某些参量测量困难的问题和减小测量的不确定度，广泛采用下列各种变换测量技术。

1. 量值变换

量值是指电压、电流、功率、阻抗、时间等电量参量的幅值大小。量值变换即把量值处于太大或太小而难以测量的边缘状态的被测参量，按某一已知比值增大或衰减为量值适中的同样参量进行测量。例如，用放大器、衰减器、分流器、比例变压器或定向耦合器，把被测电压、电流或功率的量值升高或降低后进行测量；用功率倍增法测噪声和用倍频法测频率值等。通过量值变换，可增加测量范围，提高测量分辨力和精度。

1) 信号放大

信号放大是为了将微弱的传感器信号，放大到足以进行各种转换处理，或推动指示器、记录器以及各种控制机构。由于传感器输出的信号类型和信号大小各不相同，其所处的环境条件、噪声对传感器的影响也不一样，因此放大电路的种类也多种多样，如低噪声放大器、高输入阻抗放大器、高共模抑制比放大电路、差动放大电路、电桥放大电路、电荷放大电路、程控放大电路、隔离放大电路等。目前，完全采用分立元件的信号放大电路已基本淘汰，而主要采用由集成运算放大器组成的各种形式的放大电路。

图 1-16 所示电路为广泛应用的三运放高共模抑制比放大电路。$N_1$、$N_2$ 为两个性能一致的同相输入集成运放，构成平衡对称差动放大输入级，$N_3$ 构成双端输入单端输出的输出级，用来进一步放大 $N_1$、$N_2$ 的共模信号，并适应接地负载的需要。

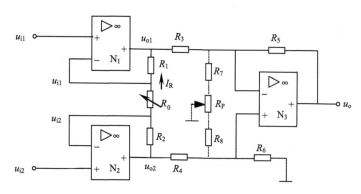

图 1-16　三运放高共模抑制比放大电路

2) 信号衰减

信号衰减广泛用于需要功率电平调整的各种场合，以使放大的信号进入仪器的测量范围；信号衰减器作为振荡器与负载之间的去耦合元件，如图 1-17 所示。信号衰减结构形式一般分两种：固定比例衰减器与步进比例可调衰减器。固定比例衰减器是指在一定频率范围固定比例倍数的衰减器。步进比例可调衰减器是指以一定固定值等间隔可调比例倍数的衰减器，又分为手动步进衰减器和程控步进衰减器。

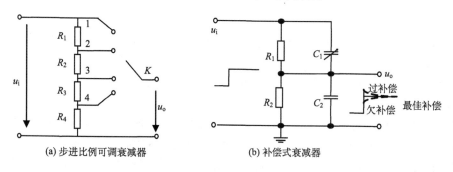

图 1-17　信号衰减器

步进比例可调衰减器中，当 $K$ 置于 1 时，分压比 $K_1=1$；当 $K$ 置于 2 时，分压比 $K_2=(R_2+R_3+R_4)/(R_1+R_2+R_3+R_4)$；当 $K$ 置于 3 时，分压比 $K_3=(R_3+R_4)/(R_1+R_2+R_3+R_4)$；当 $K$ 置于 4 时，分压比 $K_3=R_4/(R_1+R_2+R_3+R_4)$。可见，改变波段开关可以方便地改变量程。衰减器中，往往希望采用大的分压电阻，以提高输入阻抗。但分压电阻大，使寄生电容的影响变得更为突出，从而使工作频率降低，因此采用补偿式衰减器。当电路满足 $R_1C_1=R_2C_2$ 时称为最佳补偿，电路具有宽频带的响应；当电路满足 $R_1C_1>R_2C_2$ 时称为过补偿，输出会出现过冲现象；当电路满足 $R_1C_1<R_2C_2$ 时称为欠补偿，输出会出现欠冲现象。

3）阻抗变换

阻抗匹配是无线电技术中常用的一种技术手段，反映了输入电路与输出电路之间的功率传输关系。当电路实现阻抗匹配时，将获得最大的功率传输；反之，当电路阻抗失配时，不但得不到最大的功率传输，还可能对电路产生伤害。阻抗匹配常见于各级放大电路之间、放大器与负载之间、测量仪器与被测电路之间、天线与接收机或发射机与天线之间等。但在一般情况下，负载电阻是一定的，不能随意改变。为使其阻抗匹配，需采用阻抗变换器进行匹配。常用阻抗变换器的同轴线阻抗变换器有直线渐变式和阶梯式两种。

2. 频率变换

频率变换利用外差变频把某一频率（一般是较高频率或较宽频段内频率）的被测参量变换为另一频率（一般是较低频率或单一频率）的同样参量进行测量。

1）检波

检波是把交流电压转换为直流电压。在模拟指针式电压表中，常用的磁电系电表只能测量直流，交流信号必须检波成直流信号，再驱动指针进行偏转。检波也是最常用的频率变换技术。

2）斩波

斩波是把一个直流电压调制成交流电压，经过交流放大，再把交流电压通过解调还原为直流电压的过程。斩波的作用是对微弱的直流电压进行高稳定的放大，起到调压的作用。

3）混频

输出信号频率等于两输入信号频率之和、差或为两者其他组合的电路。混频器通常由非线性元件和选频回路构成。按照工作性质，混频器可分为加法混频器和减法混频器，分别得到和频及差频；按照电路元件混频器可分为三极管混频器和二极管混频器。

4）倍频

使输出信号频率等于输入信号频率整数倍的电路，实际上就是频率的乘法器。输入频率为 $f_i$，则输出频率为 $f_o=Nf_i$，系数 $N$ 为任意正整数，称为倍频次数。倍频器用途广泛，如发射机采用倍频器后可使主振器振荡在较低频率，以提高频率稳定度；两个频率差值非常小，可用倍频进行放大，以实现精密测量；调频设备用倍频器来增大频率偏移。

5）分频

将单一频率信号的频率降低为原来的 $1/N$ 就叫 $N$ 分频，实际上就是频率的除法器。

实现分频的电路或装置称为分频器。例如，把 100MHz 的信号 2 分频得到 50MHz 的信号，5 分频得到 20MHz 的信号。分频器在电子计数器、信号发生器中得到广泛的应用。

6）频率合成

频率合成是指由一个或多个频率稳定度和精确度很高的参考信号，通过频率域的加、减、乘、除四则运算，或者采用实际的频率合成设备产生具有同样稳定度和精确度的大量离散频率的过程。频率合成分为直接频率合成和间接频率合成。

7）取样

取样电路将高频信号进行取样变换，使之以低频形式复现出来，它可以把频率上限扩展到几吉赫兹甚至几十吉赫兹。取样技术广泛应用于示波器、电压表、相位计、电子计数器、网络分析仪、波形分析仪等仪器中。

3. 参量变换

把被测参量变换为与它具有确定关系，但测量起来更为有利的另一参量进行测量，以求得原来参量的量值。

1）AVΩ 变换

AVΩ 变换是欧姆定理三个参量，即电流、电压、电阻之间的变换。由于直流电压的测量最方便、精度也最高，所以常把电流、电阻等参量变换成直流电压测量。万用表中采用 AVΩ 变换，包括交流/直流（AC/DC）、电流/电压（I/V）和电阻/电压（Ω/V）的转换，实现了交直流电压、电流、电阻等多种测量功能。

2）V/F 变换（电压/频率变换）

V/F 变换是把电压变化信号线性地转换成频率变化信号进行测量。由于计算测量频率既精确又简便，若将电压变换成频率，即可实现电压的精密数字测量。V/F 变换器常用于数字电压表、数据采集系统中。此外，基于 V/F 变换原理的压控振荡器广泛用于锁相、扫频、合成源、频谱仪等。

3）V/T 变换（电压/时间变换）

时间和频率一样，也是一个极易数字化测量的参量，通过 V/T 变换器把模拟直流电压精确地转换成时间，同样可以实现直流电压的精密测量，如斜坡电压式、双斜积分式、脉宽调制式和电荷平衡式等 V/T 变换技术，它们广泛用于数字电压表中。

4）网络参数的变换

在自动测试系统中，只需测量被测网络最容易测量的一组参量，便可按已知的函数关系得出其他参量，如衰减、增益、相位、阻抗、群延时、反射系数等参量。

4. 波形变换

波形变换分为将一种波形变换成另一种波形的电路，或对某种波形进行整形的电路。把正弦波变换成矩形波、把矩形波变换成三角波等都属于波形转换。非方波转换方波实际上是利用半导体器件的非线性来实现的，可以用二极管电路来实现，也可以用三极管电路来实现。

1) 整形

整形电路把任意形状的信号波形整形为规则的脉冲波形，例如，电子计数器中输入信号要经过整形电路变为脉冲信号，整形可以用电压比较器来实现。

2) 限幅

限幅电路的作用是把输出信号幅度限定在一定的范围内，即当输入电压超过或低于某一参考值后，输出电压被限制在某一电平，且不再随输入电压变化，例如，使用二极管进行钳位，使用稳压管进行稳压限幅。

3) 微分

微分电路可把矩形波转换为尖脉冲波，此电路的输出波形只反映输入波形的突变部分，即只有输入波形发生突变的瞬间才有输出，而对恒定部分则没有输出。微分电路主要用于脉冲电路、模拟计算机和测量仪器中。

4) 变换

方波变换成三角波或正弦波，三角波变换成正弦波或方波，正弦波变换成方波或三角波等，函数信号发生器就是通过变换而得到各种输出信号。

5. 能量变换

能量变换泛指其他多种形式的物理量与电学量之间的变换。传感器实质上就是能量变换器，一般分为参量变换器及电势变换器两大类。参量变换器是将各种物理量变换成电阻、电感、电容或磁导率等。例如，常用的电阻应变片、电感式变换器、电容式变换器，以及光敏电阻、热敏电阻、压敏电阻、气敏电阻都属于参量变换器。电势变换器是将物理量变换成电势、电流等电量的变换器，即把机械量、热能、压力、光通量等物理量变换成电势、电流。以上的能量均是把非电量变换成电量。

实际上，电子测量还有电量变换成非电量的一类能量逆变换。在各种显示器中，需要通过逆变换把电量形式表示的测量结果，变成人的视觉直接感知的机械量、光学量等非电量，如指针的偏转、发光的数字编码、字符和图像等。

6. 模数转换和数模转换

模数转换(A/D 转换)也称模拟-数字转换，它将连续的模拟量转换成离散的数字量。模数转换包括采样、保持、量化和编码四个过程。在某些特定的时刻，对这种模拟信号进行测量称为采样；要把一个采样输出信号数字化，需要将采样输出所得的瞬时模拟信号保持一段时间，这就是保持过程；量化是将连续幅度的抽样信号转换成离散时间、离散幅度的数字信号，量化的主要问题就是量化误差；编码是将量化后的信号编码成二进制代码输出。

数模转换器又称 D/A 转换器，简称 DAC，它是把数字量转变成模拟量的器件。D/A 转换器基本上由 4 个部分组成，即权电阻网络、运算放大器、基准电源和模拟开关。

【例 1-1】 一个工件伤痕检测系统使用的变换技术，可用图 1-18 来表述，采用的变换技术主要有：①机械信号变换成光信号；②光信号变换成电信号；③电信号被放大，进行幅度变换；④对电信号比较、校正的处理后抽取出有关伤痕的有用信息；⑤电信号到光信号的变换。

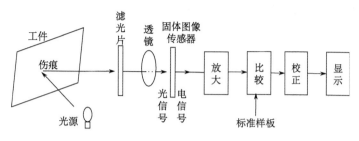

图 1-18 工件伤痕检测系统检测过程

### 1.3.4 电子测量的处理技术

通过测量获取信息并对它进行加工处理，使之成为有用信息并发布出去的过程，称为信息处理。具体过程如图 1-19 所示。信息处理即根据实际的情况利用隔离、滤波、阻抗变换等各种手段将信号分离处理并进行放大；当信号足够大时，对信号进行运算处理、转换处理、比较处理、取样保持等加工处理，并进行输出和显示。

图 1-19 获取信息过程的流程图

信息处理早已融入了我们的日常工作和生活中。在电子测量中，信息识别中的处理技术常用于以下几个方面。

(1) 通过处理把感知的语法信息转换为人们能理解的语义信息。

(2) 提取有用信息的特征参数，如从交流信号中提取有效值等。

(3) 信号分析与处理，如频谱分析等。

(4) 抑制无用或有害信息的处理，如信噪分离，提高信噪比。

(5) 减少测量误差的数据处理，如系统误差修正和随机误差统计处理等。

(6) 信息表示方式变换处理，如时域到频率的变换。

信号运算与处理是电子测量中的基本技术。浅层次的信号处理基本上属于对信息的形式化关系所进行的变换或处理，仅仅利用了语法信息的因素。例如，在测量交流电压的平均值、峰值、有效值时，需要对信号进行加、减、乘、除、开方、平方、平均、取绝对值、峰值等运算与处理。深层次信息处理的目的则是要从原始信息中获得相关的指示，如直接与优化、决策、认知等相联系的信息处理。电子技术中的运算处理电路分为模拟电路和数字电路两类。目前，以嵌入式系统、数字信号处理器为代表的数字化技术在电子测量仪器中得到广泛的应用，可对数字信号进行高速度和高精度的运算和处理。

模拟信号经过模数转换后，也可用数字电路进行处理。但数字电路不可能完全取代模拟电路。第一，模拟处理系统除电路引入的延时外，处理是实时的，数字处理系统由计算机的处理速度决定；第二，模拟处理系统可以处理包括微波、毫米波乃至光波信号，数字处理系统则受到采样定理、模数转换和数字器件处理速度的限制；第三，现实世界大多是温度、压力、流量等模拟量，转换后的电信号也是模拟量，要实现数字处理，还需要进行前处理和模数转换等过程。

**1. 模拟运算电路**

利用运算放大器和不同的电路元件，可以组成不同的运算电路，如基本运算电路、模拟乘法器及滤波器等。这些运算电路是实现仪器测量功能的重要环节。

1) 运算电路

运算电路的输出电压是输入电压某种运算的结果，例如，利用运算放大器的反相输入和同相输入电路可以实现信号直接的加减运算，构成各种加法器、减法器电路。例如，图 1-20 是一个利用两个放大器构成的加减法运算电路。

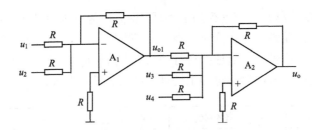

图 1-20　信号的加减运算

$u_1$ 和 $u_2$ 经过第一个放大器后，则有 $u_{o1} = -u_1 - u_2$，其后 $u_{o1}$、$u_3$、$u_4$ 经过第二个放大器后，则有

$$u_o = u_1 + u_2 - u_3 - u_4 \tag{1-4}$$

对数、指数运算电路属于非线性运算电路，通常采用具有非线性特性的器件作为放大器的负反馈回路构成，利用二极管和三极管的 PN 结指数关系构成信号的指数和对数运算，具体如图 1-21 所示。

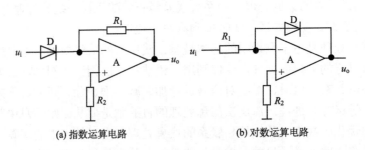

(a) 指数运算电路　　　　　　　(b) 对数运算电路

图 1-21　信号的指数和对数运算

图 1-21 中，设指数和对数运算电路的输入信号为 $u_i$，室温下（293K），$U_T = 26\text{mV}$，则指数和对数运算电路的输出分别为

$$u_o = -R_1 I_s \mathrm{e}^{u_i/U_t}, \quad u_o = -I/_T \ln[u_i/(R_1 I_s)] = -k \ln u_i \tag{1-5}$$

模拟乘法器可以完成许多数学运算，如乘法、除法、乘方等，还能进行平衡调制、倍频、混频、检波、鉴频、鉴相等。模拟乘法器实现乘法和除法运算的原理如图 1-22 所示。两个信号分别为 $u_1$ 和 $u_2$，分别取对数后再进行加法或减法运算，最后进行指数运算，从而得到两个信号的乘法或除法输出为

$$u_o = u_1 \times u_2 \quad 或 \quad u_o = u_1 \div u_2 \tag{1-6}$$

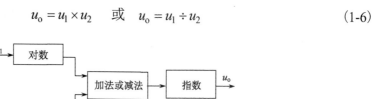

图 1-22　信号的乘法和除法运算

2）积分和微分电路

积分电路是指运放的输出与输入的积分成比例的运算电路，将运放的负反馈回路用电容实现，即可得到积分运算电路。积分电路应用很广，可以滤除高频干扰，且利用它的充放电特性还可以实现延时、定时，以及产生各种波形。

微分运算是积分运算的逆运算，将处于积分运算电路负反馈回路中的电容和输入电阻对调，即可得到基本微分电路。微分电路的输出与输入的变化率有关，它对输入电压及干扰信号的快速变化很敏感。基本的积分和微分电路具体如图 1-23 所示。积分电路和微分电路的输入和输出的关系分别为

$$U_o = -\frac{1}{RC}\int_{t_1}^{t_2} u_i dt + u_c(t_1) \tag{1-7}$$

$$u_o = -RC du_i / dt \tag{1-8}$$

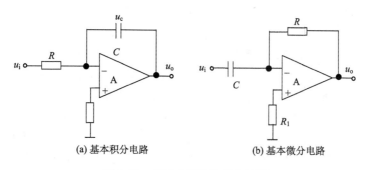

(a) 基本积分电路　　　　　　　(b) 基本微分电路

图 1-23　信号的积分和微分运算

3）有源滤波器

由 $RC$ 元件与运算放大器组成的滤波器称为 $RC$ 有源滤波器，其功能是让特定频率范围内的信号通过，抑制或急剧衰减此频率范围以外的信号。$RC$ 有源滤波器用在信息处理、数据传输、抑制干扰等方面，但因受运算放大器频带限制，主要用于低频范围。根据对频率范围的选择不同，$RC$ 有源滤波器可分为低通、高通、带通与带阻等四种滤

波器。具体如图 1-24 所示。

　　具有理想幅频特性的滤波器是很难实现的，只能用实际的幅频特性去逼近理想的幅频特性。一般来说，滤波器的幅频特性越好，其相频特性越差，反之亦然。滤波器阶数越高，幅频特性衰减的速率越快，但 $RC$ 网络的节数越多，元件参数计算越烦琐，电路实现越困难。任何高阶滤波器均可以用较低的二阶 $RC$ 有源滤波器级联实现。常用的滤波器有巴特沃思滤波器、切比雪夫滤波器、椭圆滤波器等。

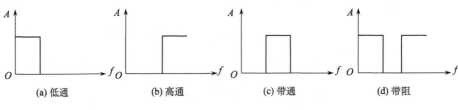

<table>
<tr><td>(a) 低通</td><td>(b) 高通</td><td>(c) 带通</td><td>(d) 带阻</td></tr>
</table>

图 1-24　有源滤波器分类

### 2. 数字运算与数字信号处理

　　广义地讲，数字信号处理是研究用数值计算方法对信号进行分析、变换、运算、滤波、检测、估计、压缩、调制与解调以及快速算法的一门技术学科。狭义地讲，数字信号处理就是用数字信号处理芯片进行算法开发和软件编程。

　　数字运算与处理有两种方式。一种是基于数字逻辑电路的硬件方式，利用现有的各种数字逻辑门、译码器、寄存器、计数器等，以及各种微处理器，组成各种数字逻辑的运算与控制单元，广泛应用于电子计算器、数字电压表、信号发生器、数字示波器等设备中。另一种方式是基于微处理器和微型计算机的嵌入式系统的软件方式。利用计算机强大的运算功能，通过软件编程，可完成各种数字与逻辑的运算。它不仅能完成常用的数学运算，而且能实现统计运算，以及快速傅里叶变换运算等，其具有运算功能强、精度高、速度快、灵活性强、抗干扰能力强等特点，另外，加上微机和单片机的逻辑运算与控制功能，能实现测量仪器及系统的自动化、虚拟化与智能化。

　　目前，数字信号处理已广泛应用于国防军事、通信、多媒体传输压缩、电子产品、语音识别、图像识别、生物医学、工业检测、雷达声呐等多个领域。

　　【例 1-2】　试举例说明运算与处理功能在电压测量中的应用。

　　根据交流电压有效值的计算公式，用计算法获取有效值电压的原理如图 1-25 所示。第一级为模拟乘法器，完成被测电压的平方运算；第二级为积分器，完成平均运算；第三级为开方器，完成开平方根的运算；最后一级为放大器，按一定比例放大的直流输出电压去驱动电表的指针偏转，从而按被测电压的有效值进行线性刻度。

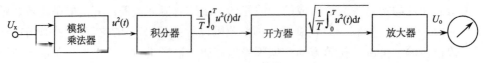

图 1-25　有效值电压表的测量原理框图

### 1.3.5　电子测量的显示技术

显示就是把人眼不可见的信息转化成为可见的视觉信息，这种转换与表达信息的技术称为"显示技术"。视觉观测是人们从测量仪器获得测量信息的主要途径。视觉信息不仅数量最大，而且准确、及时、可靠。现代测量技术就是将各种非电量的信息，如声、光、热力等信息源通过传感器变成电信号，再经电量的各种变换或处理，最后由显示器件转换为人类视觉可以识别的文字、图形、图像。事实上，显示器件就是完成一定显示功能的电光转换器件。

显示技术追求的目标是清晰、准确、实时、直观、方便、节能、携带信息量大，甚至彩色化、立体化等。随着数字化测量技术的发展，被测量的信息可以直接由数字显示。数字显示是信息显示的一种重要形式，但是数字显示无法清楚地表达纷杂的信息，因此发展了字符、文字显示，这种显示与数字显示结合在一起应用更广泛。为了进一步增强仪器的功能，要求仪器操作和使用方便，显示信息丰富，人们希望能用图形、图像进行图形化信息显示。现代显示技术显示的图形色彩丰富，显示的图像可以实时互动，具有虚拟化和三维立体效果。

电子显示技术有如下几个特点。

(1)电子显示技术传输与处理信息具有准确、实时、直观、处理信息量大的特点。有关研究表明，人们经各种感觉器官从外界获得的信息中，视觉占 60%，听觉占 20%，触觉占 15%，味觉占 3%，嗅觉占 2%。近 2/3 的信息是通过眼睛获得的，所以图像显示已成为信息显示中最重要的方式。

(2)电子显示技术有很强的综合性与应用性。它包括的每种显示方法都涉及许多学科的知识，如光学、电子学、材料科学、集成电路、真空技术、气体放电、固体物理、半导体技术、计算机技术等。毫无疑问，已经取得的成就和新的发展，都必然与这些学科的进步联系在一起。电视机技术和计算机技术就是两个最好的例子。

(3)电子显示技术应用范围广。电子显示技术已广泛应用于军事、工业、交通、通信、教育、航空航天、卫星遥感、娱乐、医疗等领域。

(4)电子显示技术发展快。从 1897 年德国发明第一只布劳固管(阴极射线管)，到现在已有一百多年的历史。这期间，电子显示器件出现了上千个品种，而且从原理上完全不同于阴极射线管(Cathode Ray Tube，CRT)的新型显示器件也相继出现，许多新型器件都已实用化。

显示技术的成果体现在显示器件上，目前常用的显示器件主要有指示式电表、光电显示器件、液晶显示器件和 CRT 显示器件。下面分别介绍它们的显示原理。

### 1. 指示式电表

指示式电表是指利用电磁力使测量机构可动部分产生机械动作以反映被测量大小的电工仪表。机械式指示电表能接受的电量是电流、电压或两个电量的乘积等。由于测量机构可直接接受的电量的性质和大小都有限制，因此常需利用测量电路，将被测量预先转换为测量机构能够接受的过渡量。具体原理如图 1-26 所示。

图 1-26　机械式指示电表框图

机械式指示电表按工作原理分为磁电系电表、电磁系电表、电动系电表、铁磁电动系电表、静电系电表、感应系电表，以及带变换器的整流式电表和热电式电表等。它们可做成准确度级别为 0.05、0.1、0.2、0.5、1.0、1.5、2.5 及 5.0 的测试用的电表和实验室用的精密电表，用以测量电流、电压、功率、电能、相位、频率，以及电阻、电容、电感和磁通等。利用各系电表的测量机构，结合其他装置，可构成各种用途的机械式指示电表，如整流式电表、热电式电表、检流计、电流表、电压表、万用表、高阻计、功率表、电能表、频率表、功率因数表、同步指示器等。

### 2. 光电显示器件

(1) 发光二极管。发光二极管 (Light Emitting Diode，LED) 是一种固态的半导体器件，它可以直接把电转化为光。LED 的心脏是一个半导体的晶片，晶片的一端附在一个支架上，一端是负极，另一端连接电源的正极，使整个晶片被环氧树脂封装起来。半导体晶片由两部分组成，一部分是 P 型半导体，空穴占主导地位，另一部分是 N 型半导体，电子占主导地位。这两种半导体连接起来的时候，它们之间就形成一个 PN 结。当电流通过导线作用于晶片的时候，电子就会被推向 P 区，在 P 区里电子与空穴复合，然后就会以光子的形式发出能量，这就是 LED 发光的原理。光的波长也就是光的颜色，是由形成 PN 结的材料决定的。

LED 具有光谱较宽、发散角大、光颜色非常丰富、辉度高、单元体积小、寿命长、基本上不需要维修等特点。LED 的应用广泛，形式多样，可作为图 1-27 所示的显示器件。

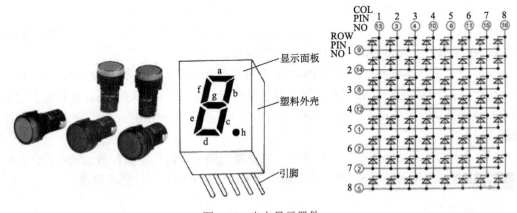

图 1-27　光电显示器件

(2) 指示灯。LED 正在成为指示灯的主要光源。按发光管颜色可分成红色、橙色、绿色（又细分为黄绿、标准绿、纯绿）；按发光管出光面特征分圆灯、方灯、矩形灯、面发光管、侧向管、表面安装用微型管等。

(3)数字显示由多个发光二极管封装在一起组成"8"字形的器件，引线已在内部连接完成，只需引出它们的各个笔画和公共电极。数码管实际上是由 7 个发光管组成"8"字形构成的，加上小数点就是 8 个。这些段分别由字母 a、b、c、d、e、f、g、dp 来表示。当数码管特定的段加上电压后，这些特定的段就会发亮，以形成我们眼睛看到的字样。例如：显示一个"0"字，那么应当是 a 亮、b 亮、c 亮、d 亮、e 亮、f 亮、g 不亮、dp 不亮。

点阵由多个发光二极管组成，以灯亮灭显示文字、图片、动画、视频等，是各部分组件都模块化的显示器件，通常由显示模块、控制系统及电源系统组成。LED 点阵显示屏制作简单，安装方便，广泛应用于各种公共场合，如汽车报站器、广告屏以及公告牌等。

(4)平面显示器。LED 还能制作高密度像素的超小型平面显示，也能制作大型显示屏。LED 平面显示器可分为单片型、混合型及点阵型等几类。

(5)光源。电视机、空调等遥控器的光源，干涉仪的光源，以及低速率、短距离光纤通信系统的光源等。

### 3. 液晶显示器件

液晶是介于固态和液态之间的晶状物质，它具有液体的流动性和晶体的光学特性。基于液晶折射率的各向异性，液晶具有偏向、晶振、左右旋光性等光学性质。液晶显示器件(LCD)属于被动发光性显示器件，本身不发光，只能反射或投射外界光线。液晶显示器件在电信号驱动下，通过控制其对入射光的反射或投射，实现相应信息的显示，环境亮度越高，显示越清晰。LCD 有字段式和点阵式两类。

(1)字段式 LCD 主要用于显示数字、字符及标志等简单的信息，在钟表、家电和仪器仪表中广泛使用。

(2)点阵式 LCD 是以微型液晶为像素，按照行与列的形式排列组合而成的，并且配有专用的驱动器或驱动模块，由嵌入式系统或计算机进行控制，具有分辨率高、显示清晰、体积小、重量轻、功耗低等优点，在智能仪器仪表、彩电、计算机显示器、大屏幕显示器中有广泛应用。

### 4. CRT 显示器件

CRT 主要由电子枪、偏转系统、荧光屏三个部分组成。电子枪产生聚焦良好的高速电子束打到荧光屏上，水平和垂直偏转系统分别加上电信号，产生的电磁场共同控制电子束打到荧光屏上的位置，轰击荧光物质而发光，从而将电信号变为荧光屏上的光信号显示。

CRT 分为电视用、显示终端用，以及仪器仪表用等类型。不同的类型，对相应的技术指标要求不同。电子仪器用 CRT 已有很久的历史，目前其辉度、解像度、响应速度等技术指标都有了很大的提高。

除上述光电显示器件外，还可以用打印机、绘图仪等多种设备。综上所述，显示器件种类繁多，它们各具特色，分别有不同的应用领域。

# 思考题与习题

1-1　简述测量的定义及重要性。

1-2　什么是狭义测量？什么是广义测量？

1-3　测量的组成要素是什么？它们在测量中有何作用？

1-4　什么是计量？计量与测量有哪些不同？

1-5　什么是国际单位制？基本单位有哪些？

1-6　计量基准划分为几个等级？含义是什么？

1-7　简述电子测量的内容、特点及分类。

1-8　叙述直接测量、间接测量和组合测量的特点，并举例说明。

1-9　简述电子测量仪器发展过程。

1-10　长期不用的仪器为什么一定要经常通电？

1-11　什么是传感器？传感器常见的分类方法有哪些？

1-12　什么是直接比较？什么是间接比较？试举例说明。

1-13　为什么要采用变换技术？电子测量中的变换技术有哪些？

1-14　电子测量中的信息处理技术有哪些？

1-15　电子测量中常用的显示器件有哪些？各自的特点是什么？

# 第 2 章　模拟万用表

万用表又称为多用表或复用表，它具有测量范围广、用途多、操作简单、携带方便等特点，在教学、科研、工业、生产等各个领域的应用相当广泛。一般的万用表能测量直流电流、直流电压、交流电压、电阻和音频电平等，有些万用表还可以测量三极管的放大倍数、频率、电容、电感、分贝值等参数。

万用表有很多种，如模拟指针式万用表和数字万用表。模拟指针式万用表使用方便、价格便宜、性能稳定，不易受外界影响和被测信号的影响，可以直观形象地读数；而数字式万用表测试精度高、测量范围宽、显示清晰、读数准确。这两类万用表各有所长，在使用的过程中不能完全取代，要取长补短，配合使用。下面以 MF-47 型万用表为例介绍模拟指针式万用表的原理和使用方法。

## 2.1　概　　述

### 2.1.1　MF-47 型万用表特性

万用表主要由表头、测量电路和转换开关三部分组成。表头用来指示被测量的数值；测量电路用来把各种被测量转换为适合表头测量的微小直流电流；转换开关用来实现对不同测量线路的选择，以适应各种测量项目和量程的要求。

各种型号的万用表面板结构不完全一样，但每种万用表都带有标尺的标度盘、带转换开关的旋钮、欧姆调零旋钮，以及接线柱等部分。MF-47 型万用表具有 26 个基本量程和电平、电容、电感、晶体管直流参数等 7 个附加参考量程，它是一种多量程、灵敏度高、体积小、性能稳定、使用方便的新型万用表。MF-47 型万用表外形如图 2-1 所示。

图 2-1　MF-47 型万用表外形图

1. 表头

表头是万用表的重要组成部分，决定了万用表的灵敏度。表头由表针、电磁线圈和偏转系统组成。为了提高测量的灵敏度和扩大电流的量程，表头一般都采用内阻较大、灵敏度较高的磁电式直流电流表。

MF-47 型万用表表头上的机械调零旋钮，主要用于进行机械调零。表头是一个灵敏电流表，电流只能从正极流入，负极流出。在测量直流电流时，电流只能从与"＋"插孔相连的红表笔流入，从与"－"插孔相连的黑表笔流出；在测量直流电压时，红表笔接高电位，黑表笔接低电位，如若不然，一方面测不出数值，另一方面很容易损坏表针。

## 2. 表盘

表盘由多种刻度线，以及带有说明作用的各种符号组成，正确理解各种刻度线的读数方法和各种符号所代表的意义，有助于熟练、准确地使用万用表。

表盘右端标有"Ω"的是电阻刻度线，其右端表示阻值为零，左端表示阻值为∞，刻度值分布是不均匀的。符号"－"表示直流，"～"表示交流，"≈"表示交流和直流共用的刻度线，$h_{FE}$表示晶体管放大倍数刻度线，dB表示分贝电平刻度线。

表盘共有六条刻度。第一条专供测电阻用；第二条供测交直流电压、直流电流用；第三条供测晶体管放大倍数用；第四条供测电容用；第五条供测电感用；第六条供测音频电平用。刻度盘上装有反光镜，以消除视差。除交直流2500V和直流5A分别有单独插座之外，其余各档只需转动一个选择开关，使用方便。

## 3. 转换开关

转换开关用来选择被测电量的种类和量程，是一个多档位的旋转开关。MF-47型万用表测量项目包括电流、直流电压、交流电压和电阻。转换开关拨到电流档，可用于500mA、50mA、5mA、0.5mA和50μA量程的电流测量；转换开关拨到电阻档，可用于×1Ω、×10Ω、×100Ω、×1kΩ、×10kΩ倍率测量电阻；转换开关拨到直流电压档，可用于0.25V、1V、2.5V、10V、50V、250V、500V和1000V量程的直流电压测量；转换开关拨到交流电压档，可用于10V、50V、250V、500V、1000V量程的交流电压测量。表2-1为MF-47型万用表具体的技术性能。

表2-1 MF-47型万用表技术性能

| 测量项目 | 测量范围 | 灵敏度及电压降 | 级别 | 误差表示 |
| --- | --- | --- | --- | --- |
| 直流电流 | 0～50μA ～0.5 mA ～5 mA ～50mA ～500mA～5A | 0.3V | 2.5 | 以上量程的百分数计算 |
| 直流电压 | 0～0.25 V～1 V ～2.5 V～10 V～50 V ～250 V～500 V～1000 V～2500V | 20kΩ/V | 2.5 | 以上量程的百分数计算 |
| 交流电压 | 0～10 V～50 V～250 V～500 V～1000V | 4kΩ/V | 5 | 以上量程的百分数计算 |
| 电阻 | $R×1Ω, R×10Ω, R×100Ω, R×1kΩ, R×10kΩ$ | $R×1Ω$ 中心刻度为 16.5Ω | ±2.5 | 以标尺弧长的百分数计算 |
| | | | 10 | 以指示值的百分数计算 |
| 音频电平 | −10～+22dB | 0 dB=1mW 600Ω | | |
| 晶体管直流参数 | $h_{FE}$ 量程档 0～300 ADJ 量程档 6 mA | | | |
| 电容量 | 0.001～0.3μF | | | |
| 电感量 | 20～1000H | | | |

## 4. 机械调零旋钮和电阻档调零旋钮

机械调零旋钮的作用是调整表针静止时的位置。当用万用表进行任何测量时，其表针应指在表盘刻度线左端"0"的位置上，如果不在这个位置，可调整该旋钮使其到位。

5. 表笔插孔

表笔分为红、黑两支，使用时应将红色表笔插入标有"+"号的插孔中，黑色表笔插入标有"－"号的插孔中。另外，MF-47 型万用表还提供 2500V 交直流电压扩大插孔，以及 5A 的直流电流扩大插孔，使用时分别将红、黑表笔移至对应插孔中即可。

## 2.1.2　万用表的技术指标

### 1. 万用表的灵敏度

灵敏度是指仪表对被测量对象的变化的反应能力。在指针式万用表中，灵敏度有表头灵敏度、直流电压灵敏度、交流电压灵敏度之分。

1）表头灵敏度

表头灵敏度是指单位电流使表头指针发生偏转的角度。指针式万用表指针的偏转范围是一定的，通常在指针发生最大偏转时，也就是满偏时，流过表头的电流为表头的灵敏度。此电流越小，表头的灵敏度越高。一般万用表表头的灵敏度为 $10 \sim 100\mu A$，MF-47 型万用表表头的灵敏度是 $50\mu A$。

2）直流电压灵敏度

一般取万用表的最小直流电流档的满偏电流的倒数表示。MF-47 型万用表的最小直流电流档为 $50\mu A$，则其直流电压灵敏度为 $20k\Omega/V$。当量程为 10V 时，该档的总内阻为 $200 k\Omega(10V \times 20k\Omega/V)$，当量程为 50V 时，该档的总内阻为 $1M\Omega(50V \times 20k\Omega/V)$。可见，直流电压档的量程越大，其内阻越大，对测量结果的影响越小。

3）交流电压灵敏度

如果使用 $50\mu A$ 电流量程作为交流电压表，并采用半波整流的方式，则整流电路的工作效率为 0.44，表头达到满偏所需的交流电流为 $50\mu A/0.44=113.6\mu A$，则交流电压灵敏度为交流电流的倒数，即 $8.8k\Omega/V$。当量程为交流 10V 时，该档的总内阻为 $88k\Omega(10 \times 8.8k\Omega/V)$，当量程为 50V 时，该档的总内阻为 $440k\Omega(50 \times 8.8k\Omega/V)$。由此可知，与直流电压档一样，交流电压档的量程越大，其内阻越大，对测量结果的影响越小。不同的是，交流电压的灵敏度低，相同数值的量程交流档内阻低。

### 2. 万用表的分辨力及分辨率

分辨力是描述数字万用表技术性能的一项参数，它表示该表可显示的最小数对被测量值的可表达程度。分辨力既可表示测量机构的技术性能，也可表示各档的技术性能。

随着量程的转换，分辨力也做相应的变化，量程越小，分辨力越高；反之，分辨力越低。分辨力的相对值称为分辨率。设最大显示数为 $N_{max}$，则

$$分辨率 = 1/N_{max}$$

当 $N_{max}=1000V$ 时，最小分辨力=1V 时，分辨率=1/1000=0.001=0.1%。

### 3. 万用表准确度等级

按万用表的测量准确度大小所划分的级别，称为万用表准确度等级。划分的依据是一般的基本误差，该误差是在规定的正常测量条件下所具有的误差。指针式万用表的准确度等级有 1.0 级、1.5 级、2.5 级、5.0 级。

准确度等级的标注方法有 3 种，分别代表不同数值的测量误差。有的万用表还标有 3 个精度等级：–2.5、～2.5、$\Omega$2.5，其中，–2.5 表示直流量程的基本误差为 2.5%，～2.5 表示交流量程的基本误差为 2.5%，$\Omega$2.5 表示电阻量程的基本误差为刻度线弧长的 2.5%。

### 4. 万用表的其他技术指标

万用表的其他技术指标还有线性度、波形误差、频率特性等。线性度是指测量仪表各刻度之间的分布偏离均匀分布理想点的误差程度。指针式万用表显示测量结果的线性度与生产的工艺有关系。波形误差是指指针式万用表的指示值为交流电压的平均值，仪表的指示值是按正弦波形交流电的有效值校正，被测交流电压的波形失真应在任意瞬时值与基本正弦波形上相应的瞬时值间的差别不超过基本波形振幅的±2%，当被测电压为非正弦波时，万用表的指示值将因波形失真而引起误差。指针式万用表交流电压档的频率特性及范围因表而异。在使用的过程当中，如果被测交流电的频率超过万用表的工作频率范围，也将产生误差，并且误差会随着频率的升高而增大，最终会使测量结果失去意义。

## 2.2　万用表的结构

### 2.2.1　表头

万用表使用灵敏的磁电式直流电流表（微安表）作为表头，当微小电流通过表头时，就会有电流指示。表头不能通过大电流，所以，必须在表头上并联或串联电阻进行分流或分压，从而测出电路中的电流、电压和电阻。万用表的表头多采用磁电系高灵敏度电流表，它的刻度盘依据测量线路及测量范围做成几条刻度尺，按测量对象量程标示不同刻度。磁电式表头是应用载流线圈在磁场中受到电磁力作用产生转动力矩的原理制成的，具体如图 2-2 所示。

磁电式仪表测量时，可动线圈中通入被测电流。由于永磁体产生恒定磁场，通电线圈在恒定磁场中受到电磁力的作用。根据左手定则可以判断线圈的两个有效边受到大小相等、方向相反的力的作用，对线圈所连接的转轴形成力矩的作用，这使得指针偏转；同时旋转弹簧随转轴旋转，产生反作用力矩。磁电式仪表的阻尼装置是由铝框兼顾的。铝框上的线圈受到电磁力的作用转动，铝框就切割磁感线从而感应出电流，该电流与恒定磁场作用使铝框受到与运动方向相反的力的作用，产生制动力矩，从而可以消除振荡，使指针迅速停止在半衡位置。

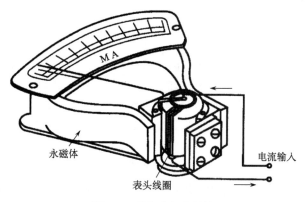

图 2-2　磁电式仪表结构

## 2.2.2　测量电路

测量电路是把各种被测量转换到适合表头测量的微小直流电流的电路，它由电阻、半导体元件及电池组成。它将各种不同的被测量(如电流、电压、电阻等)、不同的量程，经过处理输出相应大小的微小直流电流到表头进行测量。图 2-3 为 MF-47 型万用表电路图。

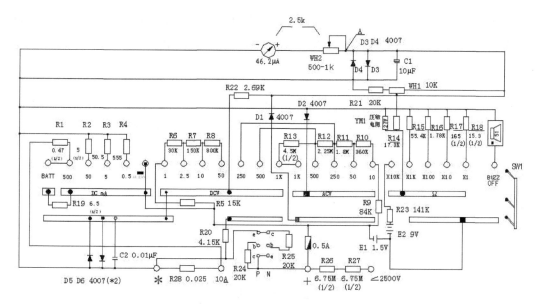

图 2-3　MF-47 型万用表电路图

测量电路一般包括分流电路、分压电路和整流电路。分流电路的作用是把被测量的大电流通过分流电阻变成表头所需的微小电流；分压电路是将被测高电压通过分压电阻分压变换成表头所需的低电压；整流电路将被测的交流通过二极管整流变成表头所需的直流。万用表的测量电路实质上就是多量限的直流电压表、多量限的直流电流表、多量限的整流式交流电压表，以及多量限的欧姆表的组合。

### 2.2.3　转换开关

　　转换开关实现各种测量种类及量程的选择。转换开关的好坏直接影响万用表的使用效果，好的转换开关应转动灵活、手感好、旋转定位准确、触点接触可靠等。

　　转换开关由多个固定接触点和活动接触点组成。当固定接触点与活动接触点接触时就可以接通电路。活动接触点一般称为"刀"，固定接触点一般称为"掷"。万用表中所用的转换开关通常为多刀多掷，且各刀之间是联动的。旋转刀的位置就可以使某些活动接触点与固定接触点接触，从而接通不同的电路。

　　万用表的选择开关是一个多档位的旋转开关，用来选择测量项目和量程。一般的万用表测量项目包括直流电流、直流电压、交流电压、电阻。每个测量项目又划分为几个不同的量程以供选择，其作用是选择各种不同的测量线路，以满足不同种类和不同量程的测量要求。

# 2.3　万用表测量原理

### 2.3.1　直流电流的测量

　　万用表的表头可直接作为直流电流表使用，但量程小，不实用。万用表的直流电流档实际是一个多量程的直流电流表，它用分流电阻与磁电式表头相并联，以实现扩大量程的目的。分流电阻越小，相应扩大的量程越大，所以，配以不同阻值的分流电阻，就可以得到不同的测量范围。

　　万用表中，串接电阻与表头的连接方法有单独连接和串联连接两种。单独连接时各量程互不影响，维修时也较方便；串联连接时，各量程之间相互影响，维修时较麻烦，但串联电阻的利用率高。MF-47 型万用表电压测量档采用串联连接法。

　　图 2-4 为带有闭路式分流器的多量程直流电流表的原理电路。各分流电阻彼此串联后，再与表头并联而形成一个闭合环路。当转换开路 S 接在不同的位置时，表头所配的分流电阻是不同的，从而达到变换量程的目的。

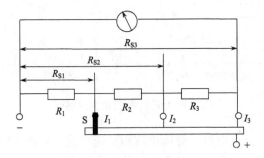

图 2-4　多量程直流电流表原理电路

　　当转换开关接到 $I_3$ 的触点时，$R_1+R_2+R_3$ 构成了 $I_3$ 的分流电阻，这时分流电阻阻值最大，可见 $I_3$ 是该电流表的最低量程。

当转换开关由右向左转换时，分流电路中的一部分电阻转入表头支路，增加了表头等效电阻，而分流电路阻值随之减小，这样量程就扩大了。假设表头内阻为 $R_g$，表头的满偏电流为 $I_g$，下面介绍各量程分流电阻的计算。

首先按最小量程电流 $I_3$ 来计算总的分流电阻 $R_{S3}$（$R_{S3}=R_1+R_2+R_3$）。按照电路，则有

$$R_{S3} = I_g R_g / (I_3 - I_g)$$

当量程为 $I_2$ 时，分流电阻为 $R_{S2}$，表头支路电阻为 $R_g+R_{S3}-R_{S2}$，这两条支路并联，所以有

$$R_{S2} = I_g(R_g + R_{S3} - R_{S2})/(I_2 - I_g)$$

化简可得量程 $I_2$ 的分流电阻为

$$R_{S2} = I_g(R_g + R_{S3})/I_2$$

同理，当量程为 $I_1$ 时，分流电阻为 $R_{S1}$，表头支路电阻为 $R_g+R_{S3}-R_{S1}$，这两条支路并联，则有

$$R_{S1} = I_g(R_g + R_{S3} - R_{S1})/(I_1 - I_g)$$

化简可得量程 $I_1$ 的分流电阻为

$$R_{S1} = I_g(R_g + R_{S3})/I_1$$

算出 $R_{S1} \sim R_{S3}$ 后，根据电路图的关系即可算出

$$R_1 = R_{S1}$$
$$R_2 = R_{S2} - R_{S1}$$
$$R_3 = R_{S3} - R_{S2}$$

### 2.3.2　直流电压的测量

根据前面所述，可知表头的偏转角 $\alpha$ 与被测电流 $I$ 成正比，又因表头具有一定的内阻，偏转角 $\alpha$ 与其两端的电压 $U_g$ 也成正比，就是说表头也可以测量直流电压。但是，由于表头的内阻不大，允许通过的电流又小，因此测量电压的范围很小，一般为毫伏级。

为了测量较高的电压，需要串联分压电阻扩大量程，串联的电阻阻值越大，能扩大的测量电压的范围也就越大。若串联多个分压电阻，即构成多量程的直流电压表。图 2-5 为共用式多量程直流电压表原理电路。

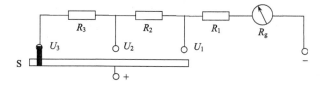

图 2-5　多量程直流电压表原理电路

由图 2-5 可以看出，低量程的分压电阻被其他高压量程所利用，量程 $U_1$ 的分压电阻为 $R_1$，量程 $U_2$ 的分压电阻为 $R_1+R_2$，量程 $U_3$ 的分压电阻为 $R_1+R_2+R_3$。这种电路的优点是可以节省电阻，缺点是低压档的分压电阻变质或损坏时，会影响其他高量程档的测量。

表头内阻为 $R_g$，表头的满偏电流为 $I_g$，则满量程为 $U_n$ 时所需串联的分压电阻 $R_{sn}$ 为

$$R_{sn} = U_n / I_g - R_g$$

式中，$1/I_g$ 为直流电压档的电压灵敏度，表示万用表测量每伏电压所具有的内阻，单位为 $\Omega/V$，它是衡量万用表直流电压档优劣的重要指标。

由此可算出图 2-5 电路中各电阻的阻值

$$R_1 = U_1 / I_g - R_g$$
$$R_2 = U_2 / I_g - R_g - R_1 = (U_2 - U_1) / I_g$$
$$R_3 = U_3 / I_g - R_g - R_1 - R_2 = (U_3 - U_2) / I_g$$

### 2.3.3　交流电压的测量

由于万用表的表头是磁电系测量机构，只能测量直流电流或直流电压。如果要测量

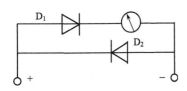

图 2-6　半波整流电路

交流电压还必须采用整流措施，把交流电压变换为直流电压后才能进行测量。通常万用表采用的整流电路是用两个二极管组成的半波整流电路，如图 2-6 所示。

当被测的电压为正半周时，$D_1$ 导通，$D_2$ 截止，表头通过电流；当被测电压为负半周时，$D_1$ 截止，$D_2$ 导通，表头无电流通过，表针偏转。$D_2$ 为反向保护二极管，如果没有 $D_2$，则负半周时反向电压将全部加在 $D_1$ 上，可能会将 $D_1$ 击穿。有了 $D_2$ 后，负半周 $D_2$ 导通，可使 $D_1$ 两端的反向电压大大降低，防止 $D_1$ 被反向击穿，从而也保护了表头。由此看来，经过表头的电流为单向脉动电流 $I$。

由于通过表头的电流是大小变化的脉动电流，而表头的转动是具有惯性的，显然指针的偏转无法跟上电流的变化，只能是根据脉动电流的平均值偏转在一定位置上，所以指针的偏转角是与被测交流电经整流后的平均值成正比的。测量交流的目的在于要知道它的有效值，即万用表是按正弦交流的有效值刻度的，并要求交流电压与直流电压共用一个标度尺刻度，因此必须把整流电流的平均值换算为有效值。

图 2-6 所示的半波整流电路中，平均值 $I_{AV}$ 与有效值之间的关系为 $I_{AV}=0.45I$，由该式可知，当测量有效值为 100V 的交流电压时，经过半波整流后只有 45V，显然是不能共用标尺的。为了达到共用标尺的目的，在测量交流电压时，通过在表头两端并联分流电阻来提高表头电流。当被测交、直流电压的数值相同时，使流过表头的电流相同，指针的偏转角也相同，就可以共用同一标尺了。交流电压表扩大量程的方法和直流电压表相同。

### 2.3.4　电阻的测量

#### 1. 测量原理

万用表电阻的测量是依据欧姆定律进行的。利用通过被测电阻的电流及其两端的电压来反映被测电阻的大小，使电路中的电流大小取决于被测电阻的大小，即流经表头的

电流由被测电阻决定，此电流反映在表盘上，通过欧姆档可读出被测电阻的阻值。

万用表的欧姆档是用来测量电阻的，实际上就是一个多量程的欧姆表。图 2-7 是测量电阻的简化原理图。图中表头内阻为 $R_g$，电源为干电池，其端电压为 $U$，电源与表头及电阻 $R$ 相串联，当被测电阻 $R_x$ 接入 $a$、$b$ 两端后，电路中就有电流流过，电路中的电流为 $I=U/(R_g+R+R_x)$。当 $R_g$、$R$ 以及 $U$ 固定不变时，测量电路中的电流 $I$ 的大小就取决于被测电阻 $R_x$ 的大小，因此，可以认为测量电阻时实际上测量的仍是电流。

当 $R_x=0$，$a$、$b$ 两端短接(红、黑表笔短接)时，表头指针满偏，即 $I=I_g$，该点为欧姆表零阻值刻度。

当 $R_x=\infty$，$a$、$b$ 两端开路时，表头指针不动，即 $I=0$，该点为欧姆表阻值无穷大刻度。

当 $R_x=0\sim\infty$ 时，$R_x$ 越大，电流 $I$ 就越小，偏转角就越小，故欧姆表刻度是与电流表刻度相反的。由于测量电阻时的电流 $I$ 与被测电阻不呈比例关系，所以测量电阻的标度尺分度是不均匀的，具体如图 2-8 所示。

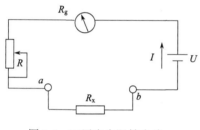

图 2-7　万用表电阻档电路

图 2-8　万用表电阻档标尺

### 2. 零欧姆调整器

上述的测量电阻的原理中，前提是假定电源两端电压 $U$ 是恒定的，但是，实际工作中，干电池使用或存放时间久了，电压 $U$ 就会下降。这时，若 $R_x=0$(即将两支表笔短接时)，表头的指针就不可能偏转到满刻度，即指针指不到零，如果这时测量其他数值的被测电阻，测量结果同样是不准确的。因此，电池电压 $U$ 的变化会给测量结果带来很大的误差。

为了消除这种误差，可以在表头的两端并联一个可调电阻 $R_0$，当 $R_x=0$ 而表头指针偏转不到欧姆零位时，可通过调节 $R_0$ 改变分流电阻值，使表头指针指在欧姆零位，因此，称 $R_0$ 为零欧姆调整器。万用表的测量电路中，通常用得较多的是分压式零欧姆调整器，如图 2-9 所示。由于分压式零欧姆调整器的支路中串联了固定电阻 $R_0'$，它使该支路的分流作用限制在一定范围内，零欧姆调整器 $R_0$ 接在万用表的总电路中，当 $R_0$ 改变时，与表头并联及串联的电阻都发生了变化，这样的调整效果更好。

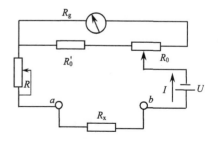

图 2-9　分压式零欧姆调整器

### 3. 欧姆中心电阻

有了零欧姆调整器后，电路中总电流 $I=U/(R'_g+R+R_x)$，式中，$R'_g$ 为表头内阻 $R_g$ 与零欧姆调整器支路的电阻串联、并联后的等效电阻。

当 $R_x=0$ 时，表头指针满偏，相应电路中流过的电阻为 $I_0=U/(R'_g+R)$；当 $R_x=R'_g+R$ 时，则 $I=I_0/2$。由此可知，当 $R_x$ 等于欧姆表等效电阻时，电路中的电流为满偏电流的一半，表头指针在满刻度的 1/2 处，所对应的 $R_x$ 称为欧姆中心值，换句话说，中心电阻就是欧姆表某档的总内阻值。

### 4. 电阻档倍率的扩大

万用表一般为具有不同中心阻值的多量程欧姆表，为了使用同一刻度，各档中心阻值是十进制的。例如，MF-47 型万用表 $R\times1\Omega$ 档的中心阻值为 $16.5\Omega$，其他 $R\times10\Omega$、$R\times100\Omega$、$R\times1k\Omega$、$R\times10k\Omega$ 档的中心阻值分别是 $165\Omega$、$1.65k\Omega$、$16.5k\Omega$、$165k\Omega$。

出于测量电子元件和电子线路参数的需要，有些万用表增加扩展晶体管共发射极静态直流电流放大系数 $(h_{FE})$ 的测量，电容、电感量的测量和电平的测量。

## 2.3.5 典型万用表线路分析

万用表型号繁多，结构各异，大多可测量电流、电压、电阻、音频电平等，有些万用表增加了电容、电感、晶体管直流参数，它们的电路原理都是一样的，只有结构复杂与简单、测量项目多与少之分。下面以 MF-47 型万用表为例来分析电路的各种原理。

### 1. 表头电路

图 2-10 是 MF-47 型万用表的表头电路。MF-47 型的表头灵敏度为 $50\mu A$。$R_g$ 是表头内阻，大约为 $1.7k\Omega$。为了制造工艺的需要，表头串联 $R_{61}$，内阻扩展到 $1.8k\Omega$。$D_3$、$D_4$ 是表头保护二极管，$C_1$ 是脉冲滤波电容，可消除脉冲电流引起的表头指针抖动。

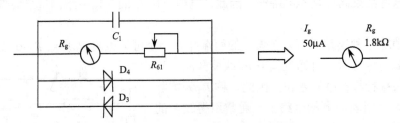

图 2-10  MF-47 型万用表表头电路图

### 2. 直流电流测量电路

图 2-11 是 MF-47 型万用表直流电流测量电路原理图，该表共有 6 个量程，其中 $500\mu A$、$5mA$、$50mA$、$500mA$ 和 $5A$ 量程采用闭路式分流器电路。表头串路与 $R_6$ 串联，表头内阻扩展到 $5.4k\Omega$。

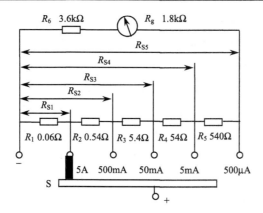

图 2-11　MF-47 型万用表直流电流测量电路

首先，求出闭合回路的总分流电阻为

$$R_{S5} = I_g(R_g' + R_{S6}) / (I_{min} - I_g) = 50 \times 5.4 / (500 - 50) = 0.6\text{k}\Omega$$

其次，求直流电流电压降为

$$I_g(R_g + R_{S5}) = 50 \times 10^{-6} \times (5.4 \times 10^3 + 0.6 \times 10^3) = 0.3\text{V}$$

再次，求各分流电阻为

$$R_{5A} = R_{S1} = 0.3\text{V}/5\text{A} = 0.06\Omega$$

$$R_{500\text{mA}} = R_{S2} = 0.3\text{V}/0.5\text{A} = 0.6\Omega$$

$$R_{50\text{mA}} = R_{S3} = 0.3\text{V}/0.05\text{A} = 6\Omega$$

$$R_{5\text{mA}} = R_{S4} = 0.3\text{V}/0.005\text{A} = 60\Omega$$

$$R_{500\mu\text{A}} = R_{S5} = 0.3\text{V}/0.0005\text{A} = 600\Omega$$

最后，确定各电阻阻值为

$$R_1 = R_{S1} = 0.06\Omega$$

$$R_2 = R_{S2} - R_{S1} = 0.6\Omega - 0.06\Omega = 0.54\Omega$$

$$R_3 = R_{S3} - R_{S2} = 6\Omega - 0.6\Omega = 5.4\Omega$$

$$R_4 = R_{S4} - R_{S3} = 60\Omega - 6\Omega = 54\Omega$$

$$R_5 = R_{S5} - R_{S4} = 600\Omega - 60\Omega = 540\Omega$$

### 3. 直流电压测量电路

MF-47 型万用表直流电压采用共用式分压电阻来扩大电压量程，原理如图 2-12 所示。

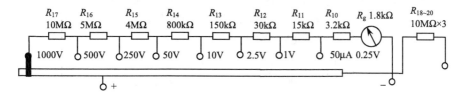

图 2-12　MF-47 型万用表直流电压测量电路

　　直流电压灵敏度为 20000Ω/V，通过转换开关可获得 0.25V、1V、2.5V、10V、50V、250V、500V、1000V 八种不同量程的直流电压档。根据公式可计算八个分压阻值：

$$R_{10} = U_1 / I_g - R_g = 0.25\text{V}/50\mu\text{A} - 1.8\text{k}\Omega = 3.2\text{k}\Omega$$

$$R_{11} = (U_2 - U_1) / I_g = (1\text{V} - 0.25\text{V}) / 50\mu\text{A} = 15\text{k}\Omega$$

$$R_{12} = (U_3 - U_2) / I_g = (2.5\text{V} - 1\text{V}) / 50\mu\text{A} = 30\text{k}\Omega$$

$$R_{13} = (U_4 - U_3) / I_g = (10\text{V} - 2.5\text{V}) / 50\mu\text{A} = 150\text{k}\Omega$$

$$R_{14} = (U_5 - U_4) / I_g = (50\text{V} - 10\text{V}) / 50\mu\text{A} = 800\text{k}\Omega$$

$$R_{15} = (U_6 - U_5) / I_g = (250\text{V} - 50\text{V}) / 50\mu\text{A} = 4\text{M}\Omega$$

$$R_{16} = (U_7 - U_6) / I_g = (500\text{V} - 250\text{V}) / 50\mu\text{A} = 5\text{M}\Omega$$

$$R_{17} = (U_8 - U_7) / I_g = (1000\text{V} - 500\text{V}) / 50\mu\text{A} = 10\text{M}\Omega$$

　　此外，还有一个交直流两用的 2500V 插孔，当测量 1000～2500V 直流电压时，可将高压测试笔直接插入"2500V～"和"－"内，转换开关打在直流 1000V 量程位置上。

### 4. 交流电压测量电路

　　MF-47 型万用表交流电压档整流电路采用半波整流并联分流电路，如图 2-13 所示。$D_1$ 是整流二极管，$D_2$ 是反向电压保护二极管，交流电压灵敏度为 4000Ω/V，电流灵敏度为 250μA（$I$=1/4000=0.00025A），整流后得到直流电流 $I$=250×0.45=112.5μA。分流器 $R_{32}$ 处串入可调电阻 $R_{33}$，此电阻的变化可以改变表头并联分流电阻，从而改变线路灵敏度。

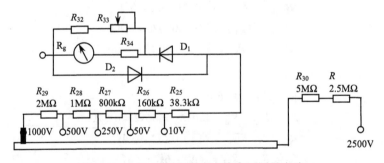

图 2-13　MF-47 型万用表交流电压测量电路

　　交流电压测量电路扩大量程的方法和直流电压相同，通过转换开关可得 10V、50V、250V、500V、1000V 五种不同量程的交流电压档。此外当测量 1000～2500V 交流电压时，可将高压测试笔直接插入"2500V～"和"－"内，转换开关打在"1000V～"量程位置上。根据公式可计算 $R_{25}$、$R_{26}$、$R_{27}$、$R_{28}$、$R_{29}$ 的电阻，它们的阻值分别是

$$R_{25} = 10\text{V} / 250\mu\text{A} - 1.7\text{k}\Omega = 38.3\text{k}\Omega$$

$$R_{26} = (50\text{V} - 10\text{V}) / 250\mu\text{A} = 160\text{k}\Omega$$

$$R_{27} = (250\text{V} - 50\text{V}) / 250\mu\text{A} = 800\text{k}\Omega$$

$$R_{20} = (500\text{V} - 250\text{V}) / 250\mu\text{A} = 1\text{M}\Omega$$

$$R_{29} = (1000\text{V} - 500\text{V}) / 250\mu\text{A} = 2\text{M}\Omega$$

5. 电阻测量电路

MF-47 型万用表交流电压档整流电路采用半波整流并联分流电路，如图 2-14 所示。

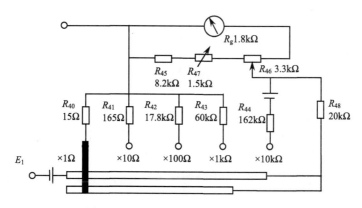

图 2-14　MF-47 型万用表电阻测量电路

电路在 $R \times 1\Omega$ 档中心阻值位置，$R_{46}$ 是零欧姆调整器，$R_{47}$ 是分流器调整电阻，线路在 $R \times 1\Omega$、$R \times 10\Omega$、$R \times 100\Omega$、$R \times 1\text{k}\Omega$ 四档分别并联上一个分流电阻 $R_{40}$、$R_{41}$、$R_{42}$、$R_{43}$，然后 $R_{45}$、$R_{46}$、$R_{47}$、$R_{48}$ 及表头组成的电路并联分流回负端。$R \times 10\text{k}\Omega$ 档为提高电路灵敏度增加了 9V 的电池，电压为 10.5V，回路删去电阻 $R_{48}$。

# 2.4　万用表的应用

## 2.4.1　万用表的选用

万用表按精度可分为精密、较精密、普通三种，按灵敏度可分为高、较高、低三种，按体积可分为大、中、小三种。一般来说，精密、高灵敏度、功能多、大体积的万用表质量高、价格贵。

万用表的型号很多，而不同型号之间的功能也存在差异。一般情况下，万用表都具有以下基本量程：$\times 1\Omega \sim 10\Omega \sim 100\Omega \sim 1\text{k}\Omega \sim 10\text{k}\Omega$ 的欧姆档，$0\text{V} \sim 2.5\text{V} \sim 10\text{V} \sim 50\text{V} \sim 250\text{V} \sim 500\text{V}$ 的直流电压档，$0\text{V} \sim 10\text{V} \sim 50\text{V} \sim 250\text{V} \sim 500\text{V}$ 的交流电压档，$0\text{mA} \sim 50\mu\text{A} \sim 1\text{mA} \sim 10\text{mA} \sim 100\text{mA} \sim 500\text{mA}$ 的直流电流档，而数字万用表量程更大、量程更多。因此，在选用万用表的时候，通常要注意以下几个方面。

（1）要了解万用表的性能和价格。在选用万用表之前，首先要根据自己的需要，对万用表的精度、灵敏度、价格等方面做进一步的对比和了解，再选择不同档次的万用表。如果对测量结果精度要求很高，就选择一块灵敏度高、性能好的万用表；如果对测量结果要求不高，如家庭使用，就选择价格便宜、性能一般、具有上述基本量程的万用表即可。

（2）要注意万用表使用的环境。如果在室内使用，可以购买体积较大、精度较高、测量范围较广的万用表；如果是户外便携使用，就要购买体积较小，并且密封性较好的万用表。

(3)注意万用表的外观。表盘刻度要清晰、无污点，表壳光亮而无划痕、裂缝，后盖紧密而不松动，提手牢固安全，功能开关触点接触可靠而不左右晃动，旋转时声音清脆而无杂音，机械调零旋钮和电阻档调零旋钮旋转要灵活。

(4)表头的检查。机械调零后，将表在水平、垂直方向上进行小幅度的来回晃动，指针不应有明显的摆动；将万用表水平放置和竖直放置时，表针偏转不应超过一小格；将表旋转 360°时，指针应该始终在零附近均匀摆动。如果达到了上述要求，就说明表头在平衡和阻尼方面达到了标准。

(5)测量准确度的检测。选择好了样式和型号之后，就要简易判断万用表的性能。最好事先准备一些参照物，如电阻、电池、电容等，对电阻档、电压档、电流档进行实验性检查，以便进行选择比较。

(6)选择时要注意质量的优劣。购买时要到信誉高的商店去购买，以免给今后的工作带来很多麻烦。

### 2.4.2　使用注意事项

万用表属于使用比较频繁的常规仪器，稍有不慎，轻则损坏表内的元器件，重则损坏表头，甚至危及人的生命安全，因此，在使用万用表前，要格外小心，要注意以下几个方面。

#### 1. 测量前准备

(1)在使用万用表前，必须详细地阅读使用说明书，熟悉每个转换开关、旋钮、按钮和插孔的作用，以及了解表盘上每条刻度线所对应的被测量。

(2)万用表有水平放置和竖直放置之分，不按规定的要求放置，会引起倾斜误差。使用万用表时，应将万用表水平地放置在桌子上。

(3)万用表使用前，先进行机械调零。如果调零旋钮至最大，指针仍然不能归零，这种现象通常是由于表内电池电压不足而造成的，应换上新电池方能准确测量。

(4)测量前，必须明确要测量什么和怎样测，然后正确选择相应的测量种类和量程档，在每次拿起表笔准备测量时，务必核对下测量项目及量程是否合适，确认无误后再进行测量操作。特别要指出，测量电流与电压时不能用错档位，如果误将电阻档或电流档混用，将极易烧坏电表。

(5)如果预先无法估计被测量的大小，应先拨到最大量程档，再逐渐减小量程到合适的位置。所选用的档位越接近被测值，测量的数值就越准确。

(6)万用表不用时，最好将档位拨到交流电压最高档，避免因使用不当而损坏。读数时眼睛视线应与指针垂直，以免出现误差。

#### 2. 测量电流

(1)测量电流时应将万用表串接到被测电路中，切勿将两支表笔跨接在被测电路的两端，以防止万用表损坏。

(2)测直流电流时还应注意正负极性,若表笔接反,表针会反打,容易把表针打弯。如果表笔接反了,应立即调换表笔,以免损坏指针及表头。

(3)测电流时,若电源内阻和负载电阻都很小,应选择较大的电流量程,以降低万用表内阻,减小对被测电路工作状态的影响。

3. 测量电压

(1)测量电压时,应将万用表并联在被测电路的两端,测直流电压时,同样要注意正负极性。如果误用直流电压档去测交流电压,表针就不动或略微抖动,如果误用交流电压档去测直流电压,读数可能偏高,也可能为零。选取的电压量程,应尽量使表针偏转到满刻度的 1/2 或 1/3。

(2)严禁在测高压或大电流时拨动量程选择开关,以免产生电弧,烧坏转换开关触点,测高压时必须使用高绝缘性的表笔。被测电压高于 100V 时须注意安全,养成单手操作的习惯。

(3)万用表测量高频信号电压时,误差很大。由于整流元件的非线性,万用表测量 1V 以下的交流电压的误差也很大,万用表不能用于测量毫伏级的微弱信号,也不能直接用万用表测量方波、矩形波、锯齿波等非正弦电压。

4. 测量电阻

(1) 测量电阻时要将两支表笔并接在电阻的两端,采用不同倍率的电阻档,测量非线性元件的等效电阻,测出的电阻值也不同,$R \times 1\Omega$ 档测出的电阻最小。每次测量电阻档时应重新调整欧姆零点。

(2)测量线路内元件的电阻时,应考虑到与之并联电阻的影响,必要时应焊掉被测元件的一端再进行测量,测量三极管时必须焊开两个电极。

(3)测量有感抗的电路中的电压时,必须在切断电源前先把万用表断开,防止由于自感现象产生的高压损坏万用表。

(4)严禁在被测电路带电的情况下测量电阻,否则,极易损坏万用表。不能用电阻档直接测高灵敏度表头的内阻,以免烧毁动圈或打弯表针。

(5)测量晶体管、电解电容等有极性元件的等效电阻时,必须注意两表笔的极性。在电阻档正表笔接表内的负极,所以带负电,负表笔接电池正极,因此带正电。若把表笔接反了,测量结果就会不同。

(6)$R \times 10\text{k}\Omega$ 档的电池电压较高,不宜检测耐压很低的元件。

(7)测电阻时,不允许两手分别捏住两支表笔的金属端,以免引入人体电阻。

5. 测量环境

(1)万用表应在干燥、无震动、无强磁场、环境温度适宜的条件下使用和保存。潮湿的环境容易使绝缘度降低,还能使元器件受潮而性能变劣;在强磁场附近使用万用表会使测量误差增大;环境温度过高或过低,不仅能使整流管的正、反向电阻发生变化,改变整流系数,还能影响表头灵敏度以及分压比和分流比,产生附加温度误差。

（2）长期不用的万用表，应将电池取下，避免电池存放过久而变质漏液，损坏电路板。

## 2.4.3 万用表的使用方法

在使用前应检查指针是否指在机械零位上，如果不指在零位，可旋转表盖的调零器使指针指示在零位上。红黑表笔分别插入"+"、"–"插孔中，如果测量交流直流 2500V 或直流 5A，红表笔则应分别插到标有 2500V～或 5A 的插孔中。

### 1. 直流电流测量

测量直流电流时，将万用表的一个转换开关置于直流电流档，另一个转换开关置于 50μA 到 500mA 的合适量程上，电流的量程选择和读数方法与电压一样。测量时必须先断开电路，然后按照电流从"+"到"–"的方向，将万用表串联到被测电路中，红表笔接电流流入的一端，黑表笔接电流流出的一端。其读数实际值＝指示值×量程/满偏。在测量过程当中，要注意两支表笔与电路的接触应保持良好，切勿将两支表笔并接在某一电路的两端，以防万用表的损坏。

### 2. 交直流电压测量

将万用表的一个转换开关置于交、直流电压档，另一个转换开关置于直流电压的合适量程上，而后将测试棒跨接于被测电路两端，且红表笔接到高电位处，黑表笔接到低电位处，即让电流从"+"表笔流入，从"–"表笔流出，若表笔接反，表头指针会反方向偏转，容易撞弯指针。

如果事先不知道待测电压的值在哪一个量程范围之内，应遵循从高量程到低量程的原则，不合适再依次递减，直至指针在有效的偏转范围之内。如果不考虑表的内阻对测量结果的影响，可选择较小的量程，使指针得到最大幅度的偏转，这时测量结果读数最准确，误差最小；如果考虑表的内阻对测量结果的影响，应选择较高的量程，这样表的内阻增大，减小了表的内阻对测量结果的影响。由于万用表是磁电式整流系仪表，它的指示值是交流电压的有效值，均按正弦波交流电压的有效值标定，因此只适用于正弦波。

交流电没有正、负极之分，所以表笔也没有红、黑之别。需要说明的是，用直流电压档测量交流电压值时，指针会抖动而不偏转，甚至会损坏；用交流电压档测量直流电压值时，所测量的结果大约要高 1 倍；测量交流电压时，如果被测交流信号上叠加有直流电压，交、直流电压之和不得超过该量程，必要时应在输入端串接隔直电容。

### 3. 直流电阻测量

转动开关选择合适的电阻量程档，并将红黑表笔短接，旋转零欧姆调整旋钮，使指针对准欧姆"0"位上，然后将红黑表笔跨接于被测电路的两端进行测量，表头的读数乘以倍率，就是所测电阻的电阻值。如果指针不能调到零位，说明电池电压不足或仪表内部有问题，并且每换一次倍率档，都要再次进行欧姆调零，以保证测量准确。

准确测量电阻时，应选择合适的电阻档位，万用表欧姆档的刻度线是不均匀的，所以应使指针停留在刻度线较稀的部分，且指针越接近刻度尺的中间，读数越准确。测量电路中的电阻时，应先切断电路电源，如果电路中有电容应先行放电。

4. 音频电平测量

音频电平测量是指在一定的负荷阻抗上，用以测量放大极的增益和线路输送的损耗，测量单位以分贝表示。音频电平与功率电压的关系式是：$N\mathrm{dB}=10\lg(P_2/P_1)=20\lg(V_2/V_1)$。在万用表的标度盘上一般都有分贝标度尺，它是用以测量电平的。dB 是分贝的表示符号，而分贝是电平的单位。分贝的定度是以 $600\Omega$ 负载电阻上，得到 1mW 定为零分贝的(压降为 0.775V)。表盘上的分贝刻度，是以 10V 交流电压档经换算而标出的，在这一档上，可以直接读取音频电平的分贝数。

## 思考题与习题

2-1　欧姆档的欧姆调零与表头的调零器是不是一回事？应如何使用？

2-2　用欧姆表测半导体二极管正向电阻时，使用 $R\times100\Omega$ 档和使用 $R\times1\mathrm{k}\Omega$ 档的测量结果会不会一样？为什么？

2-3　用欧姆档可以测试 $1\mu\mathrm{F}$ 以上的电容好坏，为什么？怎么测？

2-4　为了扩大欧姆表的电阻量程，仪表内阻必须增大，这时表头的电流是不是会减小，如何才能保持表头的灵敏度？

2-5　用万用表测量电平时，为什么说实际上就是测交流电压？

2-6　使用万用表时，应注意什么问题？

2-7　什么叫机械调零？什么叫欧姆调零？

2-8　写出使用万用表测量电阻的步骤。

2-9　如何用万用表测量二极管正负极及判别材料？

2-10　如何使用万用表测量三极管类别、引脚及材料？

2-11　怎样判别七段数码管是共阳极还是共阴极？

2-12　使用万用表测量电阻时应注意哪些事项？

2-13　使用万用表测量交流电压时应注意哪些事项？

# 第 3 章　数字万用表

电压广泛存在于科学研究、现代化生产以及人类生活的各种活动之中。电压测量是许多电测量和非电量测量的基础，也是电路和信号最基本、最重要的参数。因此，电压测量是电子电路测量的一个重要内容。

在集总参数电路里，表征电信号能量的三个基本参量分别是电压、电流和功率，若在标准电阻的两端测出电压值，那么就可通过计算求得电流或功率。但是，考虑到操作的安全性、方便性和准确性，以及过载能力等因素，测量的主要参量还是电压。此外，包括测量仪器在内的电子设备，它们的许多工作特性均可视为电压的派生量，如幅度、波形的非线性失真系数等。

在非电量测量中，许多物理量，如温度、压力、流量、速度等，都可以通过传感器转换成电压量，通过电压量即可方便地实现对这些物理量的测量。因此，电压测量也是非电量测量的基础。可以说，电压测量是其他许多电参量，也包括非电测量的基础。

直流电压测量通常是交流电压、电流、电阻和其他相关测量的基础。直流电压测量大多采用数字电压表，其关键是模数转换器，把模拟量变为数字量，再进行计数、处理和显示。交流电流、直流电流和电阻等测量，关键电路是各种变换器，变换器把其他参量变为直流电压再进行测量。因此，模数转换器和变换器是本章重点讲解内容。

## 3.1　概　　述

### 3.1.1　电压测量的基本要求

在电子电路的实际测量中，被测电压具有频率范围宽、幅值差别很大、波形多种多样、内阻不同等特点，因此，对电压测量提出了一系列的要求，主要可概括如下。

#### 1. 频率范围宽

一般来说，被测电压的频率大致分为直流、超低频、低频、高频和超高频等。被测电压的频率范围从零赫兹到数百兆赫兹，甚至吉赫兹量级，因此，电压表必须具有足够宽的频率范围。在电子测量中，习惯上将 1MHz 以上的频率称为高频，1MHz 以下的频率称为低频，10Hz 以下的频率称为超低频。

#### 2. 测量范围宽

通常，待测电压的量值范围很宽，小到纳伏，大到几百伏，甚至几千伏至几万伏。被测电压在测量之前，应对被测电压的大小进行估计，所用电压表应具有相当宽的量程或具有针对性，对于非常小的电压值，要求电压测量仪器具有非常高的灵敏度，目前已出现灵敏度高达 1nV 的数字电压表，而测量高电压时应选用绝缘强度高的电压表。

### 3. 输入阻抗高

测量电压时，电压表等效为输入电阻 $R_i$ 和输入电容 $C_i$ 的并联，其输入阻抗 $(R_i // C_i)$ 是被测电路的额外负载。为了使仪器接入电路时尽量减小它的影响，要求仪器具有高输入阻抗，即 $R_i$ 应尽量大、$C_i$ 应尽量小。

低频测量时，一般交流电压表的输入电阻为 1MΩ、输入电容为 $1 \sim 10pF$，二者对被测电路的影响很小，故一般不考虑电压表输入阻抗对被测电路的影响。但在高频测量时，输入电阻 $R_i$ 和输入电容 $C_i$ 的容抗将变小，二者对被测电路的影响变大，一般要考虑电压表输入阻抗的影响，当它的影响不可忽略时，应对测量结果进行修正。

### 4. 电压波形的多样化

被测电压除直流电压外，交流电压波形多种多样。除正弦电压以外，还包括失真的正弦波及各种非正弦波，如锯齿波、三角波、矩形波、脉冲波、高斯波，以及各种调制波形等，而噪声则是一种无规则的随机信号。

### 5. 测量准确度高

直流电压的测量可获得最高的准确度，目前数字电压表测量直流电压的准确度可达 $10^{-7}$ 量级。至于交流测量，一般需要通过交流-直流变换电路，而且当测量高频电压时，分布性参量的影响不容忽视，再加上波形误差，交流电压的测量准确度目前只能达到 $10^{-4} \sim 10^{-2}$ 量级。

电压测量的准确度要求与具体测量场合有关。例如，在工业测量领域，有时只是需要监测电压的大致范围，其精度比较低，可选用测量精确度为 $1\% \sim 3\%$ 的电压表；在有些场合则需要进行高精度的测量，而作为电压标准的计量仪器，其精度可达 $10^{-9} \sim 10^{-8}$ 量级。

### 6. 测量速度较高

在测量领域，测量一般分为静态测量和动态测量。静态测量速度很慢，低至每秒几次，但通常要求测量准确度很高。动态测量速度很快，可高达每秒百万次以上，但测量准确度要求不高。测量准确度和测量速度始终是一对矛盾体，人们追求高精度和高准确度的测量往往需要付出很大的代价。

### 7. 抗干扰能力高

电压是一种极易受到外界干扰和系统内部噪声影响的信号参数。在实际的电压测量中，特别是测量小信号时，总会因为串模干扰、共模干扰等信号的影响而引入测量误差。为此，高精度电压的测量要求电压表具有足够的抗干扰能力，必要时应采取一些抗干扰措施，如良好接地、使用短的测试线、进行可靠屏蔽等，以减小干扰的影响。

### 3.1.2　数字电压表的主要技术指标

#### 1. 测量范围

一般，模拟电压表利用量程就可表征其电压测量范围。电压表通常给出所能测量电压的有效值范围，为纳伏级至千伏级，这个范围分若干个量程给出。频率测量范围指在保证电压表基本性能的情况下，可测的最低至最高频率范围，除测量直流外，对交流正弦而言为几赫兹至几十吉赫兹。对数字电压表来说，还要利用显示位数、超量程能力才能较全面地反映它的测量范围。

##### 1) 量程

数字电压表的量程有若干档，量程又可分为基本量程和扩展量程。数字电压表的量程是按输入电压范围划分的，而由 A/D 转换器的输入电压范围确定数字电压表的基本量程。在基本量程上，输入电路不需对被测电压进行放大和衰减，便可直接进行 A/D 转换。

数字电压表在基本量程基础上，通过输入电路对输入电压按倍数进行放大或衰减，扩展出其他量程。例如，基本量程为 5V 的数字电压表，可扩展出 0.5V、5V、50V、500V 等量程。

量程的选择有手动和自动两种。手动方式时，可用手动切换开关来改变不同的量程档；自动方式时，仪表将根据被测电压的大小自动选择合适的量程。

##### 2) 显示位数

数字电压表的显示位分为完整显示位、非完整显示位。一般的显示位能显示 0～9 的数字，而在最高位上，可采用只能显示 0 和 1 的非完整显示位，俗称半位。

例如，4 位显示是指数字电压表具有 4 位完整显示位，其最大显示数字为 9999，而 4 位半指数字电压表具有 4 位完整显示位，以及 1 位非完整显示位，其最大显示数字为 19999。

##### 3) 超量程能力

超量程能力是数字电压表的重要特性。最大显示为 9999 的 4 位表没有超量程能力，最大显示为 19999 的 4 位半表则有超量程能力，允许有 100% 的超量程。

有了超量程能力，当被测量超过正规的满度量程时，读取的测量结果就不会降低精度和分辨率。例如，用一台 5 位数字电压表测一个电压值为 10.001V 的直流电压，若置于满量程 10V 档，即最大显示为 9.9999V，很明显计数器将溢出，这时将自动转换到 100V 档，显示 10.000V，可见被测电压最后一位数将丢失，即对 0.0001V 无法分辨。但是，若用具有超量程能力的数字电压表，因为有一附加首位，当被测电压超过量程时，这一位显示 1，即全部显示为 10.0001V。

#### 2. 分辨率

分辨率是数字电压表能够显示出的被测电压的最小变化值，即显示器末位跳变一个字所需的最小输入电压值。显然，分辨率与选用的量程有关，在不同的量程上，数字电压表的分辨率是不同的。在最小量程上，数字电压表具有最高的分辨率，通常把最高分辨率作为数字电压表的分辨率指标。

例如，3 位半的数字电压表，在 200mV 量程上可以测量的最大电压为 199.9mV，其分辨力为 0.1mV/字，即当输入电压变化 0.1mV 时，显示的末尾数字将变化 1 个字，也就是说，显示器末位跳变 1 个字，所需电压变化量为 0.1mV。有时也用百分比表示，例如，3 位半的数字电压表分辨率为 0.05%。

分辨率可以用量程除以最大显示值来求取。由于分辨率与数字电压表中 A/D 转换器的位数有关，位数越多，分辨率越高，故有时称具有多少位的分辨率。例如，称 12 位 A/D 转换器具有 12 位分辨率，有时也用最低有效位 LSB 表示，把分辨率记为 $1/2^{12}$ 或 1/4096。分辨率越高，被测电压越小，电压表越灵敏，故也把分辨率称为灵敏度。

数字电压表的分辨率不同于准确度，它们属于两个不同的概念。分辨率表征仪器的灵敏性，即对微小电压的识别能力，它仅与仪器的显示位数有关；后者反映测量的准确性，即测量结果与真值的一致程度，它取决于模数转换器等的总误差。从测量角度上看，分辨率是与测量误差无关的理想的虚指标，准确度才是标准测量误差大小的实指标。

3. 测量精度

电压表的精度常用来定性地表明测量结果误差的严重程度。当前，数字电压表的测量精度通常用最大允许的绝对误差来表示，其表示方式为

$$\begin{cases} \Delta U = \pm\left(\alpha\% U_x + \beta\% U_m\right) \\ \gamma = \dfrac{\Delta U}{U_x} = \pm\left(\alpha\% + \beta\% \dfrac{U_m}{U_x}\right) \end{cases} \tag{3-1}$$

式中，$U_x$ 为被测电压的指示值；$U_m$ 为电压表的量程值；$\alpha$ 为误差的相对项系数；$\beta$ 为误差的固定项系数；$\gamma$ 为读数相对误差。

式 (3-1) 右边第一项与读数 $U_x$ 成正比，称为读数误差，第二项为不随读数变化而改变的固定误差项，称为满度误差。读数误差与当前读数有关，包括刻度系数、非线性等产生的误差。刻度系数误差理论上是常数，它与电路的传递函数关系密切，例如，放大器增益和衰减倍数不准、基准参考电压的不稳定，都会使误差与被测信号成比例变化。非线性误差主要是由输入电路和模数转换器的非线性引起的。

满度误差包括量化、偏移等产生的误差，它与表的量程或满度值成正比，也就是在量程固定时这部分误差也保持不变。模数转换器的量化误差、内部的噪声，以及放大器存在的失调电压，均是造成满度误差的原因。当被测量很小时，满度误差起主要作用，当被测量较大时，读数误差起主要作用。

由于满度误差与读数无关，只与当前选用的量程有关，因此也可用 $n$ 个字来表示，即

$$\Delta U = \pm\left(\alpha\% U_x + n\text{字}\right) \tag{3-2}$$

例如，某台 4 位半的数字电压表，说明书给出基本量程为 2V，$\Delta U = \pm(0.001\%$ 读数 $+1$ 字)，显然，在 2V 量程上，1 字 $=0.1$mV，由 $\beta\% U_m = \beta\% \times 2V = 0.1$mV 可知 $\beta\% = 0.005\%$，因此，1 字的满度误差与 $0.005\% U_m$ 是完全等价的，只是表示形式不同，两者可直接相互

换算。为减小满度误差的影响，应合理选择量程，尽量使被测量大于满量程的 2/3。

**4. 输入阻抗**

电压表的输入阻抗指输入电压变化值与输入电流变化值之比，即从输入端两端看进去的阻抗，具体包括输入电阻和输入电容。

输入阻抗取决于输入电路，并与量程有关。对于直流数字电压表，输入阻抗用输入电阻表示，一般为 10～1000MΩ；对于交流数字电压表，特别是高频电压表，输入阻抗用输入电阻和并联电容表示。输入阻抗在多数情况下希望电压表对被测电路的影响尽量小，这时就要求电压表的输入阻抗尽可能大，目前可高至十几吉欧姆，但在测量大电压时，由于输入电路分压器的影响，输入阻抗可能降至兆欧姆级，电容一般在几十至几百皮法。有时被测信号要求一定的阻抗与其匹配，或要求测量信号在某确定电阻上的电压，电压表应能提供被测信号要求的输入阻抗，有些电压表能提供高阻在内的多种输入阻抗供用户选择。

**5. 测量速率与响应时间**

测量速率是指每秒对被测电压的测量次数，或一次测量过程所需的时间。测量速率对于自动测试系统，特别是要求快速读取数据的系统尤为重要。

数字电压表的读数速度相差很大，既可若干秒读取一个数据，也可每秒读取 $10^5$ 个以上数据。读数速度与电压表的类型及选取的显示位数有关。即使同一台数字电压表，它工作在不同的显示位数时，测量速度也悬殊。通常，显示位数越少，测量速度越快。针对具体的测试要求，应对显示位数、测量的精度，以及达到的测试速度进行统筹考虑。

响应时间为保证测量误差小于规定值的情况下，电压表跟踪电压幅度、极性或量程改变所需要的时间，分别称为阶跃响应(对阶跃输入电压的响应速度)、极性响应(对极性自动变换的响应时间)或量程响应时间(对量程自动变换的响应时间)。后两者只用于具有自动极性或量程选择的电压表。

**6. 抗干扰能力**

电压表所受干扰包括仪表内部漂移、抖动和其他噪声造成的干扰及外部因素形成的干扰。内部干扰要在制造时从电路上采取多种措施，对于选定了电压表的情况，最主要的是尽量克服或减小外部仪器造成的干扰，因此说，数字电压表要有一定的抗干扰能力和措施。干扰分为串模干扰和共模干扰两种，分别为被测电压相串联施加于电压表两输入端之间，或同时作用于电压表的两输入端。一般，分别用串模干扰抑制比(SMRR)和共模干扰抑制比(CMRR)来表示对两种干扰的抑制能力。

### 3.1.3　电压测量的方法和分类

被测电压按照对象可分为直流电压测量和交流电压测量；按被测电压大小可分为低压测量和高压测量；按测量的技术方法可分为模拟电压测量和数字电压测量两类。不同的测量对象和方法，使用的电压测量仪器也不一样。

低压线路中，测某两点间的电压，首先估计出被测电压值范围，选取合适的量程，再将电压表的两端直接接到被测的两点即可测量，称作并联法。高压测量对人体的威胁很大，必须使用一种专门的设备来进行测量，这种设备称作电压互感器。电压互感器的构造及原理与变压器一样，即经过电压互感器测电压，把高压转换成低压进行测量，实际电压值为读数与电压表的乘积。例如，某电压表经过 10000/100 的电压互感器测得电压读数为 50V，那么，其实际电压应为 5000V。

模拟电压表是指针式的，用磁电式电流表作为指示器，并在电流表表盘上以电压或分贝刻度。直流电压的模拟测量一般是将被测模拟电压经过放大或衰减后，驱动直流电流表指针进行偏转指示，其结构简单，但一般测量准确度比较低。测量交流电压，需要通过交流-直流检波电路，将交流电压变换成直流电压，再经过放大或衰减后，驱动直流电流表偏转指示。

需要指出的是，模拟电压表由于电路简单、价廉，特别是在测量高频电压时，其测量准确度不亚于数字电压表，因此，传统的模拟电压表、电平表和噪声测量仪仍在广泛使用。但是，模拟电压表也有不少严重的缺点，例如，不便于与计算机及网络连接，这导致很难避免被数字电压表取代的命运。

数字电压表是先将模拟量用模数转换器变成数字量，然后再用电子计数器计数，并以十进制数字显示被测电压值。直流电压的数字化测量是通过模拟-数字转换，将模拟电压量转换成相应的数字电压量，然后用电子计数器进行计数，并以十进制数字显示被测电压值。数字化电压测量直观方便、功耗低、测量准确度高，以模数转换器为核心即可构成数字电压表。交流电压通过检波电路变换成直流电压，然后通过直流电压的数字化测量的方法，即可实现交流电压的数字化测量。目前，从价格低廉的简单手持式电压表到复杂、高级的电压表多采用数字电压表，它在应用数量和性能指标上都具有明显优势。

实现交流电压测量的另一种方法是，直接采样模数转换器，将被测交流电压波形以奈奎斯特采样，然后对采样数据进行处理，从而计算出交流电压的有效值、峰值和平均值。此外，还有示波器测量方法，利用模拟示波器或数字示波器可直观地显示出被测电压波形，并读出相应的电压值。实际上，示波器是一种广义电压表。

## 3.1.4　电压表的分类

电压表有多种分类方法，其中有些分类方法只适用于某些特定电压表。下面给出常见的分类方法，如下所述。

(1)按显示技术和方式，电压表分为模拟电压表和数字电压表。模拟式电压表从输入被测信号到最后结果的显示均采用模拟信号处理方法，并以指针式表头指示测量结果。这种表头通常以电流流过磁场中的线圈，引起线圈和指针来工作。数字电压表中虽然不排除或多或少地使用若干模拟电路，但最终它要通过 A/D 转换器，把模拟量变为数字量，并以数字方式显示测量结果。

(2)按被测对象，电压表可分为直流电压表和交流电压表。交流电压表按可测电压的工作频率分为低频、高频和超高频等类型；根据可测电压值的高低，交流电压表也可分为低压电压表和高压电压表等。

(3)按被测对象、体积大小，电压表可分为手持式、便携式、台式、模块式等类别；按控制方式又可分为微机化仪器、PC 仪器、虚拟仪器、GPIB、VXI 及 PXI 总线仪器等类型。

(4)按 A/D 转换种类，数字电压表主要分为积分式 A/D 和非积分式 A/D 两种类型。其中，每种类型都可以再分成若干小类型。

(5)按 AC/DC 变换中的对应关系，在交流电压表中，交流电压所变换的直流电压可与交流电压的均值、峰值或有效值成正比，分别称为均值电压表、峰值电压表、有效值电压表。其中无论被测电压的波形如何，均可直接测出被测电压的有效值，而无须针对具体波形进一步换算、校正的电压表，称为真有效值电压表。

(6)按放大和检波方式，交流电压表有的先进行交流放大，再将交流检波为直流；有的先将交流检波为直流，再进行直流放大，这样，数字电压表又可分为放大-检波式和检波-放大式两种。

(7)按显示结果位数，数字电压表常见的有 3 位半，4 位，4 位半，…，8 位半等种类。半位表示该表的最高位只能显示 0 或 1，半位又称 1/2 位，最高位以外的显示位才能显示 0~9 全部数字。

此外，还可按测量速度分为高速表和低速表，按是否使用单片 IC 完成仪器主要功能分为单片表和非单片表。有一些特殊用途的电压表也有各自的名称，如可测量脉冲幅度的脉冲电压表，可测量交流电压幅度和相位的矢量电压表等。

## 3.2 电压测量中的模数转换

数字电压表(Digital Voltmeter，DVM)是一种利用模数转换原理，将被测模拟量电压转换为数字量，并将测量结果以数字形式显示出来的电子测量仪器。数字电压表主要由输入电路、模数转换器、逻辑控制电路、计数器、显示器及电源等几部分组成，如图 3-1 所示。输入电路、模数转换器统称为模拟电路部分，而计数器、显示器和逻辑控制电路统称为数字电路部分。因此，数字电压表除供电电源外，主要由模拟电路和数字电路两大部分组成。

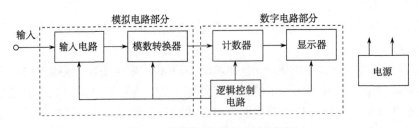

图 3-1 数字电压表组成原理框图

数字电压表最通用、最常见的是直流数字电压表，在此基础上，配合各种适当的输入转换装置，如交流-直流转换器、电流-电压转换器、阻抗-电压转换器、相位-电压转换器等，可以构成能测量电压、电流、电阻、电容、电感、频率等多功能数字万用表，或者测量相位、温度、压力等多种物理量的多功能数字仪器。

数字电压表在近几年来已成为极其精确、灵活多用，并且价格正在逐渐下降的电子仪器。数字电压表与模拟式电压表相比，具有精度高、速度快、输入阻抗高、读数方便准确、抗干扰能力强、测量自动化程度高等优点，测量结果可由打印机输出，也可用计算机进行数据处理。数字电压表与计算机及其他数字测量仪器、外围设备配合，可方便地构成各种自动测试系统。

由于在数字电压表中使用 A/D 转换器的目的是把被测电压转换成与之成比例的数字量，因此，A/D 转换器是数字电压表的核心。各类数字电压表之间最大的区别也在于 A/D 转换的方法不同，而各类数字电压表的性能在很大程度上也取决于所用 A/D 转换的方法。

自从 20 世纪 50 年代初期数字电压表问世，已经发展了许多种实现 A/D 转换的不同方法。一般来说，这些方法可以分为两大类：非积分式和积分式。当然，实现这两大类的 A/D 转换方法也是逐步发展的。

(1)非积分式：比较式(并行比较、逐次逼近比较、余数循环比较)、单斜式(锯齿波、阶梯波)等。

(2)积分式：双积分式、三积分式、脉冲调宽式(PWM)、电压-频率式等。

下面将就几种具有代表性的 A/D 转换器构成的数字电压表的基本原理进行具体介绍。

### 3.2.1　非积分式 A/D 转换器

#### 1. 并行比较式 A/D 转换器

并行比较式 A/D 转换器又称为闪速型、Flash 型 A/D 转换器。其转换原理比较直观，是将基准电压 $U_R$ 分成相等的 $2^n$ 份，每份为 $U_R/2^n$，等于最低有效位 LSB 电压值，并把 $U_R/2^n$，$2U_R/2^n$，$\cdots$，$(2^n-1)U_R/2^n$ 分别加到 $2^n-1$ 个比较器作为参考电压，而把 $U_i$ 以并联方式加到比较器的同相输入端，与各自的参考电压进行比较，获得与二进制相对应的 $2^n-1$ 个状态送入编码器，就可完成从模拟信号到数字信号的转换。

图 3-2 为两位并行比较式 A/D 转换器，具体过程为：

当 $U_i<U_R/4$ 时，$N_1$ 低电平，$N_2$ 低电平，$N_3$ 低电平，$d_0=0$，$d_1=0$；

当 $U_R/2>U_i>U_R/4$ 时，$N_1$ 高电平，$N_2$ 低电平，$N_3$ 低电平，$d_0=1$，$d_1=0$；

当 $3U_R/4>U_i>U_R/2$ 时，$N_1$ 高电平，$N_2$ 高电平，$N_3$ 低电平，$d_0=0$，$d_1=1$；

当 $U_i>3U_R/4$ 时，$N_1$ 高电平，$N_2$ 高电平，$N_3$ 高电平，$d_0=1$，$d_1=1$。

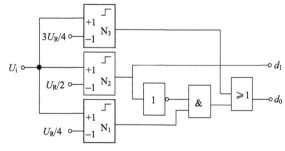

图 3-2　并行比较式 A/D 转换

理论上，并行比较式 A/D 转换器只要一个时钟周期，转换速度最高。但是，由于电路规模随着分辨率的提高而呈指数增长，以及由 $2^n-1$ 个比较器的亚稳态和失配而引起的闪烁所造成的输出不稳定，很难实现 8 位以上高分辨率，而且功耗和体积较大，价格昂贵，一般仅用于视频 A/D 转换器等要求速度特别高的领域。例如，8 位闪速型 A/D 转换器-MAX104/106/108，其采用速率高达 1.5GSPS，即每秒采样 $1.5 \times 10^9$ 次。

### 2. 逐次逼近比较式 A/D 转换器

如若减小 A/D 转换器的规模，首先要减少比较器的数量，这样就必须利用较少的比较器，通过多次比较实现大量基准电压与被测电压进行比较的目的。逐次逼近比较式 A/D 转换就是根据这样的思路设计的。

逐次逼近比较式 A/D 转换也是属于比较式 A/D 转换，其基本原理是用被测电压和已知基准电压进行比较，直至达到平衡，测出被测电压。所谓逐次逼近比较式，就是将基准电压分成若干基准码，未知电压按指令与最大的 1 个码（通过 D/A 转换器）比较，逐次减小，比较时大者弃，小者留，直至逼近被测电压。

逐次逼近比较式 A/D 转换过程，类似于天平称重的过程。若满量程为 $W$，我们把它分成 $W/2$，$W/4$，$W/8$ 等若干个标准砝码。将被测重量 $W_i$ 放入天平左盘中，开始时先取 $W/2$ 砝码放入天平右盘中，这时可能发生三种情况：如果 $W/2=W_i$，那么测量已告完成，无须往下进行；若 $W/2 < W_i$，那么必须保留 $W/2$ 砝码（小者留），并逐渐增加更多的砝码（先加 $W/4$，再加 $W/8 \cdots$），直至总和等于 $W_i$；若 $W/2 > W_i$，则必须取下 $W/2$ 砝码（即大者弃），而换上 $W/4$ 砝码再进行比较，直至天平平衡。由此可见，天平测量就是用若干个标准砝码与被测重量逐次比较逼近的过程。

图 3-3 表示出了逐次逼近比较式 A/D 转换器的组成框图。图中逐次逼近寄存器（SAR）由移位寄存器和数码寄存器以及一些门电路组成，每来一个时钟脉冲进行一次移位，其输出数字量将送到 D/A 转换器，D/A 转换的结果加到比较器与 $U_i$ 相比较，比较器的输出将决定 SAR 相应位的留或舍。D/A 转换器的位数 $n$ 与 SAR 的位数相同，SAR 的最后输出即是 A/D 转换结果。

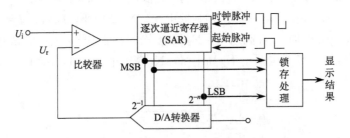

图 3-3　逐次逼近比较式 A/D 转换器组成框图

逐次逼近比较式 A/D 转换器的基本原理是将被测电压 $U_i$ 和基准电压进行逐次比较，最终逼近被测电压，即采用了一种对分搜索的策略。例如，若基准电压满度值 $U_r=10V$，被测电压 $U_i=3.285V$，现以一个 6 位 A/D 转换器为例来说明完成一次 A/D 转换的全过程。

起始脉冲使 A/D 转换过程开始。第一个时钟脉冲使 SAR 最高位（MSB），即 $2^{-1}$ 位置 1。SAR 输出基准码 $(100000)_2$，经 D/A 转换器输出基准电压 $U_{r1}=5.000\text{V}$。由于 $U_{r1}>U_i$，则比较器输出为低电平 0，所以当第 2 个钟脉冲来到时，SAR 的最高位回到 0，即"大者弃"。

当第二个时钟脉冲到来时，$2^{-1}$ 位回到 0 的同时，其下一位 $2^{-2}$ 位被置于 1，SAR 输出的基准码为 $(010000)_2$，经 D/A 转换器输出基准电压 $U_{r2}=2.500\text{V}$。此时 $U_{r2}<U_i$，比较器输出为高电平 1，因此，SAR 的 $2^{-2}$ 位保留 1，即"小者留"。

当第三个时钟脉冲到来时，$2^{-1}$ 位保留 1 的同时，其下一位 $2^{-3}$ 位被置于 1，SAR 输出的基准码为 $(011000)_2$，经 D/A 转换器输出基准电压 $U_{r3}=3.750\text{V}$。此时 $U_{r3}>U_i$，比较器输出为低电平 0，因此，SAR 的 $2^{-3}$ 位返回到 0。

当第四个时钟脉冲到来时，$2^{-3}$ 位回到 0 的同时，其下一位 $2^{-4}$ 位被置于 1，SAR 输出的基准码为 $(010100)_2$，得 $U_{r4}=3.125\text{V}$，此时 $U_{r4}<U_i$，SAR 的 $2^{-4}$ 位保留为 1。

当第五个时钟脉冲到来时，$2^{-4}$ 位保留 1 的同时，其下一位 $2^{-5}$ 位被置于 1，SAR 输出的基准码为 $(010110)_2$，得 $U_{r5}=3.437\text{V}$，$U_{r5}>U_i$，$2^{-5}$ 位回到 0。

当第六个时钟脉冲到来时，$2^{-5}$ 位回到 0 的同时，其下一位 $2^{-6}$ 位被置于 1，SAR 输出的为基准码 $(010101)_2$，得 $U_{r6}=3.281\text{V}$，$U_{r6}<U_i$，SAR 的最低位（LSB）保留 1。

经过逐位进行 6 次比较后，最后 SAR 输出的基准码为 $(010101)_2$（即 3.281V），从而完成了一次 A/D 转换的全部比较程序，上述过程也可用表 3-1 给出。

表 3-1　逐次逼近式 A/D 比较过程

| 序号 | SAR 输出 | 输出电压/V | 比较 | 当前位的弃留 | 数字量输出 |
|---|---|---|---|---|---|
| 1 | 100000 | 5.000 | $U_{r1}>U_i$ | 弃 | 100000 |
| 2 | 010000 | 2.500 | $U_{r2}<U_i$ | 留 | 010000 |
| 3 | 011000 | 3.750 | $U_{r3}>U_i$ | 弃 | 010000 |
| 4 | 010100 | 3.125 | $U_{r4}<U_i$ | 留 | 010100 |
| 5 | 010110 | 3.437 | $U_{r5}>U_i$ | 弃 | 010100 |
| 6 | 010101 | 3.281 | $U_{r6}<U_i$ | 留 | 010101 |

SAR 的输出数据送经锁存处理，然后以十进制数显示被测结果。另外，由于 D/A 转换器输出的基准电压是量化的，最后变换的结果为 3.281V，误差为 0.004V。这就是 A/D 转换的量化误差。很显然，A/D 位数越高，则量化误差越小。

逐次逼近比较式 A/D 转换器的准确度由基准电压、D/A 转换器、比较器的漂移等决定，其转换时间与输入电压大小无关，仅由它的输出数码的位数和时钟频率决定。这种转换器只要用 $n$ 次操作就能进行 $n$ 位的 A/D 转换，能兼顾速度、精度和成本三个主要方面的要求，并且具有较高的转换速度和精度、电路结构比较简单等特点，因而应用比较广泛，尤其在一些实时控制系统中是应用最广泛的一种。

逐次逼近比较式 A/D 转换器已单片集成化，常见的产品有 8 位 AD0809、12 位 AD1210 和 16 位 AD7805 等。

### 3. 余数循环比较式 A/D 转换器

逐次逼近比较式 A/D 转换器完成比较程序后，不一定正好等于被测电压值，只能是逼近，即有量化误差。若要减小量化误差，只有增加位数，而位数太多，不仅电路复杂，增加成本，关键是末位比较电压太小，易受干扰噪声影响，以至于无法工作。

假如将完成了一遍全部比较程序后的相差余数保存下来，放大后再比较一次，若有误差则再比较一遍，这样反复循环比较下去，则分辨率可以无限提高。这种方法称作余数循环比较，它在硬件上比较简单，无需很多位数，通过循环比较即可获得很高的分辨率。余数循环比较式 A/D 转换器类似于逐次逼近比较式 A/D 转换器，是一种常见的逐次比较方法的多周期转换，其简化框图如图 3-4 所示。

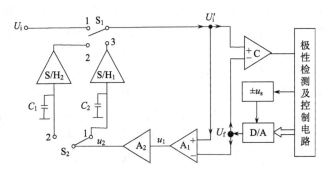

图 3-4　余数循环比较式 A/D 转换器原理框图

图 3-4 中，$A_1$ 放大倍数为 1，$A_2$ 放大倍数为 10。被测电压 $U_i$ 通过开关 $S_1$（位置 1）作用于比较器 C 的同相端，D/A 转换器的输出 $U_f$ 作用于 C 的反相输入端。D/A 转换器所需基准电压的极性由控制电路根据比较器 C 输出端的状态进行选择。比较器同相端的输入电压 $U_i$ 及 D/A 转换器的输出电压 $U_f$ 同时作用于减法器 $A_1$ 的两个输入端，所得差值电压经 $A_2$ 进行放大，并通过开关 $S_2$（位置 1）作用于取样保持电路 S/H$_1$。至此第一次比较结束，所得数码为 D/A 转换器的输入数码，尚有余数电压 $U_i' = U_2 = 10(U_i - U_f)$ 存于 S/H$_1$电路中。

第二次比较时，$S_1$ 置于位置 3，以上次余数存储电压加到比较器 C 的同相输入端，进行第二次比较。在第二次比较时，$S_2$ 在位置 2，得余数电压 $10(U_i' - U_f)$ 存于 S/H$_2$ 中，作为第三次比较的余数电压，如此循环下去，所以有余数循环比较式 A/D 转换器之称。

假设在余数多次循环比较过程中，每次得到的数码为 $N_n$，$n$ 为循环比较次数，$n=1$，2，$\cdots$，$n-1$，则余数循环比较式 A/D 转换器总的转换结果 $N$ 为各次转换时数码 $N_n$ 的加权，即有

$$N = N_1 \times 10^0 + N_2 \times 10^{-1} + \cdots + N_n \times 10^{-(n-1)} \tag{3-3}$$

式中，假设 D/A 转换器是 1 位 BCD 码转换器，若为二进制码，则有

$$N = N_1 \times 16^0 + N_2 \times 16^{-1} + \cdots + N_n \times 16^{-(n-1)} \tag{3-4}$$

现仍以输入电压 $U_i = +3.285V$ 为例，用表 3-2 说明 4 次循环比较过程。

表 3-2　余数循环比较过程

| 序号 | 输入电压或余数电压/V | 极性判别 | 数据判断 8421 | D/A 转换器输出 | 余数电压/V | 余数存储电压/V |
|------|------|------|------|------|------|------|
| 1 | +3.285 | + | 0011 | 3 | +0.285 | +2.85 |
| 2 | +2.85 | + | 0010 | 2 | 0.85 | 8.5 |
| 3 | 8.5 | + | 1000 | 8 | 0.5 | 5 |
| 4 | 5 | + | 0101 | 5 | 0 | 0 |

　　该例中，D/A 转换器为 1 位 BCD 输入码转换器，根据表 3-2 的转换过程得余数循环比较式 A/D 转换结果为

$$N = 3 \times 10^0 + 2 \times 10^{-1} + 8 \times 10^{-2} + 5 \times 10^{-3} = 3.285(\text{V})$$

　　余数循环比较式 A/D 转换器的特点如下。

　　(1)分辨率高。转换过程可以不断进行下去，每转换一次，分辨率就可以提高一个数量级。然而，实际还要受电路元器件的热噪声、保持电容的泄漏和介质吸附效应，以及 D/A 转换器非线性等因素限制。目前余数循环比较式 A/D 转换器的分辨率还仅限于 $10^{-7} \sim 10^{-6}$ 量级。

　　(2)转换速度快。它不像积分式 A/D 转换器那样受采样时间的限制，其转换速度仅受到下列因素限制：D/A 转换器的转换速度、比较器、衰减器、余数放大器、S/H 电路的响应速度，以及开关 $S_1$ 改变位置时余数模拟电压的建立时间等。目前，完成一次 22 位转换约需 1.6ms，远低于积分式 A/D 转换器的转换时间，因此，可大大提高读数速率。

　　4. 单斜式 A/D 转换器

　　图 3-5 为单斜式 A/D 转换器的原理框图和波形图，单斜式 A/D 转换器是一个典型的非积分式电压-时间式 A/D 转换形式，斜坡发生器是这种电压表的核心部件。

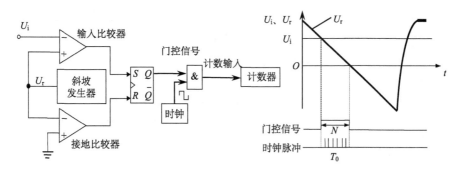

图 3-5　单斜式 A/D 转换器原理框图

　　斜坡发生器产生的斜坡电压一方面与 $U_i$ 进行比较，同时与接地比较器零电压比较，比较器输出触发双稳态触发器，得到时间为 $T$ 的门控信号，由计数器通过对门控时间间隔内的时钟信号进行脉冲计数，即可测得时间 $T$，即 $T=NT_0$，$T_0$ 为时钟信号周期，计数结果 $N$ 则表示了转换的数字量结果，电压 $U_i$ 正比于时间间隔 $T$，也正比于所计数结果 $N$，

即

$$U_\mathrm{i}=kT = kNT_0 \tag{3-5}$$

式中，$k$ 为斜坡电压的斜率，单位为 V/s。斜坡电压通常由积分器对一个标准电压 $U_\mathrm{r}$ 积分产生，斜率为

$$k = -\frac{U_\mathrm{r}}{RC} \tag{3-6}$$

式中，$R$、$C$ 分别为积分电阻和积分电容，将式(3-6)代入式(3-5)可得

$$U_\mathrm{i} = -\frac{U_\mathrm{r}}{RC}T_0N = eN \tag{3-7}$$

式中，$e$ 为定值，即刻度系数。于是 $U_\mathrm{i}$ 正比于 $N$，因此，可用计数结果的数字量 $N$ 表示输入电压 $U_\mathrm{i}$。

**【例 3-1】** 设一台基于单斜式 A/D 转换器的 4 位数字电压表，基本量程为 10V，斜波发生器的斜率为 10V/50ms，试计算时钟信号频率。若计数值 $N$=8567，则被测电压值是多少？

**解** 4 位数字电压表计数器的最大值为 9999。当满量程 10V 时，所需的 A/D 转换时间(门控时间)为 50ms，即 50ms 内计数器的脉冲计数个数为 10000，则时钟信号频率为

$$f_0 = \frac{10000}{50\mathrm{ms}} = 200\mathrm{kHz}$$

若计数值 $N$=8567，则门控时间为

$$T = NT_0 = \frac{N}{f_0} = \frac{8567}{200\mathrm{kHz}} = 42.835\mathrm{ms}$$

又由斜率 $k$=10V/50ms，即可得被测电压为

$$U_\mathrm{i} = kT = \frac{10\mathrm{V}}{50\mathrm{ms}} \times 42.835\mathrm{ms} = 8.567\mathrm{V}$$

计数值即表示了被测电压的数值，而显示的小数点位置与选用的量程有关。采用单斜式 A/D 转换器构成的数字电压表，其精度取决于斜坡电压的线性和稳定性，以及门控时间的精度。此外，比较器的漂移和死区电压也将带来误差。斜坡式数字电压表的转换时间取决于门控时间 $T$，由于门控时间取决于斜坡电压的斜率，并与被测电压值有关，所以，在满量程时，转换时间最长，即转换速度最慢。斜坡式电压表的特点是精度比较低。但由于线路简单、成本低，可应用于精度不高和速度要求不高的数字电压表中。

### 3.2.2 积分式 A/D 转换器

#### 1. 双积分式 A/D 转换器

双积分式 A/D 转换器又称为双斜积分 A/D 转换器，或双斜式 A/D 转换器。它是电压表中积分式 A/D 转换器的基础，目前仍在一些电压表中使用。

图 3-6 为双斜式 A/D 转换器的原理方框图和波形图，它主要由积分器、过零比较器、计数器及逻辑控制电路等组成，工作过程由逻辑控制电路控制。转换器特点是在一次测

量过程中用同一积分器先后进行两次积分。首先对输入电压 $U_i$ 定时积分，然后对基准电压 $U_r$ 定值积分。通过两次积分的比较，将 $U_i$ 变换成与之成正比的时间间隔。因此，这种电压表的 A/D 转换属于 V/T 变换。双斜式积分数字电压表的工作过程如下。

1）复位阶段（$t_0 \sim t_1$）

$t_0$ 时刻，逻辑控制器发出清零指令，开关 $S_2$ 接通 $T_0$ 时间，积分电容 $C$ 被短接使积分器输出电压 $u_o=0$，以保证积分电容上没有初始电荷，同时使计数器复位为零。

2）采样阶段（$t_1 \sim t_2$）

采样阶段，又称为正向定时或定时积分阶段。$t_1$ 时刻，采样周期开始，逻辑控制电路发出采样指令，使开关 $S_1$ 接通输入电压 $U_i$，$S_2$ 断开，这时积分器开始对 $U_i$ 积分，若 $U_i$ 为正，则输出电压 $u_o$ 从零开始线性地负向增长，一旦 $u_o<0$，过零比较器从低电平跳到高电平，打开主门，时钟脉冲通过主门，同时计数器开始计数。

当经过规定的时间 $T_1$，即 $t=t_2$ 时，计数器溢出，并复零，溢出脉冲使逻辑控制电路输出一个控制指令，使 $S_1$ 接通参考电压 $-U_r$，采样阶段宣告结束。$T_1$ 称为采样时间或斜升时间。此时，积分器的输出电压充至 $U_{om}$，即有

$$U_{om} = -\frac{1}{RC}\int_{t_1}^{t_2} U_i \mathrm{d}t = -\frac{U_i}{RC}t\Big|_{t_1}^{t_2} = -\frac{T_1}{RC}\bar{U}_i \tag{3-8}$$

式中，积分时间 $T_1$ 为定值，所以 $U_{om}$ 与积分电压成正比。

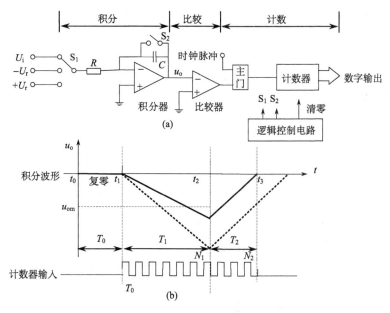

图 3-6　双斜式 A/D 转换器原理框图和波形图

3）比较阶段（$t_2 \sim t_3$）

比较阶段，又称为反向积分或定值积分阶段。$t_2$ 时刻开始为比较阶段，开关 $S_1$ 接通负的参考电压 $-U_r$，$S_2$ 断开，积分器输出电压 $u_o$ 从 $U_{om}$ 开始线性地正向增长（与 $U_i$ 的积分方向相反），同时，计数器从零开始计数，设 $t_3$ 时刻达到零点，过零比较器从高电平

翻转到低电平，主门关闭，计数停止。此阶段，积分器经历的反向积分时间为 $T_2$，则有

$$U_{om} - \frac{1}{RC}\int_{t_2}^{t_3}(-U_r)\mathrm{d}t = U_{om} + \frac{T_2}{RC}U_r = 0 \tag{3-9}$$

为使比较阶段的计数不会溢出，应保证 $T_2 < T_1$，这就要求输入电压的绝对值小于基准电压，将式(3-8)代入式(3-9)可得

$$\overline{U}_i = \frac{T_2}{T_1}U_r \tag{3-10}$$

由于 $T_1$、$T_2$ 是通过对同一时钟信号计数得到的，设计数值 $N_1$、$N_2$，即 $T_1 = N_1 T_0$、$T_2 = N_2 T_0$，于是式(3-10)可写成

$$\overline{U}_i = \frac{N_2}{N_1}U_r = eN_2, \qquad e = \frac{U_r}{N_1} \tag{3-11}$$

或

$$N_2 = \frac{N_1}{U_r}\overline{U}_i = \frac{1}{e}\overline{U}_i \tag{3-12}$$

式中，$e$ 为刻度系数；$N_2$ 为计数器在参考电压反向积分时对时钟信号的计数结果，即双积分 A/D 转换结果，$N_2$ 可表示为输入电压 $U_i$ 的大小。

从式(3-10)和式(3-12)可得出以下结论。

(1)这种转换器的转换结果只响应于输入电压的平均值，与积分器的积分元件 $R$、$C$ 无关，这是因为二次积分都用同一个积分器，故积分器的不稳定性可得到补偿。因此，采用双斜式积分器的数字电压表，可以在对积分元件 $R$、$C$ 准确度要求不高的条件下，得到高的测量准确度。

(2)因为采样时间 $T_1$ 为定值，而 $U_r$ 为基准电压，故 $T_2$ 正比于 $U_i$，计数器 $N_2$ 也正比于输入电压 $U_i$，适当选择钟脉冲的周期，计数器上的数可直接以电压为单位显示出被测电压。另外，参考电压的精度和稳定性直接影响转换结果，故需采用精密基准电压源。

(3)双斜式数字电压表是以比较法为基础的，$U_i$ 只与比值 $T_2/T_1$ 有关，而不取决于 $T_1$ 和 $T_2$ 本身的绝对大小。由于 $T_1$ 和 $T_2$ 用同一个时钟源提供的时钟脉冲来计数，因此，在这种数字电压表中，对时钟源的频率准确度的要求可大大降低。

(4)比较器的漂移不引入误差。漂移是比较器不能准确检测零点的主要原因，但对双积分式 A/D 转换器而言，由于在一次变换过程中，比较器的输入有两次跨零点，因此比较器的漂移不会使 $T_2$ 和 $T_1$ 的比值发生变化，这使双积分器抵消了比较器漂移带来的影响。

(5)具有较好的抗干扰能力，这是因为积分器响应的是输入电压的平均值。假设输入电压 $U_i$ 上叠加有干扰信号，即输入电压 $u_i = U_i + u_{sm}$，则 $T_1$ 阶段结束时积分器的输出为

$$U_{om} = -\frac{1}{RC}\int_{t_1}^{t_2}(U_i + u_{sm})\mathrm{d}t = -\frac{T_1}{RC}\overline{U}_i - \frac{T_1}{RC}\overline{U}_{sm} \tag{3-13}$$

式(3-13)说明，干扰信号的影响也是以平均值方式作用的，若能保证在 $T_1$ 积分时间内，干扰信号的平均值为零，则可大大减少甚至消除干扰信号的影响。数字电压表的最大十

扰来自于电网的 50Hz 的工频电压，因此，一般选择 $T_1$ 时间为 20ms 的整数倍。

综上所述，双斜式数字电压表抗干扰能力强，用较少的精密元件可达到较高的指标。因此，双斜式数字电压表从 20 世纪 60 年代末问世以来，显示出了它的生命力，直至目前仍在一些中低价数字电压表中使用，许多手持式数字万用表都是基于它来设计的。

双积分式 A/D 转换器也有明显的缺点：一是反向积分时间 $T_2$ 与时钟周期不一定是整数倍关系，$N_2$ 存在计数误差，即±1 误差；二是要经过正反两次积分才能完成变换，另外要提高测量的分辨率，$N_2$ 数值应较大，$N_1$ 通常还应大于 $N_2$，这就需要很多时钟周期，因此测量速率较低；三是在整个积分过程中都要求积分器有良好的线性度，而它的工作中动态范围又是很宽的，如果积分器不能在这样宽的范围内做到良好的线性，将会带来测量误差。

### 2. 三积分式 A/D 转换器

双斜式数字电压表的分辨力受比较器的分辨力和带宽限制。三积分式 A/D 转换器又称为三斜式积分 A/D 转换器，它是以双积分式 A/D 转换器为基础发展起来的，为进一步提高数字电压表的分辨力而设计的，在积分式电压表中得到广泛的使用。采用三积分式 A/D 转换器，可大大降低对比较器的要求，对于减小双积分式 A/D 转换器的计数误差有明显的改进，并提高了数字电压表的分辨力。

图 3-7 为三积分式数字电压表的原理框图和积分电压波形。三积分式比双积分式数字电压表多一个比较器 B，而且比较器 A 是 $u_o$ 与一个小的参考电压 $U_t$ 相比较，比较器 B 是 $u_o$ 与零相比较。将原来双积分式数字电压表的 $t_2 \sim t_3$ 对参考电压反向积分过程分为两个

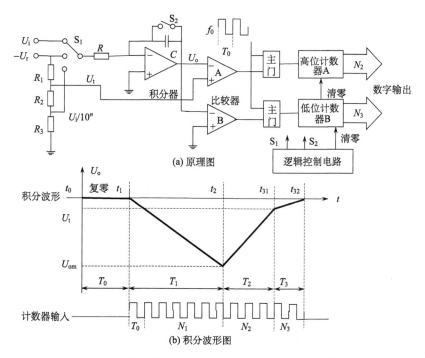

图 3-7 三积分式数字电压表的原理框图和积分电压波形

阶段，即 $t_2 \sim t_{31}$ 和 $t_{31} \sim t_{32}$，并用独立的两个计数器 A、B 分别计数，其中 $t_2 \sim t_{31}$ 为对参考电压 $U_r$ 反向积分，当积分器输出即将达到零点前的 $U_t$ 时，$t_{31} \sim t_{32}$ 积分器切换到对 $U_r/10^n$ 积分，由于 $U_r/10^n$ 较小，积分器输出的斜率大大降低了（降低了为原来的 $1/10^n$），积分器输出缓慢地进入零点，使最终达到过零时间大大拖长，因而，降低了对积分器性能的要求。

当积分完成时，即有

$$-\frac{U_i T_1}{RC} - \frac{1}{RC}\int_{t_2}^{t_{31}}(-U_r)\mathrm{d}t - \frac{1}{RC}\int_{t_{31}}^{t_{32}}\left(\frac{-U_r}{10^n}\right)\mathrm{d}t = 0$$

不难推出

$$T_1 U_i = \left(T_2 + \frac{1}{10^n}T_3\right)U_r$$

由于 $T_1$、$T_2$ 是通过对同一时钟信号计数得到的，考虑到 $T_1 = N_1 T_0$、$T_2 = N_2 T_0$、$T_3 = N_3 T_0$，于是上式可写成

$$N_1 U_i = \left(N_2 + \frac{1}{10^n}N_3\right)U_r$$

即

$$U_i = \frac{U_r}{N_1}\left(N_2 + \frac{1}{10^n}N_3\right) = eN \tag{3-14}$$

式中

$$e = \frac{U_r}{N_1}, \quad N = N_2 + \frac{1}{10^n}N_3$$

式中，$e$ 为刻度系数（V/字）；$N$ 为模数转换结果的数字量，它由两个计数器的计数值加权得到，$N$ 可表示为输入电压 $U_i$ 的大小。可见，$N_1$ 和 $N_2$ 对被测结果的影响比 $N_3$ 大 $10^n$ 倍。在时间 $T_1$、$T_2$ 的计数值没有计数误差，只把影响较小的一部分时间扩展了 $10^n$ 倍再去测量时才存在计数误差。由于主要部分没有误差，次要部分的误差又被削弱为原来的 $1/10^n$，所以三积分式 A/D 转换器的计数误差明显减小了。

表面看来，三积分式 A/D 转换器比双积分式 A/D 转换器转换所用时间稍长，但实际上不是这样。因为在 $T_1$、$T_2$ 阶段，每个时钟都相当于 $10^n$ 个时钟，只有在影响较小的 $T_3$ 阶段，计数值 $N_3$ 才相当于每个计数值对应于一个时钟周期。也就是说，三积分式 A/D 转换器每完成一次转换，实际用的时间是 $(N_1 + N_2 + N_3)T_0$，但要达到同样的显示位数和计数误差，若采用双积分式 A/D 转换器转换，则需要的时间是 $(10^n N_1 + 10^n N_2 + N_3)T_0$。可见，三积分式 A/D 转换器的测量速度快了很多。

3. 脉冲调宽式 A/D 转换器

在前述双积分式 A/D 转换器、三积分式 A/D 转换器等工作过程中，作为电压表前端的 A/D 转换器与被测电压总是时而接通、时而断开，而在某些应用中希望被测电压时钟与 A/D 转换器相接，例如，要求电压表应为被测信号提供稳定的负载，脉冲调宽式 A/D

转换器就可以解决这个问题。

　　脉冲调宽式 A/D 转换器工作原理具体如图 3-8 所示，其原理是用输入电压 $U_i$ 准确地调制一定频率下脉冲的宽度，使正负脉冲的宽度之差与 $U_i$ 成正比，然后用计数器测出正负脉冲的宽度以及它们的差值，从而得到 $U_i$ 值。

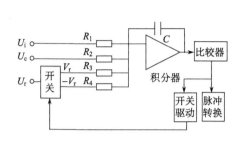 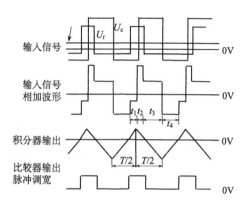

图 3-8　脉冲调宽式 A/D 转换器工作原理框图

　　转换器由积分器、比较器、脉冲转换电路和开关驱动电路等部分组成。积分器有三个输入信号，一是被测直流电压 $U_i$，$U_i$ 可正可负；二是交替转换的基准电压 $+U_r$ 和 $-U_r$，$|+U_r|=|-U_r|$；三是幅度为 $U_c$ 的调制方波（又称节拍方波）。为了获得较好的抗工频干扰的能力，调制方波的平均周期取工频周期的整数倍，其幅度 $U_c$ 为定值，而且 $|U_c|>|U_i|+|U_r|$。积分器对三个输入信号的代数和进行积分。设计当积分输出 $U_o$ 大于零时接入 $+U_r$，当 $U_o$ 小于零时接入 $-U_r$。

　　设 $U_i$ 为正，这时积分器的三个输入信号分别为 $U_i$、$+U_r$ 和 $-U_c$，维持一段时间 $t_1$ 后，由于调制电压改变方向，积分器的三个输入信号分别为 $U_i$、$+U_r$ 和 $U_c$，积分器进行反向积分，输入电压线性减小，至输出电压返回 0V 时，这一阶段结束，这一段时间记作 $t_2$。

　　在 $t_1+t_2$ 时间内，积分器输出由 0V 开始，最后又回到 0V，这一过程可用数学式表示出来。设电阻 $R_1=R_2=R_3=R_4$，则有

$$\frac{1}{RC}\int_0^{t_1}\left(U_i+U_r-U_c\right)dt+\frac{1}{RC}\int_0^{t_2}\left(U_i+U_r+U_c\right)dt=0$$

可得

$$\left(U_i+U_r-U_c\right)t_1+\left(U_i+U_r+U_c\right)t_2=0 \tag{3-15}$$

当 $t_2$ 结束时，比较器输出为下跳变，经开关驱动电路使 $-U_r$ 接入，这时积分器的三个输入信号分别为 $U_i$、$-U_r$ 和 $+U_c$，一直持续 $t_3$ 时间，直到调制脉冲改变极性为 $-U_c$，积分器输出由下降转为上升，积分器的三个输入信号变为 $U_i$、$-U_r$ 和 $-U_c$，经持续 $t_4$ 时间后，积分器输出为 0V，又开始一个新的循环，积分器输出又是从 0V 开始下降，最后又恢复到 0V，这一过程同样可用数学式表示出来

$$\frac{1}{RC}\int_0^{t_3}\left(U_i-U_r+U_c\right)dt+\frac{1}{RC}\int_0^{t_4}\left(U_i-U_r-U_c\right)dt=0$$

又得

$$(U_\mathrm{i} - U_\mathrm{r} + U_\mathrm{c})t_3 + (U_\mathrm{i} - U_\mathrm{r} - U_\mathrm{c})t_4 = 0 \tag{3-16}$$

如果以 $T_1$ 和 $T_2$ 分别表示比较器输出正负脉冲的宽度，从图 3-8 中可看出，输出脉冲的周期即调制方波的周期 $T=T_1+T_2$。另外有 $T_1=t_1+t_2$，$T_2=t_3+t_4$，$t_2+t_3=t_1+t_4=T/2$。

将式(3-15)和式(3-16)相加，并整理可得

$$U_\mathrm{i}(t_1 + t_2 + t_3 + t_4) + U_\mathrm{r}(t_1 + t_2 - t_3 - t_4) + U_\mathrm{c}(-t_1 + t_2 + t_3 - t_4) = 0$$

最后可得

$$U_\mathrm{i} = \frac{T_2 - T_1}{T_1 + T_2}U_\mathrm{r} = \frac{T_2 - T_1}{T}U_\mathrm{r} = \frac{U_\mathrm{r}}{T}(T_2 - T_1) \tag{3-17}$$

式(3-17)中调制方波的周期 $T$ 为定值，基准电压 $U_\mathrm{r}$ 也为定值，所以 $U_\mathrm{i} \propto (T_2-T_1)$，即可用输出正负脉冲宽度之差表示 $U_\mathrm{i}$ 的大小。

调制方波 $\pm U_\mathrm{c}$ 虽然参加了转换过程，但并没有在转换结果中反映出来，事实上它仅仅起到节拍的作用。由于它正负半周宽度和幅度都相等，在送入积分器后每一个周期内平均值为 0，积分器上没有电荷的累积，因而对转换结果没有影响。所谓的脉冲宽度的调制，实际是调制正负基准电压的施加时间，就是说，基准电压正向接入和负向接入的宽度是不等的。

脉冲调宽式 A/D 转换器具有抗干扰能力强、易于实现双层屏蔽浮置工作，以及提高共态抑制比、转换速度慢、转换非线性误差很小、过渡响应时间较短等特点。

### 4. 电压-频率式 A/D 转换器

电压-频率式 A/D 转换器是通过积分器将被测电压变换为与其成比例的频率，然后用数字频率计在一定采样时间里测量频率。转换器的核心是 V/F 变换。V/F 变换的方案很多，概括起来目前常用的是积分型 A/D 转换，它可分为定时间复原式积分型 V/F 变换、定面积复原式积分型 V/F 变换，以及电压反馈式积分型 V/F 变换。

限于篇幅，下面仅介绍定时间复原式积分型 V/F 变换。定时间复原式积分型 V/F 变换电路的原理框图及主要波形如图 3-9 所示。图中，$U_\mathrm{i}$ 为输入电压，$U_\mathrm{o}$ 为积分器的输出。设 $U_\mathrm{i}$ 为正，则 $U_\mathrm{o}$ 向下斜变。当 $U_\mathrm{o}$ 达到下限电平 $U_2$ 时，比较器动作，令复原电压发生器产生于 $U_\mathrm{i}$ 极性相反的复原电压 $U_\mathrm{R}$，它通过二极管 D 使积分器复原到上限电平 $U_1$，比较器再次动作去掉复原电压，积分器又单独对 $U_\mathrm{i}$ 积分，$U_\mathrm{o}$ 向下斜变，即重复上述过程。因此，积分器的输出是幅值为 $U=U_1-U_2$ 的锯齿波。

$$U = \frac{1}{C}\int_0^{T_1} \frac{U_\mathrm{i}}{R}\mathrm{d}t = \frac{1}{RC}\bar{U}_\mathrm{i}T_1$$

可得

$$T_1 = RC\frac{U}{\bar{U}_\mathrm{i}}$$

则锯齿波的重复频率为

$$f = \frac{1}{T_1 + T_2} = \frac{1}{\left(RCU / \bar{U}_i\right) + T_2} \tag{3-18}$$

由式(3-18)可见，重复频率与被测电压的关系是非线性的。减小非线性的关键是减小 $T_2$，使它为恒值，为此要求取 $U_R \gg U_i$，如果 $U_R$ 为常数，可使 $T_2$ 近似为恒值；积分器和复原电压发生器要有充分大的动态增益和十分宽的频带，从而获得快速性；复原二极管 D 的存储效应和正向导通电阻要小，另外锯齿波电压的振荡器幅度要小，即比较器上下动作电平之差小。

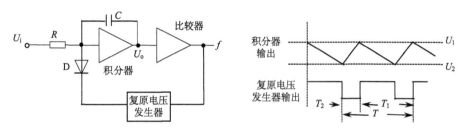

图 3-9　脉冲调宽式 A/D 转换器工作原理框图

## 3.3　交流电压的测量

一个交流电压的大小，可以用它的峰值 $U_P$、平均值 $\bar{U}$ 或有效值 $U$ 来表征。动圈式直流微安表是靠直流电流驱动的。在实际应用中，交流电压大多采用电子电压表来测量。

在交流电压表中，交流电压的测量都采用模数转换器，首先把被测交流电压变换成直流电流，然后驱动直流电流表偏转，根据被测交流电压大小与直流电流的关系，表盘直接以电压刻度。为了对电流表进行刻度，首先必须知道检波器的输出直流电流与被测电压大小的关系，因此，对于交流电压的测量，首先需要去除其对应的直流电压，然后转换为驱动微安表的直流电流。这种将通过交流-直流变换器将交流电压转换成直流电流的过程称为检波。

电流表的刻度特性与检波器对交流电压的响应密切相关，根据上述交流电压的表征，分别有峰值响应、平均值响应和有效值响应三种检波器，与此相应有峰值电压表、均值电压表和有效值电压表。

### 3.3.1　峰值电压表

1. 峰值

交流电压的峰值是指以零电平为参考的最大电压幅值，即等于电压波形的正峰值，用 $U_P$ 表示，以直流分量为参考的最大电压幅值称为振幅，通常用 $U_m$ 表示，当不存在直流电压，或输入被隔离掉直流电压的交流电压时，振幅 $U_m$ 与峰值 $U_P$ 相等。峰-峰值是指一个周期内信号最高值和最低值的差值，它描述了信号变化范围的大小。峰值是指一个周期内信号最高值或最低值到平均值之间的差值。峰值等于峰-峰值的一半。图 3-10

以正弦信号交流电压波形为例，说明了交流电压的峰值和振幅。

图 3-10 中，$U_P$ 为电压峰值，$U_m$ 为电压振幅，$\bar{U}$ 为电压平均值，并有 $U_P = \bar{U} + U_m$，$u(t)$ 可表示为：$u(t) = \bar{U} + U_m \sin(\omega t)$。其中，$\omega = 2\pi/T$，$T$ 为 $u(t)$ 的周期。对于交流信号，无特别说明外，一般认为 $\bar{U} = 0$，即 $U_P = U_m$。

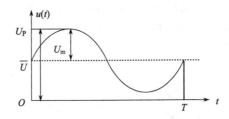

图 3-10　交流电压的峰值和振幅

### 2. 峰值检波器

峰值检波器是指检波输出的直流电压与输入交流信号峰值成比例的检波器，常见的峰值检波器有串联式和并联式两种。图 3-11 为峰值检波原理电路图及波形图，其中，图 3-11(a) 为二极管串联形式，图 3-11(b) 为二极管并联形式，图 3-11(c) 为正弦波时的峰值检波波形图。

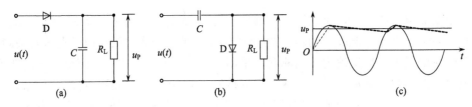

图 3-11　峰值检波原理图

图 3-11 中，检波元件 $R_L$、$C$ 的值选得不同时，可以适应不同频率的电压的测量。但对其基本的要求是：信号源内阻加二极管的导通电阻很小，检波器的充电时间常数远小于输入信号中最小的周期 $T_{min}$，同时，放电时间常数也要远大于输入信号中最大的周期 $T_{max}$，即检波电路总的要求为

$$(R_s + r_d)C \ll T_{min}, \quad R_L C \gg T_{max} \tag{3-19}$$

式中，$R_s$ 和 $r_d$ 分别为等效信号源 $u(t)$ 的内阻和二极管正向导通电阻；$C$ 为充电电容，$R_L$ 为等效负载电阻，$T_{min}$ 和 $T_{max}$ 为 $u(t)$ 的最小和最大周期。

峰值检波的基本原理是通过二极管正向快速充电达到输入电压的峰值，而二极管反向截止时保持该峰值。当交流电压 $u(t)$ 正半周加向二极管时，二极管导通，$u(t)$ 对电容 $C$ 快速充电至峰值，如图 3-11(c) 中虚线所示，电容上的电压基本上能跟踪 $u(t)$ 的变化。当 $u(t)$ 的峰值过后，电容 $C$ 上的电压大于 $u(t)$，这时二极管截止，电容缓慢放电，在下一次充电之前电容 $C$ 上电压下降不多。然后 $u(t)$ 在第 2 个周期正半周加给二极管时，在 $u(t)$ 高于电容 $C$ 上电压期间，$u(t)$ 继续向电容 $C$ 充电，如此重复，最后处于动态平衡状态时,电容 $C$ 上电压的平均值近似于被测电压峰值。满足式(3-19)即可满足电容 $C$ 上的快速充电和慢速放电的需要,从波形图可以看出,峰值检波电路的输出实际上存在较小的波动,其平均值略小于实际峰值。

图 3-11(a)和(b)的不同之处在于:图 3-11(a)直接从电容上输出近似正峰值的直流电压,如果被测电压中有直流成分,那么它将被反映到输出电压中去;图 3-11(b)中,虽然电容电压仍被充至被测电压的峰值,但输出电压为电容上与充电电流方向相反的电压和被测电压相叠加的结果。被测电压包含直流分量及交流分量两部分,电容上的电压包含直流分量和近似被测峰值的直流电压两部分。在输出电压中电容存储的被测直流分量与存在于被测电压中的直流分量相互抵消,输出中仅仅包含近似于被测峰值的直流分量和被测的交流成分,经滤波后去掉交流电压,得到峰值检波的结果不包含被测直流成分,只近似于被测交流成分的负直流电压。

**3. 峰值电压表的组成与原理**

峰值电压表,简称峰值表。峰值电压表是先将被测交流电压经检波器变成直流电压,然后加到直流放大器进行直流放大,最后利用直流微安表指示读数,属于检波-放大式电压表,具体原理如图 3-12 所示。由于峰值电压表是先检波后放大,故频率范围、输入阻抗、分辨力等性能都主要取决于峰值检波器。

图 3-12　峰值电压表原理框图

为了提高测量频率的上限,一般选用结电容小的超高频检波二极管和体积小的电容器,并把检波器做成探头的形式,使其直接接触被测电路,这样就大大减小了各种分布参数和高频电压测量的影响。结构优良的探头,输入电容可小至 1pF,可测的电压频率范围可达几百兆赫兹,这种表通常称为高频电压表或超高频电压表。

由于检波器在放大器之前,受检波器非线性的影响,测量微弱电压时,外界干扰就特别明显。因此,这种电压表的灵敏度将受到限制,其测量范围在 0.1V 至数千伏。直流放大器容易产生零点漂移,特别是增益较大时漂移的影响较为严重,因此通常采用斩波式直流放大器或加入深度负反馈,以削弱零点漂移。

### 3.3.2　均值电压表

**1. 均值**

交流电压 $u(t)$ 的平均值简称均值,是指波形中的直流成分,用 $\bar{U}$ 表示,数学上定义为

$$\bar{U} = \frac{1}{T}\int_0^T u(t)\mathrm{d}t \tag{3-20}$$

根据这一定义，平均值 $\overline{U}$ 实际上为交流电压的直流分量，其物理意义为：$U$ 为交流电压波形 $u(t)$ 在一个周期内与时间轴所围成的面积。当 $u(t) \geqslant 0$ 部分与 $u(t) \leqslant 0$ 部分所围面积相等时，平均值 $\overline{U} = 0$。

显然，数学上纯交流电压的平均值为零，即直流分量为零，它不能反映交流电压的大小，因此在测量中，为了更好地表征交流电压的大小，交流电压的平均值通常指交流电压经过均值检波后波形的平均值，它分为半波平均值和全波平均值。一般若无特指，均为全波整流。全波整流后的平均值在数学上可表示为

$$\overline{U} = \frac{1}{T} \int_0^T |u(t)| \mathrm{d}t \tag{3-21}$$

对于理想的正弦波交流电压，$u(t) = U_P \sin(\omega t)$，若 $\omega = 2\pi/T$，则其全波整流平均值为

$$\overline{U} = \frac{2}{\pi} U_P = 0.637 U_P \tag{3-22}$$

交流电压正半周或负半周在一个周期内的平均值称为半波平均值，并用符号 $U_{+1/2}$ 或者 $U_{-1/2}$ 表示。对于纯粹的交流电压，全波平均值为 $\overline{U} = 2 U_{+1/2} = 2 U_{-1/2}$。

### 2. 均值检波器

均值检波器可由整流电路完成，图 3-13 为二极管桥式全波整流和半波整流电路。无论哪种类型，均值检波器都要求电路的时间常数很小，所以检波后不接 RC 充放电回路，表头两端一般并联电容 $C$ 用以防止表头流过交流使表针抖动，以及消除表头动圈内阻产生的热损耗。

对图 3-13(a) 的全波整流电路而言，设被测电压为 $u(t)$，四个检波二极管 $D_1 \sim D_4$ 具有相同的正向电阻导通 $r_d$，电流表内阻为 $r_m$。$T$ 为 $u(t)$ 的周期，在电源电压 $u(t)$ 的正半周，二极管 $D_1$、$D_4$ 导通；在电源电压 $u(t)$ 的负半周，二极管 $D_2$、$D_3$ 导通。如果忽略反向电流的影响，则由于二极管的导通而流过表头的正向平均电流 $I_0$ 为

$$\overline{I}_0 = \frac{1}{T} \int_0^T \frac{|u(t)|}{2r_d + r_m} \mathrm{d}t = \frac{\overline{u}}{2r_d + r_m} \tag{3-23}$$

式 (3-23) 反映了流过表头电流的平均值只与被测电压的平均值有关，而与 $u(t)$ 的波形无关。可见，全波均值检波器响应被测电压的平均值，故表头可按电压定度。

图 3-13(b) 的半波整流电路，在电源电压 $u(t)$ 的正半周，二极管 $D_1$ 导通、$D_2$ 截止，获得近似于电压 $u(t)$ 正半周的波形，在电源电压 $u(t)$ 的负半周，二极管 $D_1$ 截止、$D_2$ 导通，输出电压近似为零；即经过正负半周后获得半波整流波形，再经滤波平均，得到半波检波均值。

灵敏度是平均值检波器的一个重要特性，对于全波均值检波器，可推导出其灵敏度为

$$S_d = \frac{\overline{I}}{\overline{U}} = \frac{\overline{I}}{2U_m/\pi} = \frac{2}{\pi} \frac{1}{2r_d + r_m} \tag{3-24}$$

因此，欲提高灵敏度，应减小 $r_d$ 和 $r_m$ 的值。可以证明，全波均值检波器的输入阻抗

为(证明从略)

$$R_i = 2r_d + \frac{8}{\pi^2} r_m \tag{3-25}$$

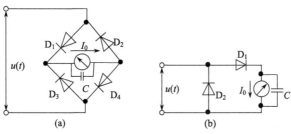

图 3-13　二极管桥式全波整流和半波整流电路

### 3. 均值电压表的组成与原理

均值电压表,简称均值表。均值电压表是先将被测交流电压经交流放大器放大后,再加到检波器上进行检波,最后用直流电压表指示读数,称为放大-检波式电压表。均值电压表主要由阻抗变换器、可变量程衰减器、宽带放大器、平均值检波器和微安表等组成,具体如图 3-14 所示。

图 3-14　均值电压表原理框图

阻抗变换器是信号的输入端,通常采用射极跟随器来提高输入阻抗,它的低输出阻抗便于与其后的衰减器相匹配。可变量程衰减器通常用阻容分压电路,用来改变表的量程,以适应不同幅度的被测电压。宽带放大器通常采用多极负反馈电路,其性能的好坏往往是决定整个电压表质量的关键。

检波器常采用均值检波器,最后输出与宽带放大器输出电压平均值成正比的直流电流,从而驱动微安表指示电压。

均值电压表的交流放大器采用了多级宽频带放大器,从而提高了电压表的灵敏度,可以测量几微伏到数千伏的交流电压,其频率范围主要受到放大器频带宽度的限制,一般只能达到几百千赫兹,通常作为低频电测量。

## 3.3.3　有效值电压表

### 1. 有效值

交流电压的有效值,用 $U$ 来表示。在电工理论中,若交流电压 $u(t)$ 在一个周期 $T$ 时通过某个纯电阻负载所产生的热量,与一个直流电压 $U$ 在同一负载上产生的热量相等,则该直流电压 $U$ 的数值就表示交流电压 $u(t)$ 的有效值。设直流电流为 $I$,则直流电压 $U$

在时间 $T$ 内在电阻 $R$ 上产生的热量为

$$Q_- = I^2RT = \frac{U^2}{R}T$$

交流电压 $u(t)$ 在周期 $T$ 内在电阻 $R$ 上产生的热量为

$$Q_\sim = \int_0^T \frac{U^2(t)}{R}\mathrm{d}t$$

根据定义，可知 $Q_-$ 和 $Q_\sim$ 相等，因此，可推导出交流电压有效值的表达式如下

$$U = \sqrt{\frac{1}{T}\int_0^T u^2(t)\mathrm{d}t} \tag{3-26}$$

交流电压的大小通常是指它的有效值 $U$，有效值又称为均方根值，式(3-26)在数学上即为均方根值。有效值是根据物理定义来确定的，具体反映了交流电压的功率，是表征交流电压的重要参量。

对于理想的正弦波交流电压 $u(t)=U_\mathrm{P}\sin(\omega t)$，若 $\omega=2\pi/T$，则其有效值

$$U_\sim = \frac{1}{\sqrt{2}}U_\mathrm{P} = 0.707U_\mathrm{P} \tag{3-27}$$

在实际中，有效值比峰值和平均值的应用更为广泛，是应用最广泛的参数。有效值获得广泛应用，一方面是由于它直接反映交流信号能量的大小，这对于研究功率、噪声、失真度、频谱纯度、能量转换等十分重要；另一方面，它具有十分简单的叠加性质，计算起来极为方便。若不特别指明，交流电压的量值几乎毫无例外是指其有效值，电压表的读数除特殊情况外，也都是按正弦波的有效值进行定度的。

### 2. 有效值电压表的组成与原理

有效值表达式直观表示了有效值为交流电压的均方根值，其检波原理则完全依据该式完成。

(1)利用二极管平方律伏安特性检波。为进行有效值检波，首先需进行交流电压 $u(t)$ 的平方运算，可利用小信号时二极管正向伏安特性曲线近似为平方关系，不但精度低，而且动态范围小。实际应用中，常用分段逼近平方律的二极管伏安特性曲线。

(2)利用模拟运算的集成电路检波。模拟集成电路的发展，使得可以直接根据有效值的定义通过模拟运算的集成电路实现有效值变换，甚至采用单片集成的有效值——直流转换器完成这种变换。实现有效值运算的原理框图如图3-15所示。图中有效值计算是通过多级运算器级联实现的。首先由模拟乘法器实现交流电压 $u(t)$ 的平方运算，再进行积分和开方运算，最后通过运算放大器的比例运算，从而输出电压有效值。

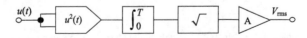

图 3-15　计算有效值变换实现框图

(3)利用热电偶有效值检波。热电效应指出：两种不同导体的两端相互连接在一起，

组成一个闭合回路，当两节点处温度不同时，回路中将产生电动势，从而形成电流，这种效应称为热电效应，所产生的电动势称为热电动势。

图 3-16 为热偶式结构图。假设两种导体相互连接段的温度分布为 $T$ 和 $T_0$，称其为冷端和热端。若 $T \neq T_0$，则热端和冷端将存在热电动势，而热电动势的大小与温差 $\Delta T$ 成正比。具体过程为被测电压 $u(t)$ 对加热丝加热，热电偶 $M$ 的热端感应加热丝的温度，维持冷端温度 $T_0$ 不变，加热丝温度升高。热电偶两端由于存在温差而产生热电动势，于是热电偶电路中将产生一个正比于热电动势的直流电流 $I$ 使电流表偏转。此外，热电动势正比于热端与冷端的温差，而热端温度是通过交流电压 $u(t)$ 直接对加热丝加热得到的，与 $u(t)$ 的有效值 $U$ 的平方成正比，所以，表头电流 $I$ 正比于有效值 $U$ 的平方，即 $I \propto U^2$。

实际有效值电压表中，为使表头刻度线性化，常采用双热偶有效值变换，具体如图 3-17 所示。图中两个相同的热电偶处于相同的温度环境中，分别称为测控测量热电偶和平衡热电偶。其中，两个热电偶的一端同导体冷端相连，另一端分别接至运放输入端。被变换电压加至一个热电偶的热丝，变换器输出电压加至另一个热电偶的热丝。

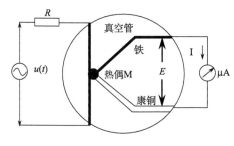

图 3-16　热偶式结构图

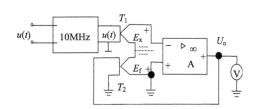

图 3-17　热偶式有效值电压表

测量热电偶的热电动势 $E_x \propto U^2$，$U$ 为 $u(t)$ 的有效值，令 $E_x = k_1 U^2$；而平衡热电偶的热电动势 $E_f \propto U_o^2$，$U_o$ 为差分放大器的输出直流电压，令 $E_f \propto k_2 U_o^2$。假如两对热电偶具有相同特性，即 $k_1 = k_2 = k$，则差分放大器的输入电压 $U_i = E_x - E_f = k(U^2 - U_o^2)$。若放大器增益足够大，则有 $U_i = 0$，于是有 $U_o = U$，即输出电压等于 $u(t)$ 的有效值。这意味着两个热电偶的输出热电动势 $E_x$ 与 $E_f$ 大小相等，方向相反，这说明交流电压 $u(t)$ 与直流输出电压 $U_o$ 在同样热丝上做的功相同，根据有效值的定义，输出电压 $U_o$ 即为被变换交流电压的有效值 $U_{rms}$。从而实现了有效值电压表的线性化刻度，有效值电压表的读数为被测电压的有效值。而且，两个热电偶受环境温度的影响可相互抵消，提高了热稳定性。由于电路存在负反馈，也可进一步克服各种不稳定因素的影响。

热电偶式有效值变换器对正弦波及各种非正弦波均能给出有效值。但由于热电偶的热惯性强，测量速度很慢，即使人工手动测试都应注意在显示稳定后再读数。热电偶中热丝的过载能力差，易烧毁，故当测量电压估值未知时，宜先置于大量程档，然后再逐步减小，以免损坏热丝。

### 3.3.4　外差式电压表

检波-放大式电压表的灵敏度受到检波器件的非线性限制，而放大-检波式电压表因其宽带放大器增益和带宽的矛盾，也难以将频带上限提得很高，同时，其灵敏度也要受到仪器内部噪声和外部干扰的限制。利用外差测量法可以解决上述矛盾。外差式电压表原理框图如图 3-18 所示。被测电压经包括输入衰减器在内的输入电路，在混频器中与本机振荡器 $f_L$ 频率混频，输出频率为 $f_L-f_x$ 的中频信号由中频放大器放大，然后经检波，再用表头指示。

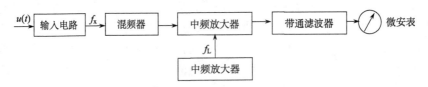

图 3-18　外差式电压表原理框图

由于中频放大器具有良好的频率选择性，而且中频是固定的，这就解决了增益和带宽的矛盾。同时，由于中频放大器的带通滤波器的通带很窄，因此有可能在高增益条件下，大大削弱内部噪声的影响。外差式电压表具有很高的灵敏度和选择性，目前常用的高频微伏表、选频电平表，以及测量接收机都采用这种方案。

对于脉冲电压，原则上也可以如连续波形那样，把它变成直流电流，而后用直流电流表进行测量指示。然而，通常由于脉冲占空比系数很低，检波器上电容充电得到的平均电压将比被测脉冲的峰值要低很多，从而造成极大的测量误差，输入阻抗也很低。为了提高脉冲电压的测量准确度，通常采用取样技术构成随机取样电压表。

### 3.3.5　交流电压表的刻度特性

峰值、平均值和有效值是表征交流电压的三个基本电压参量。另外，对于峰值或平均值相等的不同波形，其有效值可能不同。因此，为了表征同一信号的峰值、有效值和平均值之间的关系，引入不同波形峰值到有效值、有效值到平均值的变换系数，即波峰因数和波形因数，从而方便地进行有关参数的转换和计算。

1. 波峰因数和波形因数

波峰因数定义为峰值与有效值的比值，用 $K_P$ 表示

$$K_P = \frac{峰值}{有效值} = \frac{U_P}{U} \tag{3-28}$$

对于理想的正弦波交流电压 $u(t)=U_P\sin(\omega t)$，若 $\omega=2\pi/T$，则其波峰因数 $K_P$ 为

$$K_P = \frac{U_P}{U_P / \sqrt{2}} = \sqrt{2} \approx 1.41$$

波形因数定义为有效值与平均值的比值，用 $K_F$ 表示

$$K_F = \frac{有效值}{平均值} = \frac{U}{\overline{U}} \tag{3-29}$$

对于理想的正弦波交流电压 $u(t)=U_P\sin(\omega t)$，若 $\omega=2\pi/T$，则其波形因数 $K_F$ 为

$$K_F = \frac{\left(1/\sqrt{2}\right)U_P}{\left(2/\pi\right)U_P} = \frac{\pi}{2\sqrt{2}} \approx 1.11$$

不同波形有不同的波峰因数和波形因数，表 3-3 列出了典型波形的平均值、有效值和峰值的关系，以及波峰因数和波形因数的大小。

表 3-3　典型波形的平均值和有效值、峰值、波峰因数和波形因数

| 波形名称 | 波形图 | 峰值 | 有效值 | 平均值 | 波峰因数 | 波形因数 |
|---|---|---|---|---|---|---|
| 正弦波 | | $U_P$ | $\dfrac{U_P}{\sqrt{2}}$ | $\dfrac{2U_P}{\pi}$ | 1.414 | 1.11 |
| 全波整流 | | $U_P$ | $\dfrac{U_P}{\sqrt{2}}$ | $\dfrac{2U_P}{\pi}$ | 1.414 | 1.11 |
| 半波整流 | | $U_P$ | $\dfrac{U_P}{2}$ | $\dfrac{U_P}{\pi}$ | 2 | 1.57 |
| 三角波 | | $U_P$ | $\dfrac{U_P}{\sqrt{3}}$ | $\dfrac{U_P}{2}$ | 1.73 | 1.15 |
| 锯齿波 | | $U_P$ | $\dfrac{U_P}{\sqrt{3}}$ | $\dfrac{U_P}{\sqrt{2}}$ | 1.73 | 1.15 |
| 方波 | | $U_P$ | $U_P$ | $U_P$ | 1 | 1 |
| 脉冲波 | | $U_P$ | $\sqrt{\dfrac{\tau}{T}}U_P$ | $\dfrac{\tau}{T}U_P$ | $\sqrt{\dfrac{T}{\tau}}$ | $\sqrt{\dfrac{T}{\tau}}$ |

实际中最常见的波形是正弦波、三角波和方波，因此，最好要记住它们的波峰因数值和波形因数值。

**2. 峰值电压表刻度特性和波形误差**

峰值电压表的表头指针偏转的位移（角度）正比于被测电压（任意波形）的峰值，从而可以知道，若被测电压的峰值相同，则表头指针的位移（角度）相同。

峰值电压表是对被测电压的峰值响应的，但是，一般表头刻度却是按正弦波电压有效值标定的，所以，只有当被测电压为正弦波时，表头的读数 $\alpha$ 才为正弦波的有效值，正弦波的峰值 $U_P$ 可以换算为 $\sqrt{2}\alpha$。由于电压波形不同，其波峰因数 $K_P$ 不同，因此，当用峰值电压表测量任意非正弦电压时，其读数 $\alpha$ 没有直接意义。根据峰值电压表"任意波形的峰值相等，则读数相等"的原则，可知任意非正弦电压的峰值也为 $\sqrt{2}\alpha$，然后再

通过被测电压的峰值即可计算出被测电压的有效值。

综上所述，对任意波形而言，峰值电压表的读数 $\alpha$ 没有直接意义，由读数 $\alpha$ 到峰值和有效值需要进行换算，换算关系归纳如下

$$
\left.
\begin{aligned}
\text{任意波峰值} \quad & U_P = \sqrt{2}\alpha = 1.41\alpha \\
\text{任意波有效值} \quad & U = \frac{\sqrt{2}\alpha}{K_P} = k\alpha, \quad k = \frac{\sqrt{2}}{K_P} = \frac{1.41}{K_P}
\end{aligned}
\right\}
\tag{3-30}
$$

若将 $\alpha$ 直接作为有效值，产生的实际相对误差和指示值误差为

$$
\left.
\begin{aligned}
\gamma_{\text{实际相对误差}} &= \frac{\text{电表的读数} - \text{被测量实际值}}{\text{被测量实际值}} = \frac{\alpha - \dfrac{\sqrt{2}\alpha}{K_P}}{\dfrac{\sqrt{2}\alpha}{K_P}} = \frac{K_P - \sqrt{2}}{\sqrt{2}} = \frac{K_P}{\sqrt{2}} - 1 \\
\gamma_{\text{指示值相对误差}} &= \frac{\text{电表的读数} - \text{被测量实际值}}{\text{电表的读数}} = \frac{\alpha - \dfrac{\sqrt{2}\alpha}{K_P}}{\alpha} = 1 - \frac{\sqrt{2}}{K_P}
\end{aligned}
\right\}
\tag{3-31}
$$

式(3-31)称为峰值电压表的波形误差，它反映了读数值与实际有效值之间的差异。

**【例 3-2】**　用具有正弦有效值刻度的峰值电压表测量一个方波电压，读数为 10V，问方波和三角波电压的有效值和波形误差各为多少？

**解**　根据峰值电压表的刻度特性，知读数 $\alpha = 10V$。

第一步，假设电压表有一个正弦波输入，其有效值 $U_\sim = \alpha = 10V$。

第二步，计算该纯正弦波的峰值，即 $U_{P\sim} = \sqrt{2}\,U_\sim = \sqrt{2}\,\alpha = 14V$。

第三步，将方波电压引入电压表测量，其峰值 $U_P = U_{P\sim} = 14V$。

第四步，方波的波形因数 $K_P = 1$，则该方波的有效值为

$$
U_{\text{方波}} = \frac{U_P}{K_P} = \frac{14V}{1} = 14V
$$

计算过程也可以根据式(3-31)直接计算。若读数不经过换算，而直接把读数作为有效值，由此产生的波形误差为

$$
\gamma_{\text{实际相对误差}} = \frac{K_P}{\sqrt{2}} - 1 = \frac{1 - \sqrt{2}}{\sqrt{2}} \approx -29.3\%
$$

$$
\gamma_{\text{指示值相对误差}} = 1 - \frac{\sqrt{2}}{K_P} = 1 - \frac{\sqrt{2}}{1} \approx -41.4\%
$$

同理，三角波的有效值和波形误差为

$$
U_{\text{三角波}} = \frac{U_P}{K_P} = \frac{14V}{1.73} = 8.09V
$$

$$
\gamma_{\text{实际相对误差}} = \frac{K_P}{\sqrt{2}} - 1 = \frac{1.73 - \sqrt{2}}{\sqrt{2}} \times 100\% \approx 22.3\%
$$

$$\gamma_{\text{指示值相对误差}} = 1 - \frac{\sqrt{2}}{K_P} = 1 - \frac{\sqrt{2}}{1.73} \approx 18.3\%$$

### 3. 均值电压表刻度特性和波形误差

均值电压表的表头指针偏转的位移(角度)正比于被测电压(任意波形)的平均值,从而可以知道,若被测电压的平均值相同,则表头指针的位移(角度)相同。

均值电压表是对被测电压的平均值响应的。但是,一般表头刻度也是按正弦波电压有效值标定的,对具有正弦波有效值刻度的平均值电压表来说,表头的读数 $\alpha$ 为正弦波的有效值,正弦波的平均值可以换算为

$$\bar{U}_\sim = \frac{U_\sim}{K_{F\sim}} = \frac{U_\sim}{\frac{\pi}{2\sqrt{2}}} = \frac{\alpha}{1.11} = 0.9\alpha \tag{3-32}$$

由于不同电压波形的波形因数 $K_F$ 不同,因此,当用平均值电压表测量任意非正弦电压时,其读数 $\alpha$ 没有直接意义。根据平均值电压表"任意波形的平均值相等,则读数相等"的原则,可知任意非正弦电压的平均值也为 $0.9\alpha$,然后再通过被测电压的平均值即可计算出被测电压的有效值。综上所述,对于任意波形而言,平均值电压表的读数 $\alpha$ 没有直接意义,由读数 $\alpha$ 到均值和有效值需要进行换算,换算关系归纳如下

$$\left.\begin{array}{ll} \text{任意波平均值} & \bar{U} = 0.9\alpha \\ \text{任意波有效值} & U = K_F \times 0.9\alpha = K\alpha, \ k = 0.9K_F \end{array}\right\} \tag{3-33}$$

若将 $\alpha$ 直接作为有效值,产生的实际相对误差和指示值误差为

$$\left.\begin{array}{l} \gamma_{\text{实际相对误差}} = \dfrac{\text{电表的读数-被测量实际值}}{\text{被测量实际值}} = \dfrac{\alpha - 0.9K_F\alpha}{0.9K_F\alpha} = \dfrac{1 - 0.9K_F}{0.9K_F} = \dfrac{1.11}{K_F} - 1 \\[4mm] \gamma_{\text{指示值相对误差}} = \dfrac{\text{电表的读数-被测量实际值}}{\text{电表的读数}} = \dfrac{\alpha - 0.9K_F\alpha}{\alpha} = 1 - 0.9K_F \end{array}\right\} \tag{3-34}$$

式(3-34)称为均值电压表的波形误差,它也反映了读数值与实际有效值之间的差异。

【例 3-3】　用具有正弦有效值刻度的均值电压表测量一个方波电压,读数为 1.0V,问方波和三角波电压的有效值和波形误差各为多少?

**解**　根据均值电压表的刻度特性,知读数 $\alpha = 1.0\text{V}$。

第一步,假设电压表有一个正弦波输入,其有效值 $U_\sim = \alpha = 1.0\text{V}$。

第二步,计算该纯正弦波的峰值,即 $\bar{U}_\sim = 0.9\alpha = 0.9\text{V}$。

第三步,将方波电压引入电压表测量,其峰值 $\bar{U} = \bar{U}_\sim = 0.9\text{V}$。

第四步,方波的波形因数 $K_F = 1$,则该方波的有效值为

$$U_{\text{方波}} = K_F\bar{U} = 0.9\text{V}$$

计算过程也可以根据式(3-34)直接计算。若读数不经过换算,而直接把读数作为有效值,由此产生的波形误差为

$$\gamma_{实际相对误差} = \frac{1-0.9}{0.9} = \frac{1.11}{1} - 1 \approx 11\%$$

$$\gamma_{指示值相对误差} = 1 - 0.9K_F \approx 10\%$$

同理，三角波的有效值和波形误差为

$$U_{三角波} = K_F \bar{U} = 0.9 \times 1.15 = 1.035(V)$$

$$\gamma_{实际相对误差} = \frac{1.11}{K_F} - 1 = \frac{1.11}{1.15} - 1 \approx -3.48\%$$

$$\gamma_{指示值相对误差} = 1 - 0.9K_F \approx -3.5\%$$

### 3.3.6　分贝电平测量

分贝的原始定义是描述两个信号的比值，称为相对电平，但是若比较的参考点确定之后，就可得到绝对电平，这时它就可以用来描述功率、电压、电流、电信测量、光学、声学等量值的大小。根据描述对象和比较的参考点不同，分贝可分为很多种，如常用分贝值表示放大器的增益、衰减等，音频设备的有关参数，以及信号和噪声的电平。

#### 1. 分贝的概念

分贝值是被测量与同类的某一基准量比值的对数，常用的被测量是功率与电压。对两个功率 $P_x$ 和 $P_0$ 之比取对数，就可以得到 $\lg(P_x/P_0)$，若 $P_x=10P_0$，则有 $\lg(P_x/P_0)=1$，这个无量纲的数 1，称为 1 贝尔(Bel)。在实际的应用中，由于贝尔单位较大，所以常用分贝 dB(deci Bel)来表示，即 1 贝尔等于 10dB。用分贝表示的功率相对电平为

$$10\lg\frac{P_x}{P_0}[dB] \tag{3-35}$$

由式(3-35)可知，若 $P_x>P_0$，则分贝值为正；若 $P_x<P_0$，则分贝值为负。当用分贝表示电压之比时，取 $R_1=R_2$，由功率与电压的关系式推导，则电压相对电平为

$$10\lg\frac{P_x}{P_0} = 10\lg\frac{U_x^2/R_1}{U_0^2/R_2} = 20\lg\frac{U_x}{U_0}[dB] \tag{3-36}$$

同样，若 $U_x>U_0$，则分贝值为正；若 $U_x<U_0$，则分贝值为负。由此可见，分贝是一个用对数表示的相对量值，如果用一个确定的参考基准量，分贝值则表示了一个绝对电平。

在实际应用中，按通信传输中的惯例，以基准量 $P_0=1mW$ 作为零功率电平(0 dB$_m$)，则任意被测功率 $P_x$ 的功率电平定义为

$$P_w\left[dB_m\right] = 10\lg\frac{P_x}{P_0} = 10\lg\frac{P_x[mW]}{1mW} \tag{3-37}$$

在式(3-37)中，显然，当 $P_x=P_0=1mW$ 时为 0dB；当 $P_x>1mW$ 时，分贝值为正；若 $P_x<1mW$ 时，分贝值为负。

电压绝对电平最常用是以基准量 $U_0=0.775V$(正弦电压的有效值)作为零电压电平(0 dB$_u$)，则任意被测电压 $U_x$ 的电压电平定义为

$$P_{u}\left[dB_{u}\right] = 20\lg\frac{U_{x}}{U_{0}} = 20\lg\frac{U_{x}[V]}{0.775V} \tag{3-38}$$

需要说明的是，以上定义的绝对电平都没有指明阻抗的大小，所以，$P_{x}$ 和 $U_{x}$ 应理解为任意阻抗上吸收的功率或其两端的电压。若在 600Ω 电阻上测量，那么功率电平等于电压电平，这是因为在 600Ω 电阻上吸收 1mW 的功率时，其电阻两端电压的有效值恰为 0.775V，即

$$\left(0.775V\right)^{2} / 600\Omega = 1mW \tag{3-39}$$

这就是取基准功率量 $P_{0}=1mW$ 作为零功率电平($0dB_{m}$)，取基准电压量 $U_{0}=0.775V$ 作为零电压电平($0dB_{u}$)的原因。因此，当被测点负载(电平表的输入电阻)为 600Ω 时，电压电平等于功率电平，若负载电阻 $Z$ 不是标准电阻 600Ω，则要加修正项。

$$P_{w} = 10\lg\frac{\dfrac{U_{x}^{2}}{Z}}{\dfrac{0.775^{2}}{600}} = 20\lg\frac{U_{x}}{0.775} + 10\lg\frac{600}{Z} = P_{u} + 10\lg\frac{600}{Z} \tag{3-40}$$

### 2. 分贝值的测量

分贝值的测量实质上是交流电压的测量，只是表头以分贝分度，功率电平的测量，也可归结为在已知阻抗两端测量电压。通常，表头是以基准电压 0.775V 为零电平刻度的，并称为电压电平 $P_{u}[dB]$，当被测点负载为 600Ω 时，功率电平 $P_{w}[dB]$ 和电压电平 $P_{u}[dB]$ 相等，故通常电平表在表头上共用一个刻度。

一般，零电平刻度总是选在表头满刻度的 2/3 左右，如图 3-19 所示，电压值小于 0.775V 时为–dB，而大于 0.775V 时为+dB，例如，–3dB 刻度相当于 0.245V，其余类推。很明显，表头零点刻度应为–∞。

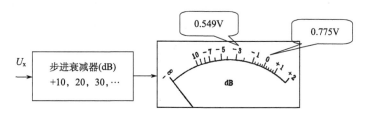

图 3-19　宽频电平表组成原理框图

从表头刻度可以看出，分贝值范围很小，那么，大分贝值又该如何测量？实际电平表的输入端可串入步进衰减器。表头读数只能表示输入无衰减，而且交流放大器增益为 1 时被测电压的分贝值。当引入衰减与放大后，被测电压的分贝值应为：衰减器读数+表头读数。例如，步进衰减器置于+10dB 档，表头上的读数为–3dB，则被测电平为+7dB。

实际上，衰减器的读数是依据其后面的放大器增益标定的，并不是表示其真实的衰减量。例如，若某电平表的最高灵敏度为–70dB，当输入最小电压为–70dB 时(衰减器不衰减)，希望表头指示 0dB，则加到检波器输入必须为 0.775V，相应的放大器增益应为

70dB。可验证如下：设–70dB 的输入电压为 $U_x$，放大器的输出电压为 $U_0$，则由

$$20\lg\frac{U_x}{0.775} = -70\text{dB}$$

则有
$$20\lg\frac{U_0}{U_x} = 70\text{dB}\big|U_0 = 0.775\text{V}$$

而此时，虽然衰减器没有衰减，但应标注为"–70 dB"，当表头读数为 0dB，实际被测电压 dB 值= –70dB+0dB=–70dB。对于功率电平的测量，若选择输入阻抗 $Z=600\Omega$，可直接从表头读出功率电平值。当输入阻抗 $Z\ne600\Omega$ 时，实际读出的不是功率电平值，而是电压电平值。在利用电压表测量功率电平时，必须对读数进行解释，若只能读得电压电平，需进行换算，即将所得电压电平换算成功率电平，就差一个修正值，而这个修正值只取决于比值 $Z_0/Z$。应当指出，分贝值的测量必须在额定的频率范围内，而且这里的电压是指正弦有效值，能够测量分贝值的电压表称为电平表，如选频电平表、宽频电平表等。

## 3.4　数字万用表的变换技术及使用

数字万用表(Digital Multimeter，DMM)是指除测量直流电压外，还能测量交流电压、电流和电阻的数字仪表。其原理具体如图 3-20 所示。

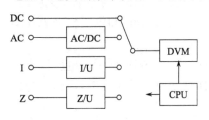

图 3-20　数字万用表组成框图

在数字万用表中，对于交流电压的测量，是先通过 AC/DC 变换器将交流电压变为直流电压；对于电流的测量，则是先通过电流–电压(I/U)变换器将电流变为直流电压；而阻抗-电压(Z/U)是将电阻、电容、电感变为直流电压，然后再用数字万用表进行电压测量。DMM 可进行直流电压、交流电压、电流、阻抗等测量，测量分辨力和精度有低、中、高三个级别，位数为 3 位半～8 位半，此外它一般还内置有微处理器，可实现开机自检、自动校准、自动量程选择，以及测量数据等自动测量功能。

### 3.4.1　变换技术

在电子测量中，有不少的电量值都可以通过电压测量来实现，例如，电流、交流电压和阻抗等都可以通过相应的变换器，把它们变换成直流电压，然后用数字万用表进行测量。

#### 1. AC/DC 变换

交流电压的测量主要是对表征交流电压的参数测量，包括有效值、峰值、平均值等，前面已经介绍了有效值、峰值、平均值的检波原理和方法，这些都属于 AD/DC 变换。

### 2. 电流-电压变换

电流-电压变换器实质上是将被测电流 $I_x$ 通过已知电阻(取样电阻) 在其两端产生电压,这个电压正比于 $I_x$,图 3-21 为电流-电压变换器的一个实例。为了实现不同量程的电流测量,可以选择不同的取样电阻。假如满量程电压为 200mV,则通过量程开关选择取样电阻分别为 1kΩ、100Ω、10Ω、1Ω、0.1Ω,便可测量 200μA、2mA、20mA、200mA、2A 的满量程电流。

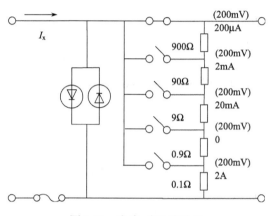

图 3-21　电流-电压变换器

### 3. 阻抗-电压变换器

同样地,基于欧姆定律即可实现阻抗-电压变换。对于纯电阻,可用一个恒流源流过被测电阻,通过测量被测电阻两端电压,即可得到被测电阻阻值。对于电感、电容参数的测量,则需要采用交流参考电压,并将实部和虚部分离后分别测量得到。

#### 1) 电阻-电压变换技术

图 3-21 为实现电阻-电压变换的原理图。其中,图 3-22(a)直接通过恒流源 $I_r$ 流过被测电阻 $R_x$,并对 $R_x$ 两端的电压放大后送入 A/D 转换器,为了实现不同量程电阻的测量,要求恒流源可调。这种电路对于大电阻的测量不利,因为要求的恒流源 $I_r$ 很小,对测量精度影响比较大。

图 3-22(b)将被测电阻作为一个负反馈放大器的反馈电阻,将恒流源 $I_r$ 流过一个已知的精密电阻,从而测得参考电压 $U_r$,放大器的输出为

$$U_o = -\frac{R_x}{R_1}U_r, \quad R_x = -\frac{U_o}{U_r}R_1 \tag{3-41}$$

如果将 $U_o$ 作为 A/D 转换器的输入,并将 $U_r$ 直接作为 A/D 转换器的参考电压,即可实现比例参量。在电阻的实际测量中,具有两种模式,即两端电阻测量和四端电阻测量。

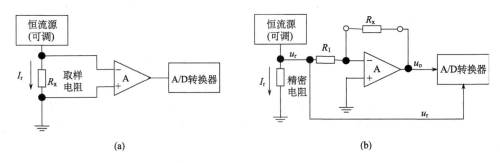

图 3-22　电阻-电压变换原理图

#### 2) 电感-电压变换技术

电感-电压变换的一种方法是采用放大器转换法，如图 3-23 所示。将电感接入放大器的反馈支路，用正弦信号 $u_r$ 作为放大器的激励。图中，$R_1$ 为放大器输入端的标准电阻，被测电感可等效为 $r_x$ 和 $L_x$ 串联电路，其中 $r_x$ 为等效串联电阻。

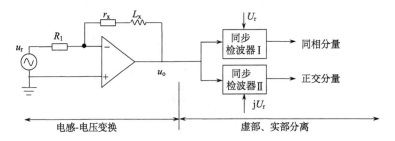

图 3-23　电感-电压变换原理图

设被测电压 $u_r = U_r \sin(\omega t)$，则根据反相比例放大器可求得经电感-电压变换的输出电压为

$$u_o = -\frac{r_x + \mathrm{j}\omega L_x}{R_1} U_r \sin(\omega t) \tag{3-42}$$

$u_o$ 由实部和虚部两部分组成，它们分别与 $r_x$ 和 $L_x$ 成正比。利用同步检波器可把实部（同相分量）和虚部（正交分量）分离出来，即 $u_o$ 经同步检波后分离得到两个直流电压，即

$$U_1 = -\frac{r_x}{R_1} U_r \text{（同相分量）}, \quad U_2 = -\frac{\omega L_x}{R_1} U_r \quad \text{（正交分量）} \tag{3-43}$$

为了实现对 $r_x$ 和 $L_x$ 的数字化测量，可采用双积分式 A/D 转换器，为此，把改变符号后的 $U_1$ 加到 $U_x$ 输入端，而把 $u_r$ 经检波所得直流电压 $U_r$ 代替图 3-6 中的基准电压 $U_r$，即可得

$$\frac{r_x}{R_1} U_r = \frac{T_2}{T_1} U_r \tag{3-44}$$

则有

$$r_x = \frac{T_2}{T_1} R_1 \quad \text{或} \quad r_x = \frac{N_2}{N_1} R_1 \tag{3-45}$$

从式(3-45)可以看出,计数器计得的数 $N_2$ 正比于被测电感的等效串联电阻 $r_x$,因此,$r_x$ 可直接用数字显示,改变 $R_1$ 可进行量程转换。

同样,把分离出来的正交分量改变符号后的 $U_2$ 加到 A/D 转换器的 $U_x$ 输入端,则可得如下关系

$$\frac{\omega L_x}{R_1}U_r = \frac{T_2}{T_1}U_r$$

则有

$$L_x = \frac{T_2}{\omega T_1}R_1 \quad \text{或} \quad L_x = \frac{N_2}{\omega N_1}R_1 \tag{3-46}$$

适当选择 $R_1$、$\omega$,可数字显示 $L_x$ 的值。

3) 电容-电压变换技术

电容-电压变换与电感-电压变换基本相同,考虑到电容器的等效电路一般采用并联形式,故被测件与标准电阻 $R_1$ 在电路中的位置互换更方便些,即把标准电阻接到放大器的反馈支路,被测电容接到放大器的输入端,原理如图 3-24 所示。

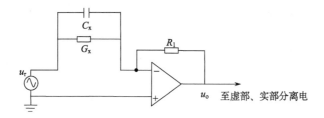

图 3-24　电容-电压变换原理图

被测电容可等效为 $G_x$ 与 $C_x$ 的并联电路,其中 $G_x$ 为等效并联电导,$r_x$ 为 $G_x$ 和 $C_x$ 等效输入阻抗,即为

$$r_x = \frac{(1/G_x)\left[1/(j\omega C_x)\right]}{1/G_x + 1/(j\omega C_x)} = \frac{1}{G_x + j\omega C_x}$$

设被测电压为 $U_r$,则根据反相比例放大器即可求得经电容-电压变换的输出电压,则有

$$u_o = -\frac{R_1}{r_x}U_r = -G_x R_1 U_r - j\omega C_x R_1 U_r \tag{3-47}$$

利用上述类似步骤,可求出经 C/U 变换和实部、虚部分离后的同相分量和正交分量:

$$U_1 = -G_x R_1 U_r \text{ (同相分量)}, \quad U_2 = -\omega C_x R_1 U_r \text{ (正交分量)} \tag{3-48}$$

同样,把改变符号后的 $U_2$ 作为双积分式 A/D 转换器的输入电压 $U_x$,而把 $u_r$ 经检波所得直流电压 $U_r$ 代替图 3-6 中的基准电压 $U_r$,则可得如下关系式

$$\omega C_x R_1 U_r = \frac{T_2}{T_1}U_r$$

即有

$$C_x = \frac{1}{\omega R_1 T_1} T_2 \quad 或 \quad C_x = \frac{1}{\omega R_1 N_1} N_2 \tag{3-49}$$

把改变符号后的 $U_1$ 作为双积分式 A/D 转换器的输入电压 $U_x$, 而把改变符号后的 $U_2$ 代替图 3-6 中的基准电压 $U_r$, 则可得如下关系式

$$G_x R_1 U_r = \frac{T_2}{T_1} \omega C_x R_1 U_r$$

即有

$$\tan \delta = \frac{G_x}{\omega C_x} = \frac{T_2}{T_1} = \frac{N_2}{N_1} \tag{3-50}$$

从式(3-49)和式(3-50)可以看出, $C_x$ 及其损耗 $\tan \delta$ 均可直接用数字显示。

### 3.4.2　数字万用表的使用

#### 1. 电压的测量

(1)直流电压的测量, 如电池、移动电源等。首先将黑表笔插进"COM"孔, 红表笔插进"VΩ"。把旋钮选到比估计值大的量程(注意: 表盘上的数值均为最大量程, "V–"表示直流电压档, "V~"表示交流电压档, "A"是电流档), 接着把表笔接电源或电池两端; 保持接触稳定。数值可以直接从显示屏上读取, 若显示为 1, 则表明量程太小, 那么就要加大量程后再测量。如果在数值左边出现"—", 则表明表笔极性与实际电源极性相反, 此时红表笔接的是负极。

(2)交流电压的测量。表笔插孔与直流电压的测量一样, 不过应该将旋钮打到交流档"V~"处所需的量程。交流电压无正负之分, 测量方法与前面相同。无论是测交流电压还是直流电压, 都要注意人身安全, 不要随便用手触摸表笔的金属部分。

#### 2. 电流的测量

先将黑表笔插入"COM"孔。若测量大于 200mA 的电流, 则要将红表笔插入"10A"插孔并将旋钮打到直流"10A"档; 若测量小于 200mA 的电流, 则将红表笔插入"200mA"插孔, 将旋钮打到直流 200mA 以内的合适量程, 调整好后, 就可以测量了。将万用表串进电路中, 保持稳定, 即可读数。若显示为 1, 那么就要加大量程; 如果在数值左边出现"—", 则表明电流从黑表笔流进万用表。交流电流的测量方法与前面相同, 不过档位应该打到交流档位, 电流测量完毕后应将红笔插回"VΩ"孔。

#### 3. 电阻的测量

将表笔插进"COM"和"VΩ"孔中, 把旋钮打旋到"Ω"中所需的量程, 用表笔接在电阻两端金属部位, 测量中可以用手接触电阻, 但不要把手同时接触电阻两端, 这样会影响测量的精确度, 这是因为人体是电阻很大的导体。读数时, 要保持表笔和电阻有良好的接触; 注意单位: 在 200 档时单位是"Ω", 在 2k 到 200k 档时单位为"kΩ", 2M 以上的单位是"MΩ"。

### 4. 二极管的测量

数字万用表可以测量发光二极管、整流二极管等。测量时，表笔位置与电压测量一样，用红表笔接二极管的正极，黑表笔接负极，这时会显示二极管的正向压降。肖特基二极管的压降是 0.2V 左右，普通硅整流管(1N4000、1N5400 系列等)的压降约为 0.7V，发光二极管的压降为 1.8~2.3V。调换表笔，显示屏则显示 1 为正常，因为二极管的反向电阻很大，否则此管已被击穿。

### 5. 三极管的测量

先假定 A 脚为基极，用黑表笔与该脚相接，红表笔分别接触其他两脚；若两次读数均为 0.7V 左右，然后再用红表笔接 A 脚，黑表笔接触其他两脚，若均显示 1，则 A 脚为基极，否则需要重新测量，且此管为 PNP 管。

那么集电极和发射极如何判断呢？数字表不能像指针表那样利用指针摆幅来判断，那怎么办呢？我们可以利用 $h_{FE}$ 档来判断：先将档位打到 $h_{FE}$ 档，可以看到档位旁有一排小插孔，分为 PNP 和 NPN 管的测量。前面已经判断出管型，将基极插入对应管型 b 孔，其余两脚分别插入 c，e 孔，此时可以读取数值，即 $\beta$ 值；再固定基极，其余两脚对调；比较两次读数，读数较大的引脚位置与表面 c，e 相对应。

### 6. 误差分析

如前所述，数字电压表主要由输入通道(包括模拟开关、输入衰减/放大器)和 A/D 转换器及计数器，以及相应的控制电路组成。这里假设控制部分没有误差，主要考虑由于输入通道电路和 A/D 转换器各组成部分的非理想而引入的误差，这些误差主要包括积分器误差、比较器误差、基准电压源误差、模拟开关误差、输入衰减/放大器误差、A/D 转换器的量化误差等。

1)积分器误差

积分器的输入失调电压和输入偏置电流会引起一定的误差，此外积分器还存在动态响应误差,动态响应误差主要由其带宽和增益为有限值和积分电容的吸附效应所引起的，表现在输入端的电压信号变化在输出端存在时延。

2)比较器误差

比较器的灵敏度(电压分辨力)和响应带宽不足将直接对 A/D 转换结果产生影响。

3)基准电源误差

实现 A/D 转换器的基本原理仍是基于比较测量方法，因此，基准电压的精度和稳定性也将直接影响 A/D 转换器结果。

4)模拟开关误差

实际的模拟开关(电子开关)并不具有理想的开关特性(导通电阻为零,截止电阻为无穷大)，它总存在一定的导通电阻(接通时)及漏电阻(断开时)，因此会对后续电路产生影响。为减小模拟开关误差，可在模拟开关到积分器的积分电阻之间加入一级跟随器。

5）输入/衰减放大器误差

为扩大测量范围，数字电压表输入端都有衰减器/放大器，其衰减或放大倍数与量程对应，一般按 10 倍变化。非理想的输入衰减/放大器的零点漂移、增益误差、响应带宽的影响，以及输入阻抗与输入信号源的等效内阻对输入信号的影响，输出阻抗对后续电路的影响等，都将引入测量误差。

6）A/D 转换器的量化误差

A/D 转换器用有限位的输出数字量来表示模拟电压信号，因而无可避免地存在截断误差，称之为 A/D 转换器的量化误差。量化误差最大为 1 LSB，相当于一个量化阶梯，显然，A/D 转换器的输出位数越多，量化误差越小。

# 3.5　数字电压表的抗干扰及抑制技术

## 1. 干扰的来源及分类

数字电压表在实际应用中难免要遇到干扰，如大功率电机的磁场、高压设备的电场等都是强度很大的干扰源。干扰是对有用被测信号的扰动，特别是当被测信号较小或较微弱时，干扰的影响显得更为严重。如果仪器本身没有抗干扰能力，实际应用中就无法正确地反映被测电压值，严重时可能无法读数，使得测量工作难以进行。因此，必须提高电压测量的抗干扰能力，特别是对于高分辨力、高精度的数字电压表更为重要。

在电子设备或系统中，可将干扰分为串模干扰、共模干扰两类。所谓串模干扰，是指干扰信号以串联叠加的形式对被测信号产生的干扰；所谓共模干扰，是指干扰信号同时作用于 DVM 的两个测量输入端（即高端 H 和低端 L），干扰信号以共模电压的形式出现，具体如图 3-25 所示。

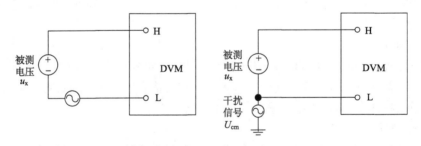

图 3-25　数字电压表的等效输入电路

串模干扰可能来自被测信号源本身。例如，直流稳压电源输出就存在纹波干扰。串模干扰也可能从测量引线感应进来的工频或高频干扰。串模干扰的特性非常复杂，就干扰源的频率来说，可从直流、低频到超高频；干扰信号的波形可以是周期性的或非周期性的，可以是正弦波或非正弦波，如瞬间的尖峰脉冲干扰，甚至完全是随机的。实践表明：各种干扰信号中，工频干扰是最主要的干扰源。

共模干扰的来源主要有两种情况：一是被测电压本身就存在共模电压（被测电压是一个浮置电压），或者测量一个直流电桥的输出。二是当被测电压与 DVM 相距较远时，被测电压与 DVM 的参考地电位不相等，将引起测量时的共模干扰。共模干扰电压也分直流电压和交流电压两类。共模干扰电压可能很大，可达上百伏甚至上千伏。

2. 串模干扰的抑制

1) 抑制原理及基本方法

当串模干扰为直流串模干扰时，由于串模干扰是叠加在被测信号上，则很难从硬件上予以抑制，通常可采用软件校准和数据处理的方法来处理。

当串模干扰为周期性串模干扰时，可采用滤波的方法从被测信号中滤除掉干扰信号。如图 3-26 所示。显然，$RC$ 电路的接入会增加传输信号的延迟时间，因而使电压表的测量速度有所降低。

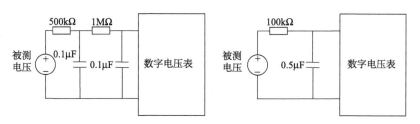

图 3-26 两个实用的滤波电路

另外，采用积分式 A/D 转换器的 DVM，由于积分把采样时间内输入电压的平均值转换为数字量，因此叠加在被测电压上的对称性交变干扰信号正负相互抵消，对测量结果没有影响，具有较好的抑制干扰的作用。但是，如果在采样时间内干扰信号的平均值不为零，那么干扰信号的影响便依然存在。

对于尖峰脉冲的干扰，由于干扰强度大，持续时间短，一般首先在信号输入端加入限幅，再采用模拟硬件滤波器或软件数字滤波，均有较好的抑制作用。

2) 串模干扰的误差分析

下面以积分式数字电压表分析由串模干扰引入的误差。设被测电压 $U_x$ 上叠加有平均值为零的串模干扰信号 $U_n$，$u_n = U_{nm}\sin(\omega_n t + \varphi)$，其中，$U_{nm}$ 为干扰信号的幅值，$\omega_n$ 为干扰信号的角频率，$\varphi$ 为干扰信号的初相角(以第一次积分的开始时刻为参考)，$T_n$ 为干扰信号的周期。输入给数字电压表的总电压为 $U = U_x + U_{nm}\sin(\omega_n t + \varphi)$。那么，数字电压表对 $U_x$ 进行测量时，实际上是对合成总电压 $U$ 进行积分并取平均值进行测量。

$$\overline{U} = -\frac{1}{RC}\int_0^{T_1} U \mathrm{d}t = -\frac{T_1}{RC}\left(\overline{U}_x + \overline{u}_n\right) \tag{3-51}$$

式(3-51)表明，积分器响应的是被测电压的平均值与干扰电压平均值之和，或者说，干扰电压以其平均值对测量结果产生误差，因此若干扰电压平均值在积分时间 $T_1$ 内为零，就可完全抑制干扰电压的影响。若在采样时间内，干扰信号不是正负抵消，则第一次对输入电压定时($T_1$)积分结束时，积分器的输出将形成测量误差

$$\Delta u_{\mathrm{x}} = -\frac{1}{RC}\int_0^{T_1} U\mathrm{d}t - \frac{1}{RC}\int_0^{T_1} U_{\mathrm{x}}\mathrm{d}t$$

$$= -\frac{1}{RC}\int_0^{T_1}\left[U_{\mathrm{x}} + u_{nm}\sin(\omega_n t + \varphi) - U_{\mathrm{x}}\right]\mathrm{d}t$$

$$= -\frac{1}{RC}\int_0^{T_1} u_{nm}\sin(\omega_n t + \varphi)\mathrm{d}t$$

$$= \frac{2u_{nm}}{RCT_1\omega_n}\sin\frac{\omega_n T_1}{2}\sin\frac{\omega_n T_1 + 2\varphi}{2}$$

$$= \frac{u_{nm}T_n}{RC\pi T_1}\sin\frac{\pi T_1}{T_n}\sin\left(\frac{\pi T_1}{T_n} + \varphi\right)$$

测量误差的最大值为

$$\left|\Delta u_{\mathrm{x\,max}}\right| = \frac{u_{nm}T_n}{RC\pi T_1}\sin\frac{\pi T_1}{T_n} \tag{3-52}$$

为定量表示 DVM 抑制串模干扰的能力，引入串模抑制比 NMR，定义为

$$\mathrm{NMR(dB)} = 20\lg\frac{U_n}{\Delta u_{\mathrm{x\,max}}} \tag{3-53}$$

式中，$U_{nm}$ 为干扰信号的幅度值，因此又有

$$\mathrm{NMR(dB)} = 20\lg\frac{\pi T_1 / T_n}{\sin\left(\pi T_1 / T_n\right)} \tag{3-54}$$

从式(3-54)可以看出，对于积分型数字电压表而言：

(1) 当采样时间 $T_1$ 一定时，干扰信号的周期越小或频率越高，NMR 越大。

(2) 对一定频率的干扰信号而言，$T_1$ 越大，NMR 越大。

3) 若使测量误差为零，需要满足

$$T_1 = kT_n, \quad k = 0,1,2,\cdots$$
$$\varphi = \left(n - \frac{T_1}{T_n}\right)\pi, \quad n = 0,1,2,\cdots \tag{3-55}$$

因此，只要满足上面两个条件之一，就可使干扰信号平均值为零，即可设定第一次积分时间为干扰信号周期的整数倍，或适当选取第一次积分的开始时间，可以有效抑制干扰。若不能满足初相角的条件，则 $u_{\mathrm{x}}$ 的最大值为式(3-52)。

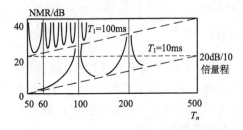

图 3-27　NMR 与干扰信号频率的关系

NMR 与 $T_n$ 的关系曲线如图 3-27 所示。由图可以看出，当满足 $T_1 = kT_n$（$k$ 为正整数）时，NMR 为无穷大，即干扰能被完全抑制。当 $T_1$ 一定时，若 $T_n$ 越小，即干扰信号频率越高，则 NMR 越大；反之，若 $T_n$ 越大，即干扰信号频率越低，则 NMR 越小。

因此，可以得出如下结论：串模干扰的最大危险在低频，而 50Hz 的工频干扰最为严重。

转换器对 25Hz、50 Hz、75 Hz、100 Hz 以及其他为 25 整数倍的干扰信号都有无穷大的抑制能力。双积分型数字电压表为提高对工频 50Hz 信号的串模抑制比，常采用采样时间为工频周期 20ms 的整数倍。

一般 DVM 的 NMR 为 20～60dB。例如，假设干扰信号最大幅度为 1mV，若 NMR=20dB，则干扰引入的最大误差为 0.1mV，相当于干扰信号最大幅度的 10%；若 NMR=60dB，则最大误差为 1μV，相当于干扰信号最大幅度的 0.1%。

由以上分析可知，选择积分型电压表，可以获得较高的 NMR，而比较型和斜坡型转换器，都是对输入电压的瞬时值进行比较转换的，从原理上没有抑制干扰的能力，因此，采用这类转换方式的数字电压表其 NMR 都比较小。

### 3. 共模干扰的抑制

1) 抑制原理及基本方法

共模干扰是通过环路地电流对两根测试导线(H 端、L 端)共同产生影响，图 3-28 为存在共模干扰时的 DVM 等效输入电路。如图 3-28 所示，共模干扰电压 $U_{cm}$ 通过环路电流 $I_1$ 和 $I_2$ 同时作用于 DVM 的 H 端、L 端，但是，它们对 H 端、L 端的影响量并不相等，即共模电压将转换为串模电压，从而造成测量误差。因此，抑制共模干扰的基本原理是减小两路环路电流，或使共模干扰对 H 端、L 端的影响能互相削弱或抵消。

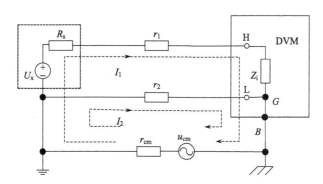

图 3-28　共模干扰等效输入电路

2)共模干扰的误差分析

令图 3-28 中被测电压 $U_x$=0，且满足关系式 $Z_i \gg r_1, r_2, R_s, r_{cm}$ 及 $r_{cm} \ll r_1, r_2$，则共模干扰电压 $U_{cm}$ 转换为 DVM 的 H 端、L 端的串模干扰电压为

$$U_{cn} = U_H - U_L = -I_1(r_1 + R_s) + I_2 r_2$$

$$= -\frac{U_{cm}}{r_{cm} + R_s + r_1 + Z_i}(r_1 + R_s) + \frac{U_{cm}}{r_{cm} + r_2}r_2 \approx U_{cm} \tag{3-56}$$

式中，$r_1$、$r_2$ 为两根引线的电阻(包括接触电阻)，$R_s$、$r_{cm}$ 分别为被测信号和干扰信号的等效内阻，$Z_i$ 为 DVM 的等效输入阻抗，$U_{cm}$ 为共模干扰电压。式(3-56)表明共模干扰电压 100%引入了测量输入端(由共模干扰引起的串模干扰等于该共模电压)。

为定量表示 DVM 抑制共模干扰的能力，引入共模抑制比 CMR，定义为

$$\text{CMR(dB)} = 20\lg \frac{U_{cm}}{U_{cn}} \tag{3-57}$$

式中，$U_{cm}$、$U_{cn}$ 分别为共模干扰电压及由此引入 DVM 的 H、L 测量端的串模电压，因此 CMR 越大，表明 DVM 抗共模干扰的能力越强。对于图 3-28 所示的数字电压表，由于 $U_{cm} \approx U_{cn}$，所以 CMR≈0 dB，即完全没有抗共模干扰能力。

　　3）共模干扰的抑制措施

　　为了提高仪表的抗共模干扰能力，必须对系统结构进行改进。基本的改进思路有两个方面：其一是设法降低 $r_2$ 上的压降；其二是使仪表的两个输入端具有相同的对地电阻，这样使流经 $r_1$、$r_2$ 的电流相同，该电流引起的仪表各输入端对地压降也相同，从而使输入端之间的压差为零。

　　浮置 DVM 的低端如图 3-29 所示，电路中仪表参考零点不接地，对地有很大的绝缘电阻。由于 $Z_2 \gg r_2$，共模干扰电压的大部分降落在 $Z_2$ 上，这样在 $r_2$ 上，也就是 $r_s$、$r_1$ 和 $Z_1$ 上的压降大大降低。这时在仪表输入端的等效串模干扰电压为

$$U_{cn} \approx \frac{r_2 U_{cm}}{r_{cm} + r_2 + Z_2} \approx \frac{r_2}{Z_2} U_{cm} \tag{3-58}$$

电路的共模抑制比为

$$\text{CMR(dB)} = 20\lg \frac{Z_2}{r_2} \tag{3-59}$$

　　可见，浮置仪表 L 端后，CMR 不再为零，这提高了电压测量的抗共模干扰能力。L 端与机壳大地之间隔离得越好，$Z_2$ 值就越大，共模抑制比也就越高。

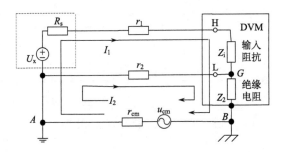

图 3-29　浮置测量时 DVM 的输入等效电路

　　双端对称电路如图 3-30 所示。双端对称式电压表输入端采用差动放大器，任何输入端都不是直接与参考零点相连。

　　输入端与参考零点之间分别有阻抗 $Z_1$ 和 $Z_2$。共模干扰电压在 $Z_1$、$Z_2$ 上产生的电压分别为

$$U_1 = \frac{Z_1}{r_{cm} + R_s + r_1 + Z_1} U_{cm} \approx U_{cm}$$

$$U_2 = \frac{Z_2}{r_{cm} + r_2 + Z_2} U_{cm} \approx U_{cm}$$

等效串模干扰电压为

$$U_{cm} = U_1 - U_2 \approx 0$$

共模抑制比为

$$CMR = 20\lg\frac{U_{cm}}{U_1 - U_2} = \infty \tag{3-60}$$

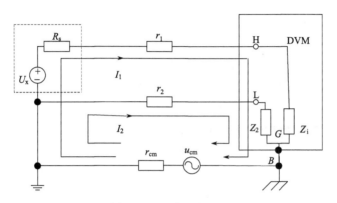

图 3-30 双端对称电路

可见，只要 $Z_1$、$Z_2$ 足够大，满足 $Z_1 \gg r_{cm}$、$Z_1 \gg R_s$、$Z_1 \gg r_1$、$Z_2 \gg r_{cm}$、$Z_2 \gg r_2$，电路对共模干扰就具有非常大的抑制能力。

在这两个基本思路的基础上可以进行各种组合设计，构成复杂的共模抑制结构，如双端浮置对称输入电路、双重屏蔽浮置电路等。

## 思考题与习题

3-1 简述电压测量的基本原理、方法和分类。

3-2 表征交流电压的基本参量有哪些？简述各参量的基本意义。

3-3 简述交流电压表的分类与特性，如何由均值电压表和峰值电压表的读数换算出被测电压的有效值？

3-4 若采用具有正弦有效值刻度的均值电压表分别测量正弦波、方波、三角波，读数均为 5V，则这三种波形的有效值分别为多少？波形误差为多少？

3-5 若采用具有正弦有效值刻度的峰值电压表分别测量正弦波、方波、三角波，读数均为 5V，则这三种波形的有效值分别为多少？波形误差为多少？

3-6 某三角波的有效值为 5V，分别用正弦有效值刻度的均值表和峰值表测量，读数相同吗？为什么？

3-7 简述逐次逼近比较式数字电压表和双积分式数字电压表的工作原理，并比较它们的优缺点。

3-8 设一台基于单斜式 A/D 转换器的 4 位数字电压表，基本量程为 10V，斜波发生器的斜率为 10V/40ms，试计算时钟信号频率。当被测直流电压 $U=9.265V$ 时，门控时间及累计脉冲数各是多少？

3-9　基本量程为 10.000V 的四位斜波电压式 DVM 中，若斜波电压的斜率为 10V/50ms，问时钟脉冲频率应为多少？当被测直流电压 $U$=9.258V 时，门控时间及累计脉冲数各是多少？

3-10　参见图 3-6 的双斜式 A/D 转换器原理框图和积分波形图。设积分器输入电阻 $R$=10kΩ，积分电容 $C$=1μF，时钟频率 $f_0$=100kHz，第一次积分时间 $T_1$=20ms，参考电压 $U_r$=−2V，若被测电压 $U_i$=1.5V，试计算：

(1)第一次积分结束时，积分器的输出电压 $U_{om}$。

(2)第一次积分时间 $T_1$ 是通过计数器对时钟频率计数确定的，计数值 $N_1$ 为多少？

(3)第二次积分时间 $T_2$ 为多少？

(4)A/D 转换结果的数字量是通过计数器在 $T_2$ 时间内对时钟频率计数得到的计数值 $N_2$ 来表示的，计数值 $N_2$ 为多少？

(5)该 A/D 转换器的刻度系数 $e$ 为多少？

(6)由该 A/D 转换器可构成多少位的 DVM？

3-11　某 4 位逐次逼近寄存器 SAR，若基准电压 $U_r$=8V，被测电压 $U_x$ 分别为 5.4V、5.8V，分别写出最终转换成的二进制数。

3-12　两台 DVM，最大计数容量分别为 1999 和 9999，若前者的最小量程为 200mV，试回答：

(1)两台 DVM 各是几位的 DVM？

(2)第 1 台 DVM 的分辨力是多少？

(3)若第 1 台 DVM 的误差为 0.02%$U_x$±1 字，分别用 2V 档和 20V 档测量 1.56V 电压时，误差各是多少？

3-13　某双积分式 DVM，基准电压 $U_r$=10V，设积分时间 $T_1$=1ms，时钟频率 $f_0$=10MHz，DVM 显示 $T_2$ 时间计数值 $N$=5600，求被测电压是多少。

3-14　某脉冲调宽式 DVM，其调制方波的频率为 25Hz，幅度为 $E_c$=±15V，基准电压 $E_i$=±7V。假设输入电压 $U_i$=+3V，试求 $T_2$ 及 $T_1$。

3-15　某数字电压表 DVM 对 50Hz 干扰的串模抑制比 SMRR=50dB，共模抑制比 CMRR=70dB，试求 220V、50Hz 共模干扰所引起的最大绝对误差为多少？

3-16　甲、乙两台 DVM，显示器显示最大值甲为 9999，乙为 19999，问：

(1)它们各是几位的 DVM？

(2)若乙的最小量程为 200mV，其分辨力为多少？

(3)若乙的工作误差为±0.02%$U_x$±1 个字，分别用 2V 和 20V 档测量 $U_x$=1.56V 电压时，绝对误差、相对误差各为多少？

3-17　一台 5 位 DVM，准确度为±(0.01%$U_x$+0.01%$U_m$)，问：

(1)计算用这台 DVM 的 1V 量程测量 0.5V 电压时的相对误差为多少？

(2)若基本量程为 10V，则其刻度系数 $e$ 为多少？

(3)若该 DVM 的最小量程为 0.1V，则其分辨力为多少？

# 第4章 常用电子元器件

电子电路是由电子元器件组成的。常用的是电阻、电容、电感和各种半导体器件(如二极管、三极管、场效应管、集成电路等)。为了正确地选择和使用这些电子元器件,就必须对它们的性能、结构与规格、检测方法有一定的了解。

## 4.1 电　　阻

电阻是一个为电流提供通路的电子器件,定义为每单位电流在导体上所引起的电压。电阻没有极性,它是导体本身的一种性质。在温度不变时,电阻阻值大小取决于该导体的材料、长度、横截面积及温度。电阻是电子元器件应用最广泛的一种,在电子设备中约占元件总数的30%以上,它在电器电路中起降压、分压、限流,以及向各种电子元件提供必要的电压或电流等几种功能。电阻字母符号为R;单位为欧姆,符号Ω。

电阻的基本参量是电阻值,单位为欧姆、千欧和兆欧。换算关系为 $1k\Omega$ (千欧)$=10^3\Omega$,$1M\Omega$ (兆欧)$=10^6\Omega$,$1G\Omega$ (吉欧)$=10^9\Omega$。

### 4.1.1　常用电阻的分类

在电路和实际工作中,常用的电阻分三大类:阻值固定的电阻称为固定电阻或普通电阻;阻值连续可变的电阻称为可变电阻(又称为电位器和微调电阻);具有特殊作用的电阻称为敏感电阻(如热敏电阻、光敏电阻、气敏电阻、压敏电阻等)。

1. 固定电阻

固定电阻常见的有碳膜电阻、绕线电阻、水泥电阻、贴片电阻、排阻、金属膜电阻等几种形式,如图4-1所示。

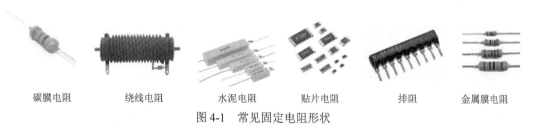

碳膜电阻　　　　绕线电阻　　　　水泥电阻　　贴片电阻　　　　排阻　　　金属膜电阻

图4-1　常见固定电阻形状

(1)碳膜电阻是用结晶碳沉积在瓷棒或瓷管上制成的,改变碳膜厚度和使用刻槽的方法变更碳膜的长度,可得到不同的阻值。碳膜电阻分为普通碳膜电阻、高频碳膜电阻、精密碳膜电阻和硅碳膜电阻等多种。碳膜电阻高频性能好,成本低,是应用最多的一种电阻。

(2) 金属膜电阻是通过真空蒸发，使合金粉沉积在瓷基体上制成的。通过刻槽或改变金属膜厚度可以精确地控制阻值。它具有稳定性高、温度系数小、耐热性能好、体积小、噪声低、工作频率范围宽及体积小等特点，常用于要求低噪声、高稳定性的电路中。

(3) 氧化膜电阻是用锑和锡等金属盐溶液喷雾到炽热的陶瓷骨架表面上沉积后制成的，它与金属膜电阻相比，具有阻燃、导电膜层均匀、膜与骨架基体结合牢固、抗氧化能力强等优点，其缺点是阻值范围小。

(4) 线绕电阻是将电阻丝绕在耐热磁体上，表明涂以耐热、耐湿、无腐蚀的阻燃性保护材料，它的特点是工作稳定、耐热性能好、误差范围小，适用于大功率的场合。

(5) 合成膜电阻是将炭黑、石墨、填充料与有机黏合剂配成悬浮液，将其涂覆于绝缘骨架上，再加热聚合制成的。

(6) 金属玻璃釉电阻是将银、钯、铑、锡、锑等金属氧化物和玻璃釉黏合剂混合后涂覆在陶瓷骨架上，再经高温烧结而成的。金属玻璃釉电阻具有耐高温、耐潮湿、性能稳定性好、阻值范围大等特点，应用范围较广。

(7) 水泥电阻是将电阻丝绕于耐热瓷体上，外面加上耐热、耐湿及耐腐蚀材料保护固定而成的，它通常是把电阻体放入方形瓷器框内，用特殊阻燃性耐热水泥充填密封而成，由于其外形是一个白色长方形水泥块，故称水泥电阻。水泥电阻具有高功率、散热性好、稳定性高、耐热、耐振等特点，主要用在大功率电路中。

(8) 贴片电阻又称表面安装电阻，它是把很薄的碳膜或金属合金涂覆到陶瓷基底上，电子元件和电路板的连接直接通过金属封装端面，不需引脚，主要有矩形和圆柱形两种。

(9) 排阻是一种将多个电阻按一定规律排列集中封装在一起，组合而制成的一种复合电阻。排阻有单列式(SIP)和双列直插式(DIP)两种。排阻具有体积小、安装方便等优点，广泛应用于各种电子电路中，与大规模集成电路配合使用。

常用的电阻型号一般由四部分组成，其中每部分代表的含义如表 4-1 所示。

第一部分为主称，R 表示电阻，RP 表示电位器，第二部分用字母表示材料，第三部分用数字或字母表示类别，第四部分用数字表示序号，例如 RJ73，表示该电阻是金属膜精密电阻，序号为 3。

### 2. 可变电阻

可变电阻的特点是可以连续改变电阻值，它在电路中用来调节各种电压或信号大小。电位器在电路中用字母 R 或 RP 表示。常见的可变电阻形状如图 4-2 所示。

微调电阻主要用在不需要经常调节的电路中，它有三个引脚，上面通常有一个调整孔，将螺钉插入孔中并旋转即可调整阻值。电位器主要用在需要经常调节的电路中，如收音机的音量控制通路。电位器一般有三个引脚，中间引脚为滑动臂，两边引脚为固定臂，它是一种连续可调的电阻，其滑动臂的接触刷在电阻体上滑动，可获得与电位器外加输入电压和可动臂转角呈一定关系的输出电压，通过调节电位器的转轴，使它的输出电位发生改变，因此称之为电位器。

表 4-1　固定电阻型号命名组成部分的含义

| 第1部分：主称 | | 第2部分：材料 | | 第3部分：类别 | | 第4部分：序号 |
| --- | --- | --- | --- | --- | --- | --- |
| 符号 | 意义 | 符号 | 意义 | 符号 | 意义 | 用个位数或无数字表示 |
| R RP | 电阻 电位器 | T | 碳膜 | 1 | 普通 | |
| | | R | 硼碳膜 | 2 | 普通或阻燃 | |
| | | U | 硅碳膜 | 3 | 超高频 | |
| | | H | 合成膜 | 4 | 高阻 | |
| | | I | 玻璃釉膜 | 5 | 高温 | |
| | | J | 金属膜 | 6 | 高湿 | |
| | | Y | 氧化膜 | 7 | 精密 | |
| | | S | 有机实心 | 8 | 高压电位器；特殊电阻 | |
| | | N | 无机实心 | 9 | 特殊 | |
| | | X | 线绕 | G | 高功率 | |
| | | C | 沉积膜 | T | 可调 | |
| | | G | 光敏 | X | 小型 | |
| | | | | L | 测量用 | |
| | | | | W | 微调 | |
| | | | | D | 多圈 | |

图 4-2　常见可变电阻

### 3. 敏感电阻

敏感电阻是一种对光照强度、压力、湿度等模拟量敏感的特殊电阻。敏感电阻种类较多，电子电路中应用较多的有热敏电阻、光敏电阻、压敏电阻、气敏电阻、湿敏电阻、磁敏电阻等。常见的敏感电阻形状如图 4-3 所示。

图 4-3　常见敏感电阻

(1) 热敏电阻是一种对温度反应较敏感、阻值会随温度变化而变化的非线性电阻。热敏材料一般可分为半导体类、金属类和合金类三类，电路中用文字符号 RT 或 R 表示。热敏电阻分为正温度系数 (PTC) 热敏电阻、负温度系数 (NTC) 热敏电阻两种。PTC 热敏电阻在温度越高时电阻值越大，NTC 热敏电阻器在温度越高时电阻值越低。

NTC 热敏电阻可实现自动增益控制，构成 $RC$ 振荡电路、延迟电路和保护电路；PTC 热敏电阻主要用于过热保护、无触点继电器、恒温、自动增益控制、电机启动、时间延迟、彩色电视自动消磁、火灾报警和温度补偿等方面。

(2) 光敏电阻是用硫化镉或硒化镉等对光敏感的半导体材料制成的特殊电阻，其阻值随入射光的强弱而改变，又称为光电导探测器。光敏电阻在电路中用文字符号 RL、RG 或 R 表示。根据光敏电阻的光谱特性，可分为紫外光敏电阻器、红外光敏电阻器、可见光光敏电阻器。光敏电阻除具有灵敏度高、反应速度快、光谱特性等特点外，在高温、多湿的恶劣环境下，还能保持高度的稳定性和可靠性，可广泛应用于照相机、验钞机、石英钟、光控开关、光控灯具等领域。

(3) 压敏电阻是利用氧化锌等半导体材料的非线性制成的一种对电压敏感的特殊电阻，电路中用文字符号 RV 或 R 表示。压敏电阻在某一特定电压范围内其电导随电压的增加而急剧增大。当加在压敏电阻上的电压低于它的阈值时，流过电流极小，相当于一个阻值无穷大的电阻或者断开状态的开关；当加在压敏电阻上的电压超过它的阈值时，流过电流激增，相当于阻值无穷小的电阻或者一个闭合状态的开关。压敏电阻工作电压范围宽，主要起过压保护、防雷、抑制浪涌电流、限幅、高压灭弧、消噪、保护半导体元器件的作用，被广泛地应用在家用电器及其他电子产品中。

(4) 气敏电阻是一种对特殊气体敏感的元件，它是利用某些半导体吸收某种气体后发生氧化还原反应制成的，主要成分是金属氧化物，可以将被测气体的浓度和成分信号转变为相应的电信号。气敏电阻可分为 N 型气敏电阻和 P 型气敏电阻，电路中用文字符号 RG 或 R 表示。气敏电阻广泛应用于对各种可燃气体、有害气体及烟雾的检测及控制。

(5) 力敏电阻是利用半导体材料的压阻效应制成的，又称压电电阻。所谓压阻效应即半导体材料的电阻阻值随机械应力的变化而变化的效应。力敏电阻主要应用于各种张力计、转矩计、加速度计、半导体传声器及各种压力传感器中。

(6) 湿敏电阻是一种对环境湿度敏感的元件，它的电阻值能随环境的相对湿度变化而变化。湿敏电阻在电路中用文字符号 RG 或 R 表示。湿敏电阻被广泛应用于洗衣机、空调、录像机、微波炉等家用电器，以及工业、农业等方面做湿度检测和控制用。

(7) 磁敏电阻是一种对磁场敏感、具有磁阻效应的电阻元件。磁敏电阻将磁感应信号转变为电信号，阻值会随着磁场变化，又称磁控电阻。半导体材料的磁阻效应包括物理磁阻效应和几何磁阻效应，其中物理磁阻效应又称为磁电阻率效应。

磁敏电阻一般用于磁场强度、漏磁、制磁的检测，或在交流变换器、频率变换器、功率电压变换器、移位电压变换器中作为控制元件，还可以用于接近开关、磁电编码器、电动机测速等方面。

## 4.1.2　电阻的基本参数

### 1. 标称阻值

阻值是电阻的主要参数之一，不同类型的电阻，阻值范围不同，不同精度的电阻其阻值系列亦不同。根据国家标准，常用的标称电阻值系列和允许偏差如表 4-2 所示。

**表 4-2　常用标称电阻值系列和允许偏差**

| 系列 | 容差 | 标称值 | | | | | | | | | | | |
|------|------|-----|-----|-----|-----|-----|-----|-----|-----|-----|-----|-----|-----|
| E24 | I 级 ±5% | 1.0<br>1.1 | 1.2<br>1.3 | 1.5<br>1.6 | 1.8<br>2.0 | 2.2<br>2.4 | 2.7<br>3.0 | 3.3<br>3.6 | 3.9<br>4.3 | 4.7<br>5.1 | 5.6<br>6.2 | 6.8<br>7.5 | 8.2<br>9.1 |
| E12 | II 级 ±10% | 1.0 | 1.2 | 1.5 | 1.8 | 2.2 | 2.7 | 3.3 | 3.9 | 4.7 | 5.6 | 6.8 | 8.2 |
| E6 | III 级 ±20% | 1.0 | | 1.5 | | 2.2 | | 3.3 | | 4.7 | | 6.8 | |

E24 系列有 24 个数值等级，E12 系列有 12 个数值等级，E6 系列有 6 个数值等级。它们中的所有数值都可以乘以 $10^n$，单位为 $\Omega$，$n$ 为整数。该表也适用于电位器、电容标称值系列，在表示电容容量标称值系列时的单位为 pF。

### 2. 允许偏差

允许偏差是指生产出来的标称电阻允许它出现多大阻值偏差的指标，其是衡量电阻精度的指标。允许误差用符号表示时，其中 B 为±0.1%，C 为±0.25%，D 为±0.5%，F 为±1%，G 为±2%，J 为±5%，K 为±10%，M 为±20%，N 为±30%。电阻的允许偏差可以用字母标明。

### 3. 额定功率

在标准大气压和一定环境温度下[(20±5)℃]，电阻在电路中长时间连续工作不损坏，或不显著改变其性能所允许消耗的最大功率称为电阻的额定功率。电阻的额定功率并不是电阻在电路中工作时一定要消耗的功率，而是电阻在电路工作中所允许消耗的最大功率。电阻的功率决定了电阻能安全通过的电流大小，单位为瓦特(W)。例如，一个 1kΩ，1/4W 的电阻，能通过的最大电流为

$$I = \sqrt{\frac{W}{R}} = \sqrt{\frac{0.25}{1000}} = 16(\text{mA})$$

常用电阻的功率有 1/8W、1/4W、1/2W、1W、2W、5W、10W 等。2W 以上的电阻，在标注功率时一般直接标注在电阻上，2 W 以下的电阻，一般以自身体积大小来表示功率。不同类型的电阻具有不同系列的额定功率。

### 4. 温度系数

温度系数是指电阻值随温度的变化率，金属膜电阻具有较小的温度系数，碳膜电阻

的温度系数就较大。

### 5. 非线性

加在电阻两端的电压与电阻中的电流之比不是常数时，称为非线性。电阻的非线性用电压系数表示，即在规定电压范围内每改变 1V 时电阻值的平均相对变化量。一般金属型电阻的非线性度很小，非金属型电阻有较大的非线性。

### 6. 噪声

电阻阻值不规则的微小变化称为电阻的噪声，任何电阻都有热噪声，可分为热噪声和电流噪声两种。降低电阻的工作温度，可以减小热噪声；电流噪声与电阻内部的微观结构有关，合金型电阻无电流噪声，薄膜型电阻的电流噪声较小，合成型电阻的电流噪声最大。在高精密电子电路中要注意解决电阻的噪声问题。

### 7. 极限电压

电阻能承受而不会造成损坏的最高电压称为电阻的极限电压，电阻两端电压加到一定值时，就会发生电击穿现象，从而使电阻损坏。极限电压受电阻的材料、尺寸及结构的限制。

## 4.1.3　电阻的标志内容及方法

电阻的体积很小，一般只标注阻值、精度、功率、材料等几项。对于小功率电阻，通常只标注阻值和精度，材料及功率则由外形尺寸和颜色来判断。

### 1. 文字符号直标法

用阿拉伯数字和文字符号两者有规律的组合来表示标称阻值、额定功率、允许误差等级等。在一些体积较大的电阻表面，直接用阿拉伯数字和单位符号标注出标称阻值，有的还直接用百分数标出允许偏差。符号前面的数字表示整数阻值，后面的数字依次表示第一位小数阻值和第二位小数阻值。其文字符号所表示的单位可以是 R、K、M、G 和 T，分别表示欧($\Omega$)、千欧($10^3\Omega$)、兆欧($10^6\Omega$)、千兆欧($10^9\Omega$)、兆兆欧($10^{12}\Omega$)。例如 RJ71-0.125-5K1-Ⅱ，表示该精密金属膜电阻的额定功率为 1/8W，标称阻值为 5.1 kΩ，允许误差为±10%；3R3K 表示电阻的电阻值为 3.3Ω，允许误差为±10%；4K7J 表示电阻的电阻值为 4.7kΩ，允许误差为±5%。

### 2. 数码法

数码法是在电阻体的表面用三位数字或两位数字加 R 来表示标称值的方法称为数码表示法。该方法常用于贴片电阻、排阻等。

三位数字标注法，前两个数字代表有效数字，第三个数字代表倍乘关系。例如，标注 103 的电阻阻值为 $10\times10^3\Omega$，即 10 kΩ。

二位数字后加 R 标注法，两个数字代表有效数字，字母 R 表示两位数字之间的小数点。例如，标注 51R 的电阻阻值为 5.1Ω。

二位数字中间加 R 标注法，第一个数字代表第一位有效数字，R 表示两位数字之间的小数点，末尾数字表示小数点后有效数字。例如，标注 9R1 的电阻阻值为 9.1Ω。

四位数字标注法，前三个数字代表有效数字，末尾数字代表倍乘关系。例如，标注 5232 的电阻阻值为 $523\times10^2\Omega$，即 52.3kΩ。

### 3. 色标法

色环电阻有三环、四环、五环等；五环电阻的前 3 环是有效数字，第 4 环是乘数，第 5 环是允许误差，多为 1%(棕)。四环电阻的前 2 环是有效数字，第 3 环是乘数，第 4 环是允许误差。三环电阻实际是四环电阻的特例：最后一环为无色，表示误差是±20%，各色环含义具体如表 4-3 所示。

**表 4-3　电阻色环数字及意义**

| 颜色 | 银 | 金 | 黑 | 棕 | 红 | 橙 | 黄 | 绿 | 蓝 | 紫 | 灰 | 白 |
|---|---|---|---|---|---|---|---|---|---|---|---|---|
| 数字 | | | 0 | 1 | 2 | 3 | 4 | 5 | 6 | 7 | 8 | 9 |
| 乘数 | $10^{-2}$ | $10^{-1}$ | $10^0$ | $10^1$ | $10^2$ | $10^3$ | $10^4$ | $10^5$ | $10^6$ | $10^7$ | $10^8$ | $10^9$ |
| 允差 | ±10% | ±5% | | ±1% | ±2% | | | ±0.5% | ±0.2% | ±0.1% | | |

快速识别色环电阻的要点是熟记色环所代表的数字含义，为方便记忆，色环代表的数值顺口溜如下：1 棕 2 红 3 为橙，4 黄 5 绿在其中，6 蓝 7 紫随后到，8 灰 9 白黑为 0，尾环金银为误差，数字应为 5 和 10。快速识别色环电阻，关键在于根据第三环(三环电阻、四环电阻)、第四环(五环电阻)的颜色把阻值确定在某一数量级范围内，再将前两环读出的数代进去，这样可很快读出数来。色环判断有如下要点。

(1)最靠近电阻引线一边的色环为第一环，两环距离最宽的边色环为最后一条色环。

(2)四环电阻的偏差环一般是金或银。

(3)有效数字环无金、银色，偏差环无橙、黄色。

(4)试读：一般成品电阻的阻值不大于 22MΩ，若试读大于 22MΩ，说明读反。

(5)五色环中，大多以金色或银色为倒数第二个环。

## 4.1.4　电阻的使用与检测

### 1. 电阻的使用常识

(1)电阻有多种类型，选择哪一种材料和结构的电阻，应根据应用电路的具体要求而定。例如，高频电路应选用分布电感和分布电容小的非绕线电阻；高增益小信号电路应选择低噪声电阻。实际中，应优先选用通用型电阻，如碳膜电阻、金属膜电阻、绕线电阻等，这类电阻阻值范围宽、品种多、规格齐全、来源充足、价格便宜，所以有利于生产和维修。

(2)为了保证电阻的安全使用，电阻额定功率也不能选得过小。通常选用的额定功率应大于实际消耗功率的 2 倍左右。例如，电路中某电阻实际承受功率为 0.5W，则应选用额定功率为 1W 以上的电阻。

(3) 在高增益前置放大电路中，应选用金属膜电阻、碳膜电阻等噪声电动势小的电阻，以减小噪声对有用信号的干扰。另外，还要根据电路工作频率和温度稳定性要求选择电阻，原因在于各种电阻的结构和制造工艺不同，其分布参数也不同。

(4) 一般选用的电阻与标称值有上下 10% 的浮动。某些电路要求比较高，可选用精度比较高的电阻。因此，一般可使用误差环是银色的电阻，个别地方应使用五色环精密电阻。

(5) 电阻在使用前，最好用万用表测量一下阻值，查对无误，方可使用。用文字直接标志的电阻，装配时应使其有标志的一面向上，以便查对。另外，由于电子装置中大量使用小型和超小型电阻，焊接时使用尖细的烙铁头，功率为 30W 以下。尽可能不要把引线剪得过短，以免在焊接时热量传入电阻内部，引起阻值的变化。

### 2. 电阻的检测

电阻的质量好坏是比较容易鉴别的，先要看外观是否端正，标志是否清晰，保护漆层是否完好。然后可以用万用表的电阻档测量一下电阻的阻值，看其阻值与标称阻值是否一致，相差值是否在允许误差范围之内。

#### 1) 固定电阻检测

模拟万用表置于某一欧姆档后，红、黑表笔短接，首先进行欧姆调零，然后再将两表笔分别与电阻的两端引脚相接，待表针停稳后读取电阻值。若测得阻值与电阻标称阻值相等或在误差范围之内，该电阻正常；若两者之间出现较大偏差，该电阻不良；当测得阻值为无穷大(断路)、为零(短路)时，则表明该电阻已损坏，不能再继续使用。

数字万用表测电阻精度更加准确。首先将黑表笔插入"COM"插孔，红表笔插入"VΩ"插孔，选择合适的欧姆档后，把两表笔跨接在被测电阻的两个引脚上，显示屏即可显示出被测电阻的阻值。如果电阻值超过所选档位，则显示屏显示"1"，这时应将开关转至较高档位上。当测量电阻值超过 1 MΩ 以上时，显示的读数需几秒钟才会稳定。

#### 2) 可变电阻检测

先用万用表测量电位器 1-3 端，看阻值是否在标称范围内；再用表笔接于 1-2 端或 2-3 端间，同时慢慢转动电位器的轴，看指针或显示数值是否均匀、连续地变化，如果不连续或变化过程中电阻值不稳定，则说明电阻不良；然后测量电位器开关 4-5 端是否起作用，接触是否良好；最后再测量电位器各端子与外壳、旋转轴的绝缘电阻是否接近。

## 4.2　电　　容

顾名思义，电容就是"存储电荷的容器"，故电容具备存储电荷的能力。电容是由两个金属电极中间夹一层绝缘电介质所构成的元件，两个金属电极称为电容的电极或极板。当两个极板间加上电压时，电容上就储存电荷，称作充电；若将两极短路则电荷消失，称作放电，因此，电容具有充放电特性和隔直流、通交流的能力。电容在充电或放电的过程中，其两端的电压不能突变，即有一个时间的延续过程。

　　电容带电时，两极间的电势随带电量的增加而增加，且电量与电势成正比，它们的比值是一个恒量。不同的电容，这个比值也不同，可见，这个比值表征了电容的特性，称为电容器的电容。电容在数值上等于使电容两极间的电势为 1V 时，电容需要带的电量，这个电量越大，则说明电容越大，反映了电容容纳电荷本领的物理量。电容值只与电容的形状、大小及周围的介质有关，与导体带电与否无关。

　　电容表示符号如图 4-4 所示，字母符号为 C。电容量的单位是法拉（F），简称法。通常法的单位太大，常用它的百万分之一作为单位，称为微法（μF），更小的单位是皮法（pF）。它们之间的关系是 $1F = 10^6 μF$（微法），$1μF = 10^3 nF$（纳法），$1nF= 10^3 pF$（皮法）。

普通电容　　电解电容　　可变电容　　半可变电容　　双联可变

图 4-4　电容表示符号

　　电容与电阻一样也是最基本、最常用的器件，被广泛地应用于各种高、低频电路和电源电路中，常作为退耦、耦合、滤波、旁路、谐振等作用。退耦是指消除或减轻两个以上电路间在某方面相互影响的方法；耦合是指将两个或两个以上的电路连接起来并使之相互影响的方法；滤波是指滤除干扰信号、杂波等；旁路是指与某元器件或某电路相并联，其中一端接地，将有关信号短接到地；谐振是指与电感并联或串联后，其自由振荡频率与输入频率相同时产生的现象。

### 4.2.1　常用电容的分类

　　电容种类繁多，电容的分类方式有多种。例如，按容量是否可调分为固定电容、可变电容、微调电容；按电容极性划分为无极性电容、有极性电容；按电容介质材料分为有机介质电容、无机介质电容、气体介质电容、电解质电容等；按电容形状分为平板电容、球形电容、圆柱形电容、异型电容等；按引出线的不同分为轴向引线电容、径向引线电容、同向引线电容和无引线电容等。

#### 1. 固定电容

　　固定电容指制成后电容量固定不变的电容，又分为有极性和无极性两种。常用固定电容如图 4-5 所示。

图 4-5　常见固定电容

（1）金属化纸介电容是采用金属化薄膜绕卷，并用环氧树脂包封的一种电容。按照采用薄膜的不同，金属化纸介电容又有金属化聚酯薄膜电容和金属化聚丙烯薄膜电容之分。金属化聚丙烯薄膜电容也称为 CBB 电容，这种电容具有良好的自愈性，体积小、容量大、耐压高、损耗小、高频特性好、可靠性高，适用于各种交直流脉动电路。纸介电容根据其工作电压的不同还可分为低压、中压和高压型纸介电容。

（2）瓷介电容是一种用氧化钛、钛酸钡、钛酸锶等材料制成陶瓷，并以此作为介质构成的电容，也称为陶瓷电容。按照工作频率来分，瓷介电容可以分为高频瓷介电容和低频瓷介电容两大类。高频瓷介电容的电容量通常为 $1\sim6800pF$，额定电压为 $63\sim500V$，这种电容的高频损耗小，稳定性好，通常用于高频电路中。低频瓷介电容的电容量通常为 $10pF\sim4.7\mu F$，额定电压为 $50\sim100V$，这种电容的体积小、价格低、损耗大、稳定性差，通常用在对稳定性要求不高的低频电路中。

（3）铝电解电容是以电解的方法形成的氧化膜作为介质的电容，它以铝当作阳极，以乙二醇、丙三醇和氨水等所组成的糊状物作为电解液而组成。铝电解电容的电容量通常为 $4.7\sim10000\mu F$，额定电压为 $6.3\sim450V$。它是最常见的电容，体积一般较大，且有极性。它的特点是容量大、价格低，但是容易受温度影响且准确度不高，随着使用时间的增长，铝电容会逐渐失效，故通常只应用在电源滤波、低频耦合、去耦、旁路等电路中。

铝电解电容的容量、耐压、极性都标注在外壳上，通常在电容外壳上的负极引出线画上黑色标志圈，以防止接错极性。另外也用引线的长短来表示极性，长线为正、短线为负。

（4）钽电解电容简称钽电容，也属于电解电容的一种。由于使用钽作为介质，不需要像普通电解电容那样使用电解液。钽电容的特点是寿命长、耐高温、准确度高。钽电解电容的损耗、漏电流均小于铝电解电容，因此可以在要求高的电路中代替铝电解电容。

（5）云母是天然且具有很高电介质常数的电介质，采用云母制作的电容具有优良的绝缘电阻、电介质损耗小、频率特性和温度特性好、温度系数小等优点。云母电容的电容量范围通常为 $10\sim68000pF$，额定电压为 $100V\sim7kV$。云母电容主要应用在高频振荡、脉冲等要求较高的电路中。

（6）涤纶电容通常采用聚酯膜、环氧树脂包封。涤纶电容电容量通常为 $40pF\sim4\mu F$，额定电压为 $63\sim630V$，它主要应用在对稳定性和损耗要求不高的低频电路中。

### 2. 可调电容

单联可变电容由两组平行的铜或铝金属片组成，一组是固定的（定片），另一组固定在转轴上，是可以转动的（动片）。双联可变电容是由两个单联可变电容组合而成，有两组定片和两组动片，动片连接在同一转轴上。调节时，两个可变电容的电容量同步调节。空气可变电容的定片和动片之间电介质是空气。有机薄膜可变电容的定片和动片之间填充的电介质是有机薄膜。特点是体积小、成本低、容量大、温度特性较差等。

电容的代号一般也由四部分组成电容的型号命名方法，具体见表 4-4 和表 4-5。第一部分：主称，用字母 C 表示电容；第二部分：用字母表示介质材料；第三部分：用字母或数字表示电容分类；第四部分：序号，用数字表示，表示同类产品中不同品种，以区分产品的外形尺寸和性能指标等。例如，CC1-1 表示圆片形高频陶瓷电容，序号为 1；CZJX 表示纸介金属膜电容，序号为 X。

**表 4-4　用字母表示产品的介质材料**

| 字母 | 介质材料 | 字母 | 介质材料 | 字母 | 介质材料 |
|---|---|---|---|---|---|
| A | 钽电解 | H | 复合介质 | Q | 漆膜 |
| B | 聚苯乙烯等非极性薄膜 | I | 玻璃釉 | S/T | 低频陶瓷 |
| C | 高频陶瓷 | J | 金属化纸介 | V/X | 云母纸 |
| D | 铝电解 | L | 聚酯等极性有机薄膜 | Y | 云母 |
| E | 其他材料电解 | N | 铌电解 | Z | 纸介 |
| G | 合金 | O | 玻璃膜 | | |

**表 4-5　电容分类部分数字和字母的意义**

| 数字 | 意义 | | | | 常用字母 | 意义 |
|---|---|---|---|---|---|---|
| | 瓷介电容 | 云母电容 | 有机电容 | 电解电容 | | |
| 1 | 圆片 | 非密封 | 非密封 | 箔式 | G | 高功率 |
| 2 | 管形 | 非密封 | 非密封 | 箔式 | J | 金属化 |
| 3 | 叠片 | 密封 | 密封 | 烧结粉液体 | T | 铁片 |
| 4 | 独石 | 密封 | 密封 | 烧结粉固体 | W | 微调 |
| 5 | 穿心 | — | 穿心 | — | Y | 高压 |
| 6 | 支柱等 | — | — | — | L | 立式矩形 |
| 7 | — | — | — | 无极性 | M | 密封型 |
| 8 | 高压 | 高压 | 高压 | — | X | 小型 |
| 9 | — | — | 特殊 | 特殊 | — | |

## 4.2.2　电容的基本参数

### 1. 电容的容量

容量是电容的基本参数，数值标在电容上，不同类别的电容有不同系列的标称值。某些电容的体积较小，常常不标单位，只标数值。与电阻一样，电容的标称值一般也采用 E24、E12、E6 系列进行生产。

### 2. 允许误差

允许误差是指电容的标称电容与实际容量之间允许的最大误差范围。电容的允许误差具体如表 4-6 所示。电容的允许误差以百分数表示，是电容的实际容量与标称容量之差除以标称容量所得。电容的允许误差与电容介质材料及容量大小有关。电解电容的容量较大，误差范围可能大于±10%、±20%，甚至高达 30%~100%，而云母电容、玻璃釉电容、瓷介电容，以及各种无极性高频有机薄膜介质电容的容量相对较小，误差范围通常小于±20%。

表 4-6　电容允许误差

| 字母 | 介质材料 | 字母 | 介质材料 | 字母 | 介质材料 |
|---|---|---|---|---|---|
| B | ±0.1% | H | ±100% | P | ±0.02% |
| C | ±0.25% | J | ±5% | Q | −10%～30% |
| D | ±0.5% | K | ±10% | S | −20%～50% |
| E | ±0.005% | L | ±0.01% | T | −10%～50% |
| F | ±1% | M | ±20% | W | ±0.05% |
| G | ±2% | N | ±30% | X | ±0.001% |
| Y | ±0.002% | Z | −20%～80% | 不标注 | −20% |

### 3. 额定电压

额定电压是指电容在规定的环境温度范围内，能够连续正常工作时所能承受的最大电压。在实际应用时，电容的工作电压应低于电容上所标注的额定电压值，否则会造成电容介质被击穿而损坏。电解电容的额定电压一般都会在电路中标明，如果没有指定，则需要选用额定电压高于电路工作电压的电容。电容的额定电压有 6.3V、10 V、16 V、25V、32V、50V、63V、100V、160V、250V、400V、500V、630V、1000V、1200V、1500V、1800V、2000V 等。

### 4. 漏电流

电容的介质材料不是绝对的绝缘体，它在一定的工作温度及电压条件下，也会有电流通过，此电流即为漏电流。若漏电流太大，电容就会发热损坏。除了电解电容外，一般电容质量良好，漏电流很小，故用绝缘电阻参数表示其绝缘性能；而电解电容因漏电流较大，故用漏电流表示其绝缘性能。

### 5. 绝缘电阻

绝缘电阻也称为漏电阻，是指电容两极之间的电阻。它与电容的漏电流成反比。漏电流越大，绝缘电阻越小；绝缘电阻越大，表明电容的漏电流越小，质量也就越好。一般电容的绝缘电阻为 $10^8 \sim 10^{10} \Omega$，电容量越大绝缘电阻越小，不能单凭绝缘电阻的大小来衡量电容的绝缘性能。绝缘性能的优劣通常可用绝缘电阻与电容量的乘积来衡量，称为电容的时间常数。电解电容的绝缘电阻较小，一般采用漏电流来表示其绝缘程度。

### 6. 频率特性

频率特性是指电容对各种频率所表现出的不同性能，即电容参数随着电路各种频率的变化而变化的特性。不同介质材料的电容，其最高工作频率也不同。例如，容量较大的电容只能在低频电路中正常工作，高频电路中只能使用容量较小的高频瓷介电容或云母电容。电容在交流电路工作时，其容抗将随频率变化而变化，此时电路等效为 RLC 串联电路，电容在交流工作时其工作频率应远小于固有谐振频率。

### 7. 稳定度

当电容的主要参数受温度、湿度、气压、振动等外界环境的影响后会发生变化，变化大小用稳定性来衡量。云母及磁介电容稳定性最好，温度系数可达 $10^{-4}/℃$ 数量级；铝电解电容温度系数最大，可达 $10^{-2}/℃$ 数量级。

### 8. 温度系数

温度系数是指在一定范围内，温度每变化 1℃时，电容容量的相对变化值，其单位通常用 $10^{-6}$ 值表示。温度系数越小，电容容量越稳定。温度系数要求高的电容，一般用于高频回路，尤其是振荡回路。

## 4.2.3　电容的标志内容及方法

### 1. 直标法

直标法是将电容的标称容量、耐压值及误差直接标在电容体上。一般情况下，标称容量、额定电压及允许偏差这 3 项参数大都标出，也有体积太小的电容仅标注容量这一项。皮法(pF)为最小标注单位，在标注时常直接标出数值,而不写单位。例如,CT1-0.022μF-63V 表示圆片形低频陶瓷电容，额定工作电压为 63V，电容量为 0.022μF；CCJ3-400V-0.01-Ⅱ表示密封金属化纸介电容，额定工作电压为 400V，电容量为 0.01μF，允许误差为Ⅱ级(±10%)。

### 2. 文字符号法

文字符号法是指用阿拉伯数字和字母符号有规律的组合标注在电容表面来表示标称容量。电容在标注时应遵循下面规则。

(1)凡不带小数点的数值，若无标注单位，单位为皮法。例如，2200 表示 2200pF。

(2)凡带小数点的数值，若无标注单位，单位为微法。例如，0.56 表示 0.56μF。

(3)对于三位数字的电容，前两位数字表示标称容量，最后一个数字 $i$ 为倍率，即前两位为有效数字乘以 $10^i$，若第三位数字为 9，则前两位为有效数字乘 $10^{-1}$，单位为皮法。例如,102 表示 $10×10^2$ pF $=10^3$pF;229 表示 $22×10^{-1}$pF$=2.2$pF;201 表示 $20×10^1$pF$= 200$pF。

(4)许多小型的固定电容，体积较小，为便于标注，习惯上省略其单位，标注时单位符号的位置代表标称容量有效数字中小数点的位置。使用的单位符号有 4 个，即 p、n、μ、m，分别表示 pF、nF、μF、mF，其中字母前的数字表示容量的整数，字母后为容量的小数，字母既表示单位也表示小数点。例如，P33 表示 0.33 pF，1p5 表示 1.5pF、4μ7 表示 4.7μF、3n9 表示 3.9nF。

### 3. 色环标识法

电容色标法的原则及意义与电阻色标法基本相同，其单位是皮法。三色环电容的前两环为有效数字，第三环为位率，容量单位为皮法。四色环电容的第一环和第二环为有效数值，第三环为倍率，第四色环为允许误差；五色环电容的第一环、第二环和第三环为有效数值，第四环为倍率，第五环为允许误差。例如，电容色环为黄、紫、橙，则电容容量为 $47×10^3 pF = 47000\ pF$。各色环所表示的含义如表 4-7 所示。

表 4-7　色环电容各色环的含义

| 颜色 | 黑 | 棕 | 红 | 橙 | 黄 | 绿 | 蓝 | 紫 | 灰 | 白 | 金 | 银 | 无 |
|---|---|---|---|---|---|---|---|---|---|---|---|---|---|
| 有效数字 | 0 | 1 | 2 | 3 | 4 | 5 | 6 | 7 | 8 | 9 | — | — | — |
| 乘数 | $10^0$ | $10^1$ | $10^2$ | $10^3$ | $10^4$ | $10^5$ | $10^6$ | $10^7$ | $10^8$ | $10^9$ | — | — | — |
| 允许误差/% | — | ±1 | ±2 | — | — | ±0.5 | ±0.25 | ±0.1 | — | −20～+50 | ±5 | ±10 | ±20 |
| 工作电压/V | 4 | 6.3 | 10 | 16 | 25 | 32 | 40 | 50 | 63 | — | — | — | — |

## 4.2.4　电容的使用与检测

### 1. 电容的使用常识

(1) 对于要求不高的低频电路和直流电路，通常可用价格低的纸介或金属化纸介电容，也可选低频瓷介电容；要求较高的高频、声频电路，可选用塑料薄膜电容。高频电路中一般选用高频瓷介、云母或穿心瓷介电容。电源滤波、退耦、旁路等电路中需要大容量电容，一般可用铝电解电容。钽电解电容性能稳定可靠，但价格高，通常仅用于要求较高的定时、延时等电路中。高压电路中，一般应选用高压瓷介或其他专用高压型电容。高频电容不能用低频电容代替，在有些场合还要考虑电容的工作温度范围、温度系数等参数。

(2) 在选择电容时，应使额定工作电压高于实际工作电压，并留有足够的余量。电容并联后的工作电压不能超过其中最低的额定电压；电容的串联可以增加耐压。如果两只容量相同的电容串联，其总耐压可以增加一倍；如果两只容量不等的电容串联，电容量小的电容所承受的电压要高于容量大的电容。

(3) 电解电容不允许在负压下使用。当电解电容在较宽频带内用作滤波或旁路时，为了改变高频特性，可为电解电容并联一只小容量的电容。

(4) 使用可变电容时，转动转轴时松紧程度应适中，不要使用过紧或松动现象的电容。除此之外，短路的电容也不应使用。使用微调电容时，要注意微调机构的松紧程度，调节过松的电容容量不会稳定，而调节过紧的电容极易发生调节时的损坏。

(5) 在电容使用之前，应对电容的质量进行检查，以防不符合要求的电容装入电路。将电解电容装入电路时，应使电容的标志安装在易于观察的位置，以便核对和维修，同时一定要注意它的极性不可接反，否则会造成漏电流大幅上升，使电容很快发热而损坏。

焊接电容的时间不易太长,过长时间的焊接温度会通过电极引脚传到电容的内部介质上,从而使介质的性能发生变化。

#### 2. 电容的检测方法

1）10pF 以下小电容

用指针万用表测量,只能定性地检查其是否有漏电、内部短路或击穿现象。测量时,可选用万用表欧姆档 R×10kΩ 档,用两表笔分别任意接电容的两个引脚,阻值应为无穷大。若测出阻值为零,则说明电容漏电损坏或内部击穿。

对于容量在 0.01μF 以上的电容,可用万用表欧姆档 R×10kΩ 档测量。测量时先用两表笔任意触碰电容的两个引脚,然后交换表笔再触碰一次,如果电容是好的,万用表指针会向右摆动一下,随即会向左迅速返回无穷大位置。电容容量越大,指针摆动幅度越大。如果反复调换表笔触碰电容两引脚,万用表指针始终不向右摆动,说明该电容容量已低于 0.01μF 或者已经消失;如果指针向右摆动后不能再向左回到无穷大的位置,说明电容漏电或已经击穿短路。另外,不要用手指同时接触被测电容的两个引脚,否则,人体电阻将影响测试的准确性,容易造成误判。

用数字万用表检测时,可将电容的两个引脚插入数字万用表的 C 插孔内,将数字万用表置于相应的档位即可。

2）电解电容的质量检测

一般情况下,1～47μF 的电容,可用 R×1kΩ 档测量,大于 47μF 的电容可用 R×100Ω 档测量。检测时,红表笔接电容负极,黑表笔接电容正极,接触的瞬间,万用表指针随即会向右偏转较大的幅度,接着逐渐向左回转,直到稳定在某一位置,此时的阻值为电解电容的正向漏电阻。正向漏电阻越大,说明漏电流越小,电容性能越好。然后将红、黑表笔对调,万用表指针将重复上述摆动现象,此时所测阻值为电解电容的反向漏电阻,反向漏电阻略小于正向漏电阻,即反向漏电流比正向漏电流要大。

实际经验表明,电解电容的漏电阻一般应在几百千欧以上,否则,将不能正常工作。在测试中,若正向、反向均无充电的现象,即表针不动,则说明容量消失或内部断路;如果所测阻值很小或为零,说明电容漏电流较大或已被击穿损坏,已不能使用。

3）可变电容的检测

检测时,一般用万用表的 R×10kΩ 档,万用表表笔分别与可变电容的动片和定片相连接,缓慢转动其转轴,如果指针始终在刻度线的无穷大处,说明该可变电容是好的;如果万用表的指针在欧姆刻度线的零处,说明可变电容的动片和定片之间有短路;如果旋到某一角度,读数不为无穷大而是出现一定阻值,说明可变电容动片与定片之间存在漏电现象。对于双联或多联可变电容,可用上述同样的方法检测其他组动片与定片之间有无短路或漏电现象。

## 4.3　电　　感

电感是一种常用的电子元件。当电流通过导线时,导线的周围就会产生一定的电磁场，并使处于这个电磁场中的导线产生自感电动势，人们将这个作用称为电磁感应。

电磁感应元件分为两大类：一类是利用自感作用的电感线圈；另一类是利用互感作用的变压器和互感器。为了加强电磁感应，把绝缘的导线绕成一定圈数的线圈，这个线圈称为电感线圈或电感器，简称电感。电感是一种非线性元件，可以储存磁能。由于通过电感的电流值不能突变，所以，电感对直流电流短路，对突变的电流呈高阻态。

电感在电子系统和电子设备中必不可少。电感能够通低频、阻高频、通直流、阻交流，它在电路中主要用于耦合、滤波、缓冲、反馈、阻抗匹配、振荡、定时、移相等。电感表字母符号为 L。电感量的基本单位是亨利(H)，简称亨，常用单位有毫亨(mH)、微亨(μH)和纳亨(nH)。它们之间的换算关系为 $1H=10^3 mH=10^6 \mu H=10^9 nH$。

### 4.3.1　电感的分类

电感按使用特征可分为固定电感和可调电感两种；按结构可分为小型固定电感、平面电感以及中周电感；按磁心材料可分为空心电感、磁心电感和铁心电感等；按工作频率可分为高频电感、中频电感和低频电感。常见电感如图 4-6 所示。

图 4-6　常见电感

1. 电感线圈

小型固定电感有卧式、立式两种，结构特点是将漆包线或丝包线直接绕在棒形、工字型等磁心上，然后再用环氧树脂或塑料封装起来。它具有体积小、重量轻、结构牢固、防潮性能好、安装方便等优点，一般常用在滤波、延迟等电路中。

平面电感是在陶瓷或微晶玻璃基片沉淀金属导线而成，具有较好的稳定性、精度及可靠性，常应用在几十兆赫兹到几百兆赫兹的电路中。

中周线圈是由磁心、磁罩、塑料骨架组成的，线圈绕在塑料骨架或直接绕制在磁心上，骨架插脚可以焊接在印刷电路板上。中周线圈是超外差式无线设备中的主要元件，广泛用在调幅接收机、调频接收机、电视接收机、通信接收机等电子设备的调谐回路中。

空心线圈是用导线绕制在纸筒、胶木筒、塑料筒上组成的线圈，由于此线圈中间不另加介质材料，因此称为空心线圈。磁心线圈是用导线在磁心磁环上绕制成线圈，或者在空心线圈中插入磁心组成的。

可调磁心线圈是在空心线圈中插入可调的磁心组成的。铁心线圈则是在空心线圈中插入硅钢片组成的。色环电感是一种带磁心的小型固定电感，其电感量表示方法与色环电阻一样，是以色环或色点表示的，但有些固定电感没有采用色环表示法，而是直接将电感量数值标在电感壳体上。

2. 变压器

绕在同一骨架或铁心上的两个线圈构成了变压器。电子电路中，变压器是利用互耦线圈实现升压或降压功能的。如果对变压器的一次线圈(初级线圈)施加变化的电压，利用互感原理就会在另一侧线圈(次级线圈)中得到一个电压。若对初级线圈施加较高的电压，而次级得到较低的电压，这种变压器称为降压变压器；若对初级线圈施加较低的电压，而次级得到较高的电压，这种变压器称为升压变压器。

变压器的种类很多，根据线圈之间使用的耦合材料不同，可分为空心变压器、磁心变压器和铁心变压器三大类；根据工作频率的不同又可将变压器分为低频变压器、中频变压器、高频变压器和脉冲变压器。

低频变压器又可分为电源变压器和音频变压器两种，图 4-7(a)为一种电源变压器。电源变压器用于电源电压的变换和隔离，种类有降压变压器、升压变频器、隔离变频器和多绕组变压器等。音频变压器又分为级间耦合变压器、输入变压器和输出变压器，外形均与电源变压器相似。低频变压器用来传输信号电压和信号功率，还可实现电路之间的阻抗匹配，对直流电具有隔离作用。

中频变压器俗称中周，其结构特点是磁心可以调节，以便微调电感，图 4-7(b)为中频变压器。中周上的磁帽或磁杆上带有螺纹，当向下移动时，电感增大，当向上移动时，电感减小。中频变压器应用于超外差式收音机和电视机中的中频放大电路，具有选频、耦合、阻抗变换等作用。

高频变压器通常是指工作于射频范围的变压器。图 4-7(c)为收音机中的磁性天线，它是一种高频变压器。收音机中的磁性天线一次绕组与可变电容组成选频回路，选出的电台信号通过一次侧、二次侧的耦合传输到高放或变频级。

脉冲变压器用于各种脉冲电路中，其工作电压、电流等均为非正弦脉冲波。常用的脉冲变压器有电视机的行输出变压器、行推动变压器、开关变压器、电子点火器的脉冲变压器、臭氧发生器的脉冲变压器等。例如，图 4-7(d)为电视机的行输出变压器，它是一种脉冲变压器。

(a)低频变压器　　　(b)中频变压器　　　(c)高频变压器　　　(d)脉冲变压器

图 4-7　常见变压器

自耦变压器的绕组为有抽头的一组线圈，输入端和输出端之间有直接联系，不能隔离为两个独立部分。隔离变压器的主要作用是隔离电源、切断干扰源的耦合通路和传输通道，其一次、二次绕组的匝数比(变压比)等于 1。隔离变压器又分为电源隔离变压器和干扰隔离变压器。

### 4.3.2　电感的基本参数

#### 1. 电感量

电感工作能力的大小用电感量来标注，电感量是表示电感产生自感应能力的一个物理量。电感量的大小，主要取决于线圈的圈数(匝数)、绕制方式、有无磁心及磁心的材料等等。

通常，线圈圈数越多，绕制的线圈越密集，电感量就越大。有磁心的线圈比无磁心的线圈电感量大；磁心磁导率越大的线圈，电感量越大。一般空电感线圈的电感量较小。

#### 2. 允许误差

允许误差是指电感上标称的电感量与实际电感的允许误差值。一般用于振荡或滤波等电路中的电感精度要求较高，允许误差为±0.2%～±0.5%；而用于耦合、高频阻流等线圈的精度要求不高；允许偏差为±10%～15%。

#### 3. 额定电流

额定电流指电感在正常工作时允许通过的最大电流值。若工作电流超过额定电流，则电感就会因发热而使性能参数发生改变，甚至还会因过流而烧毁。

#### 4. 感抗

电感线圈中的自感电动势总是阻止线圈中的电流变化,故线圈对交流电有阻力作用，阻力大小就用感抗 $X_L$ 来表示。$X_L$ 与线圈电感量 $L$ 和交流频率 $f$ 成正比，计算公式为

$$X_L = 2\pi f L \tag{4-1}$$

不难看出，线圈通过低频电路时 $X_L$ 小。通过直流电时 $X_L$ 为零，仅线圈的直流电阻起阻力作用，因为电阻一般很小，所以近似短路。通过高频电流时 $X_L$ 大，若 $L$ 也大，则近似开路。线圈的此种特性正好与电容相反，所以，利用电感元件和电容就可以组成各种高频、中频和低频滤波器，以及调谐回路、选频回路和阻流圈电路等。

#### 5. 品质因数

品质因数 $Q$ 是表示电感线圈品质的参数，也称 $Q$ 值。线圈在一定频率的交流电压下工作时，其感抗 $X_L$ 和等效损耗电阻之比即为 $Q$ 值，表达式如下

$$Q = \frac{\omega L}{R} = \frac{2\pi f L}{R} \tag{4-2}$$

由此可见，线圈的感抗越大，损耗电阻越小，$Q$ 值也就越高。线圈的品质因数在不同的使用场合有不同的要求，在调谐回路中，要求 $Q$ 值较高，以减少与线圈回路的损耗，耦合线圈则要求较低，对于高频扼流线圈与低频扼流线圈则不作要求。电感品质因数的高低与线圈导线的直流电阻、线圈骨架的介质损耗及铁心、屏蔽罩等引起的损耗有关。

6. 分布电容

线圈的匝数之间存在着电容，线圈与地之间、线圈与屏蔽盒之间，以及线圈的层与层之间也都存在着电容，这些电容称为线圈的分布电容。分布电容相当于并联在电感两端，使线圈的各种频率受限制并使线圈的品质因数下降。电感的分布电容越小，其稳定性越好。

### 4.3.3　电感的标志内容及方法

#### 1. 直标法

直标法是将电感的标称电感量用数字和文字符号直接标在电感体上，电感单位后面的字母表示偏差。

#### 2. 文字符号法

文字符号法是将电感的标称值和偏差值用数字和文字符号法按一定的规律组合标示在电感上。采用文字符号法表示的电感通常是一些小功率电感，单位通常为 nH 或 μH。用 μH 做单位时，R 表示小数点；用 nH 做单位时，N 表示小数点。

#### 3. 色标法

色标法是在电感表面涂上不同的色环来代表电感量，通常用三个或四个色环表示。识别色环时，紧靠电感体一端的色环为第一环，露出电感体本色较多的另一端为末环。注意：用这种方法读出的色环电感量，默认单位为微亨(μH)。

#### 4. 数码表示法

数码表示法是用三位数字来表示电感量的方法，常用于贴片电感上。三位数字中，从左至右的第一、第二位为有效数字，第三位数字表示有效数字后面所加零的个数。注意：用这种方法读出的色环电感量，默认单位为微亨(μH)。如果电感量中有小数点，则用 "R" 表示，并占一位有效数字。例如，标示为 330 的电感为 $33×10^0=33μH$。

### 4.3.4　电感的使用与检测

#### 1. 电感线圈的使用常识

使用电源变压器时，要分清它的初级和次级。对于降压变压器来说，初级的阻值比次级的阻值要大。电源变压器是要放热的，必须考虑到安放位置以利于散热。在使用线圈时，不要随便改变线圈的形状、大小和距离，否则会影响线圈原来的电感量，尤其是频率越高，圈数越少的线圈。可调线圈应安装在机器易调节的地方，以便调整线圈的电感量，达到最理想的工作状态。

## 2. 电感检测

检测电感时先进行外观检查，看线圈有无松散，引脚有无折断，线圈是否烧毁或外壳是否烧焦等现象。若有上述现象，则表明电感已损坏。万用表置 R×1kΩ 档，两表笔与电感器的两引脚相接，测的电阻值极小，则说明电感是好的；若表针不动，测量电阻为无穷大，则说明电感已开路；若表针指示不稳定，说明电感内部接触不良。

## 3. 变压器检测

万用表置 R×1kΩ 档，检测二次绕组的两个接线端子间的直流电阻一般较小，如果表针无穷大，则说明该绕组有短路故障。R×1kΩ 档测一次绕组的电阻值一般较大，如果测得值为零或无穷大，则说明变压器一次绕组存在短路或断路故障。用绝缘电阻表或万用表的 R×10kΩ 档分别测量铁心与一次侧、一次侧与各二次侧、铁心与二次侧、二次侧各绕组间的电阻值，均应大于 1000MΩ 或表针在无穷大处，否则，说明变压器绝缘性能不佳。

# 4.4　二　极　管

晶体二极管是电路中最常用、最简单的半导体器件，它在收音机、电视机和其他电子设备中具有广泛的应用。二极管符号如图 4-8 所示。

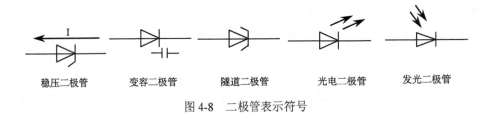

稳压二极管　　　变容二极管　　　隧道二极管　　　光电二极管　　　发光二极管

图 4-8　二极管表示符号

二极管正偏时，即二极管的正极接在高电位，负极接在低电位，且正向电压达到某一数值以后，二极管就会导通，导通后二极管两端的电压基本上保持不变。若二极管反偏，即正极接在低电位，负极接在高电位，此时二极管处于截止状态，但仍然会有微弱的反向电流流过二极管，称为漏电流。当二极管两端的反向电压增大到某一数值时，反向电流会急剧增大，二极管将会被击穿。由此可见，单向导电性是二极管的基本特性。

## 4.4.1　二极管常见分类

二极管的种类很多，按材料分为锗二极管、硅二极管、砷化镓二极管等；按结构分为点接触型二极管和面接触型二极管：点接触型二极管的特点是 PN 结面积小(结电容小)，通过电流较小，但其高频特性好，一般适用于高频电路、小功率电路及数字电路；面接触型二极管的特点是 PN 结面积大(结电容大)，可通过较大的电流，但工作频率低，一般适用于整流电路；按用途分为检波二极管、整流二极管、稳压二极管、发光二极管、变容二极管和开关二极管等。常见二极管具体如图 4-9 所示。

图 4-9　常见二极管

整流二极管是利用 PN 结的单向导电性，把交流变成直流。整流二极管多用锗或硅半导体材料制成，又可分为低频整流管、高频整流管和全桥整流管。整流二极管具有工作频率低、允许通过的正向电流大、反向击穿电压高等特点。选用整流二极管时，主要应考虑其最大整流电流、最大反向工作电流、截止频率及反向恢复时间等参数。

由于二极管在正向偏压下导通电阻很小，而在反向偏压截止时，截止电阻很大，在开关电路中利用二极管的单向导电特性就可以对电流起接通和关断的作用，称为开关二极管。开关二极管由导通变为截止，或由截止变为导通所需的时间比一般二极管短，常用于各种高频电路、脉冲电路和逻辑控制电路中。

稳压二极管的工作电流是从负极流向正极，当反向电压小于击穿电压时，反向电流很小；当反向电压临近击穿电压时反向电流急剧增大，发生电击穿，这时电流在很大范围内改变时管子两端的电压基本保持不变，起到稳定电压的作用。稳压二极管主要作为稳压器或电压基准元件使用的。

光电二极管是利用 PN 结在施加反向电压时，在光线照射下反向电阻由大到小的原理进行工作的。无光照射时，二极管的反向电流很小；有光照射时，二极管的反向电流很大。光电二极管不是对所有的可见光及不可见光都有相同的反应，它是有特定的光谱范围的。

检波二极管是把叠加在高频载波中的低频信号检出来的器件，它具有较高的检波频率和良好的频率特性，其特点是工作频率较高，处理信号幅度较弱。检波二极管要求结电容小，反向电流小，所以检波二极管常采用点接触式二极管。

双向二极管相当于两个二极管反向并联，无论在双向二极管的两极之间加什么极性的电压，只要电压数值超过其起始电压，就能导通，导通将持续到电流中断或降到器件的最小保持电流才会再次关断。它通常应用在过电压保护电路、移相电路、晶闸管触发电路、定时电路及调光电路中。

变容二极管是利用 PN 结的空间电荷层具有电容特性的原理制成的特殊二极管，特点是结电容随加到管子上的反向电压大小而变化。在一定范围内，反向电容偏压越小，结电容越大；反之，反向电容偏压越大，结电容越小。人们利用变容二极管的这种特性取代可变电容的功能，它在电视机、收音机和录像机中多用于调谐电路和自动频率微调电路中。

肖特基二极管是一种低功耗、超高速半导体器件，广泛应用于开关电源、变频器、驱动器等电路中，作高频、低压、大电流整流二极管、续流二极管、保护二极管用，或在微波通信中作整流二极管、小信号检波二极管使用。肖特基二极管的优点是反向恢复时间短、电流大，缺点是反向击穿电压值偏低。

　　发光二极管是采用磷化镓、磷砷化镓等半导体材料制成的，可将电能直接转化为光能的器件，即发光二极管外加一定的正向电压时，它就处于导通状态，二极管就会发光。另外，有的发光二极管还能根据所加电压的不同发出不同颜色的光，称为变色发光二极管。发光二极管通常作指示或显示的器件。发光二极管的发光颜色主要由制造二极管的材料以及掺入杂质的种类决定。目前常见单色型发光二极管的颜色有红色、绿色、黄色、橙色、蓝色、紫色、白色等。发光二极管的工作电流通常为 $2\sim25mA$，工作电压随着材料的不同而不同。发光二极管一般要串接限流电阻，以免电流过大而烧坏发光二极管。

　　各国对晶体二极管的命名规定不同，我国二极管的型号命名通常根据国家标准 GB/T 249—2017 规定，由五部分组成，如表 4-8 所示。其中，第一部分：用数字 2 表示主称和二极管，第二部分：用汉语拼音字母表示器件材料与极性，第三部分：用汉语拼音字母表示器件的类型，第四部分：用阿拉伯数字表示登记顺序号，第五部分：用汉语拼音字母表示规格号。

表 4-8　我国二极管型号命名代号表

| 第一部分 | | 第二部分 | | 第三部分 | | 第四部分 | 第五部分 |
|---|---|---|---|---|---|---|---|
| 用阿拉伯数字表示器件的电极数目 | | 用汉语拼音字母表示器件的材料和极性 | | 用汉语拼音字母表示器件的类别 | | 用阿拉伯数字表示登记顺序号 | 用汉语拼音字母表示规格号 |
| 符号 | 意义 | 符号 | 意义 | 符号 | 意义 | | |
| 2 | 二极管 | A | N 型，锗材料 | P | 小信号管 | | |
| | | B | P 型，锗材料 | H | 混频管 | | |
| | | C | N 型，硅材料 | V | 检波管 | | |
| | | D | P 型，硅材料 | W | 电压调整管和电压基准管 | | |
| | | | | C | 变容管 | | |
| | | | | Z | 整流管 | | |
| | | | | S | 隧道管 | | |
| | | | | K | 开关管 | | |
| | | | | L | 整流堆 | | |
| | | | | N | 噪声管 | | |
| | | E | 化合或合金材料 | F | 限幅管 | | |
| | | | | U | 光电管 | | |
| | | | | B | 雪崩管 | | |
| | | | | J | 阶跃恢复管 | | |

## 4.4.2　二极管的主要参数

### 1. 额定正向工作电流

额定正向工作电流是指二极管长期连续正常工作时允许通过的最大正向电流值。由于电流通过管子时会使管心发热、温度上升，当温度超过允许限度时，就会因发热过度而烧毁。因此，二极管在使用时要特别注意工作电流不能超过二极管额定正向工作电流值。

### 2. 反向击穿电压

在二极管上加反向电压时，反向电流会很小。当反向电压增大到某一数值时，反向电流将突然增大，二极管将被反向击穿，二极管就失去了单向导电性。二极管产生击穿时的电压叫反向击穿电压。故应用中一定要保证不超过最大反向工作电压。

### 3. 反向电流

反向电流是指二极管在规定的温度和最高反向电压的作用下，流过二极管的反向电流。反向电流越小，管子的单向导电性能越好。反向电流与温度有着密切的关系，温度大约每升高 $10℃$，反向电流就增大一倍。因此，当温度上升到一定值时，二极管不仅失去了单向导电特性，而且会因过热而损坏。

### 4. 最大浪涌电流

最大浪涌电流是二极管允许流过的最大正向电流。最大浪涌电流不是二极管正常工作时的电流，而是瞬间电流，通常大约为额定正向工作电流的 20 倍。

### 5. 反向恢复时间

从正向电压变成反向电压时，理想情况下是电流能瞬时截止，而实际上要延迟一段时间。电流截止延迟的时间，就是反向恢复时间。

### 6. 最大功率

最大功率是指加在二极管两端的电压乘以电流，这个极限参数对稳压二极管等特别重要。

## 4.4.3　二极管的使用与检测

### 1. 二极管的使用常识

加在二极管的电流、电压、功率及环境温度不应超过所允许的极限值，硅管与锗管一般不能互相代用。整流二极管主要考虑其最大整流电流，最高反向工作电压能否满足电路需要，整流二极管不能串联或并联使用。选用检波二极管时，主要考虑各种频率是否符合电路频率的要求，结电容小、反向电流小、正向电流足够大的检波二极管检波效果好。稳压二极管的稳压值与应用电路的基准电压值相同，稳压二极管的最大稳压电流应大于电路最大负载电流的 50% 左右。开关电源中不能用普通整流二极管替代快恢复二极管或肖特基二极管，替换的二极管最高反向工作电压及最大整流电流不应小于被替换二极管。

小功率二极管的负极通常在管体表面上用一个色环标出。某些二极管采用 P、N 符号来标定二极管极性，P 表示正极，N 表示负极。发光二极管根据长短引脚来区别正负极，长的引脚为正极，短的引脚为负极。整流桥表面通常标注内部电路结构或者交流输入端及直流输出端的名称，交流输入端用 AC 或～表示，直流输出端以+、−符号表示。

### 2. 模拟万用表检测

万用表拨到 R×1kΩ 档，测量二极管的正反向电阻，正反向电阻相差越大越好，如果两次阻值一样大或一样小，说明该二极管已损坏。测量电阻值较小时为正向电阻，此时与黑表笔相连的是二极管的正极，与红表笔相连的是二极管的负极；否则为反向电阻，这时与黑表笔相连的是二极管的负极，与红表笔相连的是二极管的正极。如果实测反向电阻很小，说明二极管已被击穿；若正、反向电阻均为无穷大，表明管子已断路；若正、反向电阻相差不大或有一个阻值偏离正常，表明管子性能不良，不能使用。由于锗二极管与硅二极管的正向压降不同，因此可用测量二极管正向电阻的方法来区分。一般，若正向电阻小于 1kΩ，表明二极管为锗二极管；若正向电阻为 1～5 kΩ，则为硅二极管。

稳压二极管的极性与性能好坏的测量与普通二极管的测量方法相似，不同之处在于：当使用指针式万用表的 R×10kΩ 档测量二极管时，测得其反向电阻是很大的，此时，将万用表转换到 R×10kΩ 档，如果出现万用表指针向右偏转较大角度，即反向电阻值减小很多的情况，则该二极管为稳压二极管；如果反向电阻基本不变，说明该二极管是普通二极管，而不是稳压二极管。

### 3. 数字万用表检测

数字万用表置于二极管档，红表笔插入"VΩ"插孔，黑表笔插入"COM"插孔。将两表笔分别接触二极管的两个电极，如果显示溢出符号 1，说明二极管处于反向截止状态，此时黑表笔接的是二极管正极，红表笔接的是二极管负极。反之，如果显示值在 1000mV 以下，则二极管处于正向导通状态，此时红表笔接的是二极管正极，黑表笔接的是二极管负极。

数字万用表实际上测的是二极管两端的压降。如果万用表显示的电压值为 0.15～0.3V，则说明被测二极管是锗二极管；如果万用表显示的电压值为 0.4～0.7V，则说明被测二极管是硅二极管。

# 4.5　三　极　管

晶体三极管也称为半导体三极管，简称三极管。三极管是由两个背靠背做在一起的 PN 结加上相应的引出电极线封装组成，有集电极 c、基极 b、发射极 e 三个电极。三极管的表示符号如图 4-10 所示，三极管的字母符号一般由 V、T 或 Q 表示。

三极管结构的主要特点是组成三块半导体的中间一块，其导电型与它两边的导电型相反，中间的一块称为基极，两边分别是发射极和集电极。导电的载流子从发射极出发，集电极起着收集载流子的作用。根据结构不同，三极管分为 NPN 型和 PNP 型两大类。NPN 型三极管的发射极箭头朝外，PNP 型三极管的发射极箭头朝内，发射极箭头的指向为正常

工作情况下电流的方向。组成三极管的三块半导体构成了两个 PN 结，由 c 和 b 构成的
PN 结称为集电结，e 和 b 构成的 PN 结称为发射结。三极管常见外形如图 4-11 所示。

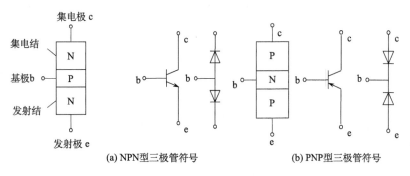

(a) NPN型三极管符号　　　　　　　(b) PNP型三极管符号

图 4-10　　三极管表示符号

图 4-11　常见三极管

　　三极管是放大电路的核心元件，工作状态有三种：放大、饱和、截止。三极管在电
子技术中扮演着极其重要的角色，它具有电流放大能力，同时又是理想的无触点开关元
器件。可组成放大、振荡及各种功能的电子电路。三极管是收音机、录音机、电视机等
家用电器中很重要的器件之一，加之具有体积小、重量轻、寿命长、耗电省等优点，因
此得到了广泛的应用。

### 4.5.1　三极管的分类

　　晶体三极管的分类很多，按结构可分为点接触型和面接触型；按生产工艺分为合金
型、扩散型和平面型等。但是常用的分类是从应用角度，依工作功率分为小功率三极管、
中功率三极管和大功率三极管；依工作频率分为低频三极管、高频三极管和开关三极管；
按其导电类型可分为 PNP 型三极管和 NPN 型三极管；按其构成材料可分为锗管和硅管；
按用途分为放大管、开关管、低噪音管、高反压管等。

　　锗管具有较低的起始工作电压，锗管正向导通电压为 0.2～0.3V，饱和压降较低，三
极管导通时，锗管发射极和集电极间的电压较低。实际电路中，锗管更容易满足在低压
下工作，另外，锗管的漏电流较大，耐压较低。硅管具有较高的起始工作电压，硅管正
向导通电压为 0.6～0.7V，具有较高的饱和压降，三极管导通时，硅管发射极和集电极间
的电压较高，另外，硅管的反向漏电流较大，输出特性更平坦，耐压较高。

　　低频率小功率三极管一般指特征频率在 3MHz 以下，功率小于 1W 的三极管，一般
作为小信号放大用。高频率小功率三极管一般指特征频率大于 3MHz，功率小于 1W 的
三极管，主要用于高频振荡；放大电路中。低频率大功率三极管一般指特征频率小于

3MHz，功率大于 1W 的三极管，主要用于通信等设备中作为调整管。高频大功率三极管一般指特征频率大于 3MHz，功率大于 1W 的三极管，主要用于通信等设备中作为功率驱动放大。

开关三极管是控制饱和区和截止区相互转换而工作的。开关三极管的开关过程需要一定的响应时间，开关响应时间的长短表示三极管开关特征的好坏。

采用表面贴装技术（Surface Mounted Technology，SMT）的三极管称为贴片三极管。贴片三极管有三个引脚的，也有四个引脚的。在四个引脚的三极管中，比较大的一个引脚是集电极，两个相通引脚是发射极，余下的一个引脚是基极。

差分对管是把两只性能一致的三极管封装在一起的半导体器件。它能以最简单的方式构成性能优良的差分放大器。

复合三极管是分别选用各种极性的三极管进行复合连接，这些三极管连接后可以看成一个高频的三极管。组合复合三极管时，第一只管子的发射极电流与第二只管子的基极电流方向相同，复合三极管的极性取决于第一只管子。复合三极管的最大特性是电流放大倍数很高，所以多用于较大功率输出的电路中。

国产三极管的型号命名由五部分组成，具体如表 4-9 所示，各部分具体含义如下。

第一部分：用数字 3 表示主称和三极管，第二部分用字母表示三极管的材料和极性，第三部分用字母表示三极管的类别，第四部分用数字表示同一类型产品的序号，第五部分字母表示规格号表。例如，三极管 3AD50C 表示为锗材料 PNP 型低频大功率三极管，三极管 3DG201B 表示为硅材料 NPN 型高频小功率三极管。

表 4-9　三极管型号命名

| 第一部分 | | 第二部分 | | 第三部分 | | 第四部分 | 第五部分 |
|---|---|---|---|---|---|---|---|
| 用阿拉伯数字表示器件的电极数目 | | 用汉语拼音字母表示器件的材料和极性 | | 用汉语拼音字母表示器件的类别 | | 用阿拉伯数字表示登记顺序号 | 用汉语拼音字母表示规格号 |
| 符号 | 意义 | 符号 | 意义 | 符号 | 意义 | | |
| 3 | 三极管 | A | PNP 型，锗材料 | X G | 低频小功率晶体管 | | |
| | | B | NPN 型，锗材料 | D A | 高频小功率晶体管 | | |
| | | C | PNP 型，硅材料 | FH SX | 低频大功率晶体管 | | |
| | | D | NPN，型硅材料 | K R | 高频大功率晶体管 | | |
| | | | | T K | 复合管 | | |
| | | E | 化合或合金材料 | | 双向三极管 | | |
| | | | | | 开关管 | | |
| | | | | | 小功率晶闸管 | | |
| | | | | | 大功率晶闸管 | | |
| | | | | | 开关管 | | |

三极管的封装形式是指三极管的外形参数，也就是安装半导体三极管用的外壳。材料方面，三极管的封装形式主要有金属、陶瓷、塑料形式；结构方面，三极管的封装为 TOXXX，XXX 表示三极管的外形；装配方式有通孔插装(通孔式)、表面安装(贴片式)、直接安装；引脚形状有长引线直插、短引线或无引线贴装等。常用三极管的封装形式有 TO-92、TO-126、TO-3、TO-220TO 等。

### 4.5.2　三极管的主要参数

三极管的参数可用来表示各种性能的指标，是评价三极管优劣和选用三极管的依据，使用人员对此应有一定了解。

#### 1．电流放大系数

电流放大系数是电流放大倍数，用来表示三极管的放大能力。根据三极管的工作状态不同，电流放大系数又分为直流放大系数和交流放大系数。

直流放大系数是指在静态无输入变化信号时，三极管集电极电流 $I_C$ 和基极电流 $I_B$ 的比值，故又称为直流放大倍数或静态放大系数，一般用 $h_{FE}$ 或 $\beta$ 表示。交流放大倍数，是指在交流状态下，三极管集电极电流变化量与基极电流变化量的比值，一般用 $\beta$ 表示。

#### 2．集电极最大电流 $I_{CM}$

集电极最大电流 $I_{CM}$ 是指集电极所允许通过的最大电流。集电极电流 $I_C$ 上升会导致三极管 $\beta$ 下降，当 $\beta$ 下降到正常值的 2/3 时，集电极电流即为 $I_{CM}$，会影响三极管的正常工作，甚至被烧毁。

#### 3．集电极最大允许功耗 $P_{CM}$

集电极最大允许功耗 $P_{CM}$ 是指三极管不超过规定允许值时的最大集电极耗散功率。实际功率不允许超过 $P_{CM}$ 值，否则会使三极管因过载被烧毁。

#### 4．频率特性 $f_T$

三极管的电流放大系数与工作频率有关，如果三极管超过了工作频率范围，会造成放大能力降低甚至失去放大作用。特征频率 $f_T$ 指当工作频率超过一定值时，三极管的 $\beta$ 值开始下降，下降到 1 时所对应的频率。

#### 5．最大反向电压

最大反向电压是指三极管在工作时所允许的最高工作电压。其中集电极-发射极反向击穿电压是指当三极管基极开路时，集电极与发射极之间的最大允许反向电压，用 $U_{CEO}$ 表示；集电极-基极反向击穿电压是指当三极管发射极开路时，集电极与基极之间的最大允许反向电压，用 $U_{CBO}$ 表示；发射极-基极反向击穿电压是指当三极管集电极开路时，发射极与基极之间的最大允许反向电压，用 $U_{EBO}$ 表示。

6. 反向电流 $I_{CBO}$

反向电流 $I_{CBO}$ 也称为集电结反向漏电电流，是指当三极管的发射极开路时，集电极与基极之间的反向电流。反向电流是其中的集电极与基极之间的反向电流。$I_{CBO}$ 对温度敏感，该值越小，三极管的温度特性越好。$I_{CEO}$ 也称为漏电流，是指当三极管的基极开路时，集电极与发射极之间的反向电流。$I_{CEO}$ 值越小，三极管的性能越好。

### 4.5.3　三极管的使用与检测

#### 1. 三极管的使用

根据不同的用途选用不同参数的三极管，考虑的主要参数有特征频率、电流放大系数、集电极耗散功率、最大反向击穿电压等。

根据电路的需要，选用三极管时，应使管子的特征频率高于电路工作频率的 3～10倍，但也不能太高，否则将引起高频振荡，影响电路的稳定性。对于三极管的电流放大系数的选择应适中，一般选择 100 左右。若 $\beta$ 太低，则使电路的增益不够，若 $\beta$ 太高，则使电路的稳定性变差，噪声增大。集电极耗散功率也应根据不同电路进行选择，若选小了，则因过热而烧坏三极管，若选大了，则会造成浪费。另外选择时只要电路许可，应尽量使用硅材料的三极管。三极管在接入电路前，首先要弄清管型、极性，不能将引脚接错，否则将损坏三极管。在焊接三极管时要防止过多的热量传递给三极管的管芯。电路通电状态下，不能用万用表的欧姆档测量三极管的极间电阻，这是因为万用表欧姆档表笔间有电压存在，将改变电路的工作状态而使三极管损坏，同时也会损坏万用表。

#### 2. 模拟万用表检测

万用表置于电阻 R×1kΩ 档，黑表笔接三极管的某一引脚(假设作为基极)，再用红表笔分别接另外两个引脚，如果表针指示的两次阻值都很大，该管便是 PNP 管，黑表笔所接的引脚是基极；如果表针指示的两次阻值均很小，则说明这是一只 NPN 管，黑表笔所接的引脚是基极；如果表针指示的阻值一个很大，另一个很小，黑表笔所接的引脚肯定不是三极管的基极，要换另一个引脚再检测，直至找到基极。

对于 PNP 管，将万用表置于 R×1kΩ 档，红表笔接基极，用黑表笔分别接触另外两个引脚时，所测得的两个电阻会是一大一小的，在阻值小的一次测量中，黑表笔所接的引脚为集电极，在阻值大的一次测量中，黑表笔所接的引脚为发射极。

对于 NPN 管，要将黑表笔接基极，用红表笔去接触其余两引脚进行测量，在阻值小的一次测量中，红表笔所接的引脚为集电极，在阻值大的一次测量中，红表笔所接的引脚为发射极。

#### 3. 数字万用表检测

数字万用表置于二极管档位，红表笔固定，任意接某个引脚，用黑表笔依次接触另外两个引脚，如果两次显示值均小于 1V 或都显示溢出，则红表笔所接的引脚就是基极。

如果在两次测试中，一次显示值小于 1V，另一次显示溢出符号，则表明红表笔接的引脚不是基极 B，应更换其他引脚重新测量，直到找出基极。基极确定后，用红表笔接基极，黑表笔依次接触另外两个引脚，如果数值都小于 1V，则所测三极管属于 NPN 型管。其中，显示数值较大的一次，黑表笔所接引脚为发射极。如果黑表笔接基极，红表笔接触另外两个引脚，如果数值都小于 1V，则表明所测三极管属于 PNP 管，此时数值大的那次，红表笔所接的引脚为发射极。

判断三极管属于锗管还是硅管，用数字万用表非常方便，方法是测量管子基极和发射极 PN 结的正向压降，硅管的正向压降一般为 0.5～0.8V，锗管的正向压降一般为 0.2～0.3V。

现代生产的数字万用表，一般还带有测试三极管的 $h_{FE}$ 的档位，用此法测试三极管的集电极和发射极也十分方便。先测试管子的基极，并且测出管子是 NPN 型还是 PNP 型，然后将万用表置于 $h_{FE}$ 档，其余两脚分别插入发射极孔和集电极孔，此时从显示屏上读出 $h_{FE}$ 值，对调一次发射极与集电极，再测一次 $h_{FE}$ 值，数值较大的一次正确，从而确定三极管的发射极和集电极。

# 4.6　场效应晶体管

场效应晶体管(Field Effect Transistor，FET)简称场效应管，它是一种高输入阻抗的电压控制型半导体器件。场效应晶体管是当给晶体管加上一个变化的输入电压时，信号电压的改变使加在器件上的电场改变，从而改变器件的导电能力，使器件的输出电流随电场信号的改变而变化，即利用输入回路的电场效应来控制输出回路电流的一种半导体器件。场效应晶体管是仅靠多数载流子在半导体材料中运动而实现导电的，参与导电的只有一种载流子，故又称单极型器件，它是根据晶体管的原理开发出的新一代放大器件。

场效应晶体管应用也很广泛。场效应晶体管的文字用 VF 表示，图形符号如图 4-12 所示。场效应晶体管结构一般具有 3 个极(双栅管有 4 个极)：栅极 G、源极 S 和漏极 D，它们的功能分别对应于双极型晶体管的基极 b、发射极 e 和集电极 c。由于 S 和 D 是对称的，实际使用中可以互换。

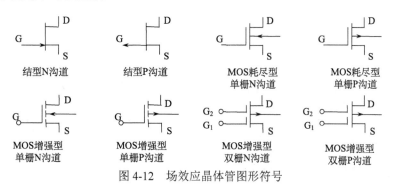

图 4-12　场效应晶体管图形符号

场效应晶体管与三极管同为放大器件，但工作原理不同：三极管是电流控制器件，在一定条件下，集电极电流受基极电流控制，而场效应晶体管是电压控制器件，电子电流受栅极电压控制。场效应晶体管与三极管相比，具有输入阻抗高、噪声低、功耗低、动态范围大、易于集成、热稳定性好等优点，因而得到迅速发展与应用。场效应管可应用于放大、恒流源、可变电阻、电子开关等，另外，场效应晶体管很高的输入阻抗非常适合作阻抗变换，常用于多级放大器的输入级作阻抗变换。

### 4.6.1 场效应晶体管的分类

场效应晶体管根据其结构的不同，可分为结型场效应晶体管和绝缘栅型场效应晶体管两种类型；结型场效应晶体管根据其导电沟道材料的不同，又可分为 N 沟道和 P 沟道结型场效应晶体管，而绝缘栅型场效应晶体管可分为 N 沟道和 P 沟道绝缘栅型场效应晶体管。

N 沟道结型场效应晶体管的基体是一块 N 型硅材料，为 N 沟道。从基体引出两个电极分别叫源极(S)和漏极(D)。在基体两边各附一小片 P 型材料，其引出的电极称为栅极(G)。这样，在沟道和栅极之间形成了两个 PN 结。PN 结中的载流子已经耗尽，PN 结基本上是不导电的，形成了耗尽区。当漏极电源电压 $E_D$ 一定时，如果栅极电压越低，PN 结交界面所形成的耗尽区就越厚，则漏、源极之间导电的沟道越窄，漏极电流 $I_D$ 就越小；反之，如果栅极负电压较小，则沟道变宽，$I_D$ 变大，所以用栅极电压 $E_G$ 可以控制漏极电流 $I_D$ 的变化。

N 沟道增强型 MOS 场效应晶体管是利用 $U_{GS}$ 来控制"感应电荷"的多少，以改变由这些"感应电荷"形成的导电沟道的状况，然后达到控制漏极电流的目的。在制造管子时，通过工艺使绝缘层中出现大量正离子，故在交界面的另一侧能感应出较多的负电荷，这些负电荷把高渗杂质的 N 区接通，形成了导电沟道，使在 $V_{GS}=0$ 时也有较大的漏极电流 $I_D$。当栅极电压改变时，沟道内被感应的电荷量也改变，导电沟道的宽窄也随之改变，因而漏极电流 $I_D$ 随着栅极电压的变化而变化。

### 4.6.2 场效应晶体管的主要参数

#### 1. 开启电压

开启电压 $U_T$ 是增强型 MOS 管的参数，当栅极电压 $U_{GS}$ 小于开启电压的绝对值时，场效应晶体管不能导通。

#### 2. 夹断电压

夹断电压 $U_P$ 是耗尽型 MOS 管和结型场效应晶体管的参数，当栅极电压 $U_{GS}=U_P$ 时，栅极电流为零。

#### 3. 饱和漏极电流

饱和漏极电流 $I_{DS}$ 是耗尽型 MOS 管和结型场效应晶体管栅源电压 $U_{GS}=0$ 时所对应的漏极电流。

### 4. 低频跨导

低频跨导 $g_m$ 反映了栅压对漏极电流的控制作用，相当于普通晶体管的 $h_{FE}$，单位是 mS（毫西门子）。

### 5. 最大漏极功耗

最大漏极功耗 $P_{DM}=U_{DS}I_D$，相当于普通晶体管的 $P_{CM}$。

### 6. 极限漏极电流

极限漏极电流 $I_D$ 是漏极能够输出的最大电流，相当于普通晶体管的 $I_C$，其值与温度有关，通常手册上标注的是温度 25℃时的值，一般指的是连续工作电流，若为瞬时工作电流，则标注为 $I_{DM}$，这个值通常大于 $I_D$。

### 7. 最大漏源电压

最大漏源电压 $U_{DSS}$ 是场效应晶体管漏源极之间可以承受的最大电压，相当于普通晶体管的最大反向工作电压 $U_{CEO}$，有时也用 $U_{DS}$ 表示。

## 4.6.3　场效应晶体管的使用与检测

### 1. 场效应晶体管的使用

各种类型的场效应晶体管在使用时注意不能超过管子的耗散功率、最大漏源电压、最大栅源电压和最大电流等参数值，并注意场效应晶体管偏置的极性不能接反，如 N 沟道结型场效应晶体管的栅极不能加正偏压，P 沟道栅极不能加负偏压。对于大功率场效应晶体管要注意有良好的散热，确保壳体温度不超过额定值。为了防止场效应晶体管栅极感应击穿，要求一切测试仪器、工作台、电烙铁、线路本身都必须有良好的接地。引脚在焊接时，先焊源极，在接入电路前，管子的全部引线端保持相互短接状态，在未关断电源时，绝对不能把管子插入电路或从电路中拔出。

### 2. 场效应晶体管检测

将万用表置于电阻 R×1kΩ 档，用两表笔分别测量每两个引脚的正、反电阻。当某两个引脚的正、反电阻相等，均为数千欧时，则这两个引脚为漏极 D 和源极 S（可互换），余下的一个引脚即为栅极 G。也可以将万用表的黑表笔任意接触一个电极，另一表笔依次去接触其余的两个电极，测其电阻值，当出现两次测得的阻值近似相等时，则黑表笔所接触的引脚为栅极，其余两引脚分别为漏极和源极。若两次测出的电阻值均很大，说明是反向 PN 结，即都是反向电阻，可以确定是 N 沟道场效应晶体管，且黑表笔接的是栅极；若两次测出的电阻值均很小，说明是正向 PN 结，即正向电阻，可以确定是 P 沟道场效应晶体管，且黑表笔接的也是栅极。若不出现上述情况，可以调换黑、红表笔按上述方法进行测试，直到判别出栅极。将万用表置于 R×100Ω 档，两表笔分别接漏极 D

和源极 S，然后用手捏住栅极 G(注入人体感应电压)，表针应向左或向右摆动，摆动幅度越大，说明场效应晶体管的放大能力也越大。

# 4.7　集　成　电　路

集成电路是 20 世纪 50 年代末发展起来的新型电子器件。前面介绍过电阻、电容、电感、晶体二极管、三极管等属于分立元器件，而集成电路是相对于这些分立元器件或分立电路而言的，它集元器件、电路为一体，独立成为更大概念的器件。

集成电路是以半导体材料为基片，采用半导体制造工艺，将成千上万个电阻、电容、晶体管、场效应晶体管等元器件按照设计要求连接起来，制作在同一个硅片上，成为具有特定功能的电路。英文为 IC，俗称芯片。例如，三极管大小的集成电路芯片可以容纳上几百个元件和连线，并具备了一个完整的电路功能。与分立元器件组成的电路相比，集成电路具有体积小、重量轻、性能好、可靠性高、耗电省、成本低、简化设计、减少调整等优点。因此，集成电路得到了广泛的应用，集成电路制造工业发展也非常迅速。

## 4.7.1　集成电路的分类

集成电路的品种相当多，按不同的分类方法可分成不同的集成电路，一般有以下几种分类方法。

### 1. 按功能分

按功能不同可分为模拟集成电路和数字集成电路两大类。

1) 模拟集成电路

模拟集成电路用来产生、放大和处理各种模拟信号，模拟信号是指幅度随时间连续变化的信号。人们往往把模拟集成电路称作线性集成电路，这是由于早期的模拟集成电路几乎都属于线性电路的缘故。模拟集成电路主要包括以下几种。

(1) 集成运算放大器。集成运算放大器实际上是一种高放大倍数的直流放大器。当它配置适当的反馈电路后，能对信号进行加法、减法、乘法、除法、积分、微分、对数、反对数等运算，习惯上称它为运算放大器。它是模拟集成电路中应用最广泛的一种。

(2) 集成稳压器。与分立元件构成的稳压器相比，集成稳压器具有性能稳定、可靠及使用方便等优点，发展十分迅速，是模拟集成电路的主要产品之一。

(3) 电子设备中的模拟集成电路。这类模拟集成电路，主要用来对信号进行放大、变频、检波、鉴频、鉴相等。这类模拟集成电路发展异常迅速，已成为模拟集成电路中极其重要的一支，特别是电视机、显示器、摄像机所用的模拟集成电路，社会需求量极大。

(4) 模数及数模转换器集成电路。这类集成电路既有模拟集成电路的功能，如缓冲放大、模拟开关、基准电源等，又有数字电路的功能，如寄存器、计数器等，在自动控制中应用极多，特别是随着微型计算机的推广使用，它作为一个外部接口电路，得到了迅速的发展，已成为模拟集成电路的一个重要方面。

2) 数字集成电路

数字集成电路用来产生、放大和处理各种数字信号。数字集成电路主要包括以下几种。

(1) TTL 集成电路。TTL 集成电路主要有 54/74 系列标准 TTL、高速型 TTL、低功耗型 TTL、肖特基型 TTL、低功耗肖特基型 TTL 五个系列。

(2) CMOS 集成电路。CMOS 集成电路是互补金属氧化物半导体集成电路的英文缩写。电路的许多基本逻辑单元都是用增强型 PMOS 场效应晶体管和增强型 NMOS 场效应晶体管按照互补对称的形式连接的，这些基本逻辑单元电路在稳定的逻辑状态下总是一个管子截止，另一个管子导通，流经电路的电流截止，因此，静态功耗很小。目前，CMOS 集成电路主要分为 4000/4500 系列。

(3) ECL 集成电路。ECL 集成电路即发射极耦合集成电路，它是一种非饱和型数字逻辑电路，并消除了限制速度提高的晶体管存储时间，因此速度很快。由于 ECL 集成电路具有速度快、逻辑功能强、噪声低、引线串扰小和自带参考源等优点，所以广泛应用于高速大型计算机、数字通信系统、高精度测试设备和频率合成等方面。

其他数字集成电路主要包括存储器、微处理器、外围接口电路等。

**2. 按集成电路制造工艺分类**

按集成电路制造工艺不同，可分为半导体集成电路和膜混合集成电路。

1) 半导体集成电路

半导体集成电路又分为 MOS 型和双极型两种。双极型集成电路参与导电的载流子为电子和空穴；单极型集成电路参与导电的载流子为电子或空穴。MOS 型集成电路可分为 NMOS、PMOS、CMOS 三种。

2) 膜混合集成电路

膜混合集成电路是在玻璃或陶瓷片等绝缘物体上，以膜的形式制作电阻、电容等无源器件，数值范围可以做得很宽，精度可以做得很高。在无源膜的电路上外接半导体电路或分立元件的二极管、晶体管等有源器件，使之构成一个整体。

**3. 按集成元件的规模分类**

按集成度高低不同，可分为小规模、中规模、大规模及超大规模集成电路 4 类。对模拟集成电路，由于工艺要求较高、电路较复杂，所以一般认为集成 50 个元器件为小规模集成电路，集成 50~100 个元器件为中规模集成电路，集成 100 个以上元器件为大规模集成电路。对数字集成电路，一般认为集成 1~10 个等效门(片)或 10~100 个元件(片)为小规模集成电路，集成 10~100 个等效门(片)或 100~1000 个元件(片)为中规模集成电路，集成 $10^2$~$10^4$ 个等效门(片)或 $10^3$~$10^5$ 个元件(片)为大规模集成电路，集成 $10^4$ 个等效门(片)或 $10^5$ 以上个元件(片)为超大规模集成电路。

**4. 按封装形式分类**

封装，就是指把硅片上的电路引脚，用导线接引到外部接头处，以便与其他器件连接。集成电路的封装形式按材料可基本分为金属封装、陶瓷封装、塑料封装三类，其中塑料封装最常见，目前很多高强度工作条件需求的电路，如军工和宇航级别仍有大量的金属封装。封装主要分为 DIP 双列直插和 SMD 贴片封装两种。从结构方面，封装经历了最早期的晶体管 TO（如 TO89、TO92）封装发展到了双列直插封装，随后由 PHILIP 公司开发出了 SOP（小外形封装）。从材料介质方面，包括金属、陶瓷、塑料。集成电路外形按引脚排布有单列、双列、四周排列、行列结构排列等。各种封装形式如图 4-13 所示。

DIP　　　　SIP　　　　SOP　　　　QFP　　　　PGA　　　　BGA

图 4-13　集成电路封装形式

DIP（Double In-line Package）：双列直插式封装。引脚从封装两侧引出，封装材料有塑料和陶瓷两种。DIP 是最普及的插装型封装，绝大多数中小规模集成电路均采用这种封装形式，其引脚数一般不超过 100 个。采用 DIP 的 CPU 芯片有两排引脚，需要插入具有 DIP 结构的芯片插座上，也可以直接插在有相同焊孔数和几何排列的电路板上进行焊接。DIP 适合在印刷电路板上穿孔焊接，操作方便，芯片面积与封装面积之间的比值较大，故体积也较大。

SOP（Small Outline Package）：小外形封装。SOP 技术由 1968～1969 年 PHILIP 公司开发成功，以后逐渐派生出 SOJ（J 型引脚小外形封装）、TSOP（薄小外形封装）、VSOP（甚小外形封装）、SSOP（缩小型 SOP）、TSSOP（薄的缩小型 SOP）及 SOT（小外形晶体管）、SOIC（小外形集成电路）等。

PLCC（Plastic Leaded Chip Carrier）：即塑封 J 引线芯片封装。PLCC 封装方式，外形呈正方形，32 脚封装，四周都有引脚，外形尺寸比 DIP 小得多。PLCC 封装适合用 SMT 表面安装技术在 PCB 上安装布线，具有外形尺寸小、可靠性高的优点。

TQFP（Thin Quad Flat Package）：薄塑封四角扁平封装。TQFP 工艺能有效利用空间，从而降低对印刷电路板空间大小的要求。由于缩小了高度和体积，这种封装工艺非常适合对空间要求较高的应用，如 PCMCIA 卡和网络器件。几乎所有 ALTERA 公司的 CPLD/FPGA 都有 TQFP。

PQFP（Plastic Quad Flat Package）：塑封四角扁平封装。PQFP 封装的芯片引脚之间距离很小，引脚很细，一般大规模或超大规模集成电路采用这种封装形式，其引脚数一般都在 100 以上。

TSOP（Thin Small Outline Package）：薄小外形封装。TSOP 内存封装技术的一个典型特征就是在封装芯片的周围做出引脚，TSOP 适合用 SMT 技术（表面安装技术）在 PCB（印制电路板）上安装布线。采用 TSOP 技术封装外形尺寸时，寄生参数（电流大幅度变化时，引起输出电压扰动）减小，适合高频应用，操作比较方便，可靠性也比较高。

BGA（Ball Grid Array）：球栅阵列封装。20 世纪 90 年代随着技术的进步，芯片集成度不断提高，I/O 引脚数急剧增加，功耗也随之增大，对集成电路封装的要求也更加严格。为了满足发展的需要，BGA 封装开始被应用于生产。与 TSOP 相比，BGA 封装具有更小的体积，更好的散热性能和电性能。另外，与传统 TSOP 方式相比，BGA 封装方式有更加快速和有效的散热途径。BGA 封装的 I/O 端子以圆形或柱状焊点按阵列形式分布在封装下面，BGA 封装技术的优点是 I/O 引脚数虽然增加了，但引脚间距并没有减小反而增加了，从而提高了组装成品率。虽然 BGA 封装的功耗增加，但其能用可控塌陷芯片法焊接，从而可以改善它的电热性能。相比于以前的封装技术，BGA 封装技术的厚度和重量都有所减少，寄生参数减小，信号传输延迟小，使用频率大大提高，组装可用共面焊接，可靠性高。

　　QFP（Quad Flat Package）：小型方块平面封装。QFP 在早期的显卡上使用得比较频繁，但少有速度在 4ns 以上的 QFP 显存。因为工艺和性能的问题，QFP 目前已经逐渐被 TSOP-II 和 BGA 所取代。QFP 在颗粒四周都带有针脚，识别起来相当明显。

　　根据国标，我国集成电路的命名由五部分组成。第 0 部分用字母表示器件符号符合国家标准，C 表示中国国标产品；第一部分用字母表示器件的类型；第二部分用阿拉伯数字表示器件的系列和品种代号。第三部分用字母表示器件的工作温度范围；第四部分用字母表示器件的封装。国标 GB/T 3430—1989《半导体集成电路命名方法》规定集成电路各部分符号及意义，具体如表 4-10 所示。

表 4-10　集成电路型号各部分的意义

| 第 0 部分 | | 第一部分 | | 第二部分：意义 | 第三部分 | | 第四部分 | |
|---|---|---|---|---|---|---|---|---|
| 符号 | 意义 | 符号 | 含义 | 用阿拉伯数字表示器件的系列代号 | 符号 | 意义 | 符号 | 意义 |
| C | 符合国家标准 | T | TTL 电路 | | C | 0～70℃ | F | 多层陶瓷扁平 |
| | | H | HTL 电路 | | G | –25～70℃ | B | 塑料扁平 |
| | | E | ECL 电路 | | L | –25～85℃ | H | 黑瓷扁平 |
| | | C | CMOS 电路 | | E | –40～85℃ | D | 多层陶瓷双列直插 |
| | | M | 存储器 | | R | –55～85℃ | J | 黑瓷双列直插 |
| | | μ | 微型机电路 | | M | –55～125℃ | P | 塑料双列直插 |
| | | F | 线性放大器 | | | | S | 塑料单列直插 |
| | | W | 稳压器 | | | | K | 金属菱形 |
| | | B | 非线性电路 | | | | T | 金属圆形 |
| | | J | 接口电路 | | | | C | 陶瓷片状载体 |
| | | AD | A/D 转换器 | | | | E | 塑料片状载体 |
| | | DA | D/A 转换器 | | | | G | 网格阵列 |
| | | D | 音响、电视电路 | | | | | |
| | | SC | 通信专用电路 | | | | | |
| | | SS | 敏感电路 | | | | | |
| | | SW | 钟表电路 | | | | | |

### 4.7.2　集成电路的识别与测试

#### 1. 集成电路引脚的识别

集成电路通常用有多个引脚，每一个引脚一般都有其相应的功能定义，使用集成电路前，必须认真查对集成电路的引脚，确定电源、接地、输入、输出、控制等端的引脚号，以免接错而损坏集成电路。

对于圆顶形封装的集成电路，将集成电路的引脚朝上，找出定位标记，常见的定位标记有锁口突耳、定位孔及引脚不均匀排列等，从定位标记开始，按顺时针方向依次为1，2，3，…扁平和双列直插式集成电路的上方通常都有一个缺口(缺角或圆弧)或者色点作为第一个引脚的识别标记。识别引脚时，将有文字符号的一面正放，并且将缺口或者色点置于左方，由顶部俯视，从左下脚起，按逆时针方向数，依次为1，2，3，…对于方形扁平式封装的集成电路，将有文字符号的一面正放，并且将缺角置于左方，由顶部俯视，从左下脚起，按逆时针方向数，依次为1，2，3，…

#### 2. 集成电路的测试

由于集成电路内部电路较复杂，只能根据工作时各引脚电压、对地电阻等大致判定集成电路的好坏。当电路工作不正常时，应首先看集成电路外观有无明显的损坏，外围元器件是否损坏、脱焊或变质，若一切完好，再对集成电路进行测量。

1)测电压

当集成电路在某一电路应用时，各引脚对地电压有一个基本确定的数值，用万用表测出各引脚的实际电压，再与标准值对照，若两者基本相等，表明集成电路工作正常；若某一脚或几脚数值偏差太大，相对误差大于20%，则需要判断集成电路是否损坏；若电压有误差但不是太大，此时再配合测电阻或测电流进行进一步判定。注意，同一集成电路用在不同的电路上各引脚电压有所差异，在使用标准值时一定要注意应用电路及电源电压。

2)测电阻

若集成电路内部某些元器件断路或击穿，可通过测量各引脚对地电阻来判定。集成电路各引脚对地的标准电阻一般也可以通过手册查到，该阻值分为开路电阻和在路电阻两种。

3)测电流

当集成电路工作时，各引脚均流入或流出一定的电流，通过测量一些关键引脚的电流就可以大致判定集成电路的工作情况。将电源断开，通电后测电流，若为零则表明内部断路，若电流明显偏大，则表明内部有击穿、断路情况。

# 4.8　其他元器件

### 4.8.1　继电器

继电器是自动控制电路中常用的一种元器件，它的定义为当输入量满足某些规定的条件时能在一个或多个电器输出电路中产生跃变的一种器件。继电器输入的信号可以是电流、电压等电量，也可以是温度、时间、速度等非电量，其输出为触头的动作或者是电参数的变化。在大多数情况下，继电器就是一个电磁铁，这个电磁铁的衔铁可以闭合或断开一个或数个接触点。当电磁铁的绕组中有电流通过时，衔铁被电磁铁吸引，因而就改变了触点的状态。

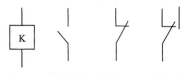

图 4-14　继电器图形符号

继电器可以用较小的电流去控制较大电流，用低压控制高压，用直流控制交流等，而且可以实现控制电路与被控制电路的完全隔离。因此，继电器在电路中起着自动调节、安全保护、转换电路等作用。继电器是具有隔离功能的自动开关元件，广泛应用于遥控、遥测、通信、自动控制、机电一体化及电力电子设备中，是最重要的控制元件之一。继电器的文字符号用 K 表示，具体图形符号如图 4-14 所示。

**1. 继电器分类**

继电器种类按其结构与特征，可分为电磁式继电器、压电继电器、固态继电器、步进继电器、时间继电器、温度继电器等；按工作电压类型可分为直流型继电器、交流型继电器和脉冲型继电器等。

电磁式继电器一般由铁心、线圈、衔铁、触点簧片等组成，只要在线圈两端加上一定的电压，线圈中就会流过一定的电流，从而产生电磁效应，衔铁就会在电磁力吸引的作用下克服返回弹簧的拉力吸向铁心，从而带动衔铁的动触点与静触点(常开触点)吸合。当线圈断电后，电磁的吸力也随之消失，衔铁就会在弹簧的反作用力下返回原来的位置，使动触点与原来的静触点(常闭触点)吸合。这样吸合、释放，从而达到了在电路中的导通、切断的目的。对于继电器的常开、常闭触点，可以这样来区分：继电器线圈未通电时处于断开状态的静触点称为常开触点，处于接通状态的静触点称为常闭触点。

固态继电器是一种采用光电耦合元件和半导体器件等电子元件组成的无触点开关器件。固态继电器是一种两个接线端为输入端，另两个接线端为输出端的四端器件，中间采用隔离器件实现输入输出的电隔离，在许多自动化控制领域广泛使用。

固态继电器由输入电路、光电耦合器、输出电路等部分组成。当固态继电器两个输入端加入控制电压时，因光电耦合器中的发光二极管有电流而发光，光电耦合器接收端的光敏元件受光作用产生电信号，经驱动、触发电路放大和转换后形成触发信号加到开关电路中的开关元件上，使开关元件接通或断开，从而使接在输出端的负载接通或断开。当输入端的控制信号取消后，光电耦合器不导通，光电耦合器控制的开关元件断开电路，使输出回路将负载断开。由此可见，通过控制固态继电器输入端信号的有无，即可实现对输出端负载进行接通和断开的控制，由于其输出采用半导体元件，所以不存在继电器触点断开会产生的电弧现象，开关速度快，所以得到了广泛的使用。固态继电器按负载电源类型可分为交流型和直流型；按开关型式可分为常开型和常闭型；按隔离型式可分为混合型、变压器隔离型和光电隔离型，以光电隔离型为最多。

电拖系统中，当三相交流电动机出现长期欠压、过载、缺相运行等不正常情况下，会导致电动机绕组严重过热乃至烧坏。为了保证电动机的正常启动和运行，电动机一旦出现长时间过载而能自动切断电路的保护电器，称为热继电器。热继电器主要由热元件、双金属片、触头系统等组成。双金属片是热继电器的感测元件，由两种不同线膨胀系数的金属片碾压而成。电动机过载时，热金属片发热膨胀弯曲移位，经过一定的时间后，就会推动导板而断开常闭触点，从而分断电路和电源以保护电机。

舌簧继电器是一种结构简单的微型继电器，常见的有干簧继电器和湿簧继电器两种。干簧继电器由干簧管和线圈组成，干簧管是将两根不同铁磁性的金属条密封在玻璃管内，干簧管置于线圈中。当工作电流通过线圈时，线圈产生的磁场使干簧管中的金属被磁化，两金属条因极性相反而吸合，接通被控电路。湿簧继电器是由湿簧管、磁铁和线圈等构成的。湿簧管是在干簧管内充入了水银和气体，触点上一直有一层纯净的汞膜保护着，这种充入了水银的簧管就成了湿簧管。用湿簧管制成的继电器称为湿簧继电器。

其他类型的继电器还有高频继电器、声继电器、光继电器、热继电器、仪表式继电器、霍尔效应继电器、差动继电器等。

### 2. 继电器的使用

由于继电器线圈是一个大电感，为避免驱动继电器的晶体管损坏，使用中应在继电器线圈处并联一个保护二极管，这样当晶体管关断的瞬间，继电器线圈产生的反向高压可通过二极管泄放，使晶体管不会被反向高压所击穿。继电器的主要工作参数如下所示。

额定工作电压：继电器正常工作时线圈所需要的电压，也就是控制电路的控制电压。根据继电器的型号不同，可以是交流电压，也可以是直流电压。

吸合电流：继电器能够产生吸合动作的最小电流。在正常使用时，给定的电流必须略大于吸合电流，这样继电器才能稳定地工作。而对于线圈所加的工作电压，一般不要超过额定工作电压的 1.5 倍，否则会产生较大的电流而把线圈烧毁。

释放电流：继电器产生释放动作的最大电流。当继电器吸合状态的电流减小到一定程度时，继电器就会恢复到未通电的释放状态。这时的电流远远小于吸合电流。

### 3. 继电器的检测

万用表置于 R×100Ω 档或 R×1kΩ 档，两表笔接继电器线圈的两个引脚，万用表指示应与继电器的线圈电阻基本相符。

一般，线圈电阻值应在几十欧至几千欧。继电器线圈加上规定的工作电压，用 R×1kΩ 档检测接点的通断情况。未加电时，常开触点不通，常闭接点导通；加电时，能听到吸合声，常开触点导通，常闭触点断开，转换触点应随之转换，并且观察触点有没有发黑或接触不良的现象。

## 4.8.2　LED 数码管

### 1. LED 数码管原理

LED 数码管(LED Segment Displays)又名半导体数码管或 7 段数码管，它是利用正向偏置 PN 结中电子与空穴的辐射复合发光，发射出非相干光，光谱较宽、发散角大、视觉效果好。通过选用不同的材料，可做出各种发光颜色。LED 是由多个发光二极管封装在一起组成"8"字型的器件，引线已在内部连接完成，只需引出它们的各个笔画、公共电极。LED 数码管应用广泛，被用作各种类型的指示灯、信号灯、数字显示器等。LED 数码管分共阳极与共阴极两种，内部结构原理图如图 4-15 所示。

a~g 代表 7 个段码驱动端，dp 为小数点。第 3 引脚与第 8 引脚内部连通，+表示公共阳极，−表示公共阴极。共阴极数码管是将 8 个发光二极管的阴极短接后作为公共阴极，当段码端接高电平，公共阴极接低电平时，相应段码可以发光；共阳极数码管是将 8 个发光二极管的阳极短接后作为公共阳极，当段码端接低电平，公共阳极接高电平时，相应的段码可以发光。常用 LED 数码管显示的数字和字符是 0~9、A~F。

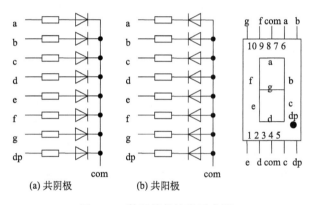

图 4-15　数码管的构造示意图

LED 数码管的驱动方式有静态驱动和动态驱动两种。静态驱动是指每个数码管的每一个段码都由一个单片机的 I/O 脚进行驱动。静态驱动的优点是编程简单、显示亮度高，缺点是占用 I/O 引脚多，如驱动 5 个数码管静态显示则需要 40 根 I/O 引脚来驱动，故实际应用时必须增加驱动器进行驱动，这增加了硬件电路的复杂性。动态驱动是将所有数码管的段码连接在一起，并通过分时轮流控制各个 LED 数码管的 com 端，就使各个数码管轮流受控显示。轮流显示过程中，每位数码管的点亮时间为 1~2ms，由于人的视觉暂留现象及发光二极管的余辉效应，尽管实际上各位数码管并非同时点亮，但只要扫描的速度足够快，给人的印象就是一组稳定的显示数值，不会有闪烁感。动态显示驱动能够节省大量的 I/O 引脚，而且功耗更低。

2．LED 数码管的分类

根据数码管所含显示位数的多少，可以划分为一位、双位、多位 LED 显示器。例如，双位 LED 数码管是将两只数码管封装为一体，其特点是结构紧凑、成本较低，具体如图 4-16 所示。为简化外部引线数量和降低显示功耗，多位 LED 显示器一般采用动态扫描方式，即将各位同一段码的电极短接后作为一个引出端，并且各位数码管按一定顺序轮流发光显示，只要位扫描频率足够高，就观察不到闪烁现象。按字形结构划分，有数码管、符号管两种。常见符号管的外形如图 4-17 所示。

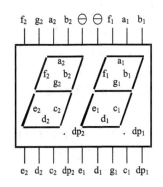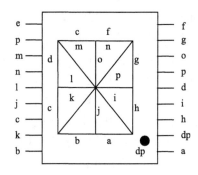

图 4-16　双位 LED 数码管的构造示意图　　　图 4-17　LED 符号管的外形图

### 3. LED 数码管的检测

如果不清楚被测数码管的结构类型和引脚排序，可从被测数码管的左下边第 1 脚开始逆时针方向依次测 1～10 引脚。只要某一段码发光，则说明被测的两引脚中有一个是公共端，假定某一引脚是公共端不动，变动测试另一引脚，如果另外的段码发光，说明假定正确。显然，如果公共端接正极，则被测数码管为共阳极型；如果公共端接负极，则被测数码管应为共阴极型。接下来测试剩余各引脚，使各段码分别发光，即可测绘出该数码管的引脚排列和内部接线。

首先将数字万用表置于二极管档，红表笔接在 1 脚，然后用黑表笔去接触其他各引脚，只有当接触到 3 脚或 8 脚时，数码管的 e 笔段发光，而接触其余引脚时数码管不发光。由此可知，被测管是共阴极结构类型，3 脚或 8 脚是公共阴极，1 脚则是 e 笔。接下来再检测各段引脚，仍使用数字万用表二极管档，将黑表笔固定接在 3 脚或 8 脚，用红表笔依次接触 2 脚、4 脚、5 脚、6 脚、7 脚、9 脚、10 脚时，数码管的其他笔段先后分别发光，据此绘出该数码管的内部结构和引脚排列图。

以上所述为 1 位 LED 数码管的检测方法，至于多位 LED 数码管的检测，方法大同小异，不再赘述。

### 4.8.3　开关

开关是一种应用广泛的控制器件，在各种电子产品和电子设备中，开关主要起到接通、切断和转换等控制作用。开关的种类及规格非常多，按开关结构可分为拨动开关、纽子开关、旋转开关、薄膜开关、微动开关和轻触开关等；按控制极位可分为单极单位开关、单极多位开关、多极单位开关和多极多位开关等；按接点形式可分为动合开关、动断开关和转换开关等。开关文字符号用 SB 表示，几种常见的开关实物如图 4-18 所示。

拨动开关是一种比较简易的开关，它由塑料制成的开关柄、内部金属触点以及金属外壳等构成，在家用电器中常用作电源转换开关。

图 4-18　几种常见开关

直键开关常用在收录机中作波段开关、声道转换、响度控制及电源开关使用。直键开关的外壳为塑料结构，内部每组触点的接触方式为单刀双掷式，即每组开关有三个触点，中间触点 2 为刀位，两头触点 1 和 3 为掷位。直键开关又分为自复位式和自锁式两种。

纽子开关通常为单极双位开关或双极双位开关，主要用作电源电路和状态转换开关。按键开关通过按动键帽，使开关接触或断开，从而达到电路切换的目的，其主要应用于电信设备、电话机、自控设备、计算机及各种家电中。

薄膜开关又称平面开关、轻触键盘，是近年来流行的一种集装饰与功能为一体的新型元件。薄膜开关具有良好的密封功能，能有效地防尘、防水、防有害气体及防油污浸渍等。它与传统的机械式开关相比，具有结构简单、外形美观等特点，从而大大提高了产品的可靠性和寿命。薄膜开关被广泛应用在各种微计算机控制的设备中，如电子测量仪器、仪表、机床、家用电器、电子玩具等产品中。

接近开关被广泛应用于自动控制系统中。在这类开关中，装有一种对接近它的物体具有感知能力的元件——位移传感器。利用位移传感器对接近物体的敏感特性进行检测，当有物体移向接近开关，并接近到一定距离时，位移传感器感知到物体，开关就会动作，从而达到控制开关通或断的目的。

光电开关是一种由红外发射管与接收管封装在一起构成的组件。常见的光电开关有两种，一种为透射式，另一种为反射式。两者相比，透射式光电开关的灵敏度较高，但有时也使用反射式光电开关。多数光电开关采用输入端与输出端隔离的结构，即发射管与接收管互相独立，保持电气绝缘，但也有少数产品采用非隔离方式，即发射管与接收管共地。

万用表置于 R×1kΩ 档或 R×10kΩ 档，测量开关的两个接点的通断，开关关断时阻值应为无穷大，开关闭合时阻值应为零，否则说明该开关损坏，不能使用。对于多极或多位开关，应分别检测各对接点间的通断情况。对于多极开关，用万用表 R×1kΩ 档或 R×10kΩ 档，测量不同极的任意两个接点间的绝缘电阻，应为无穷大。如果是金属外壳的开关，还应测量每个接点与外壳之间的绝缘电阻，也应为无穷大，否则说明该开关绝缘性能差，不能使用。

### 4.8.4　电声器件

电声器件是将电信号和声音信号相互转换的器件，它是利用电磁感应、静电感应或压电效应来完成电声转换的，包括扬声器、耳机、传声器、唱头、讯响器等。电声器件在音响、通信等设备中应用广泛。常用的电声器件如图 4-19 所示。

图 4-19　常用的电声器件

扬声器俗称喇叭，是一种常用的电声转换器件，文字符号用 BL 表示。扬声器基本作用是将电信号转换为声音，扬声器在收音机、录音机、随身听、电视机、音响和家庭影院系统等得到广泛使用，主要参数有额定阻抗、额定功率、频率特性、灵敏度、失真度、频率、指向性等。

电动式扬声器主要由磁路系统和振动系统构成。其中磁体、导磁心和夹板构成磁路系统，其作用是在音圈的周围形成一个均匀磁场，由音圈、锥盆、防尘罩、定位支架等构成振动系统。当音频电流流过音圈时，音圈在磁场的作用下产生振动，与音圈固定在一起的锥盆在振动时推动周围的空气运动，从而使扬声器周围的空气密度发生变化，故产生了声音。常用的电动式扬声器有锥盆式扬声器、球顶式扬声器、平板式扬声器、号筒式扬声器、同轴扬声器、金属带式扬声器等几种。

检测时，将万用表置于 R×1Ω 档，用表笔接触扬声器的两引出端，测出的电阻值是扬声器的音圈直流电阻值，这个阻值应为扬声器标称阻抗的 4/5 左右。如果过小，说明扬声器音圈局部短路；如果表针不动没有阻值，则说明扬声器音圈已断路。也可将万用表的两表笔断续触碰扬声器的两引出端，扬声器应发出断续的声音，如果无声，说明扬声器的音圈已断，扬声器不能使用。

传声器俗称话筒，是一种将声音信号转换为电信号的声电器件。常用的有动圈式传声器和驻极体传声器。动圈式传声器由永久磁铁、音膜、音圈、输出变压器等部分组成。音圈是位于永久磁铁的磁隙中，并与音膜黏结在仪器，当声波使音膜振动时，带动音圈做切割磁力线运动而产生音频感应电压，从而实现了声电转化。驻体传声器属于电容式传声器的一种，驻极体把声音变成电信号再由场效应管放大输出，声电转换元器件采用驻极体振动膜，它与金属板极之间形成一个电容，当声波使振动膜振动时，引起电容两端的电场变化，从而产生随声波变化的音频电压。

压电陶瓷片又称为蜂鸣器，它是由两块圆形金属片及之间的压电陶瓷片构成的。它是一种利用压电效应原理工作的电声转换器件。当压电陶瓷片两边有声音时，两片金属片在电陶瓷作用下，会产生音频电压；反过来，当在两片金属片之间加入音频电压时，压电陶瓷片又能发出声音。万用表的两表笔分别压在陶瓷片的两极，再用手指轻轻压在陶瓷片上，此时万用表的指针若有明显摆动，说明压电陶瓷片是好的。当黑表笔接触铜表面，红表笔接触涂银表面时，表针正向偏转。反之，表针反向偏转。

电磁讯响器是一种微型的电声转换器件，应用在一些特定的场合。电磁讯响器分为不带音源和自带音源两大类。不带音源讯响器相当于一个微型扬声器，工作时需要接入音频驱动信号才能发声；自带音源讯响器内部包含音源集成电路，可以自动产生音频驱动信号，工作时不需要外加音频信号，只需接上规定的直流电压即可发声。

### 4.8.5 光电器件

光电器件是指能将光信号转换为电信号的电子元器件，它包含红外发光二极管、红外接收管、光敏二极管、光敏晶体管、光耦合器等。常见的光电器件如图 4-20 所示。

图 4-20　常见光电器件

常见的红外发光二极管有深蓝和透明两种，外形与普通发光二极管一样。红外发光二极管正向工作电压约为 1.4V，工作电流一般小于 20mA。为了适应不同的工作电压，回路中串有限流电阻。为了增加红外的控制距离，红外发光二极管通常工作于脉冲状态。实际应用中通常采用红外发射与接收配对的光敏二极管。

红外接收管是用来接收红外线发光二极管产生的红外线光波，并将其转换为电信号的一种半导体器件。在红外遥控系统中，光敏二极管及光敏晶体管均为红外接收管。它们把接收到的红外线变为电信号，经过放大及信号处理后用于各种控制。

红外接收头是一个红外接收电路模块，一般由红外接收二极管与放大电路组成。放大电路又由一个集成块及若干电阻、电容等元器件组成。它具有体积小、密封性好、灵敏度高、价格低廉等优点，在各种控制电路及家用电器中广泛使用。红外接收头有三个引脚，电源正极、电源负极及信号输出端，其工作电压为 5V，只要给它接上电源即是一个完整的红外接收放大器，使用十分方便。

光敏二极管是一种常用的光敏器件，它是根据硅 PN 结受光照后产生光电效应的原理制成的特殊二极管。光电二极管有一个透明的窗口，以便使光线能够照射到其 PN 结上，它的作用是将接收到的光信号转换成电信号，经常被应用于自动控制电路中。

光敏晶体管具有电流放大作用，可以等效为一个光敏二极管和一个晶体管的组合器件。光敏晶体管通常只引出集电极与发射极两个引脚。由于光敏晶体管通常采用透明树脂封装，所以管壳内的电极清晰可见，内部电极较宽的一个为集电极，较窄且小的一个为发射极。光敏晶体管的基极即为光窗口，少数光敏晶体管的基极有引脚，用作温度补偿。要求频率高的场合应选用光敏二极管，要求灵敏度高的场合应选用光敏晶体管。

光耦合器是一种把电信号转换成光信号，然后将光信号再恢复为电信号的半导体器件。它以光为媒介传输电信号，还可以实现输入输出间的电隔离。光耦合器按其内部输出电路结构不同分为光敏二极管型、光敏晶体管型、达林顿型、晶闸管型、集成电路型。

### 4.8.6 霍尔元件

当一块通有电流的金属或半导体薄片垂直地放在磁场中时，薄片的两端就会产生电位差，这种现象称为霍尔效应。霍尔效应的灵敏度高低与外加磁场的磁感应强度呈正比

图 4-21　霍尔元件

例关系。霍尔元件就是根据霍尔效应的原理做成的。霍尔元件实物如图 4-21 所示。

霍尔元件是一种磁敏传感器，由半导体材料制成，是近年来为适应信息采集需要而迅速发展起来的一种新型传感器，当磁场靠近或远离霍尔元件时，其输出电压随之改变。将霍尔元件、放大器、温度补偿电路和电源电路集成在一个芯片上，称为霍尔传感器，也称为霍尔集成电路。

霍尔传感器可分为线性型和开关型两种，其中，线性型霍尔传感器的输出电压与外磁场强度呈线性关系，它有单端输出和双端输出两种。开关型霍尔传感器的输出在外磁场作用下呈开关状态，其工作特性有一定的磁滞，使开关动作更为可靠。霍尔元件的 1 脚接电源正极，2 脚接电源负极，3 脚为输出。开关型霍尔传感器由霍尔元件、放大电路、整形电路和开关输出等组成，尺寸小，工作电压范围宽，价格便宜，因此获得了极为广泛的应用。它只要配合一小块永久磁铁就容易做成各种检测信号的电路。

霍尔传感器具有频带宽、响应快、体积小、灵敏度高、无触点、开关特性好、使用寿命长、便于集成化及多功能化等优点，且易于与计算机和其他数字仪表的接口连接，因此被广泛应用在自动检测、测量、控制、报警、信息传递、生物医学等领域。选用霍尔传感器时应注意：电源电压应在参数范围内，负载电阻的阻值应保证输出电流不超过输出的最大电流。

### 4.8.7　石英晶体

石英晶体又称为石英晶体振荡器，简称晶振，是一种用于稳定频率和选择频率的电子元器件，广泛用于电子仪器仪表、通信设备、计算机以及电子钟表等领域。石英晶体的实物和图形符号如图 4-22 所示，文字符号用 B 或 BC 表示。

按频率稳定度的不同，石英晶体可分为普通型和高精度型，其标称频率和体积大小也有许多规格。石英晶体一般密封在金属、玻璃或塑料等外壳中。常见的晶振大都是 2 个引脚，由于在集成电路振荡端子外围电路中总是由一个晶体和两个电容构成回路，为简化电路及工艺，厂家就生产了一种 3 个引脚的晶体。

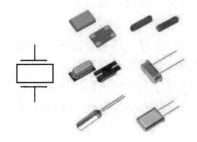

图 4-22　石英晶体实物图及图形符号

石英晶体的主要参数有标称频率、负载电容和激励电平。标称频率 $f_0$ 是指晶体的振荡频率，通常直接标注在石英晶体的外壳上，一般用带有小数点的几位数值来表示，单位为 MHz 或 kHz，如 11.0952MHz 或 32.768kHz。标注有效数字位数越多的晶体，其标称频率的精度越高。

负载电容 $C_L$ 是指石英晶体组成振荡电路时所需配接的外部电容。负载电容 $C_L$ 是参与决定振荡频率的因素之一，在规定的 $C_L$ 下，晶体的振荡频率即为标称频率 $f_0$。使用石英晶体时必须按要求接入规定的 $C_L$，才能保证振荡频率符合该晶体的标称频率。

激励电平是指石英晶体正常工作时所消耗的有功功率，常用的标称值有 0.1mW、0.5mW、1mW、2mW 等。激励电平的大小关系到电路工作的稳定性和可靠性。激励电平过大会使频率稳定度下降，甚至造成石英晶体损坏；激励电平过小会使振荡幅度变小且不稳定，甚至不能起振。一般应将激励电平控制在其标称值的 59%～100%。

石英晶体的特点是具有压电效应。石英晶体是利用具有压电效应的石英晶体片制成的。石英晶体片是一种各向异性的结晶体，从一块晶体上按一定的方位角切下的薄片称为晶片。在晶片的两个对应表面上涂覆银层并装上一对金属板作为电极，就构成石英晶体振荡器。在晶体的两极上加上一个电场，晶片就会产生机械变形；相反，若在晶片上施加机械压力，则在晶片的相应方向上就会产生一定的电场，这种物理现象称为压电效应。由石英晶体组成的振荡器，其最大特点是频率稳定度极高。晶体的频率稳定度可达 $10^{-8}$～$10^{-6}$，甚至高达 $10^{-11}$～$10^{-10}$ 数量级。

一个质量完好的石英晶体，外观应整洁、无裂纹，引脚牢固可靠，其电阻值为无穷大。若用万用表测得阻值很小或为零，可以判定石英晶体已损坏。也可以把石英晶体放在耳边摇晃，若有响声说明石英晶体已损坏，不能使用了。

### 4.8.8　保护元件

保护元件主要包括熔丝和熔断电阻。熔丝是一种常用的一次性保护器件，主要用来对电子设备和电路进行过载或短路保护。常用的保护元件主要有玻璃管熔丝、热熔丝、可恢复熔丝和熔断电阻等。

熔丝的种类繁多，可分为普通熔丝、玻璃管熔丝、快速熔断熔丝、延迟熔断熔丝、温度熔丝和可恢复熔丝等。部分常见熔丝的实物如图 4-23 所示，熔丝的文字符号用 FU 表示。使用时熔丝应串接在被保护的电路中。熔丝由金属或合金材料制成，在电路或电子设备工作正常时，熔丝相当于一段导线，对电路无影响。当电路或电子设备发生短路或过载时，流过熔丝的电流剧增，当超过熔丝的额定电流时，熔丝会因急剧发热而熔断，切断电源，从而达到保护电路和电子设备，防止故障扩大的目的。熔丝的保护作用通常是一次性的，一旦熔断就失去作用，应在故障排除后更换新的相同规格的熔丝。

图 4-23　常见熔丝实物

熔丝的主要参数是额定电压和额定电流。额定电压是指熔丝长期正常工作所能承受的最高电压，额定电流是指熔丝长期正常工作所能承受的最大电流。

保护元件的好坏可以用万用表的电阻档进行检测。将万用表置于 R×1Ω 档或 R×10Ω 档，两表笔分别与被测熔丝管的两端金属帽相接，其阻值应为 0Ω。如果阻值为无穷大，说明熔丝管已熔断。如果有较大阻值或表针指示不稳定，说明熔丝管的性能不好。

根据熔断电阻的电阻值将万用表置于适当档位，两表笔分别与被测熔断电阻的两引脚相连，其阻值应符合该熔断电阻的标称阻值。如果阻值为无穷大，说明熔丝管已熔断。如果有较大阻值或表针指示不稳定，说明熔丝管的性能不好。

## 思考题与习题

4-1　固定电阻是如何进行型号命名的？其主要参数有哪些？

4-2　固定电阻的标识方法有哪几种？什么是色标法？举例说明。

4-3　如何检测常用的电阻和电位器？

4-4　简述电容有哪些主要作用？

4-5　电容有什么主要技术参数？各有什么意义？

4-6　如何检测固定电容、电解电容和可变电容？

4-7　电感的主要技术参数有哪些？

4-8　举例说明常见的电感线圈的特点及用途。

4-9　用万用表如何判断二极管的质量好坏？简述判别二极管正、负极的方法。

4-10　要使稳压管能正常工作，应如何偏置？

4-11　将两个二极管背靠背连接在一起，是否能构成一只晶体管，为什么？

4-12　如何用万用表判断 PNP 管和 NPN 管，并分辨出三个电极？

4-13　场效应晶体管与普通晶体管的主要区别是什么？

4-14　场效应晶体管有哪几种类型？它们之间有何区别？

4-15　简述常见集成电路的封装形式。

4-16　圆形封装、单列封装、双列封装及四列封装集成电路的引脚如何识别？

4-17　什么是红外光电开关和接近开关？

4-18　继电器的功能是什么，说明其常开触点、常闭触点的含义？

4-19　什么是电声器件，它包含哪些器件？

# 第5章　信号发生器

凡是产生测试信号的仪器，统称为信号源，也称为信号发生器。信号发生器在电子测量和测试中，并不测量任何参数，它能够产生不同频率、不同幅度的规则或不规则波形，用于产生被测电路所需特定参数的电测试信号，从而在电子系统的测量、校准、试验及维护中得到了大量的应用。信号发生器和电压表、示波器等仪器一样都是电子测量领域中最基本、应用最广泛的一类电子仪器。

## 5.1　概　　述

### 5.1.1　信号发生器的作用

电子电路、电子设备或系统的性能，往往要在一定的信号作用下才能显现出来，例如，在通信、导航、雷达、超声波探伤、广播电视等领域作为激励信号源等。信号发生器根据用户所需要的信号波形、频率、幅值等参数，由仪器的核心部件产生出信号，再经放大、衰减等信号调理，最后输出给被测设备或系统，然后再用其他仪表测量参数或性能。

电子测量中最常见的一种方式就是所谓的输入（激励）-输出（响应），即给被测设备或系统提供一定的激励信号，再由响应确定被测系统的性能，原理如

图 5-1　信号发生器的功用

图 5-1 所示。例如，在电子测量中，一个系统电量的数值或特性、电阻的阻值、放大器的放大倍数、四端网络的频率特性等，必须在一定的电信号作用下才能表现出来。这时可借助于信号发生器，将其产生的信号作为输入激励信号，观察系统响应的方法进行测量。

归纳起来，信号源的用途主要有以下三个方面。

（1）激励源。在研制、生产、使用、测试和维修各种电子元器件、部件及整机设备时，都需要信号源作为激励信号，由信号源来产生不同频率和波形的电压、电流信号，并将该信号加到被测设备或系统上，然后用其他测试仪器观测其输出响应，从而分析确定它们的性能参数。

（2）信号仿真。信号仿真是当要研究一个电气设备在某种实际环境下所受影响，而又暂时无法到实际环境中测量时，可以利用信号源施加与实际环境相同特性的信号来测量。例如，研究高频干扰信号，需要对干扰信号进行仿真。

（3）校准源。一类是用于产生一些标准信号，如正弦波发生器、方波发生器、脉冲波发生器、电视信号发生器等，这些信号提供给某类设备测量专用；另一类是用作对一般信号源校准，又称为校准源。

### 5.1.2　信号发生器的分类

信号发生器用途广泛，种类繁多，分类方法也不同，如按输出频率、按输出波形的不同、按是否采用频率合成技术，以及按性能标准分类等。

**1. 按输出频率分类**

考虑到有些信号的谐波成分非常丰富，所以信号发生器在按输出频率分类时，实际上是按信号的基波频率进行分类。按照输出频率，国际上规定可分为低频信号发生器、超低频信号发生器、高频信号发生器、超高频信号发生器等，具体如表 5-1 所示。

表 5-1　信号发生器的频率划分

| 类型 | 频率范围 | 应用 |
| --- | --- | --- |
| 超低频信号发生器 | 0.0001Hz～1kHz | 地震测量、电声学、医疗设备维修 |
| 低频信号发生器 | 1Hz～1MHz | 音频、通信设备、家电测试、维修 |
| 视频信号发生器 | 20Hz～10MHz | 电视设备测试、维修 |
| 高频信号发生器 | 200kHz～30MHz | 无线通信测试与维修 |
| 甚高频信号发生器 | 30MHz～300MHz | 超短波、调频广播、导航测量 |
| 超高频信号发生器 | 300MHz 以上 | 雷达、微波、卫星通信设备测试、维修 |

可以看出，按输出频率对信号发生器分类时，实际频率范围有时是重叠的，并非十分严格。一方面，目前许多信号发生器大都能工作在极宽的频率范围内，如 2kHz 的信号，既是低频信号又是视频或音频信号；另一方面，频段有不同的划分方法，对工作频率在一定范围变化的信号发生器，其分类一般更注意高频。例如，我国很少用甚高频信号发生器的称呼，而一般将工作在 200kHz～30MHz 频段内的信号发生器统称为高频信号发生器。

**2. 按输出波形分类**

按输出波形的不同，主要有正弦信号发生器和非正弦信号发生器。非正弦信号发生器又包括函数信号发生器、扫频信号发生器、脉冲信号发生器、数字信号发生器、噪声信号发生器、任意波形发生器和调制信号发生器等。

1) 正弦信号发生器

由于任意形状的信号均可分解为若干个正弦信号，并且系统对正弦信号的稳态响应就是它的频率响应，因此正弦信号是比较重要的信号，频率范围从几微赫兹至几十吉赫兹。实际应用中，正弦信号发生器应用也最广泛。不少信号源就是专门产生正弦信号的，称为正弦信号发生器。

2) 函数信号发生器

函数信号发生器通常能够输出包含正弦波、方波、三角波三种波形，有些还包括斜波、脉冲波、阶梯波、梯形波等，而且频率范围较宽且可调，频率范围从几赫兹至上百兆赫兹。函数信号发生器是最常用的一种。

函数信号发生器产生信号的方法有两种：一种是先存储波形量化后的数据值，再经 D/A 转换器输出要求的信号；另一种是先产生一种波形，再变换为其他要求的波形。由一种波形变换其他波形的方法，最常用的是先产生正弦波，再产生方波和正弦波。例如，三角波可以由积分器产生，三角波经过比较器即可产生方波，由三角波经正弦波变换器可得正弦波。

3）扫频信号发生器

信号源输出信号的频率可以是固定的或在一定范围内任意设置为某固定值，也可以是在某频率区间有规律地扫动，后者称为扫频信号源。多数扫频源是正弦信号的频率扫动，也可以是方波、三角波等非正弦信号的基波频率在一定区间扫动。

扫频信号的变化规律常为线性的，即频率均匀变化，称为线性扫频。扫频信号的频率也可以按非线性的规律变化，最常见的是频率按对数规律变化，称为对数扫频。

4）脉冲信号发生器

脉冲信号发生器产生重复频率可以设定的脉冲信号，其脉冲的宽度、幅度、极性、占空比、上升及下降时间等脉冲参数一般均可在一定范围内设置。脉冲信号发生器主要用来测量脉冲数字电路的工作性能，也可以用于模拟电路。

5）数字信号发生器

数字信号发生器又称为数据发生器、图形或模式发生器，它主要用于数字电路测试中的激励源或仿真数据信号。通常要求能在一定的时钟频率范围工作，电平持续时间可调，而且多路信号的每一路都可以编程设置为逻辑 0 或逻辑 1 组成的数据流，最后按照要求锁存并输出。

6）噪声信号发生器

噪声通常是指干扰有用信号的、不期望的扰动。噪声具有随机性，但它又符合概率统计规律，可以用统计方法进行处理。在频域研究噪声是最常用的方法，例如，白噪声就是一种频谱均匀分布的噪声。为了研究噪声的规律、噪声对信号的影响和如何减小噪声影响的方法，产生了能提高噪声功率的信号源，称为噪声信号发生器。

噪声信号发生器用来产生实际电路和系统中的模拟噪声信号，从而测量电路的噪声特性。噪声信号发生器输出到负载上的最大噪声功率称为资用噪声功率或额定噪声功率。单位带宽内的资用噪声功率称为噪声功率谱密度。通常要求噪声在规定的频带内具有均匀的，或一定形状要求的功率谱密度和输出噪声功率。

7）任意波形发生器

现实世界有的信号不能用简单的规律来描述，如地震或某些机械运动的瞬时过程、人体或生物现象信号等。为模拟这些信号，常要求信号发生器产生一些函数发生器没有的或不能用简单规律描述的波形。能产生所要求的任意波形的信号源称为任意波形发生器或任意函数发生器，这是一种和计算机技术紧密结合的新型信号发生器，它也得到了较快的发展和应用。

8）调制信号发生器

调制信号广泛应用于通信、传输和控制，它将声音、图像等各种信息变成电信号，经过调制被高频电磁波或其他高频信号携带,以便远距离传输。携带信号的高频信号称为载波,被载波携带的频率较低的信号称为调制信号,调制后的信号称为已调信号。按调制类型分类,可分为调幅、调频、调相、脉冲调制及组合调制信号发生器等,超低频和低频信号发生器一般是无调制的,甚高频信号发生器应有调频和调幅,超高频信号发生器应有脉冲调制。所以已调信号不再由独立仪器产生,而把调制功能包含在高频、射频信号发生器中。

### 3. 按是否采用频率合成技术

LC、RC 等类型的振荡器也能产生振荡信号,但是调节频率的元件通常稳定性较差。石英晶体振荡器或其他频率标准,其频率稳定度和准确度都较高,但它们一般只提供一个或几个频率,不能随意调节,仅仅通过分频或倍频获得较少的频率。频率合成是利用一个或几个基准频率信号,产生较多的频率信号,所产生信号的频率稳定度和准确度均与基准信号相同或相近。

按照是否采用频率合成技术,可将信号发生器分为频率合成式与非频率合成式两大类。频率合成信号发生器是发展方向,并逐渐成为主流产品。

### 4. 按性能标准分类

按性能标准分类,可以分为一般信号发生器和标准信号发生器。标准信号发生器的技术指标要求高,有的标准信号发生器用于为收音机、电视机和通信设备的测量校准提供标准信号;还有一类高精度的直流或交流标准信号发生器是用于对数字万用表等高精度仪器或一般信号源进行校准,其输出信号的频率、幅度、调制系数等可以在一定范围内调节,而且准确度、稳定度、波形失真等指标要求很高,一般信号源对输出信号的频率、幅度的技术指标相对要求低一些。

信号发生器还有其他的分类方法,例如,按用途可分为通用和专用两大类,专用信号源仅是为某些特殊测量要求或者是专用目的而设计制造的,如电视信号发生器、编码脉冲信号发生器等;按频率调节方式可分为扫频、程控信号发生器等。

需要说明的是,以上所述分类方法不是单一和绝对的,不能因为符合某种性能就把分类绝对化。现以 Agilent 公司的 33120A 信号发生器为例加以说明。

(1)从输出频率方面来看,它的频率范围为 $10\mu Hz \sim 15MHz$,即从超低频、低频、视频一直延伸到高频,带宽比较宽。

(2)从输出波形来看,它能产生正弦波、三角波、方波,同时它又能产生线性和对数扫频,所以,可认为它是一台函数发生器或者扫频信号发生器。它还能产生 10MHz 带宽的噪声,也可视为噪声信号发生器。同时,从调制的波形来看,它的调制功能十分丰富,除了可以输出模拟调幅、调频信号外,还可以产生幅移键控和频移键控。除此之外,它的最大特点是一种典型的由微处理器控制的任意信号发生器,可以存储和输出任意波形。

(3)从频率合成技术来看,该信号发生器是一台合成信号发生器,具有良好的频率准确度和稳定度。

### 5.1.3　正弦信号发生器的技术指标

信号发生器的技术指标较多，针对信号发生器的用途不同，其技术指标也不同。如前所述，正弦信号发生器是最普通、应用最广泛的一类，几乎渗透到所有的电子实验及测量中。通常用频率特性、输出特性和调制特性来描述正弦信号发生器性能，其中包括30 余项具体指标。需要说明的是，由于各种仪器的用途和精度等级不尽相同，并非每台产品都用全部指标进行考核。另外，各生产厂家校验标准及说明术语也不尽一致。因此，这里仅介绍信号发生器中几项最基本、最常用的性能技术指标。

**1. 频率特性**

**1）频率范围**

频率范围是指信号发生器所产生的信号频率范围，该范围既可连续又可由若干频段或一系列离散频率覆盖，在此范围内应满足全部误差范围。例如，国产 XD-1 型信号发生器，输出信号频率范围为 1Hz～1MHz，分 6 档，即 6 个频段，为了保证有效频率范围连续，两相邻频段间有相互衔接的公共部分，即频段重叠。

**2）频率准确度**

频率准确度是指信号发生器显示数值与实际输出信号真值之间的偏差，通常用相对误差表示

$$\alpha = \frac{f - f_0}{f_0} = \frac{\Delta f}{f_0} \times 100\% \tag{5-1}$$

式中，$f_0$ 为刻度盘或数字显示数值，也称预调值，$f$ 是输出正弦信号频率的实际值，$\Delta f$ 称为频率的绝对误差。频率准确度实际上是输出信号频率的工作误差。低档信号源的频率准确度只有 1%，而采用内部高稳定晶体振荡器的频率准确度可以达到 $10^{-10} \sim 10^{-8}$。

**3）频率稳定度**

频率稳定度指标要求与频段准确度相关。频率稳定度是指其他外界环境不变的情况下，在规定时间内，信号发生器输出频率相对于预调值变化的大小。按照国家标准，频率稳定度一般分为频率长期稳定度和频率短期稳定度。

其中，频率短期稳定度定义为信号发生器经过规定的预热时间后，信号频率在任意 15min 内所发生的最大变化，表示为

$$\delta = \frac{f_{\max} - f_{\min}}{f_0} \times 100\% \tag{5-2}$$

式中，$f_0$ 为预调频率，$f_{\max}$、$f_{\min}$ 是任意 15min 内的信号频率的最大值和最小值。

频率长期稳定度定义为信号发生器经过规定的预热时间后，信号频率在任意 3h 内所发生的最大变化，表示为

$$x \times 10^{-6} + y \tag{5-3}$$

式中，$x$、$y$ 是由厂家确定的性能指标值，也可以用式 (5-2) 表示频率长期稳定度。实际上，许多厂商的产品技术说明书中，并未按上述方式给出频率稳定度指标。例如，HG1010

信号发生器的频率稳定度为 0.01%/h，含义即经过规定的预热时间后，每小时的频率漂移 $(f_{max}-f_{min})$ 与预调值 $f_0$ 之比为 0.01%；国产 QF1076 合成信号发生器频率稳定度为 $\pm 50 \times 10^{-6}/5min+1kHz$，是用相对值和绝对值的组合形式表示稳定度；又如国产 XD-1 型低频信号发生器通电预热 30min 后，第一小时频率漂移不超过 $0.1\% \times f_0$ (Hz)，其后 7h 内不超过 $0.2\% \times f_0$ (Hz)。通常，通用信号发生器的频率稳定度为 $10^{-4} \sim 10^{-2}$，高精度高稳定度信号发生器的频率稳定度应高于 $10^{-7}$，而且要求频率稳定度应比频率准确度高 $1 \sim 2$ 个数量级。

**2. 输出特性**

1) 输出阻抗

信号发生器的输出阻抗视其类型不同而异。低频信号发生器的输出阻抗一般为 $600\Omega$（或 $1k\Omega$），功率输出根据输出匹配变压器的设计而定，通常有 $50\Omega$、$75\Omega$、$150\Omega$、$600\Omega$ 和 $5k\Omega$ 等几档，而高频信号发生器一般仅有 $50\Omega$ 或 $75\Omega$ 两种。

当使用信号发生器时，要特别注意与负载阻抗的匹配，因为信号发生器输出电压的读数是在匹配负载的条件下标定的，若负载与信号源输出阻抗不匹配，则信号源输出电压的读数是不准确的。

2) 输出电平调节范围

输出电平是指输出信号幅度的有效范围，即由信号发生器的最大输出电压和最大输出功率在其衰减范围内所得到输出幅度的有效范围。正弦信号发生器输出信号幅度采用有效值或绝对电平来度量。

在信号发生器的输出级中，一般都包括衰减器，目的是获得从微伏到毫伏级的小信号电压。例如，XD-1 型信号发生器最大信号电压为 5V，通过 $0 \sim 80dB$ 的步进衰减输出，可获得 $500\mu V$ 的小信号电压。

与频率稳定度指标类似，还有输出信号幅度稳定度及平坦度指标。输出信号幅度稳定度是指信号发生器经过预热后，在规定时间间隔内输出信号幅度对预调幅度的相对变化量。而平坦度是指温度、电源、频率等引起的输出幅度的变化量。

3) 失真度与频谱纯度

在理想情况下，正弦信号发生器的输出应为单一频率的正弦波，但由于信号发生器内部放大器等元器件的非线性，输出信号产生非线性失真，除了所需要的正弦波频率外，还有其他谐波分量。通常，用信号失真度来评价低频信号发生器输出信号波形接近正弦波的程度，并用非线性失真系数 $\gamma$ 表示

$$\gamma = \frac{\sqrt{U_2^2 + U_3^2 + \cdots + U_n^2}}{U_1} \times 100\% \tag{5-4}$$

式中，$U_1$ 为输出信号基波有效值；$U_2$，$U_3$，$\cdots$，$U_n$ 为各次谐波有效值。由于 $U_2$，$U_3$，$\cdots$，$U_n$ 比 $U_1$ 小很多，为了测量上的方便，也用下面公式表示失真度 $\gamma$

$$\gamma = \frac{\sqrt{U_2^2 + U_3^2 + \cdots + U_n^2}}{\sqrt{U_1^2 + U_2^2 + \cdots + U_n^2}} \times 100\% \tag{5-5}$$

一般低频正弦信号发生器的失真度为 0.1%～1%，高档正弦信号发生器失真度可低于 0.005%。例如，XD-2 低频信号发生器的失真度小于等于 0.1%，而 ZN1030 信号发生器的失真度小于等于 0.003%。

对于高频信号发生器的失真度，常用频谱纯度来评价。频谱纯度不仅要考虑高次谐波造成的非线性失真，还要考虑由非谐波干扰噪声而造成的正弦波失真。频谱纯度通常要求

$$20\lg\frac{U_\mathrm{S}}{U_\mathrm{n}}=(80\sim100)\mathrm{dB} \tag{5-6}$$

式中，$U_\mathrm{S}$ 为信号幅度；$U_\mathrm{n}$ 为高次谐波及干扰噪声的幅度。

**3. 调制特性**

高频信号发生器在输出正弦波的同时，一般还能输出一种或两种以上的已被调制的信号。多数情况下是调幅信号和调频信号，有些还带有调相和脉冲调制功能。这类带有输出已调制功能的信号发生器，是测试无线电收发设备等场合不可缺少的仪器。

1) 调制类型

调幅（AM）适用于整个射频频段，但主要用于高频段；调频（FM）主要用于甚高频或超高频段；脉冲调制（PM）主要用于微波波段；视频调制（VM）主要用于电视使用的频段，即 30～1000MHz。

2) 调制频率

调制频率可以是固定的或连续可调的，当调制信号由信号发生器内部产生时，称为内调制。当调制信号由外部电路或低频信号发生器提供时，称为外调制。调幅的调制频率通常为 400Hz、1000Hz；而调频的调制频率为 10Hz～110kHz。

3) 调制系数的有效范围和线性度

在调制系数有效范围内调节调制系数时，信号发生器的各项技术指标都能得到满足。调制系数有效范围一般为 0～80%，调制线性度一般为 1%～5%。

## 5.1.4　信号发生器的组成

信号源的种类很多，信号产生方法各不相同，但其基本结构是一致的，具体如图 5-2 所示。它主要包括主振器、缓冲级、输出级及相关的外部环节等。

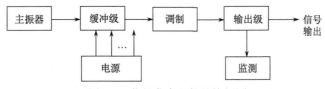

图 5-2　信号发生器的结构框图

主振器是信号源的核心部分，由它产生不同频率、不同波形的信号。由于要产生的信号频率、波形不同，其原理、结构差异很大。缓冲级用来对主振器产生的信号进行放大和整形等。调制级用来对原始信号按照调幅、调频、调相等要求进行调制。输出级能够调节输出信号的电平和输出阻抗，可以由衰减器、匹配变压器，以及射极跟随器等构

成。监视器用来检测输出信号，可以是电压表、频率计、功率计等。有些脉冲信号发生器还附带有简易示波器，使用时可通过指示器来调整输出信号的频率、幅值及其他特征，不过由于指示器本身准确度不高，其示值仅供参考，从输出端信号的实际特性需要其他更准确的测量仪表来测量。电源为信号发生器各部分提供直流电源，通常由交流电整流为直流电。

# 5.2　模拟信号发生器

模拟信号发生器是指一些常用的传统信号发生器，与合成信号发生器有区别。传统信号发生器是指以模拟电路为主组成的仪器，如低频信号发生器、高频信号发生器、函数信号发生器、脉冲信号发生器等。这类仪器的性能指标不是很高，但价格便宜，且能满足一般实验测试的要求。

低频信号发生器用来产生频率为 20Hz～200kHz 的正弦信号。除具有电压输出外，有的还有功率输出，所以用途十分广泛，可用于测试或检修各种电子仪器设备中的低频放大器的频率特性、增益、通频带，也可用作高频信号发生器的外调制信号源。另外，在校准电子电压表时，它可提供交流信号电压。

## 5.2.1　低频信号发生器

### 1. 低频信号发生器原理

低频信号发生器由主振器、放大器、电平控制、功率放大、输出衰减器、阻抗变换器和电压表组成，具体原理如图 5-3 所示。主振器是低频信号发生器的核心，它能产生频率可调的正弦信号，并决定了信号发生器的有效频率范围和频率稳定度。

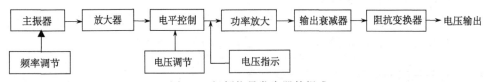

图 5-3　低频信号发生器的组成

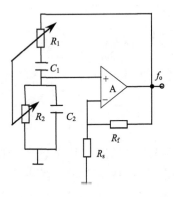

图 5-4　主振电路-文氏电桥振荡器

低频信号发生器产生振荡信号的方法很多，主要广泛采用 RC 文氏电桥振荡器，这种振荡器的频率调节方便，调节范围也较宽。一个理想的文氏电桥振荡器，应满足放大器本身应在其全部工作频率上具有 360° 的相位移，并且有足够大的放大量；负反馈的分压比应具有零相移；放大器的输入阻抗应为无穷大，放大器的输出阻抗应为零等条件。文氏电桥振荡器由两级 RC 网络和放大器组成，具体如图 5-4 所示。

图 5-4 中 $R_1$、$C_1$、$R_2$、$C_2$ 组成 R 选频网络，它跨接于放大器的输入端和输出端之间，形成正反馈，产生正弦振荡，振荡频率由选频网络中的元件参数决

定。A 为两级放大器。$R_f$、$R_s$ 组成负反馈臂，起到稳定输出信号幅度和减小失真的作用。根据电路有

$$\begin{cases} Z_1 = R_1 + \dfrac{1}{\mathrm{j}\omega C_1} \\ Z_2 = \dfrac{R_2}{\mathrm{j}\omega R_2 C_2 + 1} \end{cases} \tag{5-7}$$

反馈系数 $F$ 为

$$F = \frac{Z_2}{Z_1 + Z_2} = \frac{1}{\left(1 + \dfrac{R_1}{R_2} + \dfrac{C_2}{C_1}\right) + \mathrm{j}\left(\omega C_2 R_1 - \dfrac{1}{\omega C_1 R_2}\right)} \tag{5-8}$$

由振荡器的起振条件

$$\varphi + \psi = 2n\pi, \qquad A_V F \geqslant 1 \tag{5-9}$$

式中，$\Psi$ 为放大器相移，两极放大器 $\Psi = 360°$，$\varphi$ 为文氏电桥的选频网络相移，若满足起振条件，则有 $\varphi = 0°$，即式(5-9)的虚部为零

$$\omega C_2 R_1 - \frac{1}{\omega C_1 R_2} = 0$$

当电路满足 $R_1 = R_2 = R$，$C_1 = C_2 = C$，则有如下表达式成立

$$\omega_0 = \frac{1}{RC}, \quad f_0 = \frac{\omega_0}{2\pi} = \frac{1}{2\pi RC} \tag{5-10}$$

进而求得

$$F = \frac{1}{3}$$

因此，要产生振荡，需满足 $\omega = \omega_0$。此时相移为 0，$F$ 此时为实数 1/3。若 $R_1 \neq R_2$，$C_1 \neq C_2$，则有

$$f_0 = \frac{1}{2\pi\sqrt{R_1 C_1 R_2 C_2}} \tag{5-11}$$

由于 $RC$ 串并联网络对不同频率的信号具有上述选频特性，因此，当它与放大器组成正反馈放大器时，就有可能使 $\omega = 1/RC$ 的频率满足振幅和相位条件，从而得到单一频率的正弦振荡。由此可见，文氏桥起振的条件很容易满足。热敏电阻 $R_t$ 组成的负反馈支路主要起到稳幅作用，整个电路频率的调节是通过改变桥路电阻值和电容值来实现的，用波段开关改变 $R_1$、$R_2$ 进行频率粗调，用同轴双联可变电容改变 $C_1$、$C_2$ 进行频率细调。输出信号的幅度由输出衰减器控制。

电压放大器兼有隔离和电压放大的作用。隔离是为了不使后级电路影响主振器的工作，一般采用射极跟随器，或者运放组成的电压跟随器；放大是把振动器产生的微弱振荡信号进行放大，使信号发生器的输出电压达到预定的技术指标，要求其具有输入阻抗高、输出阻抗低、频率范围宽、非线性失真小等性能。

输出衰减器用于改变信号发生器的输出电压或功率，通常分为连续调节和步进调节。

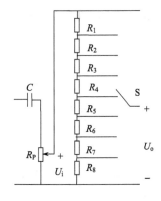

图 5-5　衰减器原理图

图 5-5 中电位器 $R_P$ 为连续调节器(细调),开关 S 为步进调节器(粗调)。步进衰减量的表示方法有两种:一种是用步进衰减器的输出电压 $U_o$ 与其输入电压 $U_i$ 之比来表示,即 $U_o/U_i$;另一种是用 $U_o/U_i$ 的分贝值来表示,即 $20\lg(U_o/U_i)$,单位为 dB(分贝)。

功率放大器对衰减器送来的电信号进行功率放大,使其能够达到额定的输出功率。要求功率放大器的工作效率高,谐波失真小。阻抗变换器用来匹配不同的负载阻抗,以取得最大的功率输出。电压表用来指示输出电压或输出功率的幅度,或对外部信号电压进行测量,可以是指针式电压表、数码 LED 或 LCD 电压表。

低频信号发生器型号很多,但是它们的基本使用方法是类似的。

(1)输出频率调节与指示。使用时,先将频率范围置于相应的档位,按所需的频率调节频率度盘于相应频率点上。在通常情况下,频率微调旋钮置于零位。

(2)输出阻抗的匹配。信号发生器要求负载与其输出阻抗相匹配,使输出信号失真小,功率大。

(3)输出电路选择。根据外接电路的输入方式,选择相应的平衡或不平衡输出。

(4)输出电压的调节与读数。调节输出电压旋钮,可以连续改变输出电压的大小。在使用衰减器时,输出电压的大小需要根据指示电压表的读数来换算。

(5)当信号发生器平衡工作时,电压表的读数为实际电压值的一半。

### 2. XD-22 型低频信号发生器

例如,XD-22 型低频信号发生器是一种多功能的通用测量仪器,它除了产生正弦波信号外,还能产生脉冲信号和逻辑信号。

XD-22 型低频信号发生器的频率范围为 1Hz~1MHz,共分成了如下 6 个波段。

Ⅰ波段:1Hz~10Hz;

Ⅱ波段:10Hz~100Hz;

Ⅲ波段:100Hz~1kHz;

Ⅳ波段:1kHz~10kHz;

Ⅴ波段:10kHz~100kHz;

Ⅵ波段:100kHz~1MHz;

低频信号发生器有 3 种输出信号,转换开关 S 置于左边时,输出正弦波信号,信号幅值大于 6V;转换开关 S 置于右边时,输出脉冲信号,信号幅值在 0~10V 连续可调;上面的输出孔输出逻辑信号(TTL 方波信号),方波高电平为 4.5V±0.5V,低电平小于 0.3V。

开机前把输出微调旋钮置于最小值处,防止开机因起振幅度超过正常值,打弯表针;调节波段开关及各个频率转换旋钮至所需的频率,频率值由数码管显示。

正弦波信号的输出电压可通过输出衰减和输出细调旋钮,根据实际需要进行调节。

实际输出电压是把电压表指示的电压除以被衰减的分贝数对应的电压放大倍数。例如，信号发生器指示电压表的读数为 20V，衰减分贝数为 60dB，输出电压为 20V/1000=0.02V（60dB 的电压衰减倍数为 1000）。当输出脉冲信号时，其幅度可由衰减器和微调电位器来调节。脉冲的占空比是指脉冲电压的周期与脉冲宽度之比，调节占空比旋钮可以得到不同宽度的脉冲信号。

### 5.2.2　高频信号发生器

#### 1. 高频信号发生器原理

高频信号发生器由主振级、缓冲级、调制级、内调制振荡器、输出级和监视器等部分组成，具体原理如图 5-6 所示。

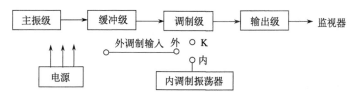

图 5-6　高频信号发生器的原理框图

（1）主振级用于产生高频振荡信号并可实现调频功能。它一般采用可调频率范围宽、频率准确度高、稳定度好的 *LC* 振荡器。调频是用调制信号控制高频振荡器回路中的某个电抗元件，使振荡频率随调制信号的幅值变化。主振级电路结构简单，输出功率不大，一般在几毫瓦到几十毫瓦的范围内。

（2）缓冲级主要起隔离放大的作用，用来隔离调制级对主振级产生的不良影响，保证主振级工作稳定并将主振信号放大到一定的电平。在某些频率较高的信号发生器中，还可以采用倍频器、分配器或混频器，使主振级输出频率的范围更宽更广。

（3）正弦信号经缓冲级输出到调制级，进行幅度调制和放大后输出，并保证一定的输出电平调节和输出阻抗，内调制振荡器主要用于产生调制信号，供给符合调制级要求的音频正弦调制信号。调制的方式主要有调幅、调频和脉冲调制。调幅多用于 300kHz～30MHz 的高频信号发生器中；调频主要用于 30MHz～1000MHz 的信号发生器中；脉冲调制多用于 300MHz 以上的微波信号发生器中。

（4）输出级主要由放大器、滤波器、连续可调衰减器、步进衰减器、功率放大级组成。高频信号发生器的输出级通常要有足够的输出功率，因此输出级应该包含功率放大级；输出信号的幅度大小可以任意调节，所以，输出级必须具备输出微调和步进衰减器。另外，必须工作在负载匹配的条件下，否则会引起衰减系数误差，影响前级电路的正常工作，必须在信号发生器输出端与负载之间加入阻抗变换器，进行阻抗匹配。

（5）监测器一般由调制计和电子电压表组成，用于监测输出信号的载波幅度和调制系数，电源用来供给各部分所需的电压和电流。

**2. 高频信号发生器的主要技术特性**

选用高频信号发生器应根据测量要求的频率范围、调制方式、输出电平及输出阻抗等主要技术指标来进行选择。

例如，XFG-7 型高频信号发生器是一种既能产生等幅波，又能产生调幅波的高频信号源，它可以方便地用来测量高频放大器、调制器及滤波器的性能指标，特别适用于测试无线电接收机的性能指标。其主要的技术指标如下。

频率范围：100Hz～30MHz，分 8 个频段，频段刻度误差为±1%。

输出电压和输出阻抗：在接分压器的电缆"0～0.1V"插孔，并且接点"1"时，输出电压为 1μV～100mV，分为 5 档，每档可以微调，输出阻抗为 40Ω；当接点"0.1"时，输出电压为 0.1μV～10mV；而在接分压器的电缆"0～1V"插孔时，输出电压为 0～1V，连续可变，输出阻抗为 40Ω 左右。

调制频率：内调幅为 400Hz 和 1000Hz 两种，外调幅为 50～8000kHz。调幅范围为 0～100%连续可调。

### 5.2.3　函数信号发生器

在实际工程中，电子系统中的信号多种多样，单一的正弦信号是无法满足要求的，尤其是在中、低频领域。函数信号发生器是一种多波形信号源，它能产生某种特定的周期性时间函数波形。工作频率从几毫赫兹到几十兆赫兹，一般能产生正弦波、方波、三角波，有的还可以产生锯齿波、矩形波、正负尖脉冲。函数信号发生器均有直流偏置功能，函数信号发生器的输出能增减直流电平，以产生不同直流分量的波形。它是一种不可缺少的通用信号发生器，应用十分广泛。

**1. 函数信号发生器波形原理**

函数信号发生器为了产生各种输出波形，利用各种电路通过函数变换实现波形之间的转换，即以某种波形为第一波形，然后利用第一波形导出其他波形。

通常有 3 种波形变换：①方波式，先产生方波再转换为三角波和正弦波；②正弦波式，先产生正弦波再转换为方波和三角波；③三角波式，先产生三角波再转换为方波和正弦波。近来较为流行的方案是先产生三角波，然后产生方波和正弦波等。函数信号发生器的组成如图 5-7 所示。它包括双稳态触发器、积分器和正弦波变换电路等部分，双稳态触发器通常采用施密特触发器，积分器则采用密勒积分器。

1) 方波、三角波发生器

函数信号发生器最基本的部分是由一个双稳态触发器与密勒积分器构成的方波、三角波发生器，其原理框图如图 5-7 所示。

当双稳态触发器输出为 $u_1 = +U_1$ 时，电容 $C$ 将进行反向积分，使得积分器输出电压 $U_2$ 以斜率 $1/RC$ 呈线性下降，当 $U_2$ 下降到参考电平 $-E_1$ 时，比较器 1 使双稳态触发器翻转，$u_1$ 由 $U_1$ 变为 $-U_1$，使得 $U_1$ 极性为负，同时，$U_2$ 将开始以与线性下降相等的速率线性上升。当 $U_2$ 上升到参考电平 $E_2$ 时，比较器 2 动作，双稳态电路再次翻转为正，使得

$U_2$ 又开始线性下降，重复上面过程，完成一个循环周期。

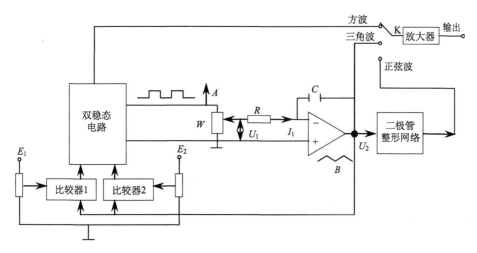

图 5-7　函数信号发生器基本方案

这样，不断重复上述过程，在双稳态电路输出端 $A$ 得到了一个方波信号 $U_1$，在运放输出端 $B$ 得到了一个三角波信号 $U_2$，以及由 $U_2$ 经过正弦波成形电路变换成的正弦波。三种波形再经过输出级放大后即可在输出端得到所需的波形。设充放电电流为 $I$，输出三角波的频率为 $f$，$C$ 为积分电容，$E_1$、$E_2$ 为高低参考电压。由分析可知，正负半周充放电时间常数 $\tau$ 相同，则有

$$E_2 - E_1 = \frac{1}{C}\int_0^\tau \frac{U_1}{R}\mathrm{d}t = \frac{U_1\tau}{RC}$$

由此可得输出频率

$$f = \frac{1}{2\tau} = \frac{U_1}{2RC(E_{r1} - E_{r2})} \tag{5-12}$$

由式 (5-12) 可知，调节 $R_P$ 可以改变三角波斜率，从而改变其周期。

2) 正弦波形成电路

正弦波可以由三角波获得，其方法是分段折线逼近的波形方法。将三角波输入一个由图 5-8 所示的具有多段折线逼近正弦的输入-输出特性的电路上，即可得到一个近似的正弦波。如果折线段数足够多，该波形可以非常逼近真正的正弦波。这里利用二极管构成的非线性网络将三角波限幅为正弦波，具体电路如图 5-9 所示。电路中利用二极管与电阻构成一系列分压衰减电路。电阻 $R_{10} \sim R_{70}$ 构成分压网络，对基准电压 $+E$ 进行分压。

当在 $u_i$ 端输入三角波的正半周，当 $u_i$ 的瞬时值很小时，所有的二极管都被偏置电压 $+E$ 和 $-E$ 截止，输入经电阻 $R_0$ 直接输送到输出端作为 $u_o$。当 $u_i$ 上升到式 (5-13) 所示值时，二极管 $D_{10}$ 导通，三角波通过 $R_0$、$R_1$ 和 $R_{10}$ 组成的分压网络送到输出端。

$$u_i = +E\frac{R_{10}}{R_{10} + R_{20} + \cdots + R_{70}} \tag{5-13}$$

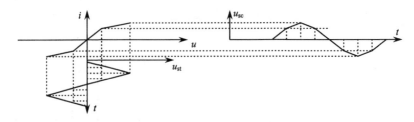

图 5-8　正弦波的折线近似原理

此时输出电压 $u_o$ 的值为

$$u_o = +\frac{R_1 + R_{10}}{R_0 + R_1 + R_{10}} u_i \tag{5-14}$$

随着三角波 $u_i$ 瞬时值的不断上升，二极管 $D_{20}$，$D_{30}$，$\cdots$，$D_{60}$ 依次导通，使分压比逐渐减小，从而使输出趋于正弦波。当 $u_i$ 瞬时值不断下降时，二极管 $D_{60}$，$D_{50}$，$\cdots$，$D_{10}$ 依次截止，使分压比逐渐增大。

同理，在 $u_i$ 端输入三角波的负半周，随着三角波 $u_i$ 瞬时值的不断下降，二极管 $D_{11}$，$D_{21}$，$\cdots$，$D_{61}$ 依次导通，使分压比逐渐减小，当 $u_i$ 瞬时值不断上升时，二极管 $D_{61}$，$D_{51}$，$\cdots$，$D_{11}$ 又依次截止，使分压比逐渐增大，使得输出在负半周同样趋于正弦波。

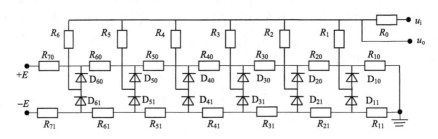

图 5-9　分段逼近波形综合电路

3）锯齿波形成电路

锯齿波可以通过方波与三角波获得，将图 5-10(a) 所示三角波与图 5-10(b) 所示方波直接叠加就可得到图 5-10(c) 所示的交错锯齿波，再经过全波整流，就得到了图 5-10(d) 所示的锯齿波。

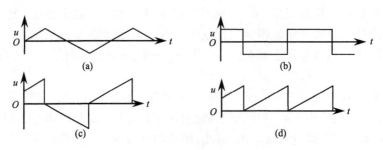

图 5-10　锯齿波的获得原理

2. 集成函数信号发生器

在很多应用中，函数信号发生器只是测量系统中的一部分，通常要求产生的信号波形多为方波、三角波、锯齿波及正弦波，为此专门设计了集成函数信号发生器。随着大规模集成电路的迅速发展，多功能信号发生器已被制作成专用集成电路。ICL8038 就是一款典型的集成函数信号发生器芯片。ICL8038 在发生温度变化时产生低的频率漂移，最大不超过 250ppm/℃，它具有正弦波、三角波和方波等多种函数信号输出，其中正弦波输出具有低于 1% 的失真度，三角波输出具有 0.1% 高线性度。ICL8038 具有 0.001Hz～1MHz 的频率输出范围，2%～98% 任意可调，并且它还有高的电平输出范围，从 TTL 电平至 28V。图 5-11 为 ICL8038 的引脚图。

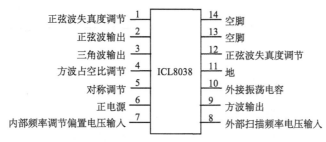

图 5-11　ICL8038 引脚图

ICL8038 是单片集成函数发生器，其内部原理电路框图如图 5-12 所示。图中，ICL8038 由恒流源 $I_1$、$I_2$，电压比较器 $A_1$、$A_2$ 和触发器等组成。电压比较器 $A_1$、$A_2$ 的门限电压分别为 $2u_R/3$ 和 $u_R$ /（$u_R = u_{CC} + u_{EE}$），电流源 $I_1$ 和 $I_2$ 的大小可通过外接电阻调节，且 $I_2$ 必须大于 $I_1$，振荡电容 $C$ 由外部接入，它是由内部两个恒流源来完成充电放电过程。

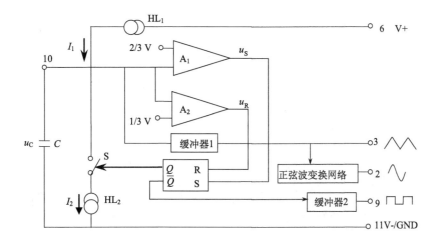

图 5-12　ICL8038 内部框图

当触发器的 $Q$ 端输出为低电平时，它控制开关 S 使电流源 $I_2$ 断开。而电流源 $I_1$ 则向外接电容 $C$ 充电，使电容两端电压 $u_C$ 随时间线性上升，当 $u_C$ 上升到 $u_C = 2u_R/3$ 时，比较

器 $N_1$ 输出发生跳变，使触发器输出端 $Q$ 由低电平变为高电平，控制开关 S 使电流源 $I_2$ 接通。由于 $I_2>I_1$，因此电容 $C$ 放电，$u_C$ 随时间线性下降。当 $u_C$ 下降到 $u_C \leqslant u_R/3$ 时，比较器 $N_2$ 输出发生跳变，使触发器输出端 $Q$ 又由高电平变为低电平，$I_2$ 再次断开，$I_1$ 再次向 $C$ 充电，$u_C$ 又随时间线性上升，如此周而复始，产生振荡。

若 $I_2=2I_1$，则电容器在充电过程和放电过程的时间常数相等，即 $u_C$ 的上升时间与下降时间相等，电容电压就是三角波函数，三角波信号由此获得。由于触发器的工作状态变化时间是由电容电压的充放电过程决定的，因此，触发器的状态翻转，就能产生方波函数信号。在芯片内部，这两种函数信号经缓冲器功率放大，并从引脚 3 和引脚 9 输出。正弦函数信号由三角波函数信号经过非线性变换而获得，利用二极管的非线性特性，可以将三角波信号的上升或下降斜率逐次逼近正弦波的斜率。ICL8038 中的非线性网络是由 4 级击穿点的非线性逼近网络构成。一般来说，逼近点越多，得到的正弦波效果越好，失真度也越小，在本芯片中 $N=4$，失真度可以小于 1。因此，ICL8038 能输出方波、三角波和正弦波等三种不同的波形。

### 3. 函数信号发生器的使用

NW1641A 信号发生器输出波形有正弦波、方波、三角波、锯齿波、脉冲波、TTL、VCF 功能等，输出幅度为 10Vp-p（50Ω 负载）、20Vp-p（开路），频率数显可内外测频率 1Hz～10MHz。NW1641A 信号发生器面板如图 5-13 所示。

1 为电源开关：按下开关，电源接通，电源指示灯发亮。

2 为波形选择（FUNCTION）：输出波形选择，与 SYM，INV 配合可得到正、负向锯齿波和脉冲波。

3 为频率选择开关：频率选择开关与"9"、"10"配合选择工作频率，频率等于显示数值乘以外测频率时闸门时间。

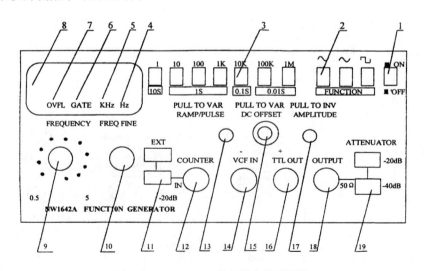

图 5-13　NW1641A 信号发生器面板图

4 为频率单位 1(Hz)：指示频率单位，灯亮有效。

5 为频率单位 2(kHz)：指示频率单位，灯亮有效。

6 为闸门显示器(GATE)：此灯闪烁，说明频率计正在工作。

7 为频率溢出显示灯(OVFL)当频率超过 6 个 LED 所显示范围时灯亮。

8 为数字 LED：所有内部产生频率或外测时的频率均由此 6 个 LED 显示。

9 为频率调节(FREQUENCY)：与"3"配合选择工作频率。

10 为频率微调(FREQ FINE)：微调工作频率。

11 为外界输入衰减 20dB(EXT-20 dB)。频率计内测和外测频率信号(按下)选择，外测频率信号衰减选择按下时信号衰减 20dB。

12 为计数器输入(COUNTER)：外测频率时，信号从此输入。

13 为斜波、脉冲波调节旋钮(PULL TO VAR RAMP/PULSE)：拉出此旋钮，可以改变输出波形的对称性，产生斜波、脉冲波且占空比可调，将此旋钮推进则为对称波形。

14 为 VCF 输入(VCF IN)：外接电压控制频率输入端。

15 为直流偏置调节旋钮(PULL TO VAR DC OFFSET)：拉出此旋钮可设定任何波形的直流工作点，顺时针方向为正，逆时针方向为负，将此旋钮推进则直流电位为零。

16 为 TTL 输出(TTL OUT)：输出波形为 TTL 脉冲可作同步信号。

17 为斜波倒置开关 / 幅度调节旋钮(PULL TO INV AMPLITUDE)：与"13"配合使用，拉出时波形反向。

18 为信号输出(OUTPUT)：输出波形由此输出，阻抗为 50Ω。

19 为输出衰减(ATTENUATOR)：按下按钮可产生 −20dB 或 −40dB 衰减，同时按下衰减 60dB。

### 5.2.4　脉冲信号发生器

脉冲信号通常指持续时间较短，有特定上升、下降变化规律的电压或电流信号，其中包括了脉动和冲击两方面含义。脉冲信号的常见形式有矩形、锯齿形、阶梯形和钟形等，其中由于矩形脉冲信号广泛应用于数字电路而成为最基本的脉冲形式。

**1. 矩形脉冲信号的基本特性**

矩形脉冲信号的波形如图 5-14(a)所示，其基本参数包括以下几个方面。

(1)脉冲幅度 $U_m$。脉冲幅度即脉冲信号从底部到顶部之间的差值。

(2)脉冲宽度 $t_w$。脉冲宽度指脉冲的持续时间，定义为脉冲上升、下降沿分别等于 $0.5 U_m$ 时相应的时间间隔。

(3)脉冲周期和重复频率。周期性脉冲相邻两脉冲之间的时间间隔称为脉冲周期，用 $T$ 表示，脉冲周期的倒数称为重复频率，用 $f$ 表示。

(4)脉冲的占空比 $q$。脉冲宽度 $t_w$ 与脉冲周期 $T$ 的比值称为占空比。

实际上，由于系统带宽、噪声等因素的影响，实际矩形脉冲的波形总有一定的畸变，描述这些畸变的参数包括以下几项。

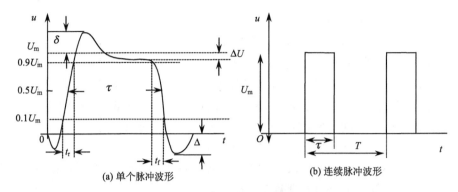

(a) 单个脉冲波形　　　　　　　　(b) 连续脉冲波形

图 5-14　矩形脉冲信号的基本波形

(1)脉冲上升时间 $t_r$。理想矩形脉冲从低电平变为高电平的上升过程，或从高电平变为低电平的下降过程是不需要时间的，实际矩形波不是这样的，上升沿、下降沿都需要一定的时间。这里，定义脉冲波从 $0.1U_m$ 上升到 $0.9U_m$ 所需要的时间为脉冲上升时间 $t_r$，定义脉冲波从 $0.9U_m$ 下降到 $0.1U_m$ 所需要的时间为脉冲下降时间 $t_f$。

(2)平顶降落和脉冲过程。理想脉冲信号在保持低电平或高电平期间信号是不变的，但实际上，信号总会有一些变化。因此在脉冲高电平期间幅度不能保持平整而呈现出的倾斜下降，称为平顶降落，通常用高电平期间最小电平与额定幅度之差对幅度的百分比值来表示。在信号的上升和下降过程中，由于系统的高阶特性，上升期间信号上升到一定幅度后仍会继续增大，而形成超出要求的突出部分，称为上冲，同理，下降过程也会产生一定的下冲。

在实际应用中，通常希望脉冲信号尽量接近理想状态，同时也要求电子系统在非理想脉冲信号的激励下同样能够正常工作。因此，在对电子系统进行测试时，需要提供具有一定特性参数的非理想脉冲信号，这些参数可以根据要求进行调节。

**2. 脉冲信号发生器的分类**

脉冲信号发生器用于产生各种脉冲波形，广泛应用在数字通信、雷达、激光、航天、自动控制等领域的电子测量技术中，典型的应用如测试放大器电路的振幅特性、过渡特性，逻辑元件的开关速度，数字电路研究以及示波器的检定与测试等。

按照用途和产生脉冲方法不同，脉冲信号发生器分为通用脉冲信号发生器、快速脉冲信号发生器、函数脉冲信号发生器、数字可编程脉冲信号发生器及特种脉冲信号发生器等。

(1)通用脉冲信号发生器是最常用的脉冲发生器，可产生一定的矩形或梯形脉冲信号，其输出脉冲频率、延迟时间、脉冲持续时间、脉冲幅度、上升时间、下降时间可在一定范围内进行调节，并可以用正、负两种极性输出，另外还有双脉冲、群脉冲、外触发及单次触发等功能。

(2)快速脉冲信号发生器可输出上升时间非常短的脉冲信号，用于各类电路的瞬时特性的测试功能。

(3)函数脉冲信号发生器在前面介绍的函数发生器的基础上通过触发控制得到具有一定函数波形的脉冲信号，但与其他类型的脉冲信号发生器相比，函数脉冲信号发生器的输出频率较低。

(4)数字可编程脉冲信号发生器在微处理器技术的基础上,利用数字合成方式产生脉冲信号，可对脉冲信号进行编程，具有很高的智能水平。

(5)特种脉冲信号发生器是指那些具有特殊用途,对某些性能指标有特定要求的脉冲信号发生器，如稳幅、高压、精密延迟等脉冲信号发生器，以及功率脉冲信号发生器和数字序列发生器等类型。

### 3. 通用脉冲信号发生器的原理

通用脉冲信号发生器的基本原理如图 5-15 所示。主振级为输出信号提供基本的周期控制。常用的主振电路有射极耦合自激多谐振荡器，或者正弦波同步多谐振荡器等。通过调节振荡器中电容和限位电压等参数可进行频率粗调和细调。除了主振电路以外，脉冲的产生还可以利用外触发信号进行控制。同步放大电路将各种不同波形、幅度、极性的外同步信号转换成能触发延迟级正常工作的触发信号。

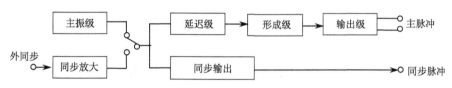

图 5-15　通用脉冲信号发生器的原理框图

脉冲形成级主要由延时级和脉冲形成单元构成。延时级通常由单稳电路和微分电路组成。在很多场合，要求脉冲信号发生器能输出同步脉冲，并使同步脉冲导前于主脉冲一段时间，这个任务就由延迟级来完成。

形成级通常由单稳态触发器等脉冲电路构成，它是脉冲信号发生器的中心环节。形成级在延时级的控制下产生具有一定宽度、上升时间、下降时间等参数的矩形脉冲波形。为了便于测量，脉冲信号源需要输出一路同步脉冲，在延迟级的作用下主脉冲相对该同步脉冲有一段时间的延时。

输出级一般由放大、限幅电路组成，进行电流放大和功率放大，还具有保证仪器输出的脉冲幅度可调、倒相器等实现输出信号幅度、极性的调节和控制。

## 5.3　合成信号发生器

随着科学技术的发展，对信号频率的稳定度和准确度提出了越来越高的要求。例如，在手机通信系统中，信号频率稳定度的要求必须优于 $10^{-6}$，在卫星发射中要求更高，必须优于 $10^{-8}$。同样，在电子测量技术中，如果信号源频率的稳定度和准确度不够高，就很难对电子设备进行准确的频率测量。因此，频率的稳定度和准确度是信号源的一个重要技术指标。

在以 RC、LC 为主振级的信号源中，频率准确度只能达到 $10^{-2}$ 量级，频率稳定度只能达到 $10^{-4} \sim 10^{-3}$ 量级，远远不能满足现代电子测量和无线电通信的要求。以石英晶体组成的振荡器日稳定度优于 $10^{-8}$ 量级，但它只能产生某些特定的频率。因此，需要频率合成技术，产生一定频段的高稳定度信号。

频段合成技术是对一个或几个高稳定度频率进行加、减、乘、除算术运算，得到一系列所要求的多个频率信号。其中，频率的加法、减法通常采用混频技术获得，乘法、除法则用倍频和分频实现，同时可采用锁相环技术实现信号的精确跟踪。

采用频率合成技术做成的信号源称为频率合成器，用于各种专用设备或系统中。采用频率合成技术，可以把信号发生器的频率稳定度、准确度提高到与基准频率相同的水平，并且可以在很宽的频率范围内进行精细的频率调节。合成信号发生器可工作于调制状态，可对输出电平进行调节，也可输出各种波形。另一种实现信号合成的方法是利用计算机技术按一定的信号幅度编码控制 D/A 转换器，直接合成信号波形。这种直接合成产生的信号波形完全取决于内部保存的波形编码，所以可以输出各种波形，甚至是任意波形。

频率合成技术起步于 20 世纪 30 年代，随着集成电路技术的发展而不断发展和完善。当前主要的频率合成方式有直接频率合成和间接频率合成。

直接频率合成又可分为直接模拟频率合成和直接数字频率合成。直接模拟频率合成是一种早期的频率合成技术，它以模拟电路为主，使用一个或几个晶体振荡器作为参考频率源，通过分频、混频和倍频的方法对参考源频率进行加减乘除的运算，然后用滤波器处理杂散频率得到需求的不同频率。直接数字频率合成是以数字电路为主，它首先在存储器中存入一定数据，然后在标准时钟作用下，根据控制电路控制一定规律读出数据，并经过数模转换并经滤波得到模拟输出。

间接频率合成是利用锁相环技术完成频率合成，而不是利用电子线路对频率进行直接运算。

### 5.3.1　直接模拟频率合成

#### 1. 固定频率合成

如图 5-16 所示为固定频率合成法的原理电路。石英晶体振荡器提供基准频率 $f_r$，$D$ 为分配器的分频系数，$N$ 为倍频器的倍频系数，则所示电路的固定频率合成法输出频率为

$$f_o = \frac{N}{D} f_r \tag{5-15}$$

式中，$D$ 和 $N$ 均为给定的正整数，而输出频率为定值，所以称为固定频率合成法。

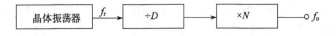

图 5-16　固定频率合成法的原理电路

2. 可变频率合成

可变频率合成可以根据需要选择各种输出频率，常见的电路形式是连续混频分频电路，典型的直接模拟频率合成信号发生器的结构形式如图 5-17 所示。

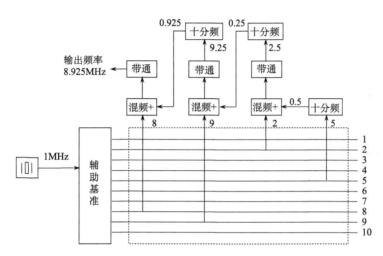

图 5-17 直接模拟频率合成原理框图

图 5-17 的频率合成电路在单一晶体振荡器输出基准频率的基础上，根据需要调节频率选择开关，从而在一定范围内得到各种输出频率。具体过程：首先使用 1MHz 的基准频率，对主基准倍频构成多种辅助基准，然后通过选择开关、混频器、带通滤波器和十分频器构成的链路，就可以得到所需频率。

例如，需要输出 8.925MHz 的信号，则可将选择开关分别置于接通 8MHz、9MHz、2MHz、5MHz 的辅助基准位置。5MHz 信号经开关选出后，经十分频器得到 0.5MHz，后者在混频器与 2MHz 辅助基准相加，得到 2.5MHz 成分被带通滤波器选出后经十分频器，得到 0.25MHz 信号，再与 9MHz 辅助基准进行混频可得 9.25MHz，最后经十分频器并与 8MHz 辅助基准混频，得到的信号经带通滤波器选出，即为所要求的 8.925MHz 输出频率。由此可见，每增加一组混频器、滤波器和十分频器，就可以使合成频率的有效位数增加一位。如果串接更多的合成单元，就可以获得更小的频率间隔，以进一步提高分辨率。

直接模拟频率合成技术在 20 世纪 60 年代就已成熟并付诸使用，它具有如下一些特点。

（1）频率分辨率高。从原理来说，直接模拟频率合成频率分辨率几乎是无限的，增加一级基本运算单元就可以使频率分辨率提高一个数量级。

（2）频率切换快。合成单元由混频器、分频器及滤波器组成，有时也用倍频器、放大器等电路。其频率转换时间主要由滤波器的响应时间、频率转换开关的响应时间以及信号的传输延迟时间等决定。一般来说，转换开关和传输延迟时间都是微秒量级，所以，只要输出电路中滤波器的通带不是太窄，就能得到很快的转换速度，通常其转换时间都是微秒量级的，这比采用锁相环的间接合成法要快得多，间接合成法的转换时间为毫秒量级。

（3）电路庞大、复杂。由于采用混频等电路会引入很多寄生分量，带来相位杂散，因此必须采用大量滤波器以改善输出信号的频谱纯度，这样会因结构复杂造成频率合成器的体积大而笨重、功耗大而不稳定、不易集成、价格成本高昂，采用这种技术的设备已经基本淘汰。

### 5.3.2　间接频率合成技术

间接频率合成技术是 20 世纪 40 年代根据控制理论的线性伺服环路发展起来的频率合成技术，又称锁相式频率合成技术。它的工作原理是把一个或者多个基准频率源通过倍频、混频和分频等产生大量的谐波或组合频率，使用锁相环由压控振荡器锁定某一频率间接产生所需要的频率。

间接频率合成优点在于相位噪声低，杂散抑制高，输出频带范围大，频率稳定度高，并且避免了大量使用滤波器。基于这种技术的频率合成器容易集成化，但由于锁相环本身的惰性，输出信号的转换需要跟踪捕获过程，造成频率切换时间较长。

#### 1. 间接频率合成的基本原理

间接频率合成的关键是锁相环。锁相环（Phase-Locked Loop，PLL）是一个相位环反馈控制系统。该环路由基准频率源、鉴相器（PD）、环路滤波器（LPF）和压控振荡器（VCO）等部分组成，其基本原理如图 5-18 所示。

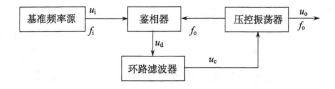

图 5-18　锁相环控制系统原理图

鉴相器是相位比较器部件，能够鉴别出输入信号 $u_i$ 与反馈信号 $u_o$ 之间的相位差，其输出电压 $u_d$ 与两输入信号之间的相位误差成正比。环路滤波器具有低通特性，用来消除鉴相器输出电压 $u_d$ 中的高频成分和噪声，达到稳定环路工作及改善环路性能的目的。压控振荡器是一个电压频率（相位）变换电路，因此压控振荡器的振荡频率和相位是受控制的。

当 $f_o$ 与 $f_i$ 同步时（同频、相位差保持一常数），鉴相器输出电压 $u_d$ 为零或恒为一定值，压控振荡器的输出频率 $f_o$ 保持不变，这种状态称为锁定状态。

当压控振荡器输出频率 $f_o$ 由于某种原因发生变化时，相应相位也发生变化，则会造成 $f_o$ 与 $f_i$ 失步，两信号的相位差不是常数，这种状态即失锁状态。该相位变化在鉴相器中与基准晶振频率的稳定相位比较，使鉴相器输出一个与相位差成比例的电压 $u_d$。$u_d$ 经环路滤波器滤波后检出直流分量去控制压控振荡器输出信号频率，实现了相位的反馈控制，将输出信号频率 $f_o$ 锁定在输入信号频率 $f_i$ 上，直到 $f_o$ 与 $f_i$ 再次同步达到新的锁定状态，不但使其输出频率和基准晶振相同，而且相位也趋于同步。同样，若改变输入基准频率 $f_i$，也会引起鉴相器输出电压 $u_d$ 发生变化，进而驱动压控振荡器的输出频率及相位与输入一致并进入锁定状态，这就是环路的跟踪性。

需要说明的是，$f_i$ 变化必须在一定范围内，$f_o$ 才能跟踪上 $f_i$，超出这一范围 $f_o$ 将无法跟踪输入频率 $f_i$ 的变化而失锁。将锁定条件下输入频率所允许的最大变化范围称为同步带宽，它表明了锁定状态下压控振荡器的最大输出频率变化范围。

锁相环的工作过程是一个从失锁状态到锁定状态的过程，锁相环从失锁状态进入锁定状态是有条件的。当锁相环开始工作时处于失锁状态，压控振荡器的输出频率 $f_o$ 与输入参考频率 $f_i$ 之间存在一个频差 $\Delta f_o = f_o - f_i$，只有当 $\Delta f_o$ 减小到一定值，环路才能从失锁状态进入锁定状态。判定锁相环是否处于锁定状态有三个关键特征：一是鉴相器的两输入信号频率相同；二是两输入信号的相位差是常数；三是鉴相器的输出基本上是直流。这里，将环路最终能够自行进入锁定状态的最大允许偏差称为捕捉带宽。当失锁状态下的频差小于捕捉带宽时，锁相环总能进入锁定状态。

锁相环是一个相位环反馈控制系统，系统的信息是相位，因此，可用相位传递函数来描述相位环的特性。锁相环的闭环相位传递函数为

$$H(s) = \frac{\Phi_o(s)}{\Phi_i(s)} \tag{5-16}$$

式中，$\Phi_o(s)$ 为输出相位 $\varphi_o(s)$ 的拉氏变换；$\Phi_i(s)$ 为输入相位 $\varphi_i(s)$ 的拉氏变换。传递函数 $H(s)$ 的阶数取决于环路滤波器的形式，若没有环路滤波器，则为一阶，一般为二阶，也有三阶的，相应称为一阶环、二阶环、三阶环等。

**2. 锁相环的常见形式**

在锁相式频率合成信号源中，需要采用不同形式的锁相环。以锁相环为基础，在其输入或反馈回路中加入适当的频率变化电路就可实现对基准频率的各种运算，以便产生在一定频率范围内可调的输出频率。锁相环主要有混频式锁相环、倍频式锁相环、分频式锁相环，以及多环单元锁相环等几种。

**1) 混频式锁相环**

混频式锁相环是在反馈支路中加入混频器和带通滤波器，它可对两路输入信号的频率进行加法和减法运算。在图 5-19(a)中，输出频率 $f_o$ 与输入频率 $f_{i2}$ 混频后取差频 $f_o - f_{i2}$ 与输入频率 $f_{i1}$ 进行相位比较，环路锁定后，$f_{i1} = f_o - f_{i2}$，因此有 $f_o = f_{i1} + f_{i2}$。如果 $f_{i2}$ 采用高稳定的石英晶体振荡器，$f_{i1}$ 采用可调的 $LC$ 振荡器，则可以实现 $f_o$ 在一定范围内的连续可调，而且当 $f_{i2}$ 比 $f_{i1}$ 高得多时，输出频率稳定度仍可达到与输入频率 $f_{i2}$ 同一量级。

图 5-19(b)中，输出频率 $f_o$ 与基准频率 $f_{i2}$ 混频后，取和频 $f_o + f_{i2}$ 与参考频率 $f_{i1}$ 进行相位比较，环路锁定后，$f_{i1} = f_o + f_{i2}$，则有 $f_o = f_{i1} - f_{i2}$。从图中可以看出，若混频器取 "−"，则为相加环运算，相应地，若混频器取 "+"，则为相减环运算。即有

$$f_o = f_{i1} \pm f_{i2} \tag{5-17}$$

综上可知，在锁相环反馈回路加入频率运算电路，稳定时鉴相器的两路输入频率相等，锁相环即可得到与反馈运算电路正好相反的输出信号频率、基准频率的函数关系。在实际工程中，倍频式数字环和混频环结构简单，易于实现，所以得到了广泛的应用。

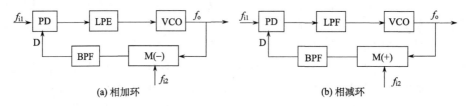

图 5-19　混频式锁相环

2) 倍频式锁相环

倍频式锁相环，简称倍频环。倍频环可对输入信号频率进行乘法运算，它有两种基本形式，倍频式锁相环如图 5-20 所示。

图 5-20(a) 为脉冲倍频环，脉冲形成的电路将输入信号变换为含有丰富谐波成分的窄脉冲，因而，环路的输入信号中包含了多种谐波，但环路只能锁定在其中的一个频率上，改变压控振荡器中可变电容的偏置电压，调谐其固有振荡频率，选择某一高次谐波，同样可以达到倍频的目的。脉冲倍频环的优点是可以获得高达几百次，甚至上千次的倍频。

图 5-20(b) 为数字倍频环，它将压控振荡器的输出频率进行 $N$ 分频后，在鉴相器中与输入频率比较，当环路锁定时，鉴相器两输入信号的频率相等，即 $f_o/N=f_i$，所以，倍频环的输出频率为

$$f_o = N \times f_i \tag{5-18}$$

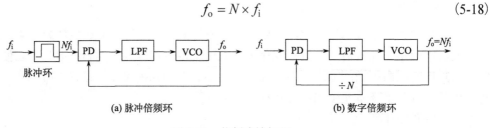

图 5-20　倍频式锁相环

这里表明了输出频率的计算方法，即首先根据鉴相器两输入频率相等列出等式，然后再从等式中解出输出频率。这个方法可以求出各种环路的输出频率，非常实用。倍频环在信号合成中的作用是实现宽频范围内的点频覆盖，扩展合成器的高端频率，特别适用于制作频率间隙较大的高频及甚高频合成器。

利用倍频和混频可以构成微差混频，它是将两个频率相差甚微的信号源进行差频混频，如图 5-21 所示。混频器的输出频率 $f_o$ 为

$$f_o = N_1 f_{i1} - N_2 f_{i2} \tag{5-19}$$

如果 $f_{i2}=f_{i1}-\Delta f$，则

$$f_o = (N_1 - N_2)f_{i1} + N_2\Delta f \tag{5-20}$$

当 $N_1$ 和 $N_2$ 同步同值调节时，即 $N_1=N_2$ 时，则

$$f_o = N_2\Delta f \tag{5-21}$$

由式 (5-21) 可知，输出频率的分辨力就是 $\Delta f$。在微差混频法中，由于参与混频的两个频率信号十分接近，所以分辨力得以提高。但是，当这两个频率很接近时，在混频器工作中频率牵引现象也很严重，并且比较难解决。

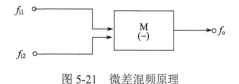

图 5-21　微差混频原理

3）分频式锁相环

对输入信号频率进行除法运算的锁相环称为分频锁相环，简称分频环。分频环可用于向低端扩展合成器的频率范围，与倍频环类似，它也有两种形式，具体如图 5-22 所示。与倍频式锁相环不同的是，在谐波分频式锁相环中，波形成电路放于反馈回路之中，在鉴相器中将输入参考频率与输出频率的第 $N$ 次谐波进行相位比较，因此锁定后输出频率 $f_o=f_i/N$。

数字分频式锁相环与倍频式锁相环相反，数字分频式锁相环是在反馈回路接入 $N$ 倍频器，在环路锁定时鉴相器的两端输入相等，即 $f_i=f_o\times N$，所以

$$f_o = \frac{f_i}{N} \tag{5-22}$$

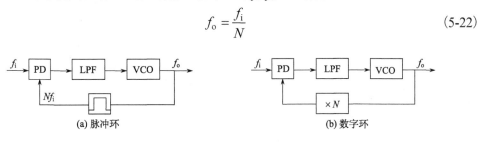

图 5-22　分频式锁相环

4）多环单元锁相环

以上几种锁相环都是单环形式，其不足之处在于频率点数目较少，频率分辨率不高，无法利用单环锁相环来合成所需的输出频率覆盖并实现连续可调。所以，一般合成式信号发生器都是由多环合成单元组成的。根据需要，多环结构的形式可以是多种多样的。现以一个双环合成单元为例加以说明，其原理结构如图 5-23 所示。

该环合成器由一个倍频环和一个加法混频环组成，倍频环的输出 $Nf_{i1}$ 作为加法混频环的一个输入，内插振荡器的连续可变输出 $f_{i2}$ 作为加法混频环的另一个输入，可知混频环的最终输出频率为

$$f_o = Nf_{i1} + f_{i2} \tag{5-23}$$

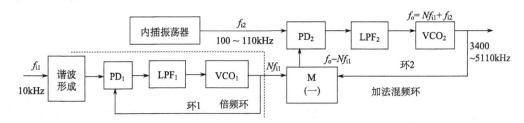

图 5-23　双环合成器原理结构图

由式(5-23)可知，通过改变 $VCO_1$ 固有频率改变倍频系数 $N$，以及调谐频率 $f_{i2}$ 即可实现在两个锁定点之间的连续可调。两个压控振荡器 $VCO_1$ 和 $VCO_2$ 的通常为可同轴联调的，使它们的固有频率的增减变化值基本一致，当 $VCO_1$ 的频率从一个锁定点调到另一个锁定点时，$VCO_2$ 的固有频率也相应改变，使其始终能进入混频环的捕捉带宽之内。

$f_{i2}$ 采用高稳定的石英晶体振荡器，$f_{i1}$ 采用可调的 LC 振荡器，则可以实现 $f_o$ 在一定范围的连续可调，而且当 $f_{i2}$ 比 $f_{i1}$ 高得多时，输出频率稳定度仍可以达到与输入频率 $f_{i2}$ 同一量级。

例如，为了从图中的双环合成单元获得在 3400～5400kHz 连续可调的输出频率，现取输入基准频率 $f_{i1}$ 为 10kHz，调整 $VCO_1$ 使 $N$ 在 330～500 变化，则倍频环输出 $Nf_{i1}$ 为 3300～5000 kHz 范围内间隔为 10 kHz 的离散点频，如 3300 kHz, 3310 kHz, …, 4990 kHz, 5000 kHz。为了实现 $f_o$ 在 3400～5400 kHz 连续可调，选择内插振荡器的输出频率 $f_{i2}$ 具有 10 kHz 的覆盖，即可把 $f_{i2}$ 的 10 kHz 连续可调范围加入倍频后输出频率相邻的两个离散锁定点之间。这里取 $f_{i2}$ 的连续可调范围为 100～110 kHz，即可实现要求区间 3400～5110 kHz 的连续覆盖。

如果混频器的输入信号 $f_{i2}$ 的频率可变，且变化的增量很小，小于 $f_{i1}$（即 $\Delta f_{i2} < f_{i1}$），则可以提高频率分辨力。可变的 $f_{i2}$ 是由另一个锁相环产生的，如图 5-24 所示。该图由锁相环 I 和 II 组成，属于双环频率合成器。由该图可知锁相环最终的输出信号频率 $f_o$ 为

$$f_o = N_1 f_{i1} + f_{o2} \tag{5-24}$$

锁相环 II 的输出信号频率 $f_{i2}$ 为

$$f_{o2} = \frac{N_2}{D} f_{i2} \tag{5-25}$$

将式(5-25)代入式(5-24)得

$$f_o = N_1 f_{i1} + \frac{N_2}{D} f_{i2} \tag{5-26}$$

式中，$D$ 为固定分频系数；$N_1$ 和 $N_2$ 为可调量。因此，输出频率的变化增量为 $f_{i2}/D$，这就是双环混频时能达到的频率分辨力。为了进一步提高频率分辨力，还可以采用三环等多环合成法。

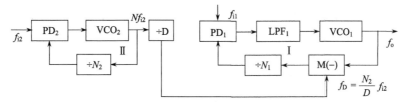

图 5-24　双环混频合成

双环合成单元由于能在很宽频率范围内提供连续变化的频率,因而得到较多的应用。但是有的信号源希望输出频率从较低频率开始,而双环合成单元在保证技术指标的情况下,频率不易很低。这是因为倍频系数 $N$ 从最小值到最大值不能相差太大,否则 $VCO_1$ 在工艺上不容易实现,另外输出频率还加上 $f_{i2}$,致使双环合成频率不能从低频率开始。为此,常把合成单元的输出频率再进行一次混频,把整个输出频率都向低频率处移动。

图 5-25 实例中,双环合成单元产生 3400～5100 kHz 的连续可调频率,再利用脉冲倍频环产生的 3400kHz 固定频率,它与双环合成单元的输出进行混频,利用低通滤波器取出其差频作为频率合成器的输出,其频率可在 0～1710kHz 范围内连续变化。

由于频率接近 0 时常常不能保证其他技术指标,所以频率合成器所给频率常常从大于 0 的某一低频开始,如几十赫兹到几百赫兹。

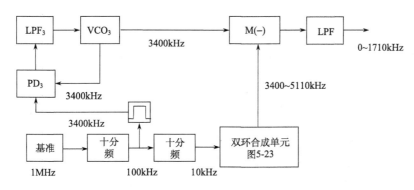

图 5-25　频率合成器实例

### 3. 小数分频式锁相环

前面讨论的频率可调混频式锁相环,需要采用内插振荡器,但这种振荡器的频率稳定度和准确度都比较差,它的引入会影响整个频率合成器的性能。如果频率不连续可调,只要频率分辨力好,可输出的频率间隔足够小,也是非常有用的。利用多环合成单元可以提供频率分辨力,如图 5-26 所示。

第一个数字倍频环的输出频率为 $N_1 f_i$,第二个为 $N_2 f_i$,前者经十分频后与后者在混频器中相加,则整个电路的输出频率为

$$f_o = \left(N_2 + 0.1 N_1\right) f_i \tag{5-27}$$

例如,$f_i$=100kHz,若只采用单个倍频环分辨力亦为 100 kHz,若采用图 5-26 电路,

可把分辨力提高到 10kHz。为了进一步提高分辨力，则把多个锁相环级联起来，这将使电路过于复杂，实际上是难以实现的。随着微处理器技术的发展，在微处理器控制下的小数分频锁相环，给频率分辨力的提高提供了较好的途径。小数分频技术是一种在锁相环基础上为提高频率分辨率而发展起来的技术，在现代频率合成器中得到较多运用。

图 5-27 为小数分频锁相环的原理框图。这个环路中的分配器既可以整数分频，又可以在分频系数中包括小数。例如，当 $f_i$=100kHz 时，取分频系数为 18.9，则可得 $f_o$=1890kHz 的输出频率。显然，分频系数小数部分所含位数越多，频率分辨力越高。

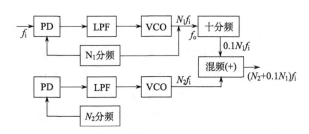

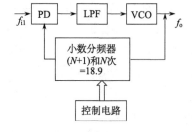

图 5-26　利用多环合成单元提供频率分辨力　　　　图 5-27　小数分频锁相环原理图

小数分频锁相环中的小数分配器是在微处理器控制下工作的。实际上，数字分频器每次的分频系数都是整数，小数分频只是一种平均效果。概括地讲，若希望分频系数既有整数部分又有小数部分，设整数部分为 $N$，小数部分为 $k$，小数部分的位数为 $n$，则需要进行 $k$ 次 $(N+1)$ 分频，$(10^n-k)$ 次 $N$ 分频并循环进行即可，每次循环总的分频次数为 $10^n$ 次。

$$\frac{k(N+1)+\left(10^n-k\right)N}{10^n}=N+\frac{k}{10^n} \tag{5-28}$$

例如，想得到 18.7 次分频，$N$=18，$k$=7，$n$=1，只要进行 7 次 19 分频，3 $(=10^1-7)$ 次 18 分频，则分频系数为 $(7\times19+3\times18)/10=18.7$，共进行了 10 次分频。

又如，要求分频系数为 37.25，$N$=37，$k$=25，$n$=2，则取 25 次 38 分频，75 $(=10^2-25)$ 次 37 分频即可，则分频系数为 $(25\times38+75\times37)/100=37.25$，共进行了 100 次分频，具体如表 5-2 所示。

表 5-2　小数分频的工作过程

| 分频系数 18.7 | | | 分频系数 37.25 | | |
|---|---|---|---|---|---|
| 累加次数 | 累加结果 | 分频系数 | 累加次数 | 累加结果 | 分频系数 |
| 1 | 7 | 18 | 1 | 25 | 37 |
| 2 | 14→4 | 19 | 2 | 50 | 37 |
| 3 | 11→1 | 19 | 3 | 75 | 37 |
| 4 | 8 | 18 | 4 | 100→0 | 38 |
| 5 | 15→5 | 19 | 1 | 25 | 37 |
| 6 | 12→2 | 19 | 2 | 50 | 37 |

续表

| 分频系数 18.7 | | | 分频系数 37.25 | | |
|---|---|---|---|---|---|
| 累加次数 | 累加结果 | 分频系数 | 累加次数 | 累加结果 | 分频系数 |
| 7 | 9 | 18 | 3 | 75 | 37 |
| 8 | 16→6 | 19 | 4 | 100→0 | 38 |
| 9 | 13→3 | 19 | | | |
| 10 | 10→0 | 19 | | | |

既然小数分频器中存在 $N+1$ 及 $N$ 两种分频，而且每种分频都可能进行多次，那么应设法把两种分频混合均匀，不要在一段时间内都是 $N+1$ 次分频或 $N$ 分频，以免输出频率不均匀。这种"掺匀"工作是在微处理器控制下完成的。具体的做法是用小数部分 $k$ 进行累加计数，若累加结果未达到 $10^n$，则取 $N$ 分频，若达到或超过 $10^n$，则累加结果高位溢出（未达到整数 1），并取 $N+1$ 次分频。之所以需要 $10^n$ 次累加计数，累加计数器就可以回零，又重复一次新的累加循环。小数分频锁相环，可以利用包含多位小数的分频系数，达到极高的频率分辨力。

### 5.3.3 直接数字频率合成

直接数字频率合成（Digtial Direct Frequency Synthesis，DDS），首先由 Tireney 于 1971 年提出，是一种全新的频率合成方法，也是频率合成技术的一次革命。其原理为根据采样定理，利用全数字的方法产生与频率相对应的相位序列，并将此相位序列作为寻址转换成幅度序列，该幅度序列再经过数模转换和低通滤波以后就可得到所需的特定模拟波形。现代的集成电路技术和数字信号处理技术的研究成果都在 DDS 技术上有所体现，并且它们的发展直接推动了 DDS 技术的发展，使得各种先进算法和结构层出不穷。这些都是 DDS 相对其他传统频率合成技术的极大优势。

DDS 技术的主要优点包括频率转换时间短、频率分辨率极高、任意波形输出、主要部件全数字化便于集成、可靠性高、方便调制等。各大公司纷纷研制和推出了基于直接数字频率合成技术的产品，其中 Analog Device 公司的 AD983X、AD985X 和 AD995X 系列，Qualcomm 公司的 Q2334、Q2220 等都是性价比较高的芯片。

#### 1. DDS 原理

DDS 基本原理是基于取样技术和计算技术，通过数字合成来生成频率和相位对于固定的参考频率可调的信号。

一个信号源，输出幅值、相位、频率等参数均应能调节变化。其中，幅值的变化一般采用放大器和衰减器即可实现。DDS 的初相调节非常方便，只要选择存储器所存波形中相应相位点的地址作为输出的首地址即可。输出频率采用的方法是不改变输出时钟周期，而改变每个输出波形的输出点数。当时钟周期不变时，如果输出一个信号周期所用点数减小一半，则输出信号的周期也减小一半，即频率增加一倍。

任何频率的正弦波都可以看成由一系列取样点组成。设取样时钟频率为 $f_c$，取样时

钟周期为 $T_c$，正弦波每一周期由 $N$ 个取样点构成，信号周期长度为 $Nf_c$，则该正弦波的频率为

$$f_0 = \frac{1}{NT_c} = \frac{f_c}{N} \tag{5-29}$$

式中，$T_c$ 为取样时钟周期。如果改变取样时钟频率 $f_c$，则可以改变输出正弦波的频率 $f_0$，其基本的实现原理框图如图 5-28 所示。

图 5-28　DDS 组成原理

如果将一个完整的正弦波幅值数据存放于波形存储器 ROM 中，地址计数器在参考时钟 $f_c$ 的作用下进行加 1 的累加计数，生成相应的地址，并将该地址存储的波形数据通过 D/A 转换器输出，就完成了合成的波形。其合成的波形取决于两个因素：参考时钟频率 $f_c$、ROM 中存储的正弦波，因此，改变时钟频率 $f_c$，或者改变 ROM 中每周期波形的采样点数 $N$，均能改变输出频率 $f_0$。

### 2. 相位累加器原理

如果改变地址计数器计数步进值（即以值 $M \gg 1$ 来进行累加），则在保持时钟频率 $f_c$ 和 ROM 数据不变的情况下，可以改变每周期的采样点数，从而实现输出频率 $f_0$ 的改变。例如，设存储器存储了 $N$ 个数据（一个周期的采样数据），则地址计数器步进为 1 时，输出频率 $f_0 = f_c/N$，如果地址计数器步进为 $M$，则每周期取样点数为 $N/M$，输出频率 $f_0 = (M/N) f_c$。改变地址计数器步进值可通过相位累加器来实现，其基本原理框图如图 5-29 所示。

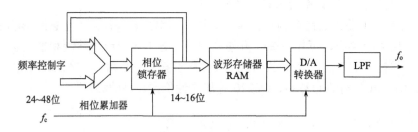

图 5-29　相位累加器原理

相位累加器在参考时钟 $f_c$ 作用下进行累加，相位累加的步进幅度（相位增量 $\Delta\phi$）由频率控制字 $M$ 决定。设相位累加器为 $N$ 位，其累加值为 $K$，频率控制字为 $M$，则每来一个时钟作用后累加器的值为 $K_{i+1} = K_i + M$，若 $K_{i+1} > 2^N$，则自动溢出（$N$ 为累加器中的余数保留），参加下一次累加。将累加器输出中的高 $A(A < N)$ 位数据作为波形存储器的地址，即丢掉了低位的地址（又称为相位截尾），波形存储器的输出经 D/A 转换器和滤波器后输出。

为了便于理解，可以将正弦波看成一个沿相位圆转动的矢量，相位圆对应正弦波一个周期的波形，波形中的每个采样点对应相位圆上的一个相位点，如图 5-30 所示。

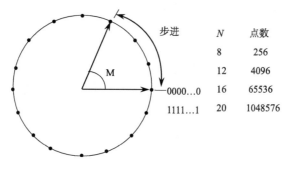

图 5-30　数字相位圆

如果正弦波定位到相位圆上的精度为 $N$ 位，则其分辨力为 $1/2^N$，即以 $f_c$ 对基本波形-周期的采样为 $2^N$，如果相位累加时的步进为 $M$，则每个时钟 $f_c$ 使得相位累加器的值增加 $M/2^N$，即 $K_{i+1}=K_i+(M/2^N)$，因此每周期的取样点数为 $2^N/M$，则输出频率为

$$f_o = \frac{M}{2^N} f_c \tag{5-30}$$

为了提高波形相位精度，$N$ 的取值应较大，如果直接将 $N$ 全部作为波形存储器的地址，则要求采样的存储器容量较大，一般舍去 $N$ 的低位，只取 $N$ 的高 $A$ 位作为存储器地址，使得相应的低位被截断 (即相位截尾)。当相位值变化小于 $1/2^A$ 时，波形幅度并不会发生变化，但输出频率的分辨力并不会降低，由于地址截断而引起的幅值误差称为截断误差。

### 3. DDS 性能

输出信号实际上是以时钟的 $f_c$ 的速率对波形进行采样，从获取的样本值恢复出来的。根据取样定理 $f_c \geqslant 2f_{omax}$，所以 $M \leqslant 2^{N-1}$，实际中一般取 $M \leqslant 2^{N-1}$。由式 (5-30) 可知，当 $M=1$ 时，输出频率最小，$f_{omin}=f_c/2^N$。输出频率的分辨力由相位累加器的位数 $N$ 决定，$M$ 改变时，频率分辨力并不会发生改变，因此 DDS 可以解决快捷变和小步进之间的矛盾。

例如，若参考时钟频率为 40MHz，累加器相位为 48 位，则频率分辨力为 142nHz，并且频率准确度与稳定度可和输出时钟相似，这在其他频率合成方法中是很难做到的。一般，由于数模转换器、存储器等器件速率的限制，DDS 输出频率的上限不是很高，目前只能达到几十兆赫兹。

### 5.3.4　频率合成信号源

#### 1. 单片集成化的 DDS 信号源

DDS 可以合成频率分辨力和精度很高的信号，并且实现了 DDS 信号源的单片集成化。图 5-31 为一种集成单片 DDS 芯片 AD9854 的内部结构，它包括了相位累加器、D/A 转换器及时钟源等部分。

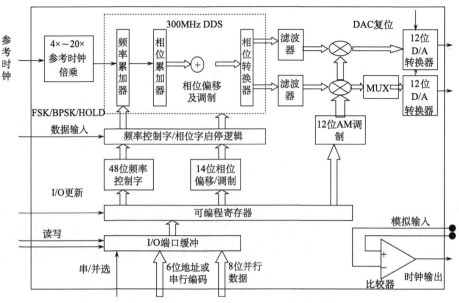

图 5-31　DDS 芯片 AD9854 原理结构框图

外部输入的参考时钟经 4~20 倍倍频，为 DDS 提供最高可达 300MHz 的时钟频率。通过可编程寄存器，可以设置 48 位频率控制字和 14 位相位控制字，从而实现频率和相位控制。D/A 转换器之前加入了一个数字乘法器，以实现幅度调制。12 位控制字送入 MUX 中，实现对输出信号的幅度控制。另外该芯片还设置了一个高速比较器，可以将 DDS 输出的正弦波信号变为方波信号。该芯片的 48 位频率控制字使得输出频率可达 1μHz，14 位相位控制字可以提供分辨率为 0.022° 的相位控制，在内部参考时钟选择为最大即 300MHz 时，输出频率最高可达 100MHz。

## 2. 基于可编程芯片的 DDS 信号源

单片集成的 DDS 信号波形的种类较少，灵活性较差，不便于任意波发生器等场合的应用。基于可编程芯片实现的 DDS 信号合成可具有更大的灵活性。具体原理如图 5-32 所示。相位累加与逻辑控制可采用 CPLD、FPGA 等高速可编程芯片来实现，波形存储器可采用高速 RAM。在参考时钟控制下，根据 CPU 设定的频率控制字进行相位累加，

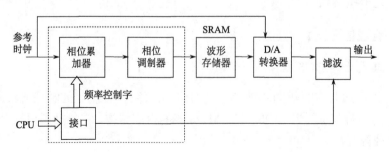

图 5-32　基于可编程芯片实现的 DDS 信号原理结构框图

累加器输出波形数据寄存器的地址，从 RAM 中取出的数据经 D/A 转换后便得到所需频率信号。修改 RAM 中的波形数据就可以非常灵活地产生各种波形，如正弦波、三角波、方波及钟形波等任意的波形。

3. DDS-PLL 组合频率合成信号源

DDS 具有极高的频率分辨力和非常短的转换时间，不足之处是其输出频率上限较低；而锁相环具有很高的工作频率及较窄的带宽，但频率分辨力较低，转换时间较长，因此，可将两者结合起来，取长补短，从而提高频率合成信号发生器的性能。DDS 与 PLL 组合的合成信号源可以有多种形式，图 5-33 为一种环外混频式 DDS-PLL 频率合成原理的结构。

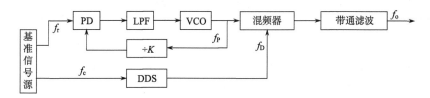

图 5-33　混频式 DDS-PLL 频率合成原理

设 DDS 的累加器位数为 $N$，频率控制字为 $M$，PLL 的倍频系数为 $K$。则锁相环锁定后输出频率 $f_P$ 为 $f_P=Kf_r$，DDS 的输出频率为 $f_D=(M/2^N)f_c$，因此合成器的输出频率为

$$f_o = f_P \pm f_D = Kf_r \pm \frac{Mf_c}{2^N} \tag{5-31}$$

整个合成器的频率分辨力为 $(1/2^N)f_c$，PLL 提供以 $f_r$ 为单位的较大频率步进，DDS 提供以 $(1/2^N)f_c$ 为单位的较小频率步进。PLL 的参考频率 $f_r$ 可以采用较高的频率，使得进行频率转换时，PLL 的转换时间较短，与 DDS 的快速转换相对应。

## 5.3.5　几种合成技术的比较

如前所述，频率合成技术可分为直接模拟频率合成技术、直接数字频率合成技术和间接频率合成技术，三种合成方法基于不同原理，各有不同的特点。

直接模拟频率合成技术虽然转换速度快(μs 量级)，但是由于电路复杂，难以集成化，因此其发展受到一定的限制。

数字模拟频率合成技术基于大规模集成电路和计算机技术，尤其适用函数波形和任意波形的信号源，将进一步得到发展。但目前有关芯片的发展速度还跟不上高频信号的需要，利用 DDS 专用芯片仅能产生几百兆赫兹量级正弦波，其相位累加器可达 32 位，在基准时钟为 100 MHz 时输出频率分辨力可达 0.023 Hz，这一优良性能在其他合成方法中是难以达到的。

间接频率合成技术虽然转换速度慢(ms 量级)，但其输出信号频率可达超高频频段甚至微波，输出信号频谱纯度高，输出信号的频率分辨力取决于分频系数 $N$，尤其在采用小数分频技术以后，频率分辨力大大提高。现代电子测量技术对信号源的要求越来越高，有时单独使用任何一种方法,很难满足要求。因此可将这几种方法综合应用,特别是 DDS 与 PLL 的结合,可以实现快捷变、小步进及较高的频率上限。

## 思考题与习题

5-1　简述在电子测量中信号发生器的作用。

5-2　对测量信号源的基本要求有哪些?

5-3　信号发生器的常用分类方法有哪些?按照输出波形不同,信号发生器可以分为哪几类?

5-4　正弦信号的主要技术指标有哪些?简述每个技术指标的含义?

5-5　低频信号发生器采用 $RC$ 振荡器,简述文氏电桥振荡器的工作原理。

5-6　简述高频信号发生器的主要组成结构,并说明各组成部分的作用。

5-7　脉冲信号发生器和数字信号发生器有什么不同?

5-8　简述脉冲信号发生器的主要组成部分。

5-9　在合成信号源中,都有哪些合成方法,试比较它们各自的优缺点。

5-10　简述锁相环的组成部分及工作原理。

5-11　为什么说锁相环能跟踪输入频率?

5-12　在图 5-34 中,已知 $f_{i1}$=100kHz、$f_{i2}$=40MHz 用于组成混频倍频环,其输出频率 $f_o$=(73~101.1)MHz,步进频率 $\Delta f$=100kHz,问:

(1) $M$ 宜取+还是-?

(2) $N$=?

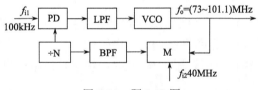

图 5-34　题 5-12 图

5-13　在 DDS 中,如果参考频率为 100MHz,相位累加器宽度 $N$ 为 40 位,频率控制字 $M$ 为 0100000000,则输出频率为多少?

5-14　在直接数字合成信号发生器中,如果数据 ROM 的寻址范围为 1K 字节,时钟频率 $f_c$=1MHz,试求:

(1) 该信号发生器的输出的上限频率 $f_{omax}$ 和下限频率 $f_{omin}$;

(2) 可以输出的频率点数及最高频率分辨力。

5-15　如图 5-35 所示,令 $f_i$=1MHz,$n$=1~10,$m$=1~100,求 $f_o$ 的输出频率范围与步进频率。

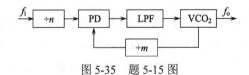

图 5-35　题 5-15 图

# 第 6 章 示 波 器

示波器是电子示波器的简称。电子学中的信号大都可以用时间函数来描述。对于某些简单的函数，可用为数不多的几个参数或特征量来描述。例如，正弦波或余弦波用幅值、频率、相位即可完全描述；对于矩形波，由幅值、正脉宽和周期来描述。但是，对于更为复杂的波形，往往不能简单地用几个参数来描述。"百闻不如一见"，最好的办法是把它显示出来，将抽象的电磁波形转换成可以直接观察的图像，如果这种图像和显示是无失真的，那么应该包含电磁现象发生的全部信息，进而对它进行具体的分析和研究，而示波器恰恰能够提供直观的视觉效果。

示波器利用狭窄的、由高速电子组成的电子束，打在涂有荧光物质的屏面上，就可产生细小的光点，在被测信号的作用下，电子束就好像一支笔的笔尖，可以在屏面上描绘出被测信号瞬时值的变化曲线，曲线的 X 坐标表示时间，Y 坐标表示信号的大小，它能让人们清楚、直观地观察信号随时间变化的波形全貌。通过读取示波器屏幕刻度，人们能够测量信号的幅度、频率、周期等基本参量，以及脉冲信号的脉宽、占空比、上升下降时间等参数，利用多踪示波器还能测量两个信号的时间和相位关系、幅值比例关系等。另外，数字示波器还能够自动测量信号的最大值、最小值、平均值等参数并以数字的形式给出。在多种非电量测量中，如机械、生物、化工、国防、科研及工农业等领域中，常利用传感器技术把非电量变为电量，可以对压力、温度、光、声、磁效应等非电量进行测量，或者可以在荧光屏上显示两个变量之间的关系。

更广义地讲，示波器是一种能够反映任何两个参数互相关联的 X-Y 坐标图形的显示仪器。示波器也是其他图示式仪器的基础，示波器的 X-Y 图示原理常用于其他电子测量仪器中。例如，频谱分析仪的基本原理就是用显示器的 X 方向偏转代表频率，用 Y 方向的偏转代表各频率分类的幅值或有效值。学习掌握了示波器的组成原理后，对扫频仪、频谱仪、逻辑分析仪等各种图示式仪器的理解就容易了。近代计算机和数字系统中的测试中兴起了所谓的数据域分析领域，它的典型产品是逻辑分析仪，逻辑分析仪要用显示屏来显示多路数字信号的逻辑状态和各路信号直接的逻辑关系，有些逻辑分析仪又称为逻辑示波器。

由此可见，在电子技术的发展史上，示波器产生了重大的影响，它能显示与观察高速变化的现象，揭示了众多科学现象的奥秘，电子技术应用的基本领域都要用到示波测试和测量技术，所以，示波测试和测量技术有着非常广泛的应用，是一种基本的、应用最广泛的测量仪器。

# 6.1　概　　述

### 6.1.1　示波器的发展

示波器作为对信号波形进行直观观测和显示的电子仪器，其发展历程与整个电子技术的发展息息相关。

阴极射线管 (CRT) 的发明为示波器能够直观显示波形奠定了基础，它是 1878 年由英国化学家克鲁克斯发明的，至今已有 100 多年的历史。直到 1934 年，杜蒙发明了 137 型示波器，堪称现代示波器的雏形。随后，国外创立的许多仪器公司，成为示波器研究和生产的主要厂商，对示波器的研究和生产起了很大的推动作用。示波器的发展过程大致可分为如下三个阶段。

(1) 20 世纪 30～50 年代的电子管时期。它是模拟示波器的诞生和实用化阶段。在这个阶段诞生了许多种类的示波器，如通用的模拟示波器、记忆示波器以及为观测高频周期信号的取样示波器，并已达到实用化。但由于当时的技术水平，示波器的带宽仍很有限，1958 年，模拟示波器的最高带宽达到 100MHz。

(2) 20 世纪 60 年代的晶体管时期。进入 60 年代中期，一些半导体器件开始逐渐取代电子管的地位，它是示波器技术水平不断提高的阶段。如模拟示波器带宽从 100 MHz、150 MHz 到 300 MHz。

(3) 20 世纪 70 年代以后的集成电路时期。它是模拟示波器指标进一步提高和数字化示波器诞生和发展的阶段。随着器件技术的发展和工艺水平的提高，微电子集成电路技术更是日新月异，模拟示波器指标得到快速提升，从 1971 年的 500 MHz 到 1979 年的 1GHz，创造了模拟示波器的带宽高峰。

1974 年带微处理器的示波器诞生了。数字技术的发展和微处理器的问世，对示波器的发展产生了重大的影响。当示波器装上微处理器后，示波器具有数字处理和程序编制功能，可以很方便地分析被测信号、计算波形参数、变换计量单位，以及自动显示各种数字信息，既提高了测量精度，又扩展了使用功能。1983 年带宽为 50kHz 的数字存储示波器得以问世，经过科研人员多年的努力，数字示波器性能得到了很大的提高。现在，数字存储示波器无论在产品的技术水平，还是在其性能指标上都优于模拟示波器，特别是宽带示波器，大有取代模拟示波器之势。因此，数字存储示波器是示波器发展的一个主要方向。

### 6.1.2　示波器的分类

示波器的荧光屏上显示的波形，是反映幅度的 Y 方向被测信号与代表时间 $t$ 的 X 方向的锯齿波扫描电压共同作用的结果。被测信号的幅度经 Y 通道处理 (衰减/放大等) 后提供给 CRT 的 Y 偏转系统，锯齿波扫描电压通常是在被测信号的触发下，由 X 通道的扫描发生器提供给 CRT 的 X 偏转系统。模拟示波器的 X、Y 通道对时间信号的处理均由模拟电路完成，显示方式是模拟的。

数字示波器则对 X、Y 方向的信号进行数字化处理，即把 X 轴方向的时间离散化，Y 轴方向的幅值量化，获得被测信号波形上的一个个离散点的数据。

### 1. 模拟示波器

#### 1) 通用示波器

通用示波器是将要观测的信号经衰减、放大后送入示波器的垂直通道，同时用该信号驱动触发电路，产生触发信号送入水平通道，最后在示波管上显示出信号波形。这是最为经典而传统的一类示波器，因此，也常称为通用示波器。

通用示波器采用单束示波管，它根据能在荧光屏上显示出的信号数目，又分为单踪、双踪、多踪示波器。单踪示波器在荧光屏上只能显示一个信号的波形，双踪或多踪示波器仍采用单束示波管，它们是轮流接通被测信号而同时观测两个或两个以上信号的。

#### 2) 多束示波器

多束示波器又称为多线示波器，它采用多束示波管，荧光屏上显示的每个波形都由单独的电子束扫描产生，能同时观测、比较两个以上的波形。

#### 3) 取样示波器

取样示波器将高频、超高频信号经取样变换为较低频率信号后再显示，从而可以用较低频率的示波器测量高频信号，适用于测量高频、超高频信号。

#### 4) 存储示波器

存储示波器采用有记忆功能的示波管，实现模拟信号的存储、记忆和反复显示，存储示波器具有存储被测信号的功能，适用于异地观测、异地分析测量。

#### 5) 专用示波器

专用示波器能够满足特殊的用途，如监测调试电视系统的电视示波器、用于调试彩色电视中有关色度信号幅度和相位的矢量示波器，以及用于观测调试计算机和数字系统的逻辑示波器等。

### 2. 数字示波器

数字示波器将输入信号数字化后，经由 D/A 转换器再重建波形。它具有记忆、存贮被观察信号功能，由于其具有存储信号的功能，又称为数字存贮示波器。数字示波器能将单次瞬变过程、非周期信号、低重复频率的信号长时间保留在屏幕上或存储器中，以供分析、比较和研究之用。根据取样方式不同，又可分为实时取样、随机取样和顺序取样三大类。

## 6.1.3 主要技术指标

### 1. 频带宽度 $B_W$ 和上升时间 $t_r$

信号的检测过程中需要对信号进行放大、衰减等操作，这些信号处理及显示器都存在一定的带宽，因此，示波器的信号检测也存在一定的带宽。示波器的频带宽度 $B_W$ 指 Y 通道输入信号上、下限频率 $f_H$ 和 $f_L$ 之差：$B_W = f_H - f_L$。一般下限频率 $f_L$ 可达 0Hz（直流），因此，频带宽度也可用上限频率 $f_H$ 来表示。

上升时间 $t_r$ 是与频带宽度 $B_W$ 有关的参数。上升时间表示受示波器 Y 通道的频带宽度的限制，当输入一个理想的阶跃信号时，示波器显示波形的上升过程从幅度 10%到 90% 所需的时间，反映了示波器跟随输入信号快速变化的能力。Y 通道的频带宽度越宽，输入信号的高频分量衰减越少，显示波形越陡峭，上升时间就越小。$B_W$ 与 $t_r$ 的关系可以表示为

$$t_r(\mu s) \approx \frac{0.35}{B_W(\text{MHz})} \quad \text{或} \quad t_r(\text{ns}) \approx \frac{0.35}{B_W(\text{GHz})} \tag{6-1}$$

### 2. 扫描速度

扫描速度是指荧光屏上单位时间内光点水平移动的距离，单位为"cm/s"，反映了示波器在水平方向上展开信号的能力。荧光屏上为了便于读数，通常用间隔 1cm 的坐标线作为刻度线，因此，每 1cm 也称为"1 格"（用 div 表示），扫描速度的单位就可表示为"div/s"。

扫描速度的倒数称为"时基因素"，它表示光点移动单位距离所需的时间，单位为"μs/cm"或"ms/div"。在示波器面板上，通常按"1、2、5"的顺序分成很多档，当选择较小的时基因数时，可将高频信号在水平方向上展开。面板上还有时基因素的"微调"（当顺时针调到最尽头时，为校准位置)和"扩展"（×1 或×5)旋钮，当需要进行定量测量时，应置于"校准"、"×1"的位置。

### 3. 偏转因数和偏转灵敏度

输入信号通过检测电路控制荧光屏上光点的垂直位置，因此输入信号的大小与荧光屏上光点的垂直之间存在一定的比例关系。

偏转因数指在输入信号作用下，光点在荧光屏上的垂直方向移动每格所需的电压值，单位为"V/cm""mV/cm"或"V/div""mV/div"，其中，div 是指荧光屏坐标的一个分格，通常 1div=0.8cm。示波器面板上，通常也按"1、2、5"的顺序分成很多档。此外，还有微调旋钮，当微调旋钮顺时针调到最尽头时，为"校准"位置。偏转因数表示了示波器 Y 通道的放大/衰减能力，偏转因数越小，表示示波器观测微弱信号的能力就越强。

偏转因数的倒数称为偏转灵敏度，单位为"cm/V""cm/mV"或"div/V""div/mV"。对灵敏度在微伏量级，主要用于观测诸如生物医学等微弱信号的示波器称为高灵敏度示波器，但其带宽较窄，一般为 1MHz。

### 4. 输入阻抗

当被测信号接入示波器时，输入阻抗 $Z_i$ 形成被测信号的等效负载。当输入直流信号时，输入阻抗用输入电阻 $R_i$ 表示，通常为 $1M\Omega$；当输入交流信号时，输入阻抗用输入电阻 $R_i$ 和输入电容 $C_i$ 的并联表示，$C_i$ 一般为 33pF 左右，当使用有源探头时，$R_i=10M\Omega$，$C_i<10pF$。

5. 输入耦合方式

输入耦合方式一般有直流（DC）、交流（AC）和接地（GND）三种，可通过示波器面板选择。直流耦合即直接将输入信号的所有成分都加到示波器上；交流耦合则采用电容将输入信号耦合至输入电路，这样可以通过隔直电容滤除掉信号中的直流和低频分量，从而便于测量高频信号或快速瞬变信号，尤其是某些带有很大直流分量的交流小信号，如电源纹波等；接地方式则断开输入信号，将 Y 通道输入直接接地，用于信号幅度测量时确定零电平位置。

6. 触发源选择方式

为了将被测信号稳定地显示在屏幕上，扫描电压必须在一定的触发脉冲作用下产生。触发源是指用于提供产生扫描电压的同步信号来源，一般有内触发（INT）、外触发（EXT）、电源触发（LINE）三种。

内触发由被测信号产生同步触发信号；外触发由外部输入信号产生同步触发信号；电源触发利用 50Hz 工频电源产生同步触发信号。触发信号可采用 AC 耦合和 DC 耦合两种方式送入触发电路，其中 AC 耦合方式又包括高频抑制和低频抑制两种方式，分别用于响应不同频段的触发信号。

除此之外，示波器还有校准信号、额定电源电压、功率、外形尺寸、连续工作时间等技术指标。

# 6.2　通用示波器

## 6.2.1　阴极射线示波管

示波管是模拟示波器的核心部件，在很大程度上决定了示波器的整机性能。示波管是一种大型真空电子器件，也称为阴极射线示波管，具体内部结构如图 6-1 所示。

1. 电子枪

示波管主要由电子枪、偏转系统和荧光屏三部分组成，它们被密封在真空的玻璃管内。其工作原理是：由电子枪产生的高速电子束轰击荧光屏的相应部位产生荧光，而偏转系统则能使电子束产生偏转，从而改变荧光屏上光点的位置。

通常示波管中只有一只电子枪，但也可以有多只电子枪。电子枪用来发射电子并形成很细的高速电子束。电子枪由灯丝 F、阴极 K、栅极 $G_1$、栅极 $G_2$、阳极 $A_1$、阳极 $A_2$，以及后加速阳极 $A_3$ 组成。作为防护措施，各个电极的最大电压必须予以规定，如果超出了这些额定数值，就有内部击穿的危险。阴极是一个表面涂有氧化物的金属圆筒，在灯丝的加热下，使涂有氧化物的阴极 K 发射大量电子，并在后续电场作用下轰击荧光屏发光。

阴极和第一阳极 $A_1$、第二阳极 $A_2$ 之间为控制栅极 $G_1$、$G_2$。控制栅极是顶端有孔的圆筒，套装在阴极外面，只在面向荧光屏的方向开一个小孔，使电子束从小孔中穿过。栅极 $G_1$ 电位比阴极 K 电位低，调节 $G_1$ 对 K 的电位用于控制射向荧光屏的电子数量和密度，进而改变电子束打在荧光屏上亮点的亮度。调节 $G_1$ 对 K 的电位旋钮称为"辉度（INTENSITY）"旋钮。需要注意的是，当控制信号施加于 $G_1$ 时，其亮度可随之改变，则可以传递信息，这部分电路称为示波器的 Z 轴电路。

第一阳极、第二阳极是中间开孔、内有许多栅格的金属圆筒，第二栅极 $G_2$ 和第一阳极 $A_1$、第二阳极 $A_2$ 形成聚焦系统，聚焦就是使电子束在荧光屏上的亮点直径变小。$G_1$、$G_2$、$A_1$、$A_2$ 的电位关系为：$V_{G1}<V_K$、$V_{G2}>V_{G1}$、$V_{A1}<V_{G2}$、$V_{A2}>V_{A1}$。第一阳极 $A_1$ 使电子汇聚，第二阳极 $A_2$ 使电子加速，电子从 $G_1$ 至 $G_2$、$A_1$ 至 $A_2$ 将得到汇聚并加速，而从 $G_2$ 至 $A_1$ 将发散，这样将会使到达荧光屏的电子形成很细的一束并具有很高速度，以致荧光屏上的图形细而清晰。后加速阳极用来加速电子束，提高示波管的偏转灵敏度。

由于 $G_2$ 和 $A_2$ 等电位，调节 $A_1$ 的电位，即可同时调节 $G_2$ 与 $A_1$ 和 $A_1$ 与 $A_2$ 之间的电位，从而最便于调节电子束的汇聚情况，调节 $A_1$ 的电位器称为"聚焦（FOCUS）"旋钮。$G_2$ 还有个重要的作用，就是隔离开 $G_1$ 和 $A_1$，以减小亮度调节与聚焦调节的相互影响。调节 $A_2$ 电位亦可调节聚焦系统的电场，该调节点通常只在必要时用于聚焦系统的辅助调节，称为"辅助聚焦（AUX FOCUS）"旋钮。通常，$A_2$ 的电位是生产厂家调节设置好的，置于示波器机箱内，而 $A_1$ 的电位旋钮置于机箱面板上，供用户调节聚焦。

目前，很多示波器的屏幕都是矩形，各个电极的装配要求与轴线 Z 有严格的对称关系，否则，由于电极装配的歪斜，显示的图像也是歪斜的。为了避免这种现象的发生，可以在示波器电子枪的后部安装一个图像旋转线圈进行校正。

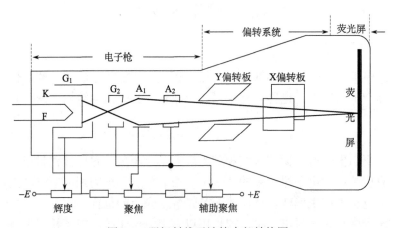

图 6-1　阴极射线示波管内部结构图

### 2. 偏转系统

示波管的偏转系统由两对相互垂直的平行金属板组成，其中水平放置的偏转板产生的电场使电了束垂直运动，称为 Y 垂直偏转板；垂直放置的则称为 X 水平偏转板。为了显示出被测信号的波形，偏转系统的作用就是把扫描电压、被测信号分别加到水平偏转板和垂直偏转板上，各自形成偏转电场，分别使电子束产生水平方向、垂直方向上的位移，由此确定出亮点在荧光屏上的位置，具体如图 6-2 所示。

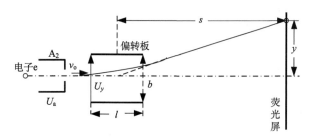

图 6-2　电子束的偏转

当电子在偏转板之间运动时，如果偏转板上没有被测电压，偏转板之间则无电场，离开第二阳极后进入偏转系统的电子将沿轴向运动，射向屏幕的中心；如果偏转板上有被测电压，偏转板之间则有电场，偏转系统将分别使电子束产生在 X、Y 方向上的位移，从而显示被测信号的波形图像。

电子束在偏转电场作用下的偏转距离与外加偏转电压成正比。电子在离开第二阳极 $A_2$（设电压为 $U_a$）时速度为 $v_0$，设电子质量为 $m$，则有

$$eU_a = \frac{1}{2}mv_0^2 \tag{6-2}$$

电子将以 $v_0$ 为初速度进入偏转板，电子经过偏转板后偏转距离 $y$ 如下

$$y = \frac{ls}{2bU_a}U_y \tag{6-3}$$

式中，$l$ 为偏转板的长度，$s$ 为偏转板中心到屏幕中心的距离，$b$ 为偏转板间距，$U_a$ 为阳极 $A_2$ 上的电压。该式表明，偏转距离与偏转板上所加电压和偏转板结构的多个参数有关，其物理意义可解释如下。

（1）若外加电压 $U_y$ 越大，造成的偏转电场越强，偏转距离就越大。

（2）若偏转板长度 $l$ 越长，偏转电场的作用距离就越长，因而偏转距离越大。

（3）若偏转板中心到荧光屏中心的距离 $s$ 越长，则电子水平方向穿过偏转板到达荧光屏的时间越长，电子在垂直方向上的速度作用下，偏转距离增大。

（4）若偏转板间距 $b$ 越大，偏转电场将减弱，使偏转距离减小。

（5）若阳极 $A_2$ 的电压 $U_a$ 越大，电子在轴线方向飞出初速度越大，穿过偏转板到达荧光屏的时间越小，电场对它的作用时间减小，因而偏转距离减小。

对于设计定型后的示波器偏转系统，$l$、$s$、$b$、$U_a$ 可视为常数，设

$$h_y = \frac{ls}{2bU_a}[\text{cm/V}] \tag{6-4}$$

即有

$$y = h_y U_y \tag{6-5}$$

$h_y$ 为示波管的 Y 轴偏转灵敏度（单位为 cm/V），$D_y = 1/h_y$ 为示波管的 Y 轴偏转因数（单

位为 V/cm)。$h_y$ 越大，示波管越灵敏。式(6-5)表明垂直偏转距离与外加垂直偏转电压成正比，当偏转板上施加的是被测电压时，可用荧光屏上的偏转距离来表示该被测电压的大小，这是示波器测量电压参数的原理依据。

对于水平偏转系统，扫描电压是与时间成正比的锯齿波。类似地，水平偏转距离与外加扫描锯齿波电压成正比，电子束在水平方向上的偏转距离与时间成正比，这是示波器测量时间、周期的原理依据。

当在 $Y_1$、$Y_2$ 偏转板上再叠加上对称的正、负直流电压时，显示波形会整体向上移位，反之，向下移位，调节该直流电压的旋钮称为"垂直移位(VERTICAL)"旋钮。当在 $X_1$、$X_2$ 偏转板上再叠加上对称的正、负直流电压时，显示波形会整体向左移位，反之，向右移位，调节该直流电压的旋钮称为"水平移位(HORIZONTAL)"旋钮。

通常，为了使示波器有较高的测量灵敏度，一般将 Y 偏转板置于靠近电子枪的部位，而 X 偏转板在 Y 的右边。为进一步提高 Y 轴偏转灵敏度，可适当降低第二阳极电压，而在偏转板至荧光屏之间加一个后加速阳极 $A_3$，使穿过偏转板的电子束在轴向得到较大的速度。这种系统称为先偏转后加速(Post Deflection Acceleration，PDA)系统，后加速阳极上的电压可高达数千伏至上万伏，可比第二阳极高十倍左右，大大改善了偏转灵敏度。

### 3. 荧光屏

荧光屏将电信号变为光信号，它是示波管的波形显示部分，通常制作成矩形平面。其内壁有一层荧光物质，面向电子枪的一侧还常覆盖一层极薄的透明铝膜，高速电子可以穿透这层铝膜轰击屏上的荧光物质而发光，同时还产生不少热量。铝膜可使热量较快散热，可保护荧光屏，且吸收该物质发出的二次电子和光束中的负离子，并对荧光有反光作用，从而消除反光使显示图形更清晰。使用示波器时，应避免电子束长时间停留在荧光屏的一个位置，否则将使荧光屏受损，因此在示波器开启后不使用的时间内，可将"辉度"调暗。

当电子束停止轰击荧光屏时，光点仍能保持一定的时间，该现象称为"余辉效应"。从电子束移去到光点亮度下降为原始值的 10% 所持续的时间称为余辉时间。余辉时间与荧光材料有关，一般将余辉时间小于 $10\mu s$ 的称为极短余辉；余辉时间为 $10\mu s \sim 1ms$ 的称为短余辉；余辉时间为 $1ms \sim 0.1s$ 的称为中余辉；余辉时间为 $0.1 \sim 1s$ 的称为长余辉；余辉时间大于 1s 称为极长余辉。正是由于荧光物质的"余辉效应"以及人眼的"视觉残余"效应，尽管每瞬间只能轰击荧光屏上一个点发光，但电子束在外加电压下连续改变荧光屏上光点，我们就能看到光点在荧光屏上移动的轨迹，该光点的轨迹即描绘了外加电压的波形。被测信号频率越低，越宜选用余辉长的荧光物质，反之，宜选用余辉短的荧光物质。荧光物质发出的颜色有黄色、绿色、蓝色等几种，普通示波管常选用黄色或绿色的荧光物质。

为便于使用者观测波形，需对电子束的偏转距离进行定度，有的示波管内侧即刻有垂直和水平的方格子，一般为 10div×8div(宽×高)，或者在靠近示波管的外侧加一层有机玻璃，在有机玻璃上标出刻度，但读数时应注意尽量保持视线与荧光屏垂直，避免视差。

## 6.2.2 波形显示原理

电子束在荧光屏上产生的亮点在屏幕上移动的轨迹，是加到偏转板上的电压信号的波形。根据这个原理，示波器可显示随时间变化的信号波形和任意两个变量 X 与 Y 的关系图形。

### 1. 扫描

若观测一个随时间变化的信号，如 $f(t)=U_m\sin(\omega t)$，若信号输入 Y 偏转板上，则电子束就会在垂直 Y 方向按信号的规律变化，瞬间的偏转距离正比于 Y 偏转板上的信号。

如果在 X 偏转板上加上一个随时间线性变化的电压，即施加一个锯齿波电压 $u_x=kt$（$k$ 为常数），垂直偏转板不加电压，那么光点在水平 X 方向做匀速运动，此时光点水平移动形成的水平亮线称为"时间基线"。这样，X 方向偏转距离的变化就反映了时间的变化。当锯齿波电压达到最大值时，荧光屏上的光点也达到最大偏转，然后锯齿波电压迅速返回起始点，光点也迅速返回屏幕最左端，再重复前面的变化。光点在锯齿波作用下扫动的过程称为"扫描"，能实现扫描的锯齿波电压称为扫描电压，光点自左向右的连续扫动称为"扫描正程"，光点自荧光屏的右端迅速返回左端起扫点的过程称为"扫描回程"。理想锯齿波的回程时间为零。

当 X 轴加上扫描电压，Y 轴加上被测信号时，荧光屏上的 X 和 Y 坐标分别与瞬间的扫描电压和信号电压成正比，扫描电压与时间成比例，所以，荧光屏上显示的就是被测信号的波形。以下分具体情况进行讨论。

1）$u_x$、$u_y$ 为固定电压的情况

设 $u_x=u_y=0$，则光点在垂直方向、水平方向都不偏转，光点出现在荧光屏的中心位置，如图 6-3（a）所示。

设 $u_x=0$、$u_x=$常量，则光点在水平方向不偏转，在垂直方向偏转。设 $u_y$ 为正电压，则光点从荧光屏的中心往垂直方向上移，若 $u_y$ 为负电压，则光点从荧光屏的中心往垂直方向下移，垂直位移的大小正比于电压 $u_y$，如图 6-3（b）和图 6-3（c）所示。

设 $u_x=$常量、$u_y=0$，则光点在垂直方向不偏转，在水平方向偏转。若 $u_x$ 为正电压，则光点从荧光屏的中心往水平方向右移，若 $u_x$ 为负电压，则光点从荧光屏的中心往水平方向左移，水平位移的大小正比于电压 $u_x$，如图 6-3（d）和图 6-3（e）所示。

设 $u_x=$常量、$u_y=$常量，当两对偏转板上同时施加固定的电压时，应为两电压的矢量合成，具体位置取决于 $u_x$ 和 $u_y$ 的极性与电压值。若 $u_x>0$、$u_y>0$，则光点在荧光屏的第 I 象限处；若 $u_x<0$、$u_y>0$，则光点在荧光屏的第 II 象限处；若 $u_x<0$、$u_y<0$，则光点在荧光屏的第 III 象限处；若 $u_x>0$、$u_y<0$，则光点在荧光屏的第 IV 象限处，如图 6-3（f）所示。

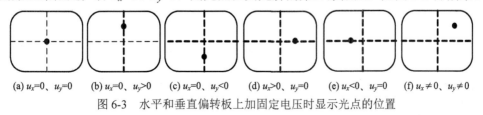

(a) $u_x=0$、$u_y=0$　(b) $u_x=0$、$u_y>0$　(c) $u_x=0$、$u_y<0$　(d) $u_x>0$、$u_y=0$　(e) $u_x<0$、$u_y=0$　(f) $u_x\neq0$、$u_y\neq0$

图 6-3　水平和垂直偏转板上加固定电压时显示光点的位置

2) X、Y 偏转板上分别加变化电压

设 $u_x=0$，$u_y=U_m\sin(\omega t)$。由于 X 偏转板不加电压，光点在水平方向是不偏移的，电子束将只在垂直方向上受正弦电压影响。若 $U_y$ 瞬时值为正电压，光点从荧光屏的中心沿垂直方向上移，若 $U_y$ 瞬时值为负电压，光点从荧光屏的中心沿垂直方向下移，即光点只在荧光屏的垂直方向来回移动，垂直位移的大小正比于电压 $u_y$。由于荧光屏的余辉现象和人眼的视觉暂留现象，出现一条垂直线段，而不是正弦波，具体如图 6-4(a)所示。

设 $u_x=kt$，$u_y=0$，由于 Y 偏转板不加电压，光点在垂直方向是不移动的，所加电压加在 X 偏转板上，电子束只在水平方向受锯齿波电场作用。若 $u_x$ 瞬时值为正电压，光点从荧光屏的中心沿水平方向右移，若 $u_x$ 瞬时值为负电压，光点从荧光屏的中心沿水平方向左移，即光点只在荧光屏的水平方向来回移动，水平位移的大小正比于电压 $u_x$。此时出现的是一条水平线段，而不是锯齿波，具体如图 6-4(b)所示。

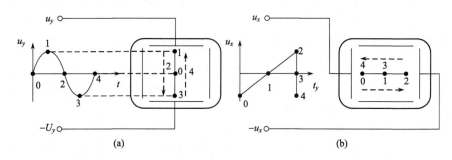

图 6-4　垂直和水平偏转板上分别加变化电压

3) Y 偏转板加正弦波信号电压 $u_y=U_m\sin(\omega t)$，X 偏转板加锯齿波电压 $u_x=kt$

X、Y 偏转板同时加电压，则电子束在两个电压的同时作用下，并假设 $T_x=T_y$，在水平方向和垂直方向同时产生位移，荧光屏上将显示出被测信号随时间变化的一个周期波形，如图 6-5 所示。

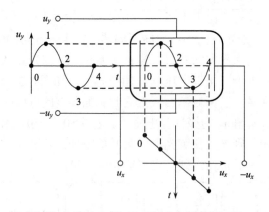

图 6-5　水平和垂直偏转板同时加信号时的显示

当 $t=t_0$ 时，$u_x=-u_{xm}$（扫描电压的最大负电值），$u_y=0$，此时光点在荧光屏上最左侧的"0"点，垂直方向无移动，偏离屏幕中心的水平方向距离正比于 $u_{xm}$。此后，锯齿波负值逐渐回零，水平方向右移，正弦电压正值逐渐增大，垂直方向上移。

当 $t=t_1$ 时，$u_x=-u_{x1}$、$u_y=u_{ym}$（正弦波的正峰值），光点同时受到水平和垂直偏转板的作用，光点出现在屏幕第Ⅱ象限的最高点"1"点，偏离屏幕中心的垂直方向距离正比于 $U_{ym}$。此后，锯齿波负值继续回零，水平方向继续右移，正弦电压正值逐渐减小回零，垂直方向下移。

当 $t=t_2$ 时，$u_x=0$、$u_y=0$。此时锯齿波电压和正弦波电压均为 0，光点将会出现在屏幕中央的"2"点。此后，锯齿波正值增大，水平方向继续右移，正弦电压负值逐渐增大，垂直方向下移。

当 $t=t_3$ 时，$u_x=u_{x3}$、$u_y=-u_{ym}$（正弦波的负峰值）。此时正弦波电压为负半周到负的最大值，光点出现在屏幕第Ⅳ象限的最低点，如图中"3"点所示。此后，锯齿波正值继续增大，水平方向继续右移，正弦电压负值逐渐回零，垂直方向上移。

当 $t=t_4$ 时，$u_x=0$、$u_y=0$，此时锯齿波电压和正弦波电压均为零，光点将会出现在屏幕的第"4"点。此后，光点将从荧光屏的右端迅速返回左端继续扫描显示。

同理，在被测信号的第二个周期、第三个周期等都将重复第一个周期的情形，光点在荧光屏上描出的轨迹也将重叠在第一次描出的轨迹上，荧光屏显示的是被测信号随时间变化的稳定波形。

4）显示任意两个变量之间的关系

示波器两个偏转板上都加正弦电压时显示的图形称为李沙育（Lissajous）图形，如图 6-6 所示。若两信号的初相相同，则可在荧光屏上画出一条直线，若两信号在 X、Y 方向的偏转距离相同，这条直线与水平轴呈 45°；如果这两个信号初相位相差 90°，则在荧光屏上画出一个正椭圆；若 X、Y 方向的偏转距离相同，则荧光屏上画出的图形为圆。

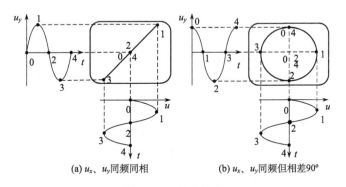

(a) $u_x$、$u_y$ 同频同相　　　　　(b) $u_x$、$u_y$ 同频但相差 90°

图 6-6 李沙育图形

利用这种特点就用可以把示波器变为一个 X-Y 图示仪，它在很多领域中得到应用。X-Y 图示仪显示图形前，先把两个变量转换成与之成比例的两个电压，分别加到 X、Y 偏转板上，屏幕任意瞬间光点的位置都是由偏转板上的两个电压的瞬时值决定的。由于荧光屏有余辉时间以及人眼的视觉残留效应，从荧光屏上可以看到全部光点构成的曲线，它反映了两个变量之间的关系。

## 2. 同步

### 1) $T_x = nT_y$ ($n$ 为正整数)

当扫描电压的周期是被观测信号周期的整数倍时，即 $T_x = nT_y$ ($n$ 为正整数)，每次扫描的起点都对应在被测信号的同一相位点上，这就使得扫描的后一个周期描绘的波形与前一个周期完全一样，则每次扫描显示的波形重叠在一起，在荧光屏上可得到清晰而稳定的波形，这种现象称为扫描电压与被测信号"同步"。

图 6-7 为扫描电压与被测信号同步的实例，$T_x = 2T_y$，在时间 8 扫描电压由最大值回零，这时被测信号恰好经历了两个周期，光点沿 8→9→10 移动时，重复上一扫描周期光点 0→1→2 移动的轨迹，每个扫描正程在荧光屏上都能显示出完全重合的两个周期的被测信号波形，从而得到稳定的波形。

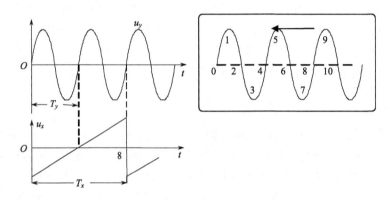

图 6-7　$T_x = 2T_y$ 时荧光屏上显示的波形

### 2) $T_x \neq nT_y$ ($n$ 为正整数)

扫描电压与被测信号不满足同步关系时，则后一扫描周期描绘的图形与前一扫描周期描绘的图形不重合，显示的波形是不稳定的，如图 6-8 所示。图中，$T_x = 5/4T_y$，第一个扫描周期开始，光点沿着 0→1→2→3→4→5 轨迹移动。当扫描结束时，锯齿波电压回到最小值，光点也迅速回到屏幕的最左端，而此时被测电压幅值最大，所以，光点从 5 点

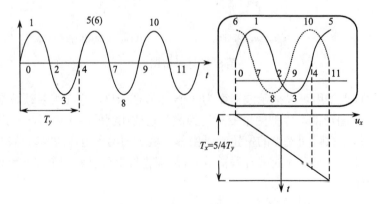

图 6-8　扫描电压与被测电压不同步波形

回到 6 点，接着，第二个扫描周期开始，这时光点沿着 6→7→8→9→10→11 的轨迹移动。这样，第一次显示的波形为图中实线所示，而第二次显示的波形如虚线所示，两次扫描的轨迹不重合，看起来好像波形从右向左移动，从而造成显示的波形不稳定。

由此可见，保证扫描电压周期与被测信号的同步关系是非常重要的。实际上，扫描电压由示波器本身的时基电路产生，它与被测信号是不相关的，为此常利用被测信号产生一个同步触发信号去控制示波器时基电路中的扫描发生器，迫使它们同步，也可以用外加信号去产生同步触发信号，但这个外加信号的周期应与被测信号有一定的关系。

3. 连续扫描和触发扫描

以上所述为观测连续信号的情况，这时扫描电压也是连续的，即扫描正程紧跟着逆程，逆程结束又开始新的正程，扫描是不间断的，称为自动扫描。但是，当观测脉冲信号，尤其是如图 6-9(a) 所示的占空比 $\tau/T_y$ 很小的脉冲时，往往连续扫描不再适应，若用连续扫描来显示，扫描信号的周期有两种可能的选择，存在着相应的问题。

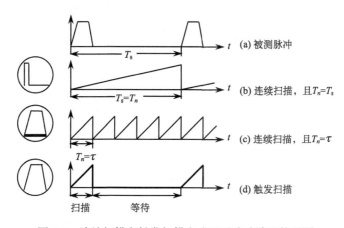

图 6-9　连续扫描和触发扫描方式下对脉冲波形的观测

1) 扫描周期 $T_n$ 等于脉冲重复周期 $T_s$

这种情况如图 6-9(b) 所示。不难看出，屏幕上出现的脉冲波形集中在时间基线的起始部分，图形在水平方向上被压缩，以致难以看清脉冲波形的细节，例如，难以观测它的前、后沿时间。

2) 扫描周期 $T_n$ 等于脉冲底宽 $\tau$

为了将脉冲波形的一个周期显示在屏幕上，必须减小扫描周期，这里取 $T_n=\tau$，而且 $T_n$ 比 $T_s$ 小得多，具体如图 6-9(c) 所示。这种情况下的特点是在一个脉冲周期内，光点在水平方向完成的多次扫描中，只有一次扫描到脉冲波形，其他的扫描信号幅度为零，结果在屏幕上显示的脉冲波形非常暗淡，而时间基线由于反复扫描却很明亮。这样，观测者不易观察波形，而且很难实现扫描同步。

利用触发扫描可解决上述测量的难题，如图 6-9(d) 所示。假如对于可控制扫描脉冲，使扫描脉冲只在被测脉冲到来时才扫描一次，没有被测脉冲时，扫描发生器处于等待工作状态。只要选择扫描电压的持续时间等于或稍大于脉冲底宽，则脉冲波形就可展宽得几乎布满横轴，同时由于在两个脉冲间隔时间内没有扫描，故不会产生很亮的时间基线。这种由被测信号激发扫描发生器的间断的工作方式称作触发扫描方式，触发扫描的特点是只有在被测脉冲到来时才扫描一次。实际上，现代通用示波器的扫描电路一般均可在连续扫描或触发扫描等多种方式下工作。

### 4. 扫描过程的增辉与隐辉

在以上的讨论中假设了扫描回程时间为零，但实际上，回扫总是需要一定时间的，这就对显示波形产生了一定的影响。图 6-10 仍是扫描周期等于两倍信号周期的情况，只是扫描电压有一定的回扫时间，这段时间内回扫电压与被测信号共同作用，实线是扫描正程所显示的波形，虚线表示回扫轨迹，也会显示在荧光屏上，虽然显示较暗，但也会给测量带来不便和困难，这当然是不希望的。

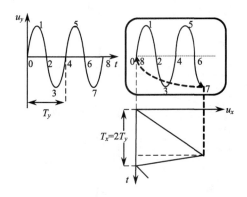

图 6-10　扫描回程与增辉

为了使回扫产生的波形不在荧光屏上显示，可以设法在扫描正程期间，使电子枪发射的电子远远多于扫描逆程，即给示波器增辉。增辉可以通过在扫描正程期间给示波管第一栅极 $G_1$ 加正脉冲或给阴极 K 加负脉冲来实现，或者在扫描回程期间给示波管第一栅极 $G_1$ 加负脉冲或给阴极 K 加正脉冲来实现。这样，扫描正程电子枪发射的电子远远多于扫描回程，观测者看到的就只有扫描正程显示的波形。另外因为被测脉冲出现的扫描期间，由于增辉作用，显示波形较亮，便于观测，而在等待扫描期间，由于没有增辉脉冲，光点较暗，避免了较亮的光点长久集中于荧光屏上一点的现象，从而还可以保护荧光屏。

## 6.2.3　通用示波器的组成

通用示波器是示波器中应用最广泛的一种，它通常泛指采用单束示波管，包括除取样示波器及专用或特殊示波器以外的各种示波器，具体组成结构如图 6-11 所示。

通用示波器主要由示波管、垂直通道和水平通道三部分组成。低压电源为电路提供所需的直流电压，高压电源电路多用于示波器的高、中压供电。Z 轴增辉电路的作用是将闸门信号放大，加到示波管上，使显示的波形正程加亮，调辉电路的作用是将外调制信号或时标信号加到示波管上，使屏幕显示的波形发生相应的变化。通用示波器中还常有校准信号发生器，校准信号发生器可产生幅度和频率准确的基准方波信号，为仪器本身提供校准信号源，以便随时校准示波器的垂直灵敏度和扫描时间因数。

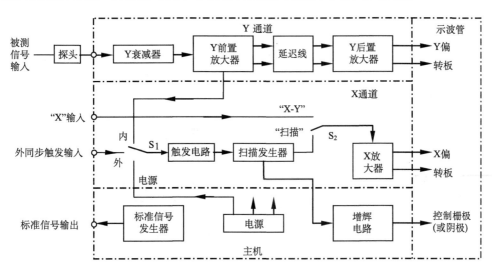

图 6-11　通用示波器的组成框图

### 6.2.4　通用示波器的垂直通道

垂直通道是将输入的被测信号进行衰减或线性放大后，输出符合示波器偏转要求的信号，以推动垂直偏转板，使被测信号在屏幕上显示出来。垂直通道的构成包括输入电路、Y 前置放大器、延迟线和 Y 后置放大器等，垂直通道应有较大的输入阻抗和过载能力，能够调节输入信号的大小，并具有适当的耦合方式。

1.　输入电路

输入电路主要是由衰减器和输入选择开关构成的。示波器的输入信号通常经过耦合电路图 6-12(a)接至衰减器，输入耦合方式设有 AC、GND、DC 三档选择开关。当耦合电路中 $K_1$ 接到 DC 位置时，耦合电路不起作用，被测信号的交、直流成分均被直接加到衰减器，用于观测频率很低的信号或带有直流分量的交流信号。当 $K_1$ 接到 AC 位置时，被测信号只有交流成分加到衰减器。有时，为了观察扫描基线的位置，可令 $K_1$ 接地，使示波器无信号输入，用于确定零电压。示波器通常对被测电路构成负载，因此，通常示波器的输入阻抗越高越好。在示波器未加探头时，输入阻抗的典型值是 1MΩ 电阻与几皮法至几十皮法电容并联。有些被测信号相当于 50Ω 内阻的信号源，这时要求使用 50Ω 特性阻抗的电缆，并用 50Ω 负载短接。

探头是垂直通道的重要组成部分，它安装在示波器外部。探头分为有源探头和无源探头两种，探头中通常设置衰减器。被测信号与示波器的连接可以选用引线或附带的探头，通常选用高频特性良好、抗干扰能力强的高输入阻抗探头，其作用是便于直接探测被测信号、提高示波器的输入阻抗、减小波形失真，以及展宽示波器的带宽等。有源探头具有良好的高频特性，衰减比为 1：1，适于测试高频信号，但需要示波器提供专用电源，应用较少。应用较多的是无源探头，衰减比（输入/输出）有 1：1、10：1 和 100：1 三种，前两种应用比较普遍，后一种通常用于高频测量。当探头衰减比为 10：1 或 100：1 时，被测电压值是示波器测得电压的 10 倍或 100 倍。

衰减器一般由 $R$、$C$ 阻容分压器构成，其原理图如图 6-12(b) 所示。改变衰减器衰减比，也就改变了示波器偏转因数，用来衰减输入信号，从而使显示波形的幅度得以调整，以保证显示在荧光屏上的信号不至于过大而失真，并具有频率补偿作用。

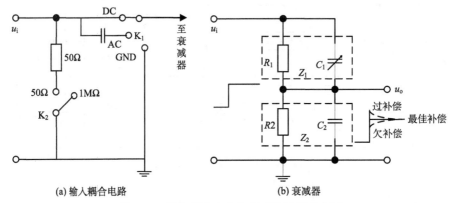

图 6-12　输入耦合电路和衰减器原理示意图

衰减器的衰减量为输出电压 $u_o$ 与输入电压 $u_i$ 之比，则有

$$\frac{u_o}{u_i} = \frac{Z_2}{Z_1 + Z_2} \tag{6-6}$$

式中

$$Z_1 = \frac{R_1/(j\omega C_1)}{R_1 + j\omega C_1} = \frac{R_1}{1 + j\omega C_1 R_1}, \quad Z_2 = \frac{R_2/(j\omega C_1)}{R_2 + j\omega C_2} = \frac{R_2}{1 + j\omega C_2 R_2}$$

当调节 $C_1$ 使得满足 $R_1C_1 = R_2C_2$ 时，$Z_1$、$Z_2$ 表达式中分母相同，则衰减器的分压比为

$$\frac{u_o}{u_i} = \frac{Z_2}{Z_1 + Z_2} = \frac{R_2}{R_1 + R_2} = \frac{C_2}{C_1 + C_2} \tag{6-7}$$

此时，分压比与频率无关。这意味着，当衰减器输入含有丰富的高次谐波成分的理想的阶跃信号时，输出波形不失真。$R_1C_1 = R_2C_2$ 称为最佳补偿条件，探头无波形失真；当 $R_1C_1 > R_2C_2$ 时，将出现过补偿，探头有一个较大的过冲；当 $R_1C_1 < R_2C_2$ 时为欠补偿，探头有一个较大的欠冲。

示波器的衰减器在面板上用"V/cm"或"V/div"标记的开关改变分压比，从而改变示波器的偏转灵敏度。

## 2. Y 前置放大器

前置放大器的作用是对前级输出信号进行初步放大，补偿延迟级对信号的损耗；为

X 通道的触发电路提供大小合适的内触发信号，以得到稳定可靠的内触发脉冲。与前置放大器有关的开关旋钮有"倒相"开关、垂直"移位"旋钮。"倒相"开关通过改变加在 Y 前置放大器的双端输入信号的极性使显示波形倒置；"移位"旋钮通过调节同轴双联电位器反向对称地改变 Y 前置放大器双端输出信号中的直流成分而使波形垂直移位。利用这一原理，可通过调节直流电位，即调节"Y 轴位移"旋钮，改变被测波形在屏幕上的位置，以便定位和测量。

### 3. 延迟线

延迟线是一种信号传输网络或传输线，起延迟时间的作用。由于触发扫描发生器只有当被测信号到来时才工作，而且需要达到一定电平才开始扫描，扫描时间总是滞后于被观测脉冲一段时间 $t_T$，其结果是脉冲的上升过程无法被完整地显示出来。延迟线的作用是把加到垂直偏转板上的脉冲信号延迟一段时间 $t_d$，且 $t_d > t_T$，使信号出现的时间滞后于扫描开始时间，以保证在屏幕上扫描出包括上升时间在内的脉冲全过程，具体如图 6-13 所示。对延迟线的要求是只起时间延迟的作用，而对输入信号的频率成分不能丢失，即脉冲通过它时不应产生失真。

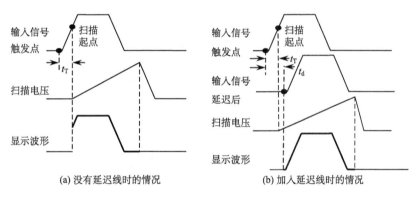

(a) 没有延迟线时的情况　　　　　(b) 加入延迟线时的情况

图 6-13　延迟线的作用

延迟有分布参数和集总参数两种，在带宽较窄的示波器中，一般采用多节 $LC$ 延迟网络；在带宽较宽的示波器中，一般采用双芯平衡螺旋导线作为延迟线，通常，延迟时间为 $100 \sim 200ns$。为防止信号反射，还需注意延迟线前后级的阻抗匹配，延迟线的特性阻抗一般在几百欧姆。因此，一般来说，延迟线的输入级需要采用低输出阻抗电路驱动，而输出级则采用低输入阻抗的缓冲器。

### 4. Y 后置放大器

Y 输出放大器功能是将延迟线传来的被测信号放大到足够的幅度，用以驱动示波管的垂直偏转系统，使电子束获得 Y 方向的满偏转，便于观测微弱信号。Y 输出放大器应具有稳定的增益、较高的输入阻抗、足够宽的频带、较小的谐波失真，以使荧光屏能不失真地重现被测信号。

为了克服零点漂移等的影响，Y 输出放大器一般采用差分放大器，以使加在偏转板上的电压能够对称，有利于提高共模抑制比。电路中采用一定的频率补偿电路和较强的负反馈，以使得在较宽的频率范围内增益稳定。还可采用改变负反馈的方法改变放大器的增益。

很多示波器中一般设有垂直偏转因素×5 或×10(面板上的倍率开关)的扩展功能，它把放大器的放大倍数提高 5 倍或 10 倍,这对于观测微弱信号或看清波形某个局部的细节是很方便的。通过调整负反馈，还可以进行放大器增益，即示波器灵敏度的微调。灵敏度微调电位器处于极端位置时，示波器的灵敏度处于校正位置。

### 6.2.5　通用示波器的水平通道

水平通道主要任务是产生随时间线形变化的扫描电压，再放大到足够的幅度，然后输出到水平偏转板，使光点在荧光屏的水平方向达到满偏转，示波器显示的是具体的被测信号波形。此外，水平通道可以施加任何波形的电压，这时显示的是一个二维的 X-Y 图像。水平通道包括触发电路、扫描发生器环和水平放大器等部分，具体如图 6-14 所示。

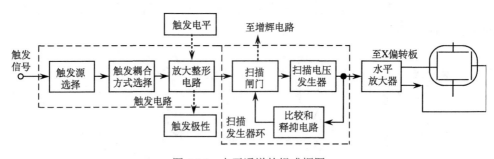

图 6-14　水平通道的组成框图

扫描电压发生器环和触发电路用来产生所需的扫描信号，水平放大器既可以放大扫描信号，也可以放大输入的任意外接信号，因此放大器的输入端有内、外两个位置。

触发电路具有多种控制方式，如触发电平调节、触发极性选择、触发源选择、触发耦合方式选择、触发方式选择等，利用双时基系统，还可以将复杂信号的一部分加以扩展显示。因而，水平通道的不同使电子示波器的功能也有很大的差异。

#### 1. 触发电路

触发电路的作用是用来产生与被测信号有关的触发脉冲。这个脉冲加至时基扫描环,它的幅度和波形均应达到一定的要求。触发电路包括触发源选择、触发耦合方式选择、触发方式选择、触发极性选择、触发电平调节和触发放大及整形电路等，如图 6-15 所示。

##### 1)触发源选择

触发源一般有内触发、外触发和电源触发三种类型。触发源的选择应该根据被测信号的特点来确定，以保证荧光屏上显示的被测信号波形稳定。

内触发(INT)：将 Y 前置放大器输出(延迟线前的被测信号)作为触发信号，触发信号与被测信号的频率是完全一致的，适用于观测被测信号。双踪示波器内触发源又分为 $CH_1$、$CH_2$。

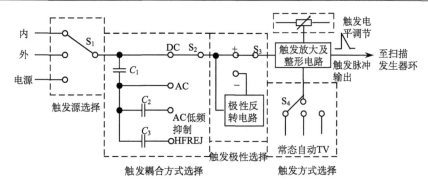

图 6-15 触发源和触发耦合方式

外触发(EXT)：用外接的、与被测信号有严格同步关系的信号作为触发源，这种触发源用于比较两个信号的同步关系，或者当被测信号不适于作为触发信号时使用。

电源触发(LINE)：用 50Hz 的工频正弦信号作为触发源，适用于观测与 50Hz 交流信号有同步关系的信号。

2) 触发耦合方式选择

触发信号的耦合方式是指选择触发源中某种成分来产生触发脉冲，一般设有四种触发耦合方式：DC 直流耦合、AC 交流耦合、AC 低频抑制耦合和 AC 高频抑制耦合四种方式。

DC 直流耦合：一种直接耦合方式，用于接入直流或缓慢变化的触发信号，或者频率较低并含直流分量的触发信号。

AC 交流耦合：一种通过电容耦合的方式，有隔直作用。触发信号经电容 $C_1$ 接入，用于观察从低频到较高频率的信号，这是一种常用的耦合方式，用内、外触发均可。

AC 低频抑制(LF REJ)耦合：一种通过电容耦合的方式，触发信号经电容 $C_1$ 和 $C_2$ 电容串联接入，一般电容较小，阻抗较大，用于抑制 2kHz 以下的频率成分，观察含有低频干扰的信号。

AC 高频抑制(HF REJ)耦合：触发信号经电容 $C_1$ 和 $C_3$ 电容串联接入，只允许通过频率很高的信号，这种方式常用来观测 5MHz 以上的高频信号。

3) 触发方式选择(TRIG MODE)

扫描触发方式通常分为常态扫描、连续扫描、自动扫描、高频触发扫描、单次触发扫描等方式。

常态扫描(NORM)：也称触发扫描，该方式适于观测脉冲等的信号。常态扫描是指有触发源信号并产生了有效的触发脉冲时，扫描电路才能被触发，才能产生扫描锯齿波电压，荧光屏上才有扫描线。在常态触发方式下，如果没有触发源信号，或触发源为直流信号，或触发源信号幅值过小，都不会有触发脉冲输出，扫描电路也就不会产生扫描锯齿波电压，因而荧光屏上无扫描线。此时，无法知道扫描基线的位置，也就不能正确判断有无正常触发脉冲。

连续扫描：连续扫描是指不管是否有触发信号，扫描电路始终在自激状态下产生扫描信号，较少使用。

自动扫描(AUTO)：自动扫描是连续扫描与常态触发扫描的结合，它是一种最常用的扫描方式。自动扫描是指在一段时间内没有触发脉冲时，扫描系统按连续扫描方式工作，此时扫描电路处于自激状态，扫描锯齿波电压连续输出，荧光屏上显示时间基线；当有触发脉冲信号时，扫描电路能自动返回触发扫描方式工作。自动触发方式下，即使没有正常的触发脉冲，在荧光屏上也能看到被测信号的波形，只不过波形可能是不稳定的，需要采取必要的措施，进行正确的触发后才能得到稳定的波形，适合于观测低频信号。

高频触发扫描：高频触发扫描时触发电路变为自激多谐振荡器，产生高频自激信号(约2MHz)。该方式适于观测高频信号。

单次触发扫描：扫描电路在触发信号激励下产生一次扫描以后，不再受触发信号作用。若需要第二次扫描，须人工恢复扫描电路到等待状态。该方式适于观测单次瞬变或非周期性信号。

另外，有的示波器带有"TV"触发，将分离出的电视行、场同步信号变换为"TV"触发脉冲，以便对电视信号(如行、场同步信号)进行监测与电视设备维修。它是在原有放大、整形电路基础上插入电视同步分离电路实现的。

4) 触发极性选择和触发电平调节

触发极性和触发电平决定触发脉冲产生的时刻，并决定扫描的起点，调节它们可自由地选定从信号的某一点开始观测。

触发电平可以由"触发电平"旋钮进行调节，它有正电平、负电平和零电平之分，触发点分别位于触发信号的上部、下部和中部。触发斜率即触发极性，是指触发点位于触发信号的上升沿还是下降沿，位于上升沿的称为正极性触发，位于下降沿的称为负极性触发。触发电平及触发极性可以直接从显示波形上进行判断。

根据触发电平及触发极性分别为正电平正极性、正电平负极性、负电平正极性、负电平负极性、零电平正极性、零电平负极性等情况。图6-16为触发源是正弦信号，在四种不同电平和极性下显示的波形，图中实线与虚线相交处的小圆点即为触发点。现代示波器中设计了自动触发电路，使触发点能自动地保持在最佳的触发电平位置。

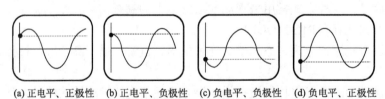

(a) 正电平、正极性　(b) 正电平、负极性　(c) 负电平、负极性　(d) 负电平、正极性

图6-16　不同触发极性和触发电平时显示的波形

5) 触发放大及整形电路

由于输入到触发电路的波形复杂，频率、幅度、极性都可能不同，而扫描信号发生器要稳定工作，对触发信号有一定的要求，如边沿陡峭、极性和幅度适中等。因此，需对触发信号进行放大、整形。整形电路的基本形式是电压比较器，当输入的触发源信号与通过"触发极性"和"触发电平"选择的信号之差达到某一设定值时，比较电路翻转，

输出矩形波，然后经过微分整形，变成触发脉冲。

2. 扫描发生器环

扫描发生器用来产生线性良好的锯齿波，通常用扫描发生器环来产生扫描信号。扫描发生器环又叫时基电路，常由积分器、扫描闸门及比较和释抑电路组成，它们组成了一个环形自动控制系统，具体如图 6-17 所示。

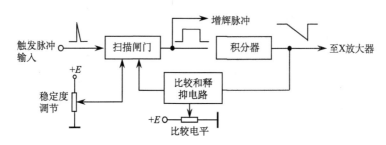

图 6-17 不同触发极性和触发电平时显示的波形

闸门电路产生的闸门信号启动扫描发生器工作，使之产生锯齿波电压，同时把闸门信号送到增辉电路，以便在扫描正程加亮扫描的轨迹，在扫描回程消隐回扫线。释抑电路在扫描开始时将闸门封锁，不再让扫描电路受到触发，直到扫描电路完成一次扫描且恢复到原始状态之后，释抑电路才解除对闸门的封锁，使其准备接受下一次触发。这样，释抑电路起到了稳定扫描锯齿波的形成、防止干扰和误触发的作用，确保每次扫描都在触发源信号的同样起始电平上开始，以获得稳定的图像。

示波器既能连续扫描又能触发扫描，扫描方式的选择通过开关进行。连续扫描时，没有触发脉冲信号，扫描闸门也不受触发脉冲的控制，仍会产生门控信号，并启动扫描发生器工作；触发扫描时，只有在触发脉冲的作用下才产生门控信号，并启动扫描发生器工作，但无论哪种方式，扫描信号都应与被测信号同步。示波器中的"自动扫描"方式就是能在连续扫描方式下和触发扫描方式中自动转换，而"常态扫描"方式只用的是触发扫描方式。

1) 扫描闸门

扫描闸门用来产生闸门信号，它有三个作用。第一，输出时间准确的矩形开关信号，又称闸门信号，控制积分器扫描。第二，闸门信号和扫描正程同时开始，同时结束，可利用闸门信号作为增辉脉冲控制示波管，起扫描正程光迹加亮和回程光迹消隐的作用。第三，在双踪示波器中，利用闸门信号触发电子开关，使之工作于交替状态。

常用的闸门电路有双稳态、施密特触发器和隧道二极管整形电路。图 6-18(a) 为施密特触发器构成的闸门电路，它是一种电平控制触发电路，该电路的最大特点是具有滞后特性，如图 6-18(b) 所示。

设初始状态下，$T_1$ 截止、$T_2$ 饱和，输入三角波，$E_L$ 和 $E_H$ 分别是施密特触发器的下触发电平和上触发电平。在 $u_i$ 的上升阶段，当 $u_i < E_H$ 时，$u_o = R_e E / (R_{c2} + R_e)$，$u_o$ 此时为低电平；当 $u_i > E_H$ 时，施密特电路翻转，$T_1$ 饱和、$T_2$ 截止，$u_o = E$，$u_o$ 此时为高电平。在 $u_i$

的下降段，只有当 $u_i < E_L$ 时，电路才又翻转，这种滞后现象称为回差。因此，施密特电路把其他的波形变成了矩形波，即闸门脉冲。

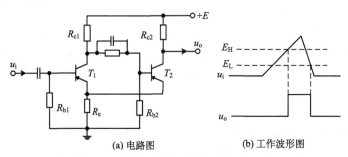

<table>
<tr><td>(a) 电路图</td><td>(b) 工作波形图</td></tr>
</table>

图 6-18　施密特触发器构成的闸门电路

2) 扫描锯齿波发生器

扫描电压是锯齿形的，它由积分器产生。由于密勒积分器具有良好的积分特性，可获得良好的锯齿波电压信号。因此，它是通用示波器中应用最广泛的一种积分电路。密勒积分器的原理如图 6-19 所示，它采用了电容负反馈电路。

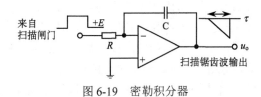

图 6-19　密勒积分器

设输入电压 $u_i$ 为阶跃电压，从 0 跳变到 $+E$，根据理想运放 ($A \to \infty$，$R_i \to \infty$ 和 $R_o \to 0$) 的输入输出关系，积分器的输出为

$$u_o = -\frac{1}{C}\int_0^\tau \frac{E}{R}\mathrm{d}t = -\frac{E}{RC}t, \quad t = 0 \sim \tau \tag{6-8}$$

此电路输入信号是从闸门来的矩形脉冲，积分器在此脉冲信号的作用下，输出的 $u_o$ 为理想的线性锯齿波。积分器产生的锯齿波电压送入 X 放大器中放大，再加至水平偏转板。这个电压既与时间成正比，又与光迹在水平轴上的偏转距离成正比，所以，可以用荧光屏上的水平距离代表时间。定义荧光屏上单位长度所代表的时间为示波器的时基因数 $D_x$，则

$$D_x = \frac{t}{x}(\mathrm{s/cm}) \tag{6-9}$$

式中，$x$ 为光迹在水平方向上的偏转距离，$t$ 为偏转 $x$ 距离所对应的时间。时基因数的倒数即扫描速度。调整 $E$、$R$、$C$ 都将改变单位时间内锯齿波的电压值或锯齿波的斜率，进而改变水平偏转距离和扫描速度。示波器中，通常改变 $R$ 或 $C$ 的值作为"扫描速度"的粗调，用改变 $E$ 值作为"扫描速度"的细调。

3) 比较和释抑电路

利用比较电路的电平比较、识别功能来控制锯齿波的幅度，在比较电路中，输入电

压（扫描锯齿波）与预置的参考电平进行比较，当输入电压等于预置的参考电平时，输出端电位产生跳变，并把它作为控制信号输出，它决定扫描的终止时刻，从而确定锯齿波的幅度，使电路产生等幅扫描。由于比较电路控制了扫描基线的长度，因此也称该电路为扫描长度电路。

图 6-20 是比较和释抑电路示意图，它与积分器、扫描闸门组成了一个闭合的扫描发生器环。在扫描过程中，积分器输出一个负的锯齿波电压，它通过电位器加至 PNP 三极管 V 的基极 B，与此同时直流电源+E 也通过电位器的另一端加至 B 点，它们共同影响 B 点的电位。由于三极管 V 和 $C_hR_h$ 组成一个射极跟随器，在三极管 V 导通时电容 $C_h$ 被充电并跟随 B 点电压变化，在 V 管截止时 $C_h$ 通过 $R_h$ 缓慢地放电。$C_h$ 上的电压即为释抑电路的输出电压，它被引至扫描闸门即施密特电路的输入端。当 $C_h$ 上的电压改变为负电压时，二极管 D 截止，这时它把释抑电路的输出与稳定度旋钮的直流电位隔离。

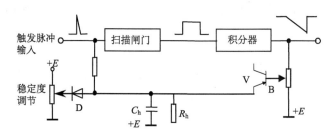

图 6-20　比较和释抑电路示意图

释抑电路在扫描逆程开始后，关闭或抑制扫描闸门，使"抑制"期间扫描电路不再受到同极性触发脉冲的触发，以便使扫描电路恢复到扫描的起始电平上。比较和释抑电路与扫描门、积分器构成一个闭合的扫描发生器环，产生稳定的、与被测信号同步的、速度可调的锯齿波扫描信号。其中扫描门的输入接受三个方面的信号：来自触发电路的触发脉冲；来自"稳定度"电位器提供的直流电位；来自释抑电路的释抑信号。具体如图 6-21 所示。

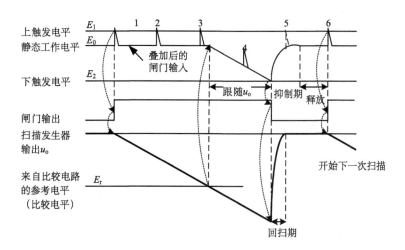

图 6-21　触发扫描方式下比较和释抑电路的工作波形

$E_1$、$E_2$ 分别为闸门电路的上、下触发电平，$E_0$ 为闸门电路的静态工作点（来自"稳定度"调节的直流电位）。在触发扫描方式下，可通过示波器面板上的"稳定度"旋钮调节 $E_0$ 在 $E_1$、$E_2$ 之间的适当位置。

触发扫描过程：闸门电路的输入在触发脉冲 1 作用下，达到上触发电平 $E_1$，扫描闸门电路被触发，其输出的闸门脉冲信号控制扫描发生器开始输出线形斜波电压信号，即开始扫描正程。由于闸门电路的迟滞比较性，在扫描正程期间，后续出现的触发脉冲信号 2、3 不起作用。当扫描发生器输出 $u_o$ 达到由比较电路设定的比较电平 $E_r$ 时，比较和释抑电路成为一个跟随器（释抑电路中释抑电容的充电过程），使闸门电路的输入跟随锯齿波发生器输出的斜波电压 $u_o$。在此期间出现的触发脉冲 4 不起作用。直到闸门电路的输入信号下降到下触发电平 $E_2$，闸门电路翻转，并控制扫描发生器结束扫描正程，回扫期开始。通过调节比较电平 $E_r$，可以改变扫描结束时间和扫描电压的幅度。

为了避免回扫期尚未结束时，闸门电路在触发脉冲下引发下一次扫描，应抑制触发脉冲 5 的作用。实际电路中，在扫描正程结束后，锯齿波发生器输出进入回扫期，同时比较和释抑电路进入抑制期（释抑电路中释抑电容的放电过程），释抑电路启动了对输入触发脉冲 5 的抑制作用（触发脉冲 5 到来时闸门输入信号也不能达到上触发电平 $E_1$），抑制器时间应大于回扫时间，以便于抑制期结束时让积分电容 $C$ 上的电荷充分放电到零电位。抑制期结束后，闸门电路重新处于"释放"状态，允许后续的触发脉冲 6 触发下一次扫描开始。

连续扫描过程：在连续扫描方式下，通过"稳定度"调节，使闸门电路的静态工作电平 $E_0$ 高于上触发电平 $E_1$，则不论是否有触发脉冲，扫描闸门都将输出闸门信号，使扫描发生器可以连续工作。此时的扫描闸门电路为射极定时自激多谐振荡器。但是，扫描闸门仍然受比较和释抑电路的控制，以控制扫描正程的结束，从而实现扫描电压和被测电压的同步。

由此可见，不论是触发扫描还是连续扫描，比较和释抑电路与扫描闸门、积分器配合，都可以产生稳定的等幅扫描信号，也可以做到扫描信号和被测信号的同步。此外，在扫描正程，闸门电路输出的闸门脉冲信号同时作为增辉脉冲。

### 3. 水平放大器

水平放大器的工作原理与垂直放大器类似，也是线性、宽带放大器。水平放大器的基本作用是选择 X 轴信号，并将其放大到足以使光点在水平方向达到满偏的程度，得到合适的波形。示波器除了显示随时间变化的波形外，还可以作为一个图示仪来显示任意两个函数的关系，如李沙育图形。因此，X 放大器的输入端有"内""外"信号的选择。当示波器用于显示被测信号波形时，X 放大器的输入信号是扫描电压；当示波器工作在"X-Y"方式时，输入信号是外加的 X 信号。

与 X 放大器有关的开关旋钮有"水平移位""扫描扩展""寻迹"等开关旋钮。"水平移位"是通过改变水平偏转板上叠加的对称直流电压的大小来实现波形水平移位的；"扫描扩展"是通过成倍增大 X 放大器增益来实现波形扩展的；"寻迹"是通过将 X 放大器输入端接地来实现水平方向寻迹的。

## 6.2.6 通用示波器的多波形显示

在电子测量中，常常需要同时观测几个信号，并对这些信号进行测量和比较，例如，需要比较电路中若干点间信号的幅度、相位和时间的关系，观测信号通过网络后的相移和失真情况等。有时即使只观察一个脉冲序列，也希望能把其中的某一部分取出来，在时间轴上展宽，并在显示屏的另一位置显示，以便在观察脉冲序列的同时能仔细观测其中的某一部分，这些都需要在一个显示屏上能同时显示多个波形。为实现这一目的，常见的实现方法有多线示波器、多踪示波器等。

### 1. 多线示波器

多线示波器是采用多束示波管（又称为多线示波管）制成的，常见的有双线示波器，它的示波管内的电子枪可产生两束电子（多数情况下用两个电子枪，也可以用一个电子枪产生两个电子束），同时每束电子束都配备了独立的 X、Y 偏转系统，偏转系统各自控制电子束的运动，荧光屏共用。其中两对 X 偏转板往往采用相同的扫描电压，但两个 Y 通道通常接入不同的信号，并可单独调整灵敏度、位移、聚焦、辉度等开工和旋钮。

双线示波器两个 Y 通道相互独立，因此，测量时各通道、各波形之间产生的交叉干扰可以减少或消除，可获得较高的测量准确度。但由于多线示波器的制造工艺要求高，制造困难、成本也高，所以应用不是十分普遍。

### 2. 多踪示波器

另一种方法是采用单束示波管制成的多踪示波器，它是在单线示波器的基础上增加了电子开关而形成的，双踪示波器的工作原理如图 6-22 所示。

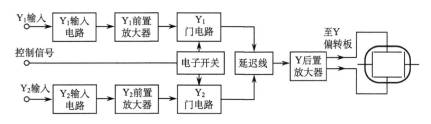

图 6-22 双踪示波器的 Y 通道原理框图

单束示波管内只有一个电子枪和一套 Y 偏转板。多踪示波器利用 Y 通道上增设的电子开关控制被测信号轮流快速地接入 Y 偏转板而显示出多个波形，即采用了时分复用技术，充分利用了电子开关的高速变换特性和人眼的视觉惰性。比较常用的是双踪示波器，它能显示两个波形。多踪示波器实现简单，成本也较低，因而得到了广泛使用。

双踪示波器的 Y 通道中设置了两套相同的输入电路和前置放大器，即 $Y_1$、$Y_2$ 通道。两个通道的信号都经过电子开关控制的门电路，只要电子开关的切换频率满足人眼的滞留要求，就能同时观察到两个被测波形而无闪烁感。根据电子开关工作方式的不同，具体有 5 种显示方式。

(1) CH$_1$：接入 Y$_1$ 通道，单踪显示 Y$_1$ 的波形。

(2) CH$_2$：接入 Y$_2$ 通道，单踪显示 Y$_2$ 的波形。

(3) CH$_1$+CH$_2$ 叠加方式（ADD）：两通道同时工作，Y$_1$、Y$_2$ 通道的信号在公共通道放大器中进行代数相加后送入垂直偏转板。Y$_2$ 通道的前置放大器内设有极性转换开关，可以改变输入信号的极性，从而实现两信号的"和"或"差"的功能。

(4) 交替方式（ALT）：第一次扫描接通 Y$_1$ 通道，第二次扫描接通 Y$_2$ 通道，交替地显示 Y$_1$、Y$_2$ 通道输入的信号，如图 6-23 所示。若被测信号重复周期不太长，利用荧光屏的余辉效应和人眼的残留效应，使人感觉屏幕同时显示出两个波形。

显然，为了实现交替方式的双踪显示，电子开关信号必须与扫描信号同步。由于扫描频率分档可调，就要求开关切换频率跟随扫描频率变化。若扫描频率低于 50Hz，开关切换频率就低于 25Hz，显示的波形就有明显的闪烁感，交替方式适合观察高频信号。

(5) 断续方式（CHOP）：断续方式是两个通道用同一个扫描电压，在一个扫描周期内，高速地轮流接通两个输入信号，接通某一通道时，另外一个通道相应的部分信号被切去，被测波形由许多线段时续地显示出来，屏幕上看到的是由若干取样光点所构成的取样波形，如图 6-24 所示。该方式适用于被测信号频率较低的情况。该方式下，电子开关处于自激状态，开关频率一般为几十千赫兹，处于非同步工作方式。只有当转换频率远高于被测信号的频率时，人眼看到的波形好像是连续的，否则波形断续现象很明显。因此，断续方式适用于观测被测信号频率较低的情况。

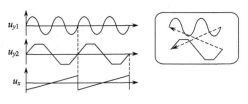

图 6-23　交替显示的波形

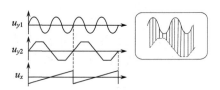

图 6-24　断续显示的波形

### 3. 双时基扫描显示

双时基示波器有两个独立的触发和扫描电路，两个扫描电路的扫描速度可以相差很多，双时基示波器原理框图如图 6-25 所示。

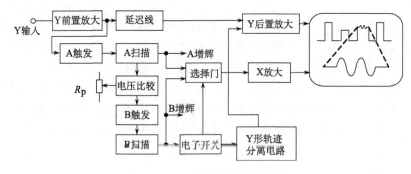

图 6-25　双时基示波器的组成

这种示波器特别适用于在观察一个脉冲序列的同时，仔细观察其中一个或部分脉冲的细节。工作波形如图 6-26 所示。假设输入信号为 4 个脉冲组成的脉冲串，同时希望在同一屏幕上仔细观测其中的第 3 个脉冲，这时可用 A 扫描去完整显示脉冲列，而用 B 扫描去展开第 3 个脉冲。首先脉冲①达到触发电平，在它作用下产生 A 触发，这个扫描电压将脉冲①～④显示在荧光屏上。与此同时，A 扫描电压与图 6-25 中电位器 $R_p$ 提供的直流电位在比较器中进行比较，当电平一致时产生 B 触发，开始 B 扫描。B 扫描比 A 扫描延迟的时间可通过 $R_p$ 来调节，$R_p$ 提供的直流电平称为"延迟触发电平"。B 扫描的速度是可以调节

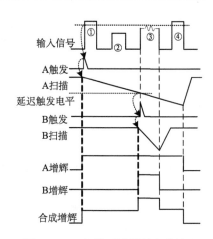

图 6-26 双扫描示波器的有关波形

的，这里使它的扫描正程略大于脉冲③的周期，则在 B 扫描期间脉冲③被显示，它被拉得很宽，可以看清它的前后沿、上升沿等细节。

为了能同时观测脉冲列的全貌及其中某一部分的细节，在 X 通道设立电子开关，把两套扫描电路的输出交替地接入 X 放大器。电子开关还控制 Y 线分离电路，在两种不同步扫描时，给 Y 放大器施加不同的直流电位，使两种扫描显示的波形上下分开。由于荧光屏的余辉和人眼的残留效应，就使人感到同时显示了两种波形。把 A、B 扫描门产生的增辉脉冲叠加起来，形成合成增辉信号，用它来给 A 通道增辉，则 A 通道所显示的脉冲列中，对应 B 扫描期间的脉冲③被加亮，这称为 B 加亮 A。这种方法可以清楚地表明 B 显示的波形在 A 显示中的位置。

### 6.2.7 通用示波器的使用

示波器虽然分成好几类，各类又有许多种型号，但是一般的示波器除频带宽度、输入灵敏度等不完全相同外，在基本使用方法方面都是相同的。现以 KENWOOD CS-4125 型双踪示波器为例介绍。图 6-27 所示为 KENWOOD CS-4125 型双踪示波器面板的实物图。

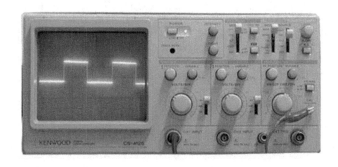

图 6-27 CS-4125 示波器面板图

图中左边为荧光屏，右边为各种旋钮开关，右下方分别接入 $CH_1$、$CH_2$ 被测信号。各种通用示波器的功能相差不多，因此，各种功能旋钮或开关基本相同，只是它们在面

板上的布局可能有所不同。根据其主要功能，可以把 KENWOOD CS-4125 型双踪示波器面板划分为六个部分，分别给予介绍。第一部分：示波器的显示屏幕。显示范围为垂直轴 8 DIV(80mm)，水平轴 10 DIV(100mm)。第二至第六部分分别为开关、辉度和聚焦，输入、扫描速率调节，水平工作方式部分，垂直工作方式部分，触发系统部分，使用方法如下。

## 1. 开关、辉度和聚焦

电源开关(POWER)：开关按下，接通电源，指示灯亮；开关弹出，电源关闭。

辉度调节旋钮(INTENSITY)：可控制显示波形的亮度，当辉度调节旋钮变化时，聚焦也随之自动调节，测量前一般置于中间位置。

聚焦微调旋钮(FOCUS)：可控制显示波形的清晰度，测量前一般置于中间位置。

水平亮线倾角调整端(TRACE ROTA)：可用起子将倾斜的扫描时基线调整至与屏幕中央的水平轴线平行，一般情况下无须调整，除非发现波形有倾斜。

## 2. 输入、扫描速率调节

输入端子($CH_1$ or Y/$CH_2$ or X)：两个被测信号输入端，若在 X-Y 工作方式下，$CH_1$ 输入为 Y 轴信号，$CH_2$ 输入为 X 轴信号。

垂直位移旋钮(VERTICAL CAL)：$CH_1$ 或 $CH_2$ 通道都有垂直位移旋钮，调节该旋钮，可以改变 $CH_1$、$CH_2$ 端输入波形在荧光屏垂直方向上所处的位置。顺时针方向旋转时，波形向上移动，反之，向下移动。

垂直灵敏度开关(VOLTS/DIV)：$CH_1$ 或 $CH_2$ 通道都有垂直灵敏度开关，调节该开关，改变 $CH_1$、$CH_2$ 的垂直偏转因数，调节显示波形幅度。屏幕上所显示的信号幅度随之变化。

幅度微调旋钮(VARIABLE)：$CH_1$ 或 $CH_2$ 都有垂直灵敏度微调旋钮，用于连续调节显示波形的幅度。连续调节 $CH_1$、$CH_2$ 输入偏转因数顺时针旋转到底为"校准"位置。测量前或直接测量电压时，应置于"校准"位置。

耦合方式开关(AC-GND-DC)：选择 $CH_1$ 或 $CH_2$ 信号的输入耦合方式，选定输入信号中的某种成分进行显示。其中，AC 方式将输入信号的直流分量滤掉，仅将交流信号送至垂直放大器；DC 方式将输入信号直接送至垂直放大器，包括信号的直流和交流分量；GND 方式示波器内的垂直衰减器接地，输入信号被切断，可用来确定接地电位。测量前一般选择"DC"耦合。

## 3. 水平工作方式部分

水平位移旋钮(POSITION)：通过调节该水平位移旋钮，可以改变波形在荧光屏水平方向的位置。顺时针方向旋转波形向右，反之，向左。测量前该旋钮一般置于中间位置。

扫描速率开关(SWEEP TIME/DIV)：该开关用于调节扫描速率，改变电子束水平扫描速度，调整波形宽度。顺时针调节时，扫速加快，波形变宽，反之，波形变窄。

扫描速率微调旋钮(VARIABLE)：顺时针旋至底部即为时间的校准位置。

水平扩展按键(×10 MAG)：按下时被测波形水平方向扩展 10 倍，依次扩大被测波形的频率范围。

外部触发信号输入端(EXT TRIG)：将 SOURCE 开关设定在 EXT 位置，触发信号可从该端子输入。

标准校正(CAL)：可输出标准方波信号。其中，$U_{p\text{-}p}$=1V、$f$=1kHz。

### 4. 垂直工作方式部分

垂直工作方式切换开关(MODE)：改变电子开关的工作状态，按下自左至右的按键可分别显示 CH$_1$、CH$_2$、ALT(交替)、CHOP(断续)、ADD(叠加)波形。CH$_1$ 指显示通道 1 的信号波形；CH$_2$ 指显示通道 2 的信号波形；ALT 指双踪显示方式，可交替显示 CH$_1$、CH$_2$ 通道的信号波形，通常用于观测频率较高的信号；CHOP 指双踪显示方式，以 250kHz 的速度在两通道间切换显示 CH$_1$、CH$_2$ 通道的输入信号波形，常用于观测频率较低的信号；ADD 指显示 CH$_1$、CH$_2$ 通道输入信号的合成波形(CH$_1$+ CH$_2$)。

CH$_2$ 通道极性控制键(CH$_2$ INV)：按下此键，显示被倒相的 CH$_2$ 信号。按下 INVERT 键和 ADD 键实现 CH$_1$–CH$_2$ 的减法运算；只按下 ADD 键实现 CH$_1$ + CH$_2$ 的加法运算。测量前一般不按下该键。

李沙育图形(X-Y)：垂直方向和水平方向的信号分别来自 CH$_1$ 和 CH$_2$ 通道，垂直工作方式切换开关无效，此时处于"X-Y"(示波器工作于"X-Y"方式)时，CH$_1$ 输入的信号加到 X 通道，CH$_2$ 输入的信号加到 Y 通道。利用示波器的 X-Y 工作方式，可以观察元件的电压–电流特性曲线、两路信号的相位差以及频率比值。

### 5. 触发系统部分

触发方式选择开关(TRIGGERING MODE)具体包括如下几种。

AUTO：由触发信号启动扫描，无信号输入时，显示水平时基线。若波形不稳定可调节触发信号电平旋钮获得稳定的波形，无触发信号则显示波形不稳定。

NORM：由触发信号启动扫描，若无正确的触发信号不显示亮线。

FIX：将同步 Level 加以固定。

TV-FRAME：将复合 TV 信号的垂直同步脉冲分离出来与触发电路结合。

TV-LINE：将复合 TV 信号的水平同步脉冲分离出来与触发电路结合。

触发信号源选择开关(SOURCE)：可以根据垂直工作方式的不同而设定，示波器将根据垂直工作方式自动选择触发信号源。CH$_1$ 指触发信号来自通道 1；CH$_2$ 指触发信号来自通道 2；LINE 指触发信号来自电源电压；EXT 指触发信号来自外触发端。

触发电平旋钮(LEVEL)：旋钮用以设定在触发信号波形斜率的哪一点上被触发而开始扫描，即确定波形起始点在垂直方向上的位置，调节触发信号电平旋钮可获得稳定的波形。当发现波形不稳定时，一般要先调节 LEVEL 旋钮。测量前一般置于中间位置。

极性选择(SLOPE)：用以选择触发极性。弹出时正极性触发，即波形起始点位于上升沿；按下时，选择负极性触发，波形起始点位于下降沿。测量前一般选择正极性触发。

# 6.3　取样示波器

从示波器显示波形的过程可知，无论是连续扫描还是触发扫描，它们都是在信号经历的实际时间内显示信号的波形，即测量时间与被测信号的实际持续时间相等，故称为实时测量方法，与此相应的示波器称为实时示波器。一般模拟实时示波器的上限工作频率只能做到 1500MHz，已不能满足要求，若要提高会受到下列因素的限制。

(1)受到示波器的上限工作频率的限制。行波示波器虽然可以把上限工作频率提高到吉赫兹量级，但屏幕尺寸有限，偏转灵敏度低，而且价格昂贵。

(2)受 Y 通道放大器带宽的限制。

(3)受时基扫描速率的限制。实时示波器的特点是，扫描速率必须与测量过程相当，这样才能把被测波形展宽。但是，扫描速率过高将给扫描信号的产生和同步带来困难。

## 6.3.1　概述

### 1. 取样概念

取样就是从被测波形上取得样点的过程。观察一个波形时，可以扫描连续显示，也可以在波形上取较多的取样点，把连续波形变成离散采样波形。只要取样点数足够多，满足采样定理，这些采样点也能够反映出原来的形状。取样分为实时取样和非实时取样两种，也就是说，既可以实时显示被测波形，也可以非实时显示被测波形。

从一个信号波形中取得所有取样点表示一个信号波形的方法称为实时取样，如图 6-28 所示，取样一个波形所持续时间等于输入信号实际经历的时间；从被测信号的许多相邻波形上取得样点的方法称为非实时取样，或称为等效取样，如图 6-29 所示。取样信号也是一串脉冲序列，但持续的时间被大大拉长了。需要指出的是，非实时取样只适用于周期性信号；而对于非周期信号，只能采用实时取样方式。

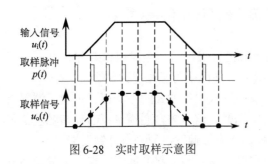

图 6-28　实时取样示意图

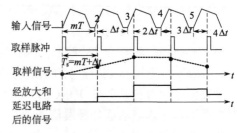

图 6-29　非实时取样示意图

### 2. 取样原理

在取样技术中，取样保持器是核心电路，取样保持器在原理上可等效为一个取样开关(取样门)和保持电容的串联，具体如图 6-30 所示。

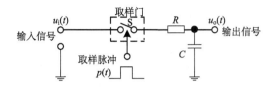

图 6-30 取样保持器的基本模型

在 $t=t_1$ 时，取样脉冲 $p(t)$ 到来，取样门开关 S 闭合，输入信号 $u_i(t)$ 经 $R$ 对电容 $C$ 充电，充到此刻输入信号对应的瞬时值。$p(t)$ 过去后，S 断开，$C$ 上的电压维持不变，此时，输入信号 $u_i(t)$ 被取样，形成离散输出信号 $u_o(t)$，$u_o(t)$ 称为 "取样信号"。若取样脉冲宽度很窄，则可以认为输入信号在时间内不变，即每次取样所得离散的取样信号幅度就等于该次取样瞬间输入信号的瞬时值。依次类推，可取样点若干。两个取样脉冲的时间间隔为

$$T_s = mT + \Delta t \tag{6-10}$$

式中，$T$ 为被测信号的周期；$\Delta t$ 为步进延迟时间；$m$ 为两个取样脉冲之间被测信号周期的个数（图中 $m=1$）。则所得的取样信号的包络可重现原信号波形，因为波形包络所经历的时间变长了，故可用低频示波器显示。

步进时间 $\Delta t$ 决定了采样点在各个波形上的位置，并使本次采样点的位置比上次采样点的位置推迟 $\Delta t$ 时间。由于被测信号是波形完全相同的重复信号，可以利用具有步进延迟的宽度极窄的取样脉冲 $\Delta t$ 在被测信号各周期的不同相位上逐次取样，即每取样一次，取样脉冲比前一次延迟 $\Delta t$，那么取样点将按顺序取遍整个信号波形。步进时间 $\Delta t$ 与信号最高频率 $f_h$ 应满足取样定理，即

$$\Delta t \leqslant \frac{1}{2f_h} \tag{6-11}$$

假设在实时取样条件下，以 $\Delta t$ 为取样间隔，完成一个信号周期 ($T$) 的采样需 $n$ 次，即 $T=n\Delta t$；在非实时取样时，设每 $m$ 个信号周期取样一次，经过 $n$ 次取样之后完成对信号的一次取样循环，那么，一次取样循环的时间 $t$ 和信号周期 $T$ 的关系为

$$t = n(mT + \Delta t) = (mn+1)T \approx mnT \tag{6-12}$$

非实时取样后得到的 $n$ 个取样点形成的包络等效为原信号的一个周期，而这 $n$ 个取样点来自于原信号的 $(mn+1)$ 个周期，因而，取样后的频率是原信号频率的 $1/(mn+1)$。非实时采样只适用于周期性信号。

### 3. 显示原理

连续周期信号经（非实时）取样后，得到一系列时间上离散的采样点（窄脉冲串），并经放大和延长电路后保持，再通过 Y 放大器施加到 Y 偏转板，荧光屏上将显示出一系列不连续的光点，当这些光点足够密集时，则可观测到近似连续的波形。另外，若采用插值原理，则可显示出连续的信号波形。

模拟示波器的荧光屏上显示光点位置是由 X、Y 偏转板所施加的电压信号共同决定

的，为得到某个取样点所对应的 X 位置，只需要在 X 偏转板加上一定的直流电压，而且该直流电压应逐级递增。因此，取样示波器中的水平扫描信号为阶梯波电压，阶梯持续时间为 $mT+\Delta t$，即保持与取样信号的同步，阶梯数对应屏幕上显示的不连续的光点数。

对于随机取样，光点的显示也是依照取样的先后进行的，因而，扫描电压不是规则的阶梯波，而应该根据每个样点原来的位置分别扫描。图 6-31 表示了顺序取样示波器的显示过程。

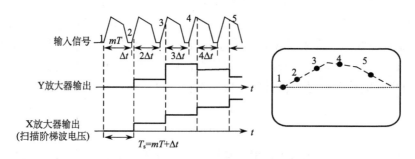

图 6-31　顺序取样示波器的显示过程

### 6.3.2　取样示波器的组成

取样示波器主要由示波管、X 通道和 Y 通道组成，如图 6-32 所示。与通用示波器类似，取样示波器主要由示波管、X 通道和 Y 通道组成。它与普通示波器相比，主要差别是增加了取样电路和步进脉冲发生器，这些电路都是为了对被测信号进行逐点取样而加入的。此外，为了观测信号前沿，必须把延迟线放在取样示波器的输入端。

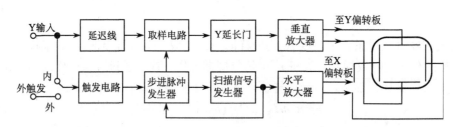

图 6-32　取样示波器的组成框图

垂直 Y 通道由延迟线、Y 延长门和垂直放大器等电路组成，最关键的电路是取样电路，它产生正比于取样值的阶梯电压。被测信号经延迟线送至取样门，在步进延迟的取样控制下取样。取样后得到的是一连串很窄的取样信号，取样的幅度一般只能达到被测信号的 2%～10%，所以在取样后必须对取样信号进行放大，并通过脉冲延长电路，使得取样脉冲结束后，仍能保持取样信号的幅值，最后将放大和延长后的信号送到垂直放大器。

水平系统由触发电路、步进脉冲发生器、扫描信号发生器和水平放大器等电路组成。被测信号或外触发信号经触发电路产生所需的触发同步信号。该信号馈入步进脉冲发生器，产生步进延迟脉冲。步进延迟脉冲送到垂直系统，控制取样脉冲发生器和延长门控制器，另外，步进延迟脉冲还用于控制水平扫描电路。每一个步进延迟脉冲送至阶梯波发生电路，产生阶梯电压。阶梯波每上升一阶，示波管屏幕上隔一定距离就显示一个光点，所以取样示波器屏幕上的扫描线是由断续的光点组成的，每两点相差一个阶梯电压上升一级所需的时间。

# 6.4　数字示波器

　　数字存储示波器（Digital Storage Oscilloscope，DSO）是 20 世纪 70 年代初发展起来的一种新型示波器，简称数字示波器。与模拟记忆示波器不同，数字示波器不是一种模拟信号的存储，也不是将波形存储在示波管内的存储栅网上，而是将捕捉到的波形通过 A/D 转换器，将模拟信号变换成数字信息，而后存储于数字存储器中。它可以方便地实现对模拟信号进行长期存储，并利用机内微处理器系统对存储的信号进一步处理，例如，对被测波形的频率、幅值、前后沿时间、平均值等参数的自动测量以及多种复杂的处理。当需要显示波形时，再从存储器中读出，通过 D/A 转换器，将数字信息变换成模拟波形显示在示波管上。数字示波器使传统示波器的功能发生了重大变革，刚一出世就显示了强大的生命力，从发展趋势来看，数字示波器最终将取代模拟示波器。

## 6.4.1　数字示波器原理

### 1. 数字示波器的原理

　　典型的数字示波器原理方框图如图 6-33 所示，它有实时和存储两种工作模式。当处于实时工作模式时，其电路组成原理与一般模拟示波器一样。当处于存储工作模式时，它的工作过程一般分为存储和显示两个阶段。在存储工作阶段，模拟输入信号先经过适当地放大或衰减，然后再经过"取样"和"量化"两个过程的数字化处理，将模拟信号转换成数字化信号，最后，数字化信号在逻辑控制电路的控制下依次写入 RAM 中。

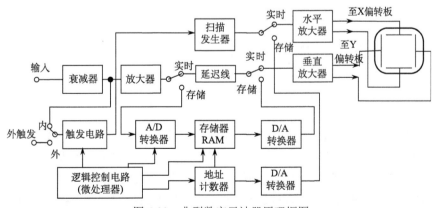

图 6-33　典型数字示波器原理框图

　　取样是获得模拟输入信号的离散值，量化则是使每个取样的离散值经 A/D 转换器转换成二进制数字，且取样、量化及写入过程都是在同一时钟频率下进行的。在显示工作阶段,将数字信号从存储器中读出,并经 D/A 转换器转换成模拟信号,经垂直放大器放大加到 CRT 的 Y 偏转板。与此同时,CPU 的读地址计数脉冲加至 D/A 转换器,得到一个阶梯波扫描电压,加到水平放大器放大,驱动 CRT 的 X 偏转板,从而实现在 CRT 上以稠密的光点包络重现模拟输入信号。

显示器上显示的每一个点都代表数字存储示波器捕获的一个数据字,点的垂直屏幕位置由对应存储单元的二进制数据给出,点的水平位置由对应存储单元的二进制地址给出。若经 D/A 转换的模拟信号再经内插器的插值处理,还可使点显示变为连续显示。数字示波器对模拟量进行实时取样、存储的过程如图 6-34 所示。

实时取样是对一个周期内信号的不同点取样,它与取样示波器的跨周期取样是不同的。当被测信号接入时,首先对模拟量进行取样。图 6-34(a) 中的 $a_0 \sim a_7$ 点即对应于被测信号 $u_i$ 的 8 个取样点。设 A/D 转换的分辨率为 8bit,8 个取样点得到的数字量(即二进制数字 0 和 1 组成的序列)分别存储于地址 00 开始的 8 个存储单元中,地址为 00~07H,其存储的内容为 $D_0 \sim D_7$,采样点所存储的地址信息表示了采样点的时间信息。

在显示时,取出 $D_0 \sim D_7$ 数据,进行 D/A 转换 $u_y$ 送到 Y 偏转板,同时存储单元地址号从 00~07H 也经 D/A 转换,形成图 6-34(c) 所示的阶梯波 $u_x$,并送到 X 偏转板。在 $u_y$ 和 $u_x$ 的共同作用下,荧光屏上将显示离散的亮点。只要 X 方向和 Y 方向的量化程度足够精细,这些亮点就能准确代表图 6-34(a) 所示的被测图形。将数字存储技术和 CPU 微处理器用于取样示波器,可以构成存储取样示波器。

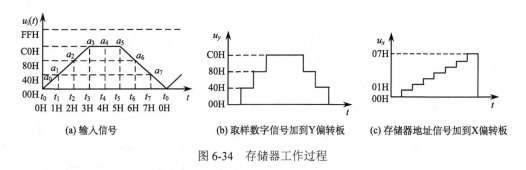

(a) 输入信号      (b) 取样数字信号加到Y偏转板      (c) 存储器地址信号加到X偏转板

图 6-34 存储器工作过程

图 6-35 为以微处理器为基础的数字示波器,可归属为智能仪器。它的主要组成部分包括取样通道、X 通道、Y 通道、示波管、微处理器和 GPIB 部分。在微处理器的控制下完成采样、存储、读出、显示和程控等任务。通过数据总线、地址总线和若干控制线互相联系和交换信息。

控制部分由键盘、CPU 和只读存储器 ROM 等组成。CPU 控制所有 I/O 口,随机存取存储器 RAM 的读写,以及地址总线和数据总线的实验。在 ROM 内写有仪器的管理程序,在管理程序的作用下,对键盘进行扫描,产生识别码,根据识别码提供的信息指挥仪器工作,使用者的各种要求通过操作键盘或 GPIB 接口同轴管理程序,以便设定灵敏度、扫描速度等参数,以及其他测试功能。采样存储部分首先对被测信号 $u_i$ 采样,经 A/D 转换器变换成数字信号,然后存入 RAM 中,采样脉冲形成电路受触发信号控制,同时也受计算机控制。读出显示部分用来将 RAM 中的数字化信号重新恢复成模拟信号,并由 CRT 显示。

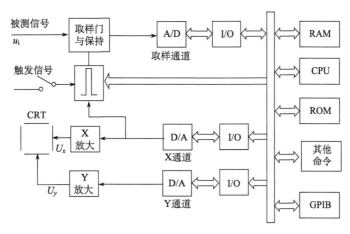

图 6-35 智能数字示波器框图

2. 数字示波器的工作方式

(1)数字存储器的功能。数字示波器的随机存储器 RAM 按功用可分为信号数据存储器、参考波形存储器、测量数据存储器和显示缓冲存储器四种。信号数据存储器存放模拟信号取样数据；参考波形存储器存放参考波形的数据，它用电池供电，或采用非易失性存储器，可以长期保存数据；测量数据存储器存放测量与计算的中间数据和计算结果；显示缓冲存储器存放欲显示的数据。荧光屏上的全部信息均由显示缓冲存储器直接提供。

(2)触发工作方式。数字示波器的触发包括常态触发和预置触发两种方式。常态触发是在存储工作方式下进行的，同模拟示波器基本一样，可通过面板设置触发电平的幅度和极性，触发点可处于复现波形的任何位置及存储波形的末端。预置触发是人为设置触发点在复现波形上的位置，它是在进行预置之后通过微处理器的控制和计算功能来实现的。由于触发点位置不同，可以观测到触发点前后不同区段上的波形。预置触发对显示数据的选择带来了很大的灵活性。

(3)测量与计算工作方式。数字示波器对波形参数的测量分为自动测量和手动测量两种。自动测量是由示波器自动完成测量工作，并将测量结果以数字形式显示在荧光屏上。光标测量指的是在荧光屏上设置两条水平光标线和两条垂直光标线，这四条光标线可在面板按键的控制下移动，测量时，示波器在测量程序控制下，根据光标位置来完成测量，并将测量结果显示在荧光屏上。

(4)面板按键操作方式。数字示波器的面板按键分为执行键和菜单键两种。按下执行键后，示波器立即执行该项操作。当按下菜单键时，在屏幕下方显示一排菜单，屏幕右方则显示对应菜单的子菜单，然后按子菜单下所对应的软键执行相应的操作。

### 3. 数字示波器的显示方式

数字示波器的显示方式有存储显示、抹迹显示、卷动显示、放大显示和 X-Y 显示等，可适应不同情况下波形观测的需要，具体如图 6-36 所示。

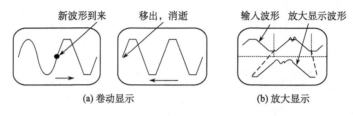

图 6-36　卷动显示方式和延迟扫描

(1) 存储显示方式是在触发形成并完成信号数据的存储后，依次将欲显示的数据读出并进行 D/A 变换，然后将信号稳定地显示在荧光屏上，它是数字示波器的基本显示方式。

(2) 抹迹显示方式适于观测一长串波形中在一定条件下才会发生的瞬态信号，应先根据预期的瞬态信号，设置触发电平和极性；观测开始后仪器工作在末端触发和预置触发相结合的方式下，当数据存储器被装满但瞬态信号未出现时，实现末端触发，一旦出现预期的瞬态信号则立即实现预置触发，将捕捉到的瞬态信号波形稳定地显示在荧光屏上，并存入参考波形存储器中。

(3) 卷动显示方式适于观测缓变信号中随机出现的突发信号，它包括两种方式，如图 6-36 (a) 所示。一种是用新波形逐渐代替旧波形，变化点自左向右移动；另一种是波形从右端推入向左移动，在左端消失。

(4) 放大显示方式适于观测信号波形细节，此方式是利用延迟扫描方法实现的，如图 6-36 (b) 所示。此时荧光屏一分为二，上半部分显示原波形，下半部分显示放大的部分。其放大位置可用光标控制，放大比例也可调节，还可以用光标测量放大部分的参数。

(5) X-Y 显示方式与通用示波器的显示方法基本相同，一般用于显示李沙育图形。

数字示波器是将取样数据显示出来，由于取样点不能无限增多，能够做到正确显示的前提是必须有足够的点来重新构成信号波形。考虑到有效存储带宽问题，一般要求每个信号显示 20~25 个点。但是，采样点较少时会造成视觉误差，使人看不到正确的波形。数据点插入技术可以解决这一问题。数据点插入技术常常采用插入器将一些数据插在所有相邻的取样点之间。数据点插入技术主要有线性插入和曲线插入两种方式。线性插入法仅按直线方式将一些点插入采样点之间。曲线插入法以曲线形式将点插入采样点之间，这条曲线与仪器的带宽有关，曲线插入法可以用较少的插入点构成非常圆滑的曲线。

### 4. 数字示波器的特点

与模拟示波器相比较，数字示波器具有以下几个特点。

(1) 波形的采样/存储与波形的显示是独立的。存储工作阶段，对快速信号采用较高的速率进行取样和存储，对慢速信号采用较低速率进行取样和存储。显示工作阶段，其读出速度可以采用一个固定的速率，不受取样速率的限制，因而可以获得清晰而稳定的波形，可以无闪烁地观测极慢变化信号，这是模拟示波器无能为力的。

(2) 能长时间地保存信号。由于数字示波器是把波形用数字方式存储起来，其存储时间在理论上可以是无限长，可以反复读出这些数据，反复在荧光屏上再现波形信息，波形既不会衰减，也不会模糊。

(3) 先进的触发功能。它不仅能显示触发后的信号，而且能显示触发前的信号，并且可以任意选择超前或滞后的时间，因此用户可根据需要调用存储器中的信息进行显示。数字存储示波器的触发点只是一个参考点，而不是获取的第一个数据点。数字示波器还能提供边缘触发、组合触发、状态触发、延迟触发等多种方式，来实现多种触发功能。

(4) 测量准确度高。数字示波器由于采用晶振作为高稳定时钟，有很高的测时准确度，采用高分辨率 A/D 转换器也使幅度测量准确度大大提高。

(5) 很强的数据处理能力。数字示波器内含微处理器，因而能自动实现多种波形参数的测量与显示。例如，能实现上升时间、下降时间、脉宽、频率、峰-峰值等参数的测量与显示；能对波形实现取平均值、上下限值、频谱分析以及对两波形进行多种复杂的运算处理，另外还具有自检与自校等多种自动操作功能。

(6) 外部数据通信接口。数字示波器可以很方便地将存储数据送到计算机或其他的外部设备，进行更复杂的数据运算和分析处理。还可以通过 GPIB 接口与计算机一起构成自动测试系统。

### 5. 数字示波器的主要技术指标

数字示波器中与波形显示部分有关的技术指标与模拟示波器相似，下面仅讨论与波形存储部分有关的主要技术指标。

(1) 取样速率。取样速率指单位时间内取样的次数，用每秒钟完成的 A/D 转换的最高次数来衡量，单位为 MS/s(兆次/秒)，常以频率 $f_s$ 来表示。$f_s$ 越高，采样间隔时间 $T_s$ 越小，波形失真越小，反映了示波器捕捉信号在时间轴上细节的能力。取样速率主要由 A/D 转换频率决定，数字示波器在测量时刻的实时取样速率可根据被测信号所设定的扫描时间因数($t/\text{div}$，即扫描一格所用的时间)来推算。

$$f_s = \frac{N}{t/\text{div}} \tag{6-13}$$

式中，$N$ 为每格的取样点数；$t/\text{div}$ 为扫描因数。为了能在屏幕上清晰地观测不同频率的信号，数字存储示波器设置了多档扫描速度，以对应不同的取样速率。

(2) 存储带宽。当示波器输入不同频率的等幅正弦信号时，屏幕上显示的信号幅度下降 3dB 时所对应的输入信号上、下限频率之差，称为示波器的频带宽度，单位为 MHz 或 GHz。 存储带宽与取样速率 $f_s$ 密切相关。根据取样定理，如果取样速率大于或等于信号频率的 2 倍，便可重现原信号。实际上，为保证显示波形的分辨率，一般取 $N=4\sim10$ 或更多，即存储带宽为

$$B = \frac{f_s}{N} \tag{6-14}$$

存储带宽按采样方式不同又分实时带宽与等效带宽两种。实时带宽是指数字存储示波器采用实时采样方式时所具有的存储带宽，主要取决于 A/D 转换器的采样速率和显示所采用的内插技术。等效带宽是指数字存储示波器工作在等效采样工作方式下测量周期信号时所表现出来的频带宽度。在等效采样方式下，要求信号必须是周期重复的，数字存储示波器一般要经过多个采样周期，并对采集的样品进行重新组合，才能重显被测波形。等效带宽可以做得很宽，有的数字存储示波器的等效带宽可达到几十吉赫兹以上。

(3)分辨率。分辨率指示波器能分辨的最小增量，即量化的最小单元。它包括垂直分辨率(电压分辨率)和水平分辨率(时间分辨率)。垂直分辨率与 A/D 转换器的分辨率相对应，常以屏幕每格的分级数(级/div)或百分数来表示。水平分辨率由取样速率和存储器的容量决定，常以屏幕每格含多少个取样点或用百分数来表示。

取样速率决定了两个点之间的时间间隔，存储容量决定了一屏内包含的点数。一般示波管屏幕上的坐标刻度为 8×10div，如果采用 8 位 A/D 转换器(256 级)，则垂直分辨率表示为 32 级/div，或用百分数来表示为 1/256≈0.39%；如果采用容量为 1K 的 RAM(1024字节)，则水平分辨率为 1024/10≈100 点/div，或用百分数来表示为 1/1024≈0.1%；

(4)记录长度。记录长度又称为存储容量，它由采集存储器(主存储器)的最大存储容量来表示，常以字(word)为单位。数字存储器常采用 256B、512B、1K、4K 等容量的高速半导体存储器。记录长度越长，水平分辨率越高，允许用户捕捉记录更长时间内的事件，从而捕捉波形更多的细节。但是，由于高速存储示波器制造的限制，目前数字存储示波器记录的长度是有限的，厂家仍在努力增加存储容量。

(5)读出速度。读出速度是指将数据从存储器中读出的速度，常用"(时间)/div"来表示。其中，时间为屏幕上每格内对应的存储容量×读脉冲周期。

(6)触发能力。表征触发能力的参数主要有触发灵敏度和触发方式。触发灵敏度是指示波器能够触发同步而且稳定显示的最小幅度，触发方式主要是指边缘触发、脉宽触发、延迟触发、斜率触发、视频触发、码型触发以及毛刺触发等。

### 6.4.2 数字示波器的使用

常用的数字示波器主要有台式示波器、便携示波器、手持示波器和平板示波器等类型，基本使用方法都是相同的。现以 DS1000E 型数字示波器为例介绍具体的使用方法。数字示波器为尽量减少面板上的旋钮和按键数量，通常采用硬、软键结合，菜单嵌套及多功能按键灯方式。DS1000E 可划分为 5 个区域：垂直控制区、水平控制区、常用菜单区和运行控制区，现分别予以介绍。

1. 设置垂直控制区

垂直控制区的面板按钮和操作菜单如图 6-37(a)所示。

(1)POSITION(垂直位移)旋钮：可调整所有通道波形的垂直位置，若按下该旋钮，可使选中通道的位移立即回归屏幕中央位置。

(2) SCALE（垂直偏转灵敏度档位）旋钮：转动此旋钮改变所有通道波形的垂直分辨率。粗调是以 **1-2-5** 方式确定垂直档位灵敏度。顺时针增大，逆时针减小垂直灵敏度。微调是在当前档位范围内进一步调节波形显示幅度。顺时针增大，逆时针减小显示幅度。粗调、微调可通过按垂直旋钮切换。

(3) 需要调整的通道只有处于选中的状态（按 CH₁ 或 CH₂ 功能键，选择通道），垂直旋钮才能调节该通道。欲打开或选择某一通道时，只需按下相应的通道按键，按键灯亮说明该通道已被激活。若希望关闭某个通道，再次按下相应的通道按键或按下 OFF 即可，按键灯熄灭即说明该通道已被关闭。

(4) MATH（数学运算）功能键：可对 CH₁、CH₂ 通道波形相加、相减、相乘并显示。

(5) REF（波形参考）功能键：在实际测试过程中，数字示波器测量观察有关组件的波形，可以把波形和参考波形样板进行比较，从而判断故障原因。

(6) LA（逻辑分析）功能键：按下此功能键，示波器进入逻辑分析仪的状态。

(7) 操作菜单：按 CH₁ 或 CH₂ 功能键，系统将显示 CH₁ 或 CH₂ 通道的操作菜单。

① 耦合：有三种耦合方式，直流耦合通过输入信号的交流和直流成分；交流耦合阻挡输入信号的直流成分；接地耦合断开输入信号。

② 带宽限制：带宽限制可以将示波器带宽限制至 20MHz，以减少噪声。

③ 探头：探头菜单提供了几种（×1、×5、×10、×50、×100、×500、×1000）衰减系数供选择，实际上是在调节探头及 Y 通道输入端衰减器的倍数。

④ 数字滤波：设置数字滤波。

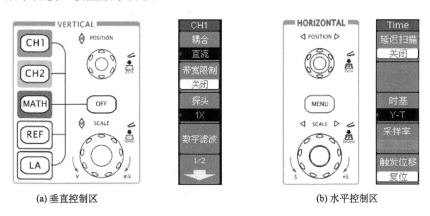

(a) 垂直控制区　　　　　　　　　　　　　　　　(b) 水平控制区

图 6-37　DS1000E-EDU 垂直系统

2. 设置水平控制区

水平控制区的面板按钮和操作菜单如图 6-37(b) 所示。

(1) POSITION（水平位移）旋钮。该旋钮可调整所有通道波形的水平位置。若按下该旋钮，可使选中通道的位移立即回归屏幕中央位置。

(2) SCALE（水平偏转因数档位）旋钮。转动此旋钮调整扫描时基档位，水平扫描速度从 2ns/div 至 50s/div，以 1-2-5 的形式步进，按下此旋钮为延迟扫描状态。

(3) MENU(时间菜单)功能键。按下此键，屏幕右侧显示时间菜单。在此菜单下，可以开启/关闭延迟扫描或切换 Y-T、X-Y 和 ROLL 模式，还可以设置水平触发位移复位。

① 延迟扫描：关闭为单时基扫描，打开为双时基扫描。

② 时基：Y-T 方式显示垂直电压与水平时间的波形；X-Y 方式在水平轴上显示 $CH_1$ 幅值，在垂直轴上显示 $CH_2$ 幅值，可在屏幕上显示两路信号的相位、频率关系，形成李沙育波形；Roll 方式下示波器从屏幕右侧到左侧滚动更新波形采样点，波形从右向左逐步移动。

③ 采样率：采样率用来显示示波器当前的采样率。

④ 触发位移：调整实际触发位置相对于中心零点的位置，通过 POSITION 旋钮调节。

3. 触发控制区

触发控制区的面板按钮和操作菜单如图 6-38(a)所示。

(1) LEVEL(触发电平)旋钮。该旋钮用来设定触发点对应的信号电压并在屏幕右下方显示，按下此旋钮，触发电平立即回零。

(2) 50%功能键。该键将触发电平设定在触发信号幅值的垂直中点处。

(3) FORCE(强制触发)功能键。按下此键，强制产生一个触发信号，主要用于触发方式中的普通模式和单次模式。

按 MENU 功能键，调出触发操作菜单，屏幕右侧将显示具体的操作菜单项。

① 触发模式：触发模式可以选择边沿、脉宽、斜率、视频、交替、码型、持续时间、毛刺等方式。

② 信源选择：$CH_1$ 方式是指设置通道 1 作为信源触发信号；$CH_2$ 方式是指设置通道 2 作为信源触发信号；EXT 方式是指设置外触发输入通道作为信源触发信号；AC Line 方式是指设置市电触发。

③ 边沿类型：上升沿方式指设置在信号上升边沿触发；下降沿方式指设置在信号下降边沿触发；上升&下降沿方式指设置在信号上升沿和下降沿触发。

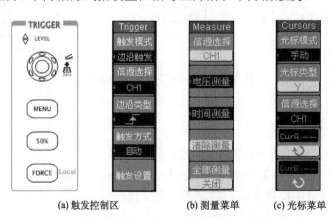

(a) 触发控制区　　　(b) 测量菜单　　　(c) 光标菜单

图 6-38　DS1000E-EDU 触发系统和控制区

④ 触发方式：自动方式在没有检测到触发条件下也能采集波形，相当于模拟示波器的自动触发；普通方式设置只有满足触发条件时才采集波形，相当于模拟示波器的常态触发；单次设置当检测到一次触发时采样一个波形，然后停止。

⑤ 触发设置：进入触发设置菜单。

测量时使用 LEVEL 旋钮改变触发电平设置。转动旋钮，可以发现屏幕上出现一条橘红色的触发线以及触发标志，随旋钮转动而上下移动。停止转动旋钮，此触发线和触发标志会在约 5s 后消失。在移动触发线的同时，可以观察到在屏幕上触发电平的数值发生了变化。按下该旋钮作为设置触发电平恢复到零点的快捷键。使用 MENU 键调出触发操作菜单，改变触发的设置，观察由此造成的状态变化，按 50%功能键，设定触发电平在触发信号幅值的垂直中点，按 FORCE 功能键：强制产生一个触发信号，主要应用于触发方式中的"普通"和"单次"模式。

### 4．常用菜单区

常用菜单区主要有 Measure（自动测量）、Cursors（光标测量）、Acquire（采样设置）、Storage（存储设置）、Display（显示设置）、Utility（系统功能设置）等 6 个功能键。

（1）Measure（自动测量）。按 Measure 自动测量功能键，系统将显示自动测量操作菜单，具体如图 6-38（b）所示。

①信源选择：$CH_1$、$CH_2$ 设置被测信号的输入通道。

②电压测量：选择测量电压参数。

③时间测量：选择测量时间参数。

④清除测量：清除测量结果。

⑤全部测量：关闭全部测量显示或打开全部测量显示。

DS1000E 型数字示波器提供 20 种自动测量的波形参数，包括 10 种电压参数和 10 种时间参数，即峰-峰值、最大值、最小值、顶端值、底端值、幅值、平均值、均方根值、过冲、预冲、频率、周期、上升时间、下降时间、正占空比、负占空比、正脉宽和负脉宽等。

（2）Cursors（光标测量）。按 Cursors 光标测量功能键，系统将显示光标测量操作菜单，具体如图 6-38（c）所示。

①光标模式：手动调整光标间距以测量 X 参数或 Y 参数。

②光标类型：X 光标显示为垂直线，测量时间值； Y 光标显示为水平线，测量电压值 。

③信源选择：$CH_1$、 $CH_2$ 选择被测信号的输入通道；MATHLA 只适用于 DS1000D-EDU 系列。

④CurA 设置光标 A 有效，调整光标 A 位置；CurB 设置光标 B 有效，调整光标 B 位置。

光标模式允许用户通过移动光标进行测量，使用前请首先将信号源设定成您所要测量的波形。光标测量分为 3 种模式。

①手动模式：出现水平调整或垂直调整的光标线。通过旋动多功能旋钮，手动调整光标的位置，示波器同时显示光标点对应的测量值。

②跟踪模式：水平与垂直光标交叉构成十字光标。十字光标自动定位在波形上，通过旋动多功能旋钮可以调整十字光标在波形上的水平位置。示波器同时显示光标点的坐标。

③自动测量模式：通过此设定，在自动测量模式下，系统会显示对应的电压或时间光标，以揭示测量的物理意义。系统根据信号的变化，自动调整光标位置，并计算相应的参数值。此种方式在未选择任何自动测量参数时无效。

例如，手动模式，选择 X 光标类型时，屏幕上将出现一对垂直光标 CurA 和 CurB，可测量对应波形处的时间值及二者之间的时间差值。通过旋动多功能旋钮，改变光标的位置，将获得相应波形处的时间值及差值，如图 6-39 所示。选择 Y 光标类型时，屏幕上将出现一对水平光标 CurA 和 CurB，可测量对应波形处的电压值及二者之间的电压差值。通过旋动多功能旋钮，改变光标的位置，将获得相应波形处的电压值及差值。

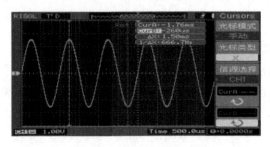

图 6-39　手动光标功能测量

（3）Acquire（采样设置）。菜单项主要有获取方式（普通、平均、峰值检测）、平均次数（在 2～256 范围内以 2 的 N 次幂步进设置平均采样次数）、采样方式（实时采样或等效采样）、存储深度（长存储为 512 Kpts 或 1 Mpts，短存储为 8 Kpts 或 16 Kpts）、sin$x$/$x$（选择 sin$x$/$x$ 插值方式或线性插值方式）。

（4）Storage（存储设置）。菜单项主要有存储类型（波形存储或设置存储）、内部存储、外部存储，以及磁盘管理等。

（5）Display（显示设置）。菜单键主要有显示类型（矢量显示或点显示）、清除显示（清除先前采集的显示、内部存储器或 USB 存储设备中调出的轨迹）、波形保持（关闭时，记录点刷新变化，否则记录点一直保持，直到波形保持记录功能被关闭）、波形亮度（可调范围 0～100%）、屏幕网格（可以选择打开或关闭背景网格及坐标）。

（6）Utility（系统功能设置）。菜单键主要有接口、声音、语言、测试、录制、打印、自校等功能。

5. 运行控制区

运行控制区的功能按键包括 AUTO（自动设置）和 RUN/STOP（运行/停止）。

（1）AUTO（自动设置）。该键可以自动设定仪器各项控制值，可自动快速地设置和测量信号。

（2）RUN/STOP（运行/停止）。该键是用来运行和停止波形采样。需要说明的是，在停止的状态下，对于波形垂直档位和水平时基可以在一定的范围内调整，相当于对信号进行水平或垂直方向上的扩展。

# 6.5　示波器的基本测量技术

利用示波器可以将被测信号显示在屏幕上，根据所显示的波形，可以测量信号的很多参量，如测量信号的幅度、周期、相位、脉冲信号的前后沿、上冲，通信信号的调幅、调频指标的时域特性。示波器种类繁多，要获得满意的测量结果，应根据测量要求，合理选择和正确使用示波器。

## 6.5.1　示波器的正确使用

### 1. 示波器的选择

(1)应根据测量任务的要求来选择示波器。反映示波器适用范围的两个主要工作特性是垂直通道的频带宽度和水平通道的扫描速度，这两个特性决定了示波器可以观察的最高信号频率和脉冲的最小宽度。要使荧光屏能不失真地显示被测信号的波形，基本条件是垂直通道有足够的频宽和水平通道有合适的扫描速度。此外，观测一路信号可选用单踪示波器；观测两路信号可选用双踪示波器；同时观测多路信号时，可用多踪或多束示波器。

(2)根据被测信号的波形特点来选择示波器。首先要考虑示波器的频带宽度，特别是脉冲信号中包含着丰富的谐波成分，如果观测脉冲信号的示波器通带不够宽，则易造成波形失真。通常为了使信号的高频成分基本不衰减显示，示波器的带宽应为被测信号中最高频率的三倍左右，如果普通示波器频宽不能满足要求，可考虑采用高速或取样示波器。此外，观测不同的信号还对示波器有不同的要求。例如，对于微弱信号的观测要选用 Y 通道灵敏度高的示波器；当观测窄脉冲或高频信号时，除了示波器的通带要宽外，还要求有较高的扫描速度；当观测缓慢变化的信号时，要求示波器具有低速扫描和长余辉，或者具备记忆存储功能；当需要把被观测的信号保留一段时间时，应选择记忆存储示波器或数字存储示波器；当需要在观测信号列的同时，还需要仔细观察它的部分内容时，可选择双扫描示波器。

### 2. 示波器使用方法和注意事项

打开电源开关，指示灯亮，屏幕上将显示一水平直线。调整"垂直位移"和"水平位移"旋钮，使水平直线位于屏幕中央。然后再调整"聚焦"和"辉度"旋钮，即可得到一条亮度适中、线条清晰的直线。若仅显示波形，则不必进行预热，如果要进行准确测量，预热时间至少应在 30min 以上。在使用示波器过程中，往往由于操作者对示波原理不甚理解和对示波器面板控制装置的作用不熟悉，会出现由于调节不当而造成异常现象。

使用示波器前必须检查电网电压是否与示波器要求的电源电压一致；通电后需预热

几分钟再调整各旋钮。各旋钮应先大致旋在中间位置，以便找到被测信号波形。注意：示波器的亮度不宜开得过高，且亮点不宜长期停留在固定位置，特别是暂时不观测波形时，更应该将辉度调暗，否则将缩短示波管的使用寿命。输入信号电压的幅度应控制在示波器的最大允许输入电压范围内。

需要说明的是，在选择示波器时，能用普通示波器解决观测任务时，就没必要非要选用高级或特殊示波器，普通示波器不但简单、经济，而且观测效果也不一定差。例如，在信号频率不太高时，若选用取样示波器，不但操作复杂，价格昂贵，而且观测波形往往不如普通示波器清晰。

### 6.5.2  用示波器测量电压

示波器可以测量被测信号的电压、频率、相位、时间、调制系数等参数。下面介绍具体测量内容。

#### 1. 直流电压的测量

示波器测量直流电压的原理是利用被测电压在屏幕上呈现一条直线，该直线偏离时间基线(零电平线)的高度与被测电压的大小是呈正比关系进行的。

$$U_{DC} = h \times D_y \tag{6-15}$$

式中，$h$ 为被测直流信号电压偏离零电平线的高度(cm)；$D_y$ 为示波器的垂直灵敏度(V/div)。若使用带衰减的探头，还应考虑探头衰减系数的大小，对于使用衰减系数为 $k$ 的探头，则被测直流电压值为

$$U_{DC} = h \times D_y \times k \tag{6-16}$$

一般示波器探头的衰减系数 $k$ 的值为 1 或 10。

直流电压测量方法具体步骤如下。

(1) 首先应将示波器的垂直偏转灵敏度微调旋钮置于校准位置，否则电压读数不准确。

(2) 将待测信号送至示波器的垂直输入端。

(3) 确定零电平线。将示波器的输入耦合开关置于"GND"位置，调节垂直位移旋钮，将荧光屏上的扫描基线移到荧光屏的中央位置，此后，不能再调整垂直位置旋钮。

(4) 确定直流电压的极性。调整垂直灵敏度开关到适当位置，将示波器的输入耦合开关拨向"DC"档，观察此时水平亮线的偏转方向，若位于前面确定的零电平线之上，则被测直流电压为正极性；若向下偏转，则为负极性。

(5) 读出被测直流电压偏离零电平线的距离 $h$。

(6) 根据式(6-15)或式(6-16)计算被测直流电压值。

【例 6-1】  示波器测直流电压如图 6-40 所示，$h$=4cm，$D_y$=0.5V/cm，若 $k$=10∶1，求被测直流电压值。

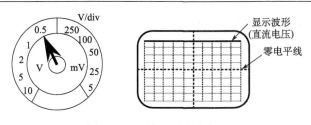

图 6-40　示波器测直流电压

**解**　根据式(6-16)可得

$$U_{DC} = h \times D_y \times k = 4 \times 0.5 \times 10\text{V} = 20\text{V}$$

2.　交流电压的测量

使用示波器只能测量交流电压的峰-峰值，或任意两点之间的电位差值，其有效值和平均值是无法直接通过读数求得的，只能通过一定的换算来计算。被测电压峰-峰值 $U_{PP}$ 为

$$U_{PP} = h \times D_y \tag{6-17}$$

式中，$h$ 为被测交流电压波峰和波谷的高度或任意两点间的高度(cm)，也可是欲观测的任意两点信号电平间的高度；$D_y$ 为示波器的垂直灵敏度(V/div)。使用带衰减的探头时，应考虑衰减系数的大小，若使用衰减系数为 $k$ 的探头，则被测交流电压的峰-峰值为

$$U_{PP} = h \times D_y \times k \tag{6-18}$$

交流电压测量方法具体步骤如下。

(1)首先应将示波器的垂直偏转灵敏度微调旋钮置于校准位置，否则电压读数不准确。

(2)将待测信号送至示波器的垂直输入端。

(3)将示波器的输入耦合开关置于"AC"位置。

(4)调节扫描速度，使显示的波形稳定。

(5)调节垂直灵敏度开关，使荧光屏上显示的波形稳定，记录 $D_y$ 值。

(6)读出被测交流电压波峰和波谷的高度或任意两点间的高度 $h$。

(7)根据式(6-17)或式(6-18)计算被测交流电压的峰-峰值。

【例 6-2】　示波器显示的正弦电压如图 6-41 所示，$h=8$cm，$D_y=1$V/cm，若 $k=1:1$，求被测交流的峰-峰值和有效值。

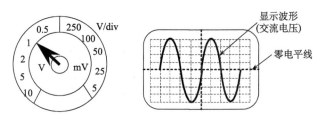

图 6-41　示波器测交流电压

**解**　根据式(6-17)可得正弦电压的峰–峰值为

$$U_{PP} = h \times D_y \times k = 8 \times 1 \times 1V = 8V$$

通过计算，也可得到其有效值为

$$U = \frac{U_P}{\sqrt{2}} = \frac{U_{PP}}{2\sqrt{2}} = \frac{8}{2\sqrt{2}}V = 2.8V$$

### 6.5.3　用示波器测量时间和频率

#### 1. 周期或频率的测量

对于周期性信号，周期和频率互为倒数，只要测出其中一个量，另一个量可通过公式 $f = 1/T$ 求出，所以用示波器测量单个信号的频率就归结为周期的测量。测量周期与用示波器测量电压的原理基本相同，只不过测量周期或时间要着眼于 X 轴系统。被测交流信号的周期 $T$ 为

$$T = x \times D_x \tag{6-19}$$

式中，$x$ 为被测交流信号的一个周期在荧光屏水平方向所占距离(cm)；$D_x$ 为示波器的扫描速度(s/div 或 ms/div)；若使用 X 轴扩展倍率开关，应考虑扩展倍率的大小。若扩展倍率为 $k_x$，则被测交流信号的周期为

$$T = \frac{x \times D_x}{k_x} \tag{6-20}$$

周期或频率的测量方法具体步骤如下。

(1)首先将示波器的扫描速度微调旋钮置于校准位置，否则读数不准确。

(2)将待测信号送至示波器的垂直输入端，调节垂直灵敏度开关，使荧光屏上显示的波形高度适中。

(3)将示波器的输入耦合开关置于"AC"位置。

(4)调节扫描速度开关及触发电平，使显示的波形稳定(一般显示 1～2 个周期)，并记录 $D_x$ 值。

(5)读出被测交流信号的一个周期在荧光屏水平方向所占的距离 $x$。

(6)根据式(6-19)或式(6-20)计算被测交流电压的周期。

**【例6-3】**　示波器显示的波形如图 6-42 所示，$x = 8$cm，扫描速度开关置于 10ms/cm 位置，扫描扩展置于"拉出×10"位置，求被测信号的周期。

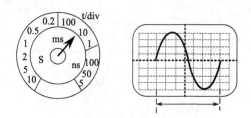

图 6-42　示波器测量信号的周期

**解** 根据式(6-20)可得被测交流信号的周期为

$$T = \frac{x \times D_x}{k_x} = \frac{7 \times 10}{10} \text{ms} = 7 \text{ms}$$

由例 6-3 可见,用示波器测量信号周期是比较方便的。但由于示波器的分辨率较低,所以测量误差较大。为了提高测量准确度,通常采用多周期测量法,即测量周期时,选择 $N$ 个信号周期,读出 $N$ 个信号周期波形在荧光屏水平方向所占距离 $x_N$,则被测信号的周期为

$$T = \frac{x_N \times D_x}{N} \tag{6-21}$$

### 2. 测量时间间隔

(1)测量原理。用示波器测量同一信号中任意两点 $A$ 与 $B$ 的时间间隔的测量方法与周期的测量方法相同。如图 6-43(a)所示,$A$ 与 $B$ 的时间间隔 $T_{A\text{-}B}$ 为

$$T_{A\text{-}B} = x_{A\text{-}B} \times D_x \tag{6-22}$$

式中,$x_{A\text{-}B}$ 为 $A$ 与 $B$ 的时间间隔在荧光屏水平方向所占距离,$D_x$ 为示波器的扫描速度。

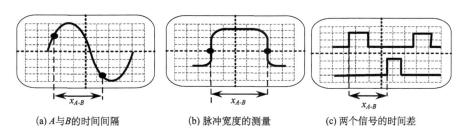

(a) $A$ 与 $B$ 的时间间隔　　　　(b) 脉冲宽度的测量　　　　(c) 两个信号的时间差

图 6-43　示波器测量信号的时间间隔

(2)若 $A$、$B$ 两点分别为脉冲波前后沿的中点,则所测时间间隔为脉冲宽度,如图 6-43(b)所示。

(3)若采用双踪示波器,可测量两个信号的时间差。将两个被测信号分别输入示波器的两个通道,采用双踪显示方式,调节相关旋钮,使波形稳定且有合适的长度,然后选择合适的起始点,即将波形移动到某一刻度线上,如图 6-43(c)所示,最后由式(6-22)读出两被测信号起始点时间的水平距离。

### 6.5.4　用示波器测量相位

信号相位的测量实际是相位差的测量,因为信号 $U_m \sin(\omega t + \varphi)$ 的相位是随时间变化的,测量单个信号绝对的相位值是无意义的。因此,具有实际意义的相位测量是指两个同频率的正弦信号之间的相位差的测量。

### 1. 双踪示波法测量相位

利用示波器线性扫描下的多波形显示是测量相位差最直观、最简便的方法。相位测

量原理是把一个完整的信号周期定义为360°，再将两个信号在 X 轴上的时间差换成角度值。测量方法是：将欲测量的两个信号 $A$ 和 $B$ 分别接到示波器的两个输入通道，示波器设置为双踪显示模式，调节有关旋钮，使荧光屏上显示两条幅度和周期宽度合适的稳定波形，如图 6-44 所示。

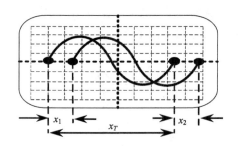

图 6-44　示波器测量信号的时间间隔

首先，利用荧光屏上的坐标测出信号的一个周期在水平方向上所占的长度 $x_T$，然后，测量两波形上对应点之间的水平距离 $x$，则两信号的相位差为

$$\Delta\varphi = \frac{x}{x_T} \times 360° \tag{6-23}$$

式中，$x$ 为两波形上对应点之间的水平距离；$x_T$ 为被测信号的一个周期在水平方向上所占的长度。为减小测量误差，还可取波形前后测量的平均值，如图 6-43 中，可取 $x=(x_1+x_2)/2$。

用双踪示波法测量相位差时应该注意，只能用其中一个波形去触发另一路信号，最好选择其中幅度较大、周期最大的那一个，以便提供一个统一的参考点进行相位比较，而不能用多个信号分别去触发。虽然可以用平均法等措施减小测量误差，但由于光迹的聚焦不可能非常细，读数时又有一定的误差，所以用双踪示波法测量相位差的准确度是比较低的，尤其是相位差较小时，误差更大。

## 2. 用李沙育图形法测量相位

在低频信号的相位差测量中，常采用李沙育图形法，它是利用示波器 X 和 Y 通道分别输入被测信号和一个已知信号，调节已知信号的频率使屏幕上出现稳定的图形，根据已知信号的频率(或相位)便可求得被测信号的频率(或相位)。李沙育图形法适合测量频率比在 1∶10 至 10∶1 的信号，否则波形显示复杂，难以确定交点数或切点数，给调整和测量带来困难。李沙育图形法既可测量频率又可测量相位差，具体如图 6-45 和图 6-46 所示。

(1) 测量频率。李沙育图形法测量频率时，示波器工作于 X-Y 方式下，频率已知的信号与频率未知的信号加到示波器的两个输入端，调节已知信号的频率，使荧光屏上得到李沙育图形，由此可测出被测信号的频率。

示波器工作于 X-Y 方式时，X 和 Y 两信号对电子束的使用时间总是相等的，垂直线、水平线与李沙育图形的交点数分别与 X 和 Y 信号频率成正比。因此，两信号频率关系为

$$\frac{f_y}{f_x} = \frac{N_H}{N_V} \tag{6-24}$$

式中，$N_H$ 和 $N_V$ 分别为水平线、垂直线与李沙育图形的交点数；$f_y$、$f_x$ 分别为示波器 Y 和 X 信号的频率。虽然李沙育图形法测量过程比双踪示波器复杂，但其测量结果比双踪示波器要准确。

【例 6-4】 如图 6-46 所示的李沙育图形，已知 X 信号频率为 6MHz，问 Y 信号的频率是多少？

**解** 分别在李沙育图形上画出垂直线和水平线，则 $N_H$=2，$N_V$=6，注意必须在交点数最多的位置画线。

$$f_y = \frac{N_H}{N_V} f_x = \frac{2}{6} \times 6MHz = 2MHz$$

（2）测量相位差。把要比较相位差的两个频率、同幅度的正弦信号分别送入示波器的 Y 通道和 X 通道，使示波器工作在 X-Y 显示方式，这时示波器的屏幕上会显示出一个椭圆波形，由椭圆上的坐标可求得两信号的相位差。

$$\Delta\varphi = \arcsin\frac{y_0}{y_m} \qquad 或 \qquad \Delta\varphi = \arcsin\frac{x_0}{x_m} \tag{6-25}$$

式中，$\Delta\varphi$ 为两信号的相位差；$x_0$、$y_0$ 为椭圆与 X 轴、Y 轴截距的一半；$x_m$、$y_m$ 为荧光屏上光点在 X 轴、Y 轴方向上的最大偏转距离的一半。

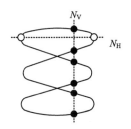

图 6-45 两信号的李沙育波形

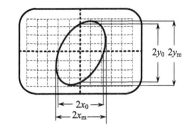

图 6-46 例 6-4 的李沙育波形

## 6.5.5 用数字示波器测量相位

### 1. 自动参数测量法

大部分数字示波器均具有自动参数测量功能，这种方法根据采集的被测波形数据，自动算出波形的峰-峰值、有效值、平均值、最大值、最小值，以及频率、周期、脉宽、边沿时间等参数值并在波形上显示。

自动参数测量可以直接给出测量结果，使用非常简便。但是，除了可以处理上述或类似的典型值以外，这种方法不能给出用户指定的其他任意两点间的幅度。

### 2. 光标法

通常，数字示波器都有光标测量功能，而只有少量的模拟示波器中才具备光标测量功能。实际上，模拟示波器中的光标测量功能也是采用数字技术实现的，只不过示波器的基本部分是模拟示波器。光标法通常采用两条水平光标线，分别对准图形上任意两个被测点，显示屏上就会给出这两点间的差值。不少示波器还能同时给出被测点与地之间的绝对电位。类似地，用两条垂直光标或用点光标还可以方便地测量任意两点间的时间间隔。

光标法简单、直观，而且通常比根据垂直偏转因数直接计算而更加准确。与自动参数测量法比较，光标法的最大优点是可以直接测量任意两点之间的电压，但不能得到电压平均值、有效值等参数。现代示波器往往既提供自动参数测量功能，又提供光标测量功能，供用户自由选择使用。

## 思考题与习题

6-1 通用示波器由哪些主要电路单元组成？它们各起什么作用？

6-2 简述通用示波器扫描发生器环的各个组成部分及其作用。

6-3 延迟线的作用是什么？延迟线为什么要在内触发信号之后引出？

6-4 为什么要实现扫描过程的增辉与消隐？怎样实现？

6-5 在通用示波器中，欲让示波器稳定显示被测信号的波形，对扫描电压有何要求？

6-6 比较触发扫描和连续扫描的特点。

6-7 简述触发电平和触发极性调节的意义。

6-8 试述波形在屏幕上显示清晰、稳定图像的主要方法。

6-9 在通用示波器中调节下列开关、旋钮的作用是什么，应在哪个电路单元中调节？

(1)辉度； (2)聚焦和辅助聚焦； (3)X 轴移位； (4)触发方式； (5)Y 轴移位； (6)触发电平； (7)触发极性； (8)偏转灵敏度粗调； (9)偏转灵敏度细调； (10)扫描速度粗调； (11)扫描速度细调； (12)稳定度。

6-10 在双踪示波器中，什么是交替显示？什么是断续显示？对被测信号的频率有何要求？

6-11 用非实时取样示波器能否观察非周期重复信号和单次信号，为什么？

6-12 简述数字示波器的组成原理及其特点。

6-13 一示波器的荧光屏的水平长度为 10cm，现要求在上面最多显示 10M 正弦信号的两个周期，且幅度适当，问该示波器的扫描速度应为多少？

6-14 有一正弦信号，使用垂直偏转因数为 10mV/div 的示波器进行测量，测量时经过 10:1 的衰减探头加到示波器，测得荧光屏上波形的高低为 7.1div，问该信号的峰值、有效值各为多少？

6-15 示波器时间因数、偏转因数分别置于 1ms/cm 和 10mV/cm，试分别给出下列被测信号在荧光屏上的显示波形：

(1)方波，频率为 500Hz，峰—峰值为 20mV；

(2)正弦波，频率为 1000Hz，峰—峰值为 40mV。

6-16 若被测正弦信号的频率为 10kHz，理想的连续扫描电压频率为 4kHz，试画出荧光屏上显示的波形。

6-17 一致扫描电压的正程、回程时间分别为 3ms 和 1ms，且扫描回程不消隐，试画出荧光屏上显示出的频率为 1kHz 的波形图。

6-18 根据李沙育图形法测量相位的原理，试用作图法画出相位差为 0° 和 180° 的波形，并说明图形为什么是一条直线？

6-19 设示波器的 X、Y 输入端偏转灵敏度相同，现在 X、Y 端分别施加电压 $U_x = A\sin(\omega t + 45°)$ 和 $U_y = A\sin(\omega t)$，试画出荧光屏上显示的李沙育图形。

6-20 已知方波的重复频率为 20MHz，用带宽为 $f_{3\mathrm{dB}} = 30$MHz 的示波器观测它，问示波器上显示的波形是否会有明显的失真，为什么？

6-21 若数字存储器 Y 通道的 A/D 转换器主要指标为：分辨率 8bit，转换时间 100μs，输入电压范围 0~5V。试问：

(1)Y 通道达到的有效存储带宽是多少？

(2)信号幅度的测量分辨率是多少？

(3)若要求水平方向的时间分辨率优于 1%，则水平通道的 D/A 转换器应是多少位？

# 第7章  频率和时间测量仪器

在相等时间间隔内重复发生的现象称为周期现象，该时间间隔称为周期。在单位时间内周期性过程重复、循环或振动的次数称为频率，用周期的倒数来表示，单位为赫兹（Hz）。频率和周期互为倒数，它们都是信号的最基本的参量，对它们的测量通常也是相互联系的。此外，由于时间和频率的数值测量比较精确，在其他物理量测量中，先转换成时间或频率再进行测量的现象也很常见。

周期和时间的基本单位是秒，它是国际单位规定的七个基本单位之一。时间、频率是极为重要的物理量，在通信、航空航天、武器装备、科学试验、医疗、工业自动化等民用和军事方面都存在时频测量。

## 7.1  概  述

### 7.1.1  时频定义、基准

#### 1. 时间和频率的定义

时间是国际单位制中 7 个基本物理量之一，它的基本单位是秒，用 s 表示。在年历计时中，因为秒的单位太小，常用日、星期、月、年；在电子测量中，有时又因为秒的单位太大，常用毫秒（ms，$10^{-3}$s）、微秒（μs，$10^{-6}$s）、纳秒（ns，$10^{-9}$s）、皮秒（ps，$10^{-12}$s）。

时间是人对于客观世界持续运动变化快慢的一种感受，通常所说的时间含义有两个：一个是指"时刻"，即某个事件何时发生；另一个是指"时间间隔"，即某个时间相对于某一时刻持续了多久。

所谓频率就是指周期信号在单位时间（1s）内的变化次数（周期数）。如果在一定时间间隔 $T$ 内周期信号重复变化了 $N$ 次，则频率可表达为

$$f = \frac{N}{T} \tag{7-1}$$

由于频率和周期互为倒数，所以知道了一个信号的频率，也就是知道了它的周期。从广义的角度去理解，周期也可以看成是一种时间间隔，时间的测量可以转换成频率的测量。因此，实际上两者可共用同一基准来进行比对和测量。

与其他物理量的测量相比，时频测量具有如下特点。

（1）测量准确度高。时间和频率的测量精度在所有物理量的测量中是最高的，这是因为频率是迄今为止复制得最准确（可达 $10^{-13}$ 量级），保持得最稳定（$10^{-14}$/星期），而且测量得最准确的物理量。因此，许多物理量的测量都转换为时频测量。

（2）应用范围厂。现代科技所涉及的频率范围是极其窄广的，从 0.01Hz 甚至更低频率开始一直到 $10^{12}$Hz 以上。而且可以利用某种确定的函数关系把其他电参数的精确测量

转换成频率测量。频率测量在电子学和其他领域的研究工作中得到了广泛应用。

(3) 自动化程度高。仪器的数字化是自动化的基础，而时间和频率的测量极易实现数字化。电子计数器利用数字电路的各种逻辑功能很容易实现自动重复测量、自动选择量程、测量结果自动显示等。更重要的是，数字式仪器很容易与计算机相结合，还能接受计算机的外部程控。

(4) 测量速度快。由于数字化仪器实现了测量自动化，因此不但操作简便，而且大大加快了测量速度。

### 2. 时频基准

时间的单位是秒，随着科学技术的发展，对秒的定义曾做过三次重大的修改。

(1) 世界时(UT)秒。最早的时间(频率)标准是由天文观测得到的，以地球自转周期为标准而测定的时间称为世界时，定义为地球自转一周所需要的时间为一天，把它的 1/86400 定义为 1s。这种直接通过天文观察求得的时间秒称为零类世界时($UT_0$)，其准确度在 $10^{-6}$ 量级。后来，对地球自转轴微小移动效应进行了校正，得到第一类世界时($UT_1$)，再把地球自转的季节性、年度性的变化校正后的世界时称为第二类世界时($UT_2$)，其准确度在 $3×10^{-8}$ 量级。地球自转速度受季节等因素的影响，要经常进行修正。地球的公转周期相当稳定，1960 年国际计量大会正式定义为 1900 年 1 月 1 日零时整起始的回归年(太阳连续两次经过春分点所经历的时间)长度的 1/31556925.9747 为 1s。世界时秒和历书时秒都是宏观计时标准，它需要精密的天文测量，设备庞大，手续繁杂，观测周期长，准确度有限，虽然它可以满足天体力学的需要，但仍然不能满足物理学上的某些要求。

(2) 原子时(AT)秒。为了寻求更加恒定，又能迅速测量的时间标准，人们从宏观世界转向微观世界，利用原子能级跃迁频率作为计时标准。1967 年 10 月，第 13 届国际计量大会上正式通过的秒定义为"秒是铯 133 原子($Cs^{133}$)基态的两个超精细结构能级 $[F=4, m_F=0]$ 和 $[F=3, m_F=0]$ 之间跃迁频率相应的射线束持续 9192631770 个周期的时间"。以此为标准定出的时间称为原子时秒，并自 1972 年 1 月 1 日零时起，时间单位秒由天文秒改为原子秒。这样，时间标准改为由频率标准定义，其准确度可达 $±5×10^{-14}$ 量级，是所有其他物理量标准所远远不能及的。

(3) 协调世界时(UTC)秒。世界时和原子时分别从宏观和微观尺度两个方面对时间进行了定义，它们直接互相联系，可以精确运算，但不能彼此取代，各有各的用处。原子时钟只能提供准确的时间间隔，而世界时考虑了时刻和时间间隔。

协调世界时秒是原子时和世界时折中的产物，即用闰秒的方法对天文时进行修正。这样，国际上可采用协调世界时来发生时间标准，既摆脱了天文定义，又可使准确度提高 4～5 个量级。现在，各国标准时间发播台所发送的是协调世界时标，其准确度优于 $±2×10^{-11}$。我国的中国计量科学院、陕西天文台、上海天文台都建立了地方原子时，参加了国际原子时，与全世界 200 多台原子钟联网进行加权平均修正，我国时间标准由中央人民广播电台发布。

时间标准和频率标准具有同一性，可由时间标准导出频率标准，也可由频率标准导出时间标准，通常统称为时频标准。

### 7.1.2 频率测量方法

频率测量所提出的要求，取决于所测量频率范围和测量任务。例如，在实验室中研究频率对谐振回路、电阻值、电容的损耗角或其他被研究电参量的影响时，能将频率测到 $\pm 1 \times 10^{-2}$ 量级的准确度，而对广播发射机的频率测量，其准确度应达到 $\pm 1 \times 10^{-5}$ 量级的准确度。因此，不同的测量对象和任务，其测量准确度的要求悬殊。根据测量方法的原理，频率测量方法的分类如图 7-1 所示。

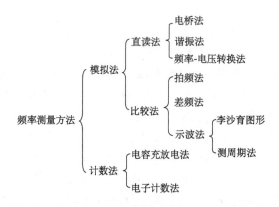

图 7-1　频率测量方法分类

#### 1. 直读法

1）电桥法测频

电桥法是利用电桥的平衡条件和频率有关的特性来进行频率测量。凡是平衡条件与频率有关的任何电桥都可用作测频用，但要求电桥的频率特性尽可能尖锐。测频的电桥种类很多，常用的有文氏电桥、谐振电桥和双 T 电桥。图 7-2 为文氏电桥法测频原理图。调节 $R_1$、$R_2$ 使电桥可在被测频率点上达到平衡，电桥的平衡条件为

$$\left(R_1 + \frac{1}{\mathrm{j}\omega C_1}\right) R_4 = \left(\frac{1}{\frac{1}{R_2} + \mathrm{j}\omega C_2}\right) R_3 \tag{7-2}$$

即

$$\left(R_1 + \frac{1}{\mathrm{j}\omega C_1}\right)\left(\frac{1}{R_2} + \mathrm{j}\omega C_2\right) = \frac{R_3}{R_4}$$

令等式两端的实部和虚步分别相等，虚部等于零，从而该电桥平衡的两个条件为

$$\begin{cases} \dfrac{R_1}{R_2} + \dfrac{C_2}{C_1} = \dfrac{R_3}{R_4} \\ R_1 \omega C_2 - \dfrac{1}{R_2 \omega C_1} = 0 \end{cases} \tag{7-3}$$

则被测角频率为

$$\omega = \frac{1}{\sqrt{R_1 R_2 C_1 C_2}} \quad 或 \quad f = \frac{\omega}{2\pi} = \frac{1}{2\pi\sqrt{R_1 R_2 C_1 C_2}} \tag{7-4}$$

若取 $R_1 = R_2 = R$，$C_1 = C_2 = C$，则得 $f_x = 1/(2\pi RC)$，借助于 $R$ 或 $C$ 的调节，可使电桥对被测频率 $f_x$ 达到平衡（指示器指示最小），故可变电阻 $R$ 或可变电容 $C$ 上即可按频率进行刻度。这种测频电桥的精确度，主要受到电桥中各元件的准确度、判断电桥平衡的准确程度（取决于桥路谐振特性的尖锐度即指示器的灵敏度）和被测信号的频谱纯度的限制，一般为 $\pm(0.5\% \sim 1\%)$。高频时，由于寄生参数影响严重，测量准确度大大下降，因为调节不便、误差较大，已很少采用。

2) 谐振法测频

谐振法使用 $LC$ 谐振回路，基本原理如图 7-3 所示。将被测信号作为谐振电路的电源，经互感 $M$ 与 $LC$ 串联谐振回路进行松耦合，通过改变电路参数使电路谐振，调节可变电容器，当被测信号频率 $f_x$ 等于谐振电路的固有谐振频率 $f_0$ 时，回路发生串联谐振。谐振时回路电流 $I$ 达到最大，被测频率可用式 (7-5) 计算

$$f_x = f_0 = \frac{1}{2\pi\sqrt{LC}} \tag{7-5}$$

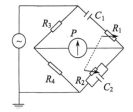

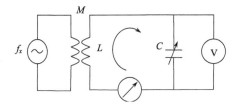

图 7-2　文氏电桥法测量频率　　　　　　图 7-3　谐振法测量频率

谐振法测量频率结构比较简单、操作方便，所以应用比较广泛。谐振法测频的测量误差主要由以下几个方面引起。

(1) 式 (7-5) 表述的谐振频率是近似计算公式，因此，用该式计算，必会有误差，只不过是误差大小的问题。谐振回路中，电感、电容的损耗越小，即回路的品质因数 $Q$ 越高，计算的误差越小，反之，误差越大。

(2) 当环境温度、湿度，以及可调元件等因素变化时，将使电感、电容实际的元件值发生变化，从而使回路固有频率发生变化，造成一定的测量误差。

3) 频率-电压转换法

把频率变化线性地转换成电压变化的转化器称为 $F$-$V$ 转化器。它主要包括电平鉴别器、单稳态触发器和低通滤波器三部分，具体如图 7-4 所示。

$N_1$ 将输入信号转换成频率相同的方波信号，再经微分电容 $C_1$ 和二极管 $VD_3$ 把上升窄脉冲送到 $N_2$。$N_2$ 构成单稳态电路，常态下其反向输入为负电位，使 $N_2$ 输出为高电平，$V_1$、$V_2$ 导通，此时 $u_2$ 为低电平，即 $u_2 = "0"$，$C$ 放电使 $u_P$ 减小；$u_1$ 为高电平时，$u_N = U_H > 0$，$N_2$ 翻转输出低电平，$V_1$、$V_2$ 截止，此时 $u_2$ 为高电平，即 $u_2 = U_m$，$C$ 充电使 $u_P$ 增大，经

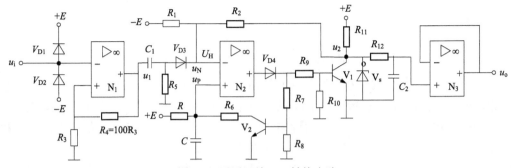

图 7-4　通用运放 F-V 转换电路

$T_W$ 时间，当 $u_P$ 上升到 $U_H$ 时，使 $N_2$ 再次翻转"复位"，单稳态过程结束。由 $u_2$ 输出定宽($T_w$)、定幅度($U_m$)的脉冲，$u_2$ 输出高电平的频率随输入频率的升高而增大，将此脉冲序列经低通滤波器平滑，即可得到比例于输入信号频率 $f_i$ 的输出电压 $u_o$，而且

$$u_o = T_w U_m f_i \tag{7-6}$$

当 $U_m$、$T_w$ 一定时，$u_o$ 正比于 $f_i$，所以，将 $u_s$ 加入直流电压表的输入端，经过表盘对频率的直接刻度标定，直流电压表指示就成为 $F$-$V$ 转换型直读式频率计。测量误差主要取决于 $U_m$、$T_w$ 的稳定度以及电压表的误差，一般为百分之几。

**2. 比较法**

比较法是将被测频率与一个已知频率相比较，通过观察比较结果来获得被测信号频率值的一种方法，包括拍频法、差频法与示波法等。

1) 拍频法

拍频法是将被测信号与标准信号经线性元件(如耳机、电压表)直接进行叠加来实现频率测量的，其原理电路如图 7-5 所示。当两个音频信号逐渐靠近时，耳机中可以听到两个高低不同的音调。当这两个频率靠近到差值不到 4Hz 时，就只能听到一个近于单一音调的声音，这时，声音的响度做周期性的变化，再观察电压表，会发现指针在有规律地来回摆动，被测信号的频率近似等于标准信号频率。拍频法通常只用于音频的测量，而不宜用于高频测量，高频段测频常用差频法测量。

2) 差频法

差频法是利用非线性器件和标准信号对被测信号进行差频变换来实现频率测量的，其工作原理如图 7-6 所示。$f_x$ 和 $f_s$ 两个信号经混频器混频和滤波器滤波后输出二者的差频信号，该差频信号落在音频信号范围内，调节标准信号频率，当耳机中听不到声音时，表明两个信号频率近似相等。

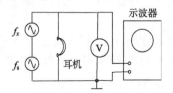

图 7-5　拍频法测量频率

图 7-6　差频法测量频率

3) 示波法

示波法有两种：李沙育图形法和测周期法。前者是将被测信号与已知信号分别接至示波器 Y 轴和 X 轴输入端，当两者频率相等时，显示出一条斜线(或椭圆或圆，与两个信号的相位差有关)，或利用不同频率比显示的图形来计算被测信号的频率，此方法受到示波器 X 通道频率响应的限制，当频率比较高时难以稳定，所以只适用于低频测量。由于调节不便，已很少使用。用宽带示波器通过测量周期的方法获得被测信号的频率值，虽然误差较大，但对于要求不太高的场合是比较方便的。

用李沙育图形法测量频率时，示波器工作于 X-Y 方式下，X 和 Y 信号对电子束的作用时间是相等的。X 和 Y 信号分别确定的是电子束水平、垂直方向的位移，所以信号频率越高，波形经过水平线和垂直线的次数越多，即垂直线、水平线与李沙育图形的交点数成正比。假设频率已知的信号与频率未知的信号分别加到示波器的 X-Y 两个输入端，调节已知信号的频率，使荧光屏上得到李沙育图形，李沙育图形存在如下关系

$$\frac{f_y}{f_x} = \frac{N_H}{N_V} \tag{7-7}$$

式中，$N_H$ 和 $N_V$ 分别为水平线、垂直线与李沙育图形的交点数；$f_y$、$f_x$ 分别为示波器 Y 和 X 信号的频率，根据式(7-7)即可计算出被测信号的频率 $f_y$。

3. 计数法

计数法有电容充放电式及电子计数式两种。电容充放电式是利用电子电路控制电容器充放电的次数，再用磁电式仪表测量充电或放电电流的大小，从而指示出被测信号的频率值。这是一种直读式仪表，误差较大，只适用于低频测量。

电子计数式是用电子计数器显示单位时间内通过被测信号的周期个数来实现频率的测量，其测量原理如图 7-7 所示。计数式频率和时间测量原理中的核心部件是比较器和计数器，为了使其具备测频或测时功能，在计数电路前增设一个门电路。在与门 $A$ 端输入被测信号被整形后的脉冲序列 $f_x$，在 $B$ 端输入宽度为 $T$ 的控制信号(常称闸门信号)，取 $T=1\text{s}$，则 $C$ 端仅能在 $T$ 期间有被测信号出现，然后送计数器计数，设计数器为 $N$，则有 $NT_x=T$，因此

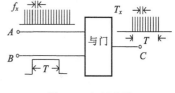

图 7-7　主门电路

$$f_x = \frac{N}{T} \tag{7-8}$$

由式(7-8)可知，已知的标准时间内累加未知的待测输入脉冲个数，即可实现频率的测量，其实质属于比较法测频，比较的时间基准是闸门信号 $T$。在未知待测时间间隔内累加已知的标准时间脉冲个数，即可实现周期或时间间隔的测量。

通常又把数字式测频、测时仪器称为电子计数器，其组成如图 7-8 所示。除主门、计数电路和显示器外，通用计数器还有两个放大整形电路和一个门控双稳态触发器。从 $A$ 通道输入频率为 $f_A$ 的 $A$ 信号，经放大、整形变换为计数脉冲信号，接到闸门的 1 端，

从 $B$ 通道输入频率为 $f_B$ 的 $B$ 信号，也经放大、整形变换为周期为 $T_B$ 的矩形脉冲信号，并接至闸门的 2 端以触发门控双稳态触发器，使它输出一个宽度为 $T_B$ 的门控时间脉冲信号，控制主门的开门时间，主门的开关时间应远大于 $A$ 通道输入信号的周期，以获得更准确的读数。

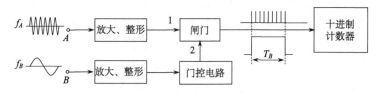

图 7-8　通用计数器的简化框图

## 7.2　电子计数器

### 7.2.1　分类

电子计数器是出现最早、发展最快的数字仪器之一。就其功能而言，早已冲破了初期只能测频或计数的限制，成为一台多功能的仪器；就采用的元件而言，由于采用高速集成电路和大规模集成电路，仪器在小型化、耗电、可靠性等诸多方面都有很大的改善；就其性能而言，它具有测量精度高、速度快、自动化程度高、操作简便、直接数字显示等特点，特别是与微处理器结合，实现了程控化和智能化。目前，电子计数器几乎已完全代替模拟式频率测量仪器。按其测试功能的不同，电子计数器分为以下几类。

(1)通用电子计数器。通用电子计数器即多功能电子计数器。它可以测量频率、频率比、周期、时间间隔及累加计数等，配上相应插件可测相位、电压、电流、功率、电阻等参量；配合传感器还可测长度、位移、重量、压力、温度、转速、速度与加速度等非电量。

(2)频率计数器。频率计数器是指专门用于测量高频和微波频率的电子计数器，其功能仅限于测频和计数，它具有较宽的频率范围。

(3)时间计数器。时间计数器是以时间测量为基础的计数器，其测时分辨力和准确度都很高，已达皮秒的数量级。

(4)特种计数器。特种计数器是指具有特殊功能的电子计数器，如可逆计数器、预置计数器、程序计数器和差值计数器等，它们主要用于工业生产自动化，尤其在自动控制和自动测量方面。

### 7.2.2　基本组成

图 7-9 为通用电子计数器组成框图，主要由时基电路、输入电路、计数显示电路、逻辑控制电路组成。

### 1. 时基电路

时间基准是量化的标准，若其值不准确将直接影响测量精度。时基电路的作用就是提供准确的计数时间 $T$，它一般由高稳定度的石英晶体振荡器、分频整形电路与门控电路组成。晶体振荡器输出的正弦信号频率为 $f_c$，周期为 $T_c$，经 $m$ 次分频、整形后得到周期为 $T=mT_c$ 的窄脉冲，以此窄脉冲触发一个门控电路，从门控电路输出端即得所需要的宽度为基准时间 $T$ 的脉冲，它又称为闸门时间脉冲。

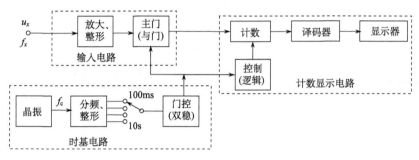

图 7-9　通用电子计数器整机框图

为了测量需要，在实际的电子计数式频率计中，时间基准选择开关分若干个档位。常用的标准单位时间(时标信号)有 1ms、0.1ms、10μs、1μs、0.1μs、10ns、1ns 等几种；常用的标准单位频率(频标信号)有 1kHz、100Hz、10Hz、1Hz、0.1Hz 等几种。

### 2. 输入电路

输入电路作用是接收被测信号，并对被测信号进行放大、整形，变成符合主门要求的脉冲信号，然后加到主门的输入端。输入频率为 $f_x$，周期为 $T_x$ 的被测周期信号经放大、整形、微分得到周期为 $T_x$ 的窄脉冲，送到主门的一个输入端。主门的另一控制端输入的是时基电路产生的闸门脉冲。只有在闸门脉冲开启主门期间，周期为 $T_x$ 的窄脉冲才能经过主门，在主门的输出端产生输出；在闸门关闭主门的期间，周期为 $T_x$ 的窄脉冲不能在主门的输出端产生输出。在闸门脉冲控制下，经过主门输出计数脉冲信号。计数脉冲信号经过主门进入十进制计数器，是十进制计数器的触发脉冲源。

### 3. 计数显示电路

这部分电路的作用简单地说，就是计数被测周期信号在闸门宽度 $T$ 时间内重复的次数，显示被测信号的频率。它一般由计数电路、逻辑控制电路、译码器和显示器组成。在逻辑控制电路的控制下，计数器对主门输出的计数脉冲实施二进制计数，其输出经译码器转换为十进制计数，输出到数码管或显示器件显示。因时基 $T$ 都是 10 的整数幂，所以显示出的十进制数就是被测信号的频率，其单位可能是 Hz、kHz、MHz。

### 4. 逻辑控制电路

逻辑控制电路产生各种控制信号，用于控制电子计数器各单元电路的协调工作，使整机按一定的工作程序完成自动测量的任务，其流程如图 7-10 所示。每一次测量的工作程序一般是：复零→测量→显示→复零→准备下次测量等。测频时，电子计数器的工作过程如下。

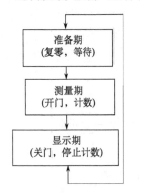

图 7-10　电子计数器的工作流程

准备期：在开始进行一次测量之前应做好的准备工作是使各计数电路回到起始状态，并将读数清零。这一过程称为复零。复零完成后，控制电路解锁门控双稳使其处于等待状态，等待下一个闸门信号的触发。

测量期：通过闸门信号选择开关，从时基电路选取适当的频标作为开关时间控制信号。门控双稳在所选频标信号的触发下产生单位长度的脉冲使主门准确地开启一段固定时间，以使输入信号通过主门到计数电路进行计数。这段时间称为测量时间。

显示期：显示器在一次测量完毕后关闭主门，把计数结果送到显示电路去显示。为了便于读取或记录测量结果，显示的读数应当保持一定的时间。在这段时间内，主门应当被关闭，这段时间称为显示时间。显示时间结束后，再做下一次测量的准备工作。

### 7.2.3　测量功能

通用电子计数器的基本功能就是测量频率、测量周期、测量频率比、累加计数、测量时间间隔，以及自检等。

#### 1. 测量频率

电子计数器测量频率原理框图如图 7-11 所示。被测信号经过放大、整形、倍频，形成重复频率为 $mf_x$ 的计数脉冲，作为闸门的输入信号，脉冲的宽度则为 $T_x/m$。晶振频率为 $f_c$，经 $K$ 分频后频率为 $f_c/K$，宽度为 $KT_c$ 的脉冲加到门控电路。门控电路的输出信号称为门控信号，控制着闸门的启闭，闸门开启时间等于分频器输出信号周期 $KT_c$。只有当闸门开启时，计数脉冲才能通过闸门进入十进制计数器去计数，设计数结果为 $N$。则存在关系

$$N\frac{T_x}{m} = \frac{N}{f_x m} = KT_c$$

即有

$$N = mKT_c f_x \tag{7-9}$$

式中，$N$ 为闸门开启期间十进制计数器的计数脉冲个数；$f_x$ 为被测信号频率，其倒数为周期 $T_x$；$T_c$ 为晶振信号周期；$m$ 为倍频次数；$K$ 为分频次数，调节 $K$ 的旋钮称为"闸门时间选择"开关，与 $T_s$ 的乘积等于闸门时间。

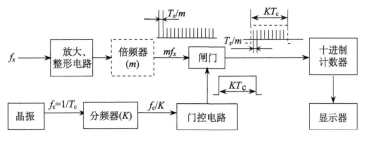

图 7-11　测量频率原理图

为了使 $N$ 值能够直接表示 $f_x$，常取 $mKT_c$ 为 1ms、10ms、0.1s、1s、10s 等几种闸门时间。即当闸门时间为 $1×10^n s$（$n$ 为整数），并且使闸门开启时间的改变与计数器显示屏上小数点位置的移动同步进行时，无须对计数结果进行换算，就可直接读出测量结果。

2. 测量周期

频率的倒数就是周期，电子计数器测量周期的原理与测频原理相似，其原理框图如图 7-12 所示。

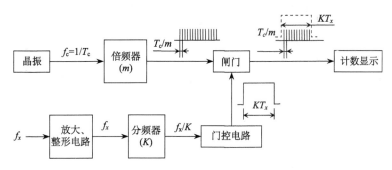

图 7-12　测量周期原理图

门控电路的启闭由经放大、整形、分频后的被测信号控制，被测信号的周期为 $f_x$，经 $K$ 分频后为 $f_x/K$，闸门开启时间等于被测信号周期 $KT_x$。晶振频率为 $f_c$，经 $m$ 倍频后频率为 $mf_c$，计数脉冲是晶振信号经倍频后的时间标准信号 $T_c/m$，只有当闸门开启时，计数脉冲才能通过闸门进入十进制计数器去计数，设计数结果为 $N$。则存在关系

$$KT_x = N\frac{T_c}{m} = \frac{N}{mf_c}$$

即有

$$T_x = N\frac{1}{mKf_c} = \frac{NT_c}{mK} \tag{7-10}$$

式中，$T_x$ 与 $K$ 的乘积等于闸门时间；$K$ 为分频器分频次数，调节的 $K$ 旋钮称为"周期倍乘选择"开关，通常选用 $10^n$，如 ×1、×10、×$10^2$、×$10^3$ 等，该方法称为多周期测量法；$T_c$ 为晶振信号周期，$f_c$ 为晶振信号频率；$T_c/m$ 通常选用 1ms、1μs、0.1μs、10ns 等，改变 $T_c/m$ 大小的旋钮称为"时标选择"开关。

由上述分析得知，通用电子计数器无论是测量频率还是测量周期，其测量方法是依据闸门时间等于计数脉冲周期与闸门开启时通过的计数脉冲个数之积，然后根据被测量的定义进行推导计算而得出被测量。同样道理，也可以据此来测量频率比、时间间隔、累加计数等。

**3. 测量频率比**

频率比即两个信号的频率之比，电子计数器测量频率比的原理框图如图 7-13 所示。其测量原理与测量频率的原理相似。此时有两个输入信号加到电子计数器输入端，如果 $f_A > f_B$，就将频率为 $f_B$ 的信号经 $B$ 通道输入去控制闸门的启闭，假设该信号未经分频器分频，则闸门开启时间等于 $T_B(T_B=1/f_B)$；而把频率为 $f_A$ 的信号从 $A$ 通道输入，假设该信号未经过倍频，设十进制计数器计数值为 $N$，则存在关系 $T_B=NT_A$，因此满足

$$N = \frac{T_B}{T_A} = \frac{f_A}{f_B} \tag{7-11}$$

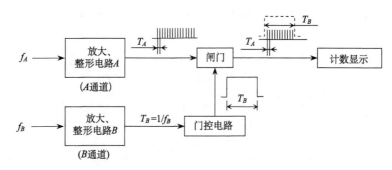

图 7-13　测量频率比原理图

推论 1：为了提高测量准确度，可以采用类似多周期测量的方法，在 $B$ 通道增加分频器，对 $f_B$ 进行 $K$ 次分频，使闸门开启时间扩展 $K$ 倍，则有

$$KT_B = NT_A$$
$$\frac{f_A}{f_B} = \frac{T_B}{T_A} = \frac{N}{K} \tag{7-12}$$

推论 2：当对 $f_A$ 再进行 $m$ 次倍频，用 $mf_A$ 作为时标信号时，存在关系

$$KT_B = NT_A / m$$
$$\frac{f_A}{f_B} = \frac{T_B}{T_A} = \frac{N}{mK} \tag{7-13}$$

**4. 累加计数**

累加计数是指在限定时间内，对输入的计数脉冲进行累加。其测量原理与测量频率是相似的，不过此时门控电路改由人工控制。其电路原理框图如图 7-14 所示，当开关 S 在"启动"位置时，闸门开启，计数脉冲进入计数器计数，当开关 S 在"终止"位置时，闸门关闭，终止计数，累加计数结果由显示电路显示。

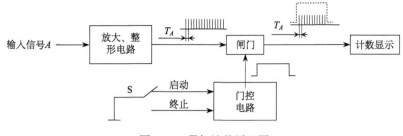

图 7-14　累加计数原理图

### 5. 测量时间间隔

图 7-15 为测量时间间隔的原理框图，其测量原理与测量周期原理相似，不过控制闸门启闭的是两个（或单个）输入信号在不同点产生的触发脉冲。触发脉冲的产生由触发器的触发电平与触发极性选择开关来决定。

当测量两个信号的时间间隔时，开关 $S_1$ 处于"单独"位置，$B$ 输入（设时间超前）产生起始触发脉冲用于开启闸门，使十进制计数器开始对时标信号进行计数；$C$ 输入（设时间滞后）则产生终止触发脉冲以关闭闸门，停止计数。假设起始脉冲和终止脉冲分别选择输入 $A$、$B$ 正极性（即开关 $S_2$、$S_3$ 置于"＋"处）、50%电平处产生，计数值为 $N$，则时间间隔 $T_{BC}$ 存在以下关系

$$T_{BC} = NT_c / m \tag{7-14}$$

当测量脉冲信号的时间间隔如脉冲前沿 $t_r$、脉宽 $\tau$ 等参数时，将开关 $S_1$ 置于"公共"位置，测量原理如图 7-15 所示。根据被测量的定义，调节触发器 1、2 的触发电平和触发极性，选择合适的时标信号，即可测量。例如，测量脉宽 $\tau$，根据脉宽定义，调节触发器 1、2 的触发电平均为 50%，分别调节触发极性选择 $S_1$、$S_2$ 为"＋""－"。闸门开启期间计数结果为 $N$，则有

$$\tau = NT_c / m \tag{7-15}$$

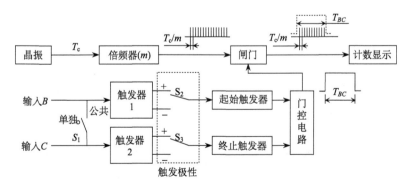

图 7-15　测量时间间隔原理图

测量时间间隔过程如图 7-16 所示。

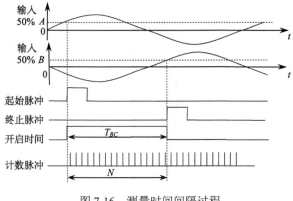

图 7-16    测量时间间隔过程

### 6. 自检(自校)

大多数电子计数器都具有自检(即自校)功能,它可以检查仪器自身的逻辑功能以及电路工作是否正常,其原理框图如图 7-17 所示。

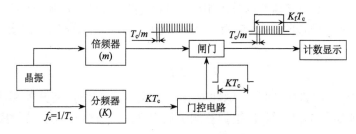

图 7-17    电子计数器自检原理

自检过程与测量频率的原理相似,不过自检时的计数脉冲不再是被测信号而是晶振信号经倍频后产生的时标信号。显然,只要满足关系

$$KT_c = N\frac{T_c}{m}$$

即有

$$N = mK \qquad 或 \qquad N = mK \pm 1 \qquad\qquad (7\text{-}16)$$

式(7-16)说明电子计数器及其电路工作正常,出现±1是因为计数器中存在量化误差。

### 7.2.4    主要技术指标

通用计数器最常见的技术指标有频率或时间测量范围、灵敏度、分辨力、输入特性和测量误差等。

#### 1. 频率或时间测量范围

频率或时间测量范围是指在输入信号幅度和仪器工作正常的情况下,能测量的频率或时间范围。目前频率测量的低端可达 μHz 量级,高端已近 200GHz。对时间的测量可

从 μs 级至 $10^7$s 以上。这些都是电子测量范围非常宽的参数。

### 2. 灵敏度

灵敏度是在符合仪器技术指标的情况下所要求的最小信号幅度。要求的这个幅度越小，灵敏度越高。该幅度可用电压的绝对数值表示，亦可用在仪器输入阻抗上的绝对功率电平表示，例如为若干 dBm，后者在微波计数器中常用。

### 3. 分辨力

分辨力是指仪器能测出的频率或时间的最小变化值。目前对频率的分辨力可达若干 nHz，对时间的分辨力可达若干 ps。因能分辨的显示值常与显示器的最低位相对应，而被测最大值能反映到显示器的最高位上，所以有时也用显示器的位数表征分辨能力。这时常把位数称为分辨力。

### 4. 输入特性

耦合方式有 AC 耦合和 DC 耦合两种方式；动态范围指仪器能稳定工作并符合准确度要求的情况下，从最小输入电压至最大输入电压的范围，可用电压或输入阻抗上的功率电平的范围表示，最小输入电压，大多为 10～100mV；波形阻抗由输入电阻和输入电容两部分组成。

### 5. 测量误差

测量误差用来表征仪器示值与被测量约定真值接近的程度。因为测量误差越小，准确度越高，所以测量误差的大小也被定性地表征为准确度的高低。计数器的测量误差除和晶振或作为时基、时标的外接标准源有关外，还和计数误差及噪声干扰有关。

除了以上指标，仪器说明书应列出仪器的全部功能。对闸门时间、时标、周期倍乘等可选择参数，都应列出具体数值，对显示器应给出显示位数和单位。和其他仪器类似，还应给出仪器对输入信号的要求、仪器的输入阻抗、仪器消耗功率等多项指标。

## 7.3　电子计数器的测量误差

### 7.3.1　测量误差的来源

电子计数器的测量误差来源主要包括量化误差、触发误差和标准频率误差。

### 1. 量化误差

用电子计数器测量频率，实际上是一个量化过程，量化的最小单位是数码的一个字，或者一个脉冲。无论用电子计数器进行怎样的测量，计数脉冲都是通过闸门再进入计数器的，计数的多少，除了和被测频率以及闸门启闭的时间有关外，由于闸门开启时刻和第一个被测计数脉冲到来的时刻之间的关系是随机的，因此，计数值还和这两者的时间关系有关。量化误差就是指在进行频率的数字化测量时，被测量与标准单位不是正好为整数倍，再加之闸门启闭的时间和被测信号不同步，因此在量化过程中有一部分时间零头没有被计算在内，使电子计数器出现±1 误差。

量化误差是在将模拟量变换为数字量的量化过程中产生的误差，是数字化仪器所特有的误差，是不可消除的误差。量化误差的特点是无论计数值 $N$ 为多少，每次计数值总是相差±1，即 $\Delta N=\pm 1$。因此，量化误差又称为±1 误差或±1 字误差。又因为量化误差是在十进制计数器的计数过程中产生的，故又称为计数误差。量化误差的相对误差为

$$\gamma_N = \frac{\Delta N}{N} \times 100\% = \pm \frac{1}{N} \times 100\% \tag{7-17}$$

#### 2. 触发误差

触发误差又称为变换误差。被测信号在整形过程中，由于整形电路本身触发电平的抖动或者被测信号叠加有噪声和各种干扰信号等原因，整形后的脉冲周期不等于被测信号的周期，由此而产生的误差称为触发误差。

触发误差对测量周期的影响较大，而对测量频率的影响较小，所以测频时一般不考虑触发误差的影响。这是因为测频时用来产生门控信号的是标准的晶振信号，叠加的干扰信号很小，故可以忽略触发误差的影响，而产生计数脉冲的被测信号中虽然有干扰信号，但不影响对计数脉冲的计数，故不产生触发误差。为了减小测量周期时触发误差的影响，除了尽量提高被测信号的信噪比外，还可以采用多周期测量法测量周期，即增大 $B$ 通道分频器分频次数。

#### 3. 标准频率误差

影响频率测量误差的另一因素是闸门开启时间的相对误差，它取决于晶振的频率稳定度、准确度、分频电路和闸门开关速度及其稳定性等因素。若能尽量减小和消除整形、分频电路和闸门开关速度的影响，则该相对误差可看作仅由晶振的频率误差引起。

标准频率误差是指由于晶振信号的不稳定等而产生的误差。测频时，晶振信号用来产生门控信号(即时基信号)，标准频率误差称为时基误差；测量周期时，晶振信号用来产生时标信号，标准频率误差称为时标误差。一般情况下，由于标准频率误差较小，可不予考虑。

### 7.3.2 频率测量误差分析

#### 1. 量化误差

量化误差的示意图如图 7-18 所示，在开始和结束时产生零头时间 $\Delta t_1$ 和 $\Delta t_2$。从图中可得到 $T_s$

$$\begin{aligned}
T_s &= NT_x - \Delta t_1 + \Delta t_2 \\
&= \left( N - \frac{\Delta t_1 - \Delta t_2}{T_x} \right) T_x \\
&= (N - \Delta N) T_x
\end{aligned}$$

式中，$\Delta N = \dfrac{\Delta t_1 - \Delta t_2}{T_x}$，由于 $\Delta t_1$ 和 $\Delta t_2$ 在 $0 \sim T_x$ 任意取值，则可能有如下情况。

(1) 当 $\Delta t_1 = \Delta t_2$ 时，$\Delta N = 0$。

(2) 当 $\Delta t_1 = 0$，$\Delta t_2 = T_x$ 时，$\Delta N = -1$。

(3) 当 $\Delta t_1 = T_x$，$\Delta t_2 = 0$ 时，$\Delta N = +1$。

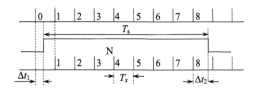

图 7-18 量化误差示意图

即最大计数误差为 $\pm 1$ 个数，故电子计数器的量化误差又称为 $\pm 1$ 误差。由 $f = N/T$ 可得

$$\frac{\Delta N}{N} = \frac{\pm 1}{N} = \pm \frac{1}{T_s f_x} \tag{7-18}$$

式中，$f_x$ 为被测量信号频率；$T_s$ 为闸门时间。由此不难得到如下结论：脉冲计数相对误差与被测信号频率和闸门时间之积成反比。也就是说，被测信号频率越高，闸门时间越宽，此项相对误差越小。例如，$T_s$ 选为 1s，若被测频率 $f_x = 100$ Hz，其相对误差为 $\pm 1\%$，若 $f_x = 1000$Hz，其相对误差为 $\pm 0.1\%$，显然被测频率高，相对误差小。再如，若被测频率 $f_x = 100$ Hz，$T_s = 1$s 时，其相对误差为 $\pm 1\%$，当 $T_s = 10$s 时，其相对误差为 $\pm 0.1\%$，即 $f_x$ 一定时，增大闸门时间 $T$，可减小脉冲计数的相对误差。

### 2. 标准频率误差

在频率测量中，闸门时间是由晶振输出的频率分频得到的。晶振输出频率不稳定引起闸门时间的不稳定，造成测频误差

$$T_s = \frac{1}{f_s} = \frac{1}{f_c / K} = K \times T_c = \frac{K}{f_c}$$

而

$$\Delta T_s = \frac{\mathrm{d}(T_s)}{\mathrm{d}(f_c)} \Delta f_c = -\frac{K \Delta f_c}{f_c^2} = \left( -\frac{\Delta f_c}{f_c} \right) T_s$$

式中，$K$ 为产生闸门信号的分频系数，因此有

$$\frac{\Delta T_s}{T_s} = -\frac{\Delta f_c}{f_c} \tag{7-19}$$

式 (7-19) 表明闸门时间相对误差在数字上等于晶振频率的相对误差，所以也称时基误差。

### 3. 误差表达式

由上所述，可知计数器直接测频的误差主要由两项组成，即 $\pm 1$ 量化误差和标准频率误差。一般，总误差可采用分项误差绝对值合成，即

$$\frac{\Delta f_x}{f_x} = \pm \left( \frac{1}{T_s f_x} + \left| \frac{\Delta f_c}{f_c} \right| \right) \tag{7-20}$$

式 (7-20) 等号右边第一项为 ±1 量化误差，第二项为标准频率误差。

### 4. 减小测频误差方法的分析

综上所述，要想提高频率测量的准确度，应采取如下措施。

(1) 当输入信号频率 $f_x$ 一定时，增加闸门时间 $T_s$ 可以提高测频分辨力和准确度，因此，扩大闸门时间 $T_s$ 或采用倍频技术提高被测信号的频率以减小 ±1 误差。

(2) 当闸门时间 $T_s$ 一定时，输入信号频率 $f_x$ 越高，则测量的准确度越高，提高晶振频率 $f_c$ 的准确度和稳定度以减小闸门时间误差。

(3) 被测信号频率 $f_x$ 较高时，闸门时间误差较小，说明计数测频的误差较小；被测信号频率 $f_x$ 较低时，闸门时间误差较大，说明计数测频的误差较大。所以，在被测信号频率 $f_x$ 较低时，应采用测量周期的方法进行测量。

(4) 随着 ±1 误差减小到 $|\Delta f_c / f_c|$ 以下，$|\Delta f_c / f_c|$ 的影响不可忽略。这时，可以认为 $|\Delta f_c / f_c|$ 是计数器测频的准确度的极限。

因此，测频准确度主要取决于仪器本身闸门时间的准确度、稳定度和恰当选择闸门时间。用优质的石英晶体振荡器可以满足一般电子测量对闸门时间准确度、稳定度的要求。例如，一台可显示 8 位数的计数式频率计，取单位为 kHz。设 $f_x = 10\text{MHz}$，当选择闸门时间 $T_s = 1\text{s}$ 时，仪器显示值为 10000.000kHz；当选择闸门时间 $T_s = 0.1\text{s}$ 时，显示值为 010000.00 kHz；当选择闸门时间 $T_s = 10\ \text{ms}$ 时，显示值为 0010000.0 kHz。

由此可见，选择 $T_s$ 大一些数据的有效位数多，同时量化误差小，因而测量准确度高。但是，在实际测频时并非闸门时间越长越好，它也是有限度的。若选 $T_s = 10\text{s}$，则仪器显示为 0000.0000 kHz，把最高位丢了，当然也就谈不上测量准确了，原因是实际的仪器显示的数字都是有限的，而产生了溢出造成的。所以选择闸门时间的原则是：在不使计数器产生溢出现象的前提下，应取闸门时间尽量大一些，减少量化误差的影响，使测量的准确度最高。

## 7.3.3　周期测量误差分析

与分析电子计数器测频误差类似，根据测量周期原理可以对电子计数器的测量周期误差进行分析。

### 1. 误差分析

由式 $T_x = NT_c$，可得 $\Delta T_x = \Delta N T_c + N \Delta T_c$，所以

$$\frac{\Delta T_x}{T_x} = \frac{\Delta N}{N} + \frac{\Delta T_c}{T_c} \tag{7-21}$$

根据测量周期原理有

$$N = \frac{T_x}{T_c} = T_x f_c$$

而 $\Delta N = \pm 1$，因此

$$\frac{\Delta T_x}{T_x} = \pm \frac{1}{T_x f_c} \pm \frac{\Delta T_c}{T_c} = \pm \left( \frac{1}{T_x f_c} + \left| \frac{\Delta f_c}{f_c} \right| \right) \qquad (7\text{-}22)$$

从式(7-22)可以看出，计数器测量周期时，其测量误差主要取决于量化误差，被测周期 $T_x$ 越大(频率 $f_x$ 越小)，晶振频率 $f_c$ 越大，分频系数 $K$ 越小，量化误差越小；反之，量化误差越大。

为了减小时基误差，可以减小晶振周期 $T_c$(增大晶振频率 $f_c$)，但会受到实际计数器计数速度的限制。在条件许可的情况下，尽量使 $f_c$ 增大。另一种方式是把 $T_x$ 扩大 $m$ 倍，形成的闸门时间宽度为 $mT_x$，以它控制主门开启，实施计数，计数器计数结果为

$$N = \frac{mT_x}{T_c} \qquad (7\text{-}23)$$

由于 $\Delta N = \pm 1$，并考虑到式(7-23)，所以

$$\frac{\Delta N}{N} = \pm \frac{T_c}{mT_x} \qquad (7\text{-}24)$$

式(7-24)说明量化误差降低为原来的 $1/m$，将式(7-24)代入式(7-22)得

$$\frac{\Delta T_x}{T_x} = \pm \left( \frac{T_c}{mT_x} + \left| \frac{\Delta f_c}{f_c} \right| \right) = \pm \left( \frac{1}{mT_x f_c} + \left| \frac{\Delta f_c}{f_c} \right| \right) \qquad (7\text{-}25)$$

扩大待测信号的周期 $m$ 倍后为 $mT_x$，$m$ 在仪器上称为周期倍乘，通常取 $m$ 为 $10^i$ ($i = 0，1，2，\cdots$)。例如，被测信号周期 $T_x = 10~\mu s$，即频率为 $10^5 Hz$，若采用四级十分频，把它分频成 $10 Hz$(周期为 $0.1~s$)，即周期倍乘 $m = 10000$，这时测量周期的相对误差

$$\frac{\Delta T_x}{T_x} = \pm \left( \frac{1 \times 10^{-6}}{10000 \times 10 \times 10^{-6}} + 2 \times 10^{-7} \right) = \pm 10^{-5}$$

由此可见，经"周期倍乘"后再进行周期测量，其测量准确度大为提高，但也应注意到，所乘倍数要受仪器显示位数及测量时间的限制。

2. 中界频率

测频时，被测频率 $f_x$ 越低，则量化误差越大；测量周期时，被测频率 $f_x$ 越高，则量化误差越大。可见，在测频与测周之间，存在一个中界频率 $f_{xm}$，当直接测频和直接测周时的量化误差相等时，就确定了一个测频和测周的分界点，这个分界点的频率值称为中界频率。

由测频和测周的误差表达式可以看出：当测频时的量化误差 $f_s/f_x$ 和测周时的量化误差 $T_0/T_x$ 相等时，即可确定中界频率 $f_x$ 为

$$\frac{f_s}{f_x} = \frac{T_0}{T_x} = \frac{f_x}{f_0} \qquad (7\text{-}26)$$

故

$$f_x = \sqrt{f_s f_0} \qquad\qquad (7\text{-}27)$$

式中，$f_s$ 为测频时选用的频标信号频率，即闸门时间的倒数 $f_s = 1/T_s$；$f_0$ 为测周时选用的频标信号频率，$f_0 = 1/T_0$。当 $f_s > f_x$ 时，应使用测频方法；当 $f_s < f_x$ 时，适宜用测周方法，以保持最佳的测量方法。

对于一台电子计数器特定的应用状态，可以在同一坐标上作出直接测频和直接测周时的误差曲线，两曲线的交点即为中界频率点。

3. 触发误差

一般的电子计数器中，测量频率和测量周期的原理是相同的，其误差的表达式也相似。但是，其信号流向完全相反。测量频率时，时基是晶振生成的，通过选用高准确度和稳定度的晶振，以及防干扰措施将其控制在可忽略的范围内；而测量周期时，内部的时基信号进入计数器，门控信号则由被测信号控制，被测信号的直流电平、波形的陡峭程度，以及噪声干扰情况，都是事先无法知道和控制的。因此，测量周期时除了考虑量化误差和标准频率误差外，还有一项触发转换误差必须考虑。下面分析噪声、信号电平以及波形陡峭程度对测量周期误差的影响。

测量周期时，闸门信号宽度应准确等于一个输入信号周期。闸门方波是由输入信号经施密特触发器整形得到的。当无噪声干扰时，主门开启时间刚好等于一个被测周期 $T_x$。当被测信号受到干扰时，图 7-19(a) 给出了一种简单的情况，即干扰为一尖峰脉冲 $U_n$，$U_B$ 为施密特电路触发电平。可见，施密特电路将提前触发，于是形成的方波周期为 $T_x'$，即产生 $\Delta T_1$ 的误差，称为转换误差或触发误差。

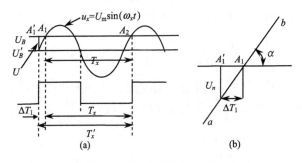

图 7-19　转换误差的产生与计算

一个近似的分析，可以利用图 7-19(b) 来计算 $\Delta T_1$，图中直线 $ab$ 为 $A_1$ 点的正弦波切线，即接通电平处正弦曲线的斜率为

$$\tan\alpha = \frac{\mathrm{d}u_x}{\mathrm{d}t}\Big|_{u_x = U_B}$$

从图 7-19(b) 中可得

$$\Delta T_1 = \frac{U_n}{\tan\alpha} \qquad\qquad (7\text{-}28)$$

式中，$U_n$ 为干扰和噪声幅值，设被测信号为正弦波 $u_x = U_m \sin(\omega_x t)$，所以有

$$\tan\alpha = \frac{\mathrm{d}u_x}{\mathrm{d}t}\Big|_{u_x=u_B} = \omega_x U_m \cos(\omega_x t_B) = \frac{2\pi}{T_x} U_m \sqrt{1-\sin^2(\omega_x t_B)} = \frac{2\pi U_m}{T_x}\sqrt{1-\left(\frac{U_B}{U_m}\right)^2}$$

将上式代入式(7-28)，实际上，$U_B \ll U_m$，得

$$\Delta T_1 = \frac{U_n}{\tan\alpha} = \frac{T_x}{2\pi}\frac{U_n}{U_m} \tag{7-29}$$

同样，在正弦信号下一个上升沿上(图中 $A_2$ 点附近)也可能存在干扰，即也可能产生触发误差 $\Delta T_2$

$$\Delta T_2 = \frac{T_x}{2\pi}\frac{U_n}{U_m}$$

由于干扰或噪声都是随机的，所以 $\Delta T_1$ 和 $\Delta T_2$ 都属于随机误差，可按下式来合成

$$\Delta T_n = \sqrt{\left(\Delta T_1\right)^2 + \left(\Delta T_2\right)^2}$$

于是可得

$$\frac{\Delta T_n}{T_x} = \frac{\sqrt{\left(\Delta T_1\right)^2 + \left(\Delta T_2\right)^2}}{T_x} = \pm\frac{1}{\sqrt{2}\pi}\times\frac{U_n}{U_m} \tag{7-30}$$

# 7.4　电子计数器性能的改进

电子计数器性能改进的主要内容有：如何减小测量误差，如何提高测时分辨率，如何提高测频的范围等。

### 7.4.1　多周期测量法

多周期测量可以减小转换误差和 $\pm 1$ 误差。我们可以利用图 7-20 来说明，图中取周期倍增系数 10 为例，即测 10 个周期。

从图 7-20 可见，两相邻周期由于转换误差所产生的 $\Delta T$ 是互相抵消的，例如，第一个周期 $T_{1x}$ 结束，干扰使 $T_{1x}$ 减小 $\Delta T_2$，则第二个周期由于干扰使 $T_{2x}$ 增加 $\Delta T_2$，所以当测 10 个周期时，只有第一个周期开始产生的转换误差 $\Delta T_1$ 和第 10 个周期终了产生的 $\Delta T_2$ 才会产生测周期误差，这样 10 个周期引起的总误差与测一个周期产生的误差一样，经除 10，得一个周期的误差为 $\sqrt{\left(\Delta T_1\right)^2 + \left(\Delta T_2\right)^2}\big/10$，可见减小为原来的 1/10。此外，由于周期倍增后计数器计得的数也增加到 $10^n$ 倍，这样，由 $\pm 1$ 误差所引起的测量误差也可减小为原来的 $1/10^n$。

因此，在多周期测量模式下，对测周期误差表达式进行修正，令周期倍增系数为 $k=10^n$，则有

$$\frac{\Delta T_x}{T_x} = \pm\frac{1}{kT_x f_c} \pm \frac{\Delta f_c}{f_c} \pm \frac{1}{k\sqrt{2}\pi}\cdot\frac{U_n}{U_m} \tag{7-31}$$

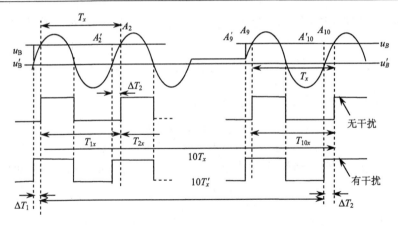

图 7-20　转换误差的产生与计算

综上所述，可得如下结论。

(1) 用计数器测周期的误差主要由量化误差、触发误差和标准频率误差构成，其合成误差为公式(7-31)。

(2) 采用多周期测量可以提高测量准确度。

(3) 提高标准频率，可以提高测周期分辨率。

(4) 测量过程中尽可能提高信噪比 $U_n/U_m$。

### 7.4.2　游标法

游标法是以时间测量为基础的计数器，关键在于设法测出整周期数外的零头或尾数，这种方法与游标卡尺测量机械长度的原理是相同的，游标法具体原理如图 7-21 所示。

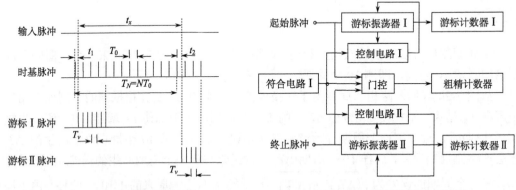

图 7-21　用游标法测量时间间隔　　　　　　图 7-22　游标法测时方框图

图 7-21 中用 $NT_0$ 表示被测时间间隔 $T_x$，从时间上来看，它多计了 $t_1$，少计了 $t_2$。图 7-22 是具体的测量方案。起始脉冲打开门控，并同时触发游标振荡器 I，这时脉冲间隔为 $T_0$ 的时基脉冲通过闸门进入粗精计数器，其读数器为 $T_N=NT_0$。游标振荡器 I 的频率比时基频率稍高，即 $T_v$ 比 $T_0$ 小，周期为 $T_v$ 的游标脉冲由游标计数器 I 进行计数。如果游标振荡器 I 的第一个游标脉冲(时间起点和起始脉冲相同)延后时基脉冲 $t_1$，那么经

过若干个脉冲间隔，即经过 $x$ 个游标脉冲后，游标脉冲恰好和时基脉冲相重合，游标脉冲赶上了时基脉冲，其值为 $t_1$，即

$$t_1 = x(T_0 - T_v) \tag{7-32}$$

游标脉冲和时基脉冲重合后，产生一个复合信号，使游标振荡器 I 停振，游标计数器 I 不再计数。类似地，游标振荡器 II 的振荡周期也为 $T_v$，游标振荡器 II 的计数为 $y$，则时基脉冲超前于游标振荡器 II 的时间 $t_2$ 为

$$t_2 = y(T_0 - T_v) \tag{7-33}$$

因此，被测的时间间隔 $T_x$ 为

$$T_x = NT_0 - t_1 + t_2 = (N - x + y)T_0 + (x - y)T_v \tag{7-34}$$

这种计数法的分辨力为 $(T_0 - T_v)$，它比粗测计数器 $T_0$ 的分辨力以及游标计数器 $T_v$ 的分辨力都高。显然，$T_v$ 越接近 $T_0$，其分辨力越高。例如，令 $T_0 = 10\text{ns}$，$T_v = 9\text{ns}$，则分辨力为 1ns，可见，用分辨力 9ns 的计数器得到了 1ns 的分辨力。

应用游标法，需要注意以下问题。

(1)时钟频率 $f_0$ 和 $f_v$ 的稳定度要求极高。

(2)当分辨力很高时，$f_0$ 和 $f_v$ 非常接近，因此时钟电路必须进行严格屏蔽，否则可能因为频率牵引而不能正常工作。

(3)要实现高精度和高分辨力，控制电路的工作速度也应该很高。

### 7.4.3　内插法

内插法测时间间隔的原理如图 7-23 所示。测量时间间隔为 $t_x$，计数器实际测量的是 $t_0$、$t_1$、$t_2$ 三个参数。其中，$t_0$ 为起始脉冲后的第一个脉冲与终止脉冲后第一个脉冲之间的时间间隔；$t_1$ 为起始脉冲与第一个脉冲之间的时间间隔；$t_2$ 为终止脉冲与后随时间脉冲之间的时间间隔。由此可知，被测时间间隔为

$$t_x = t_0 + t_1 - t_2 \tag{7-35}$$

$t_0$ 的测量与通用电子计数器测量时间间隔的方法相同，都是累计该时间间隔内出现的脉冲个数。$t_1$ 和 $t_2$ 采用内插法进行测量，即先用两个内插器将 $t_1$ 和 $t_2$ 分别扩展 1000 倍。$t_1$ 时间内，恒流源对电容充电，随后以充电时间 $t_1$ 的 999 倍时间放电至电容原来的电压。内插扩展器控制门由起始脉冲开启，在电容恢复原来的电压时结束，即 $1000\,t_1 = N_1 T_0$。图 7-24 是内插法测时方框图。类似地，终止内插器也将 $t_2$ 扩展 1000 倍，即有 $1000\,t_2 = N_2 T_0$。计数器在扩展后的时间间隔内，对同一个时钟脉冲进行计数，故被测时间间隔 $t_x$ 为

$$t_x = \left(N_0 + \frac{N_1}{1000} - \frac{N_2}{1000}\right)T_0 \tag{7-36}$$

式中，$N_0$ 为在 $t_0$ 内的计数值，$N_1$ 为在 $1000\,t_1$ 内的计数值，$N_2$ 为在 $1000\,t_2$ 内的计数值，$T_0$ 为时钟脉冲的周期。计数过程结束后，最后就可直接显示被测时间的倍数。由此可见，使用模拟内插技术，虽然测量 $t_1$、$t_2$ 时依然存在 ±1 字的误差，但其相对大小缩小为原来的 1/1000，使得计数器的分辨力提高了三个量级。例如，令 $T_0 = 100\text{ns}$，普通计数器的分辨力为 100ns，内插后其分辨力提高到了 0.1ns。

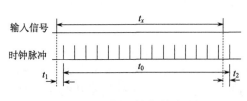

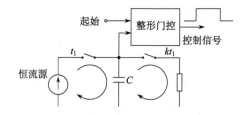

图 7-23　内插法测时间间隔　　　　　　　图 7-24　内插法测时方框图

利用上述原理，可以测量周期和频率。这时，计数器仍然测量的是时间间隔，这种情况下，除了测量 $t_0$、$t_1$、$t_2$ 之外，还要确定在这个时间间隔内被测信号有多少个周期 $N_x$。这样，可以通过以下计算得到周期 $T_x$ 和频率 $f_x$

$$T_x = \frac{(1000N_0 + N_1 - N_2)}{1000N_x} T_0 \tag{7-37}$$

$$f_x = \frac{1000N_x}{(1000N_0 + N_1 - N_2)T_0} \tag{7-38}$$

### 7.4.4　平均法

在普通的计数器中，单次测量时，无论是测频率还是测时间，由于闸门开启和被测信号脉冲时间关系的随机性，误差绝对值为 ±1，如果读数为 $N$，单次测量结果的相对误差在 $-1/N \sim 1/N$ 内出现。某一个误差值的出现对于所有的单次测量来说是服从均匀分布的，因此，在多次测量的情况下其平均值随着测量次数的无限增多而趋于零，即

$$\lim_{n \to \infty} \frac{1}{n} \sum \delta_i = 0 \tag{7-39}$$

尽管在实际的操作中测量次数 $n$ 总是有限的，但是由于误差的抵偿性质，仍会使测量精度大大提高。这里以有限次 $n$ 的测量来逼近式(7-39)，考虑到误差的随机性，按随机误差的积累定理来求平均测量的误差极限，按照误差合成即有

$$\frac{\Delta T_x}{T_x} = -\frac{\Delta f_x}{f_x} = \pm \frac{\sqrt{\sum_{i=1}^{n} \left(\frac{1}{N_i}\right)^2}}{n} \tag{7-40}$$

对于 ±1 字量化误差来说

$$\frac{1}{N_1} = \frac{1}{N_2} = \ldots = \frac{1}{N_n} = \frac{1}{N} \tag{7-41}$$

故可得

$$\frac{\Delta T_x}{T_x} = -\frac{\Delta f_x}{f_x} = \pm \frac{1}{\sqrt{n}} \frac{1}{N} \tag{7-42}$$

可见随着测量次数的增加，其误差为单次误差的 $1/\sqrt{n}$。

# 7.5 通用计数器实例

NFC-100 型多功能电子计数器是一种采用大规模集成电路的通用电子计数器，能够在适当的逻辑控制下，使仪器在预定的标准时间内累计待测输入信号，或在待测时间内累计标准时间信号的个数，从而完成频率和时间等的测量。

## 7.5.1 工作原理

NFC-100 型多功能电子计数器由输入通道、预定标分频器、主机测量单元、晶振和电源等部分组成，如图 7-25 所示。主机测量单元直接计数频率为 10MHz，在输入高于10MHz 频率的信号时，需要经过预定标分频器除以 10 后，送入主机测量单元。周期测量、累加计数测量时，输入信号经输入通道放大、整形后，直接进入主机测量单元，预定标分频器不起作用。

图 7-25 NFC-100 型多功能电子计数器组成框图

主机测量单元逻辑框图如图 7-26 所示，它由一块大规模集成电路 ICM7226B 等组成。ICM7226B 内包含多位计数器、寄存器电路、时基电路、逻辑控制电路以及显示译码驱动电路、溢出和消隐电路，可直接驱动外接的共阴极 LED 显示数码管，以扫描方式显示测量结果。

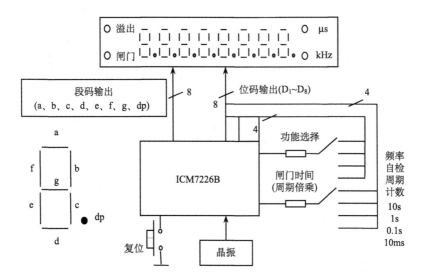

图 7-26 NFC-100 型电子计数器主机测量单元逻辑框图

当 ICM7226B 功能输入端和闸门时间输入端分别接入不同的扫描位脉冲信号时，其测量逻辑功能发生变化，分别完成"频率""周期""计数""自检"等功能。闸门时间在时标为 10MHz 时为 10ms、0.1s、1s、10s，在其他时标时，闸门时间将随之相应变化。

### 7.5.2　技术指标

(1)测试功能：具有测频、测周、累加计数、自检等功能。

(2)测量范围：测频范围为 0.1Hz～100MHz；测周范围为 0.4μs～10s；累加计数范围为 $1～10^8$。

(3)输入特性：输入耦合方式为 AC；输入电压范围为 30mV～10V，但不同量程的范围不同；输入阻抗 $R_i ≥ 1MΩ$；$C_i ≤ 30pF$。

(4)闸门时间：10ms、0.1s、1s、10s。

(5)时标(晶振)：时标为 0.1μs。

(6)显示位数及显示器件：显示位数及显示器件为 8 位 LED。

(7)输出：输出频率为 10MHz；输出电压 $≥ 1V_{P-P}$；输出波形为正弦波。

### 7.5.3　电子计数器的使用

NFC-100 型电子计数器的前面板如图 7-27 所示。

"功能键(FUNCTION)"包括"累加计数(TOT)""周期(PER)""频率(FREQ)""自检(RESET)"四个按键，每个按键对应一种测量功能；功能键右边的四个按键在测量频率、周期时，分别称为"时基(FREQ MEASURE)""周期倍乘(PERIOD)"选择开关，用于选择频率测量时间和周期倍乘，它们与被测量的范围配合使用。

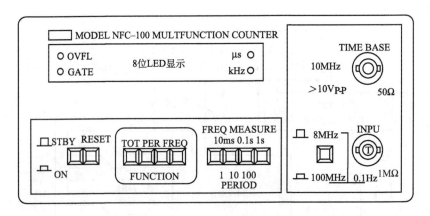

图 7-27　NFC-100 型电子计数器前面板图

使用注意事项如下。

(1)按照要求接入正确的电源。

(2)在使用电子计数器进行测量之前，应对仪器进行"自检"，以初步判断仪器工作是否正常。

(3) 被测信号的大小必须在电子计数器允许的范围内, 否则, 输入信号太小测不出被测量, 输入信号太大有可能损坏仪器。

(4) 当 "溢出(OVFL)" 指示灯亮时, 表明测量结果显示有溢出, 不能漏记数字。

(5) 在允许的情况下, 尽可能使显示结果精确些, 即所选闸门时间应长一些。

(6) 在测量频率时, 如果选用闸门时间为 10s, "闸门(GATE)" (或 "采样") 指示灯熄灭前显示的数值是前次的测量结果, 并非本次测量结果, 记录数据时务必等采样指示灯变暗后进行。

## 思考题与习题

7-1　什么是世界时、原子时和协调世界时, 它们是如何确定的, 目前主要用于什么场合?

7-2　测量频率的方法按测量原理可分为哪几类?

7-3　说明通用计数器测量频率、周期、时间间隔和自检的工作原理。

7-4　分析通用计数器测量频率的原理、误差来源, 以及减小误差的方法。

7-5　分析通用计数器测量周期的原理、误差来源, 以及减小误差的方法。

7-6　电子计数器常见的分类有哪些?

7-7　电子计数器的主要技术指标有哪些? 各有什么含义?

7-8　拟定一个利用电子计数器测量相位的方案。

7-9　用电子计数式频率计测量 1kHz 的信号, 当闸门时间分布为 1s 和 0.1s 时, 试比较由 ±1 误差引起的相对误差。

7-10　计数式频率计测量频率时, 闸门时间为 1s 时, 计数器读数为 5400, 这时的量化误差为多少? 如果将被测信号倍频 4 倍, 又把闸门时间扩大到 5 倍, 则此时的量化误差又为多少?

7-11　用一个七位计数器测量 $f_x$ 近于 10MHz 信号的频率, 分别估算当选用闸门时间 1s、0.1s 和 10ms 时, 由计数误差产生的测频相对误差。

7-12　某计数中标准频率源的误差 $\Delta f_c/f_c = \pm 1 \times 10^{-9}$, 利用该计数器将一个频率为 10MHz 的晶振校准到误差不大于 $10^{-7}$, 计数器的闸门时间应如何选择? 用该计数器能否将晶振误差校准到不大于 $10^{-9}$, 为什么?

7-13　同用计数器最大闸门时间 $T=10s$, 最小时标 $T_s=0.1\mu s$, 最大周期倍乘 $P=10^4$, 为尽量减小量化误差对测量结果的影响, 问当 $f_x$ 小于多少赫兹时, 宜将测频改用测周后再进行换算。

7-14　计算并画出利用通用计数器测量两个信号频率 $f_1/f_2$ 的原理框图, 简述测量原理。

7-15　信号频率为 10kHz, 信噪比 $S/N=40dB$, 已知计数器标准频率误差 $\Delta f_c/f_c = \pm 1 \times 10^{-8}$, 利用下述哪种测量方案测量误差较小?

(1) 测频, 闸门时间 1s;

(2) 测周, 时标 100μs;

(3) 周期倍乘, $m=1000$。

7-16　提高时间测量分辨率的方法有哪些? 它们各自有什么特点?

# 第8章 现代电子测量技术

## 8.1 智 能 仪 器

随着大规模、超大规模集成电路，以及计算机技术的飞速发展，传统电子测量仪器在原理、功能、精度及自动化水平等方面都发生了巨大的变化，逐渐形成了新一代测试仪器——智能仪器。

微处理器在 20 世纪 70 年代初期问世不久，就被引进电子测量和仪器领域。在这之后，随着微处理器在体积小、功能强、价格低等方面的进一步发展，电子测量与仪器和计算机技术的结合就更加紧密，形成了一种全新的微型计算机化仪器。这种仪器是计算机技术与测量仪器相结合的产物，是含有微计算机或微处理器的测量或检测仪器，它拥有对数据的存储、运算、逻辑判断及自动化操作等功能，具有一定的智能作用，常被称为智能仪器，以区别于传统的电子仪器。近年来，智能仪器已开始从较为成熟的数据处理向知识处理方面发展，并具有模糊判断、故障判断、容错技术、传感器融合、机件寿命预测等功能，使智能仪器向更高层次发展。智能仪器还常和自动控制系统结合在一起，实现对系统的自动控制。

### 8.1.1 智能仪器的典型结构

智能仪器实际上是一个专用的微型计算机系统，它由硬件和软件两大部分组成。硬件部分主要包括主机电路、模拟量输入/输出通道、人机接口电路、通信接口电路，其通用结构框图如图 8-1 所示。

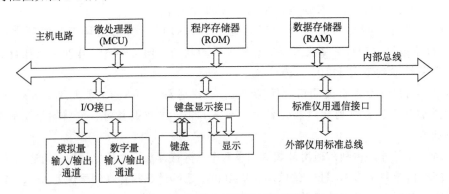

图 8-1 智能仪器通用结构框图

1 硬件

(1)主机电路。主机电路用来存储程序与数据，并进行一系列的运算和处理，参与各种功能控制，通常由微处理器、程序存储器、数据存储器、输入/输出(I/O)接口电路等组成，或者本身就是一个单片微型计算机。

(2)输入通道。输入通道是微机系统与采集系统相连接的部分，是决定智能仪器测量准确度的关键部位，其输入信号有模拟量信号和数字量信号两类。各类测量信号先由相应的传感器或变换装置变换成电信号，这些信号不能满足微机系统输入的要求，需要形式多样的信号变换和调节电路，如信号放大器、滤波器、多路转换器、采样保持器、A/D转换器、三态缓冲器等，这些电路构成智能仪器的输入通道。

(3)输出通道。根据输出控制要求的不同，输出通道是多种多样的，如 D/A 转换电路、放大隔离电路等，其输出信号有模拟量信号和数字量信号。

(4)人机对话接口。人机对话接口用来沟通操作者与仪器之间的联系，以便使仪器可以接受操作员的命令或计算机的程控命令，从而可对智能仪器进行干预及了解智能仪器的运行状态。人机对话接口主要由仪器面板上的键盘、显示器和打印机等组成。

(5)标准通信接口用来实现仪器与计算机的联系，使仪器可以接受计算机的程控命令，一般情况下，智能仪器都配有 GPIB(或 RS232C)等标准通信接口。

2. 软件

软件即程序，主要包括监控程序和接口管理程序两部分。监控程序是面向仪器面板和显示器的管理程序，负责完成如下工作：通过键盘操作，输入并存储所设置的功能、操作方式与工作参数；通过控制 I/O 接口电路进行数据采集，对仪器进行预定的设置；对数据存储器所记录的数据和状态进行各种处理；以数字、字符、图形等形式显示各种状态信息、测量数据的处理结果，以及仪器的状态信息。接口管理程序是面向通信接口的管理程序，其内容是接收并分析来自通信接口总线的远程控制命令，包括描述有关功能、操作方式与工作参数的代码，进行有关的数据采集与数据处理，以及通过通信接口输出仪器的测量结果、数据处理的结果及仪器的现行工作状态信息。

### 8.1.2　智能仪器的特点

与传统测量仪器相比较，智能仪器具有以下几个特点。

1. 仪器功能丰富、性价比高

智能仪器内含微处理器，它具有数据运算和处理能力，在软件的配合下，智能仪器的功能较传统仪器有了极大的提高，许多原来用硬件电路难以解决或根本无法解决的问题，在智能仪器中可以得到较好的解决。例如，传统的数字万用表只能测量电阻，交直流电压、电流等，但内含微处理器的数字万用表不仅能进行上述测量，而且能对测量结果进行如零点漂移、平均值、极值、统计分析以及更加复杂的数据处理功能，甚至在外加传感器后还能测量温度、压力等非电量，从而使用户从繁重的数据处理中解放出来。另外，利用微处理器的运算和逻辑判断功能，按照一定的算法可以方便地消除由于漂移、增益的变化和干扰等因素所引起的误差，从而提高了仪器的测量精度。目前有些智能仪器还运用了专家系统技术，使仪器具有更深层次的分析能力，解决专家才能解决的问题。

### 2. 智能仪器具有自校准等功能

智能仪器具有自动调零、自动故障与状态检验、自动校准、自诊断及量程自动转换、触发电平自动调整、自补偿、自适应等功能，以适应外界的变化。例如，智能仪器自动补偿环境温度、压力等对被测量的影响，以及补偿输入的非线性，并根据外部负载的变化自动输出与其匹配的信号等。自诊断能检测出故障的部位甚至故障的原因，自诊断功能可以在仪器启动时运行，也可在仪器工作中运行，极大地方便了仪器的维护。例如，智能型的数字示波器有一个自动分度键，测量时只要按下这个键，仪器就能根据被测信号的频率及幅度，自动设置好最合理的垂直灵敏度、时基以及最佳的触发电平，使信号的波形稳定地显示在屏幕上。

### 3. 智能仪器能实现复杂的运算和控制功能

智能仪器采用了单片机或微处理器，微处理器的运算速度越来越快、运算能力越来越强，这就使智能仪器不仅能实现了诸如 PID 这样的精度算法，而且实现了如最优控制和最佳滤波等现代算法，从而使得许多原来用硬件逻辑电路难以解决或根本无法解决的问题，可以用软件非常灵活地加以解决。例如，惯性导航中出现的捷联式系统，其本质就是利用计算机通过计算得到的数学平台代替系统中结构复杂、体积庞大的机械平台，从而使捷联式惯性导航系统具有可靠性高、体积小、重量轻、功耗低、维修方便、价格较低等一系列优点。

### 4. 智能仪器的人机对话能力强

由于智能仪器用键盘代替传统仪器的开关、旋钮等，因此输入功能强，操作简单、灵活，操作人员通过键盘输入命令，用对话方式选择测量功能和设置参数。智能仪器可根据需要采用 LED、LCD、CRT、打印机等方式显示测量结果，从而将仪器的运行情况、工作状态以及处理结果以数字或图形形式输出。另外，随着计算机技术的发展，目前有些智能仪器还可以选择通过键盘、鼠标、显示器以窗口方式实现人机对话的方案。

### 5. 仪器自动化水平高，多个仪器可连成自动测试系统

仪器的整个测量过程如键盘扫描、量程选择、开关闭合、数据采集、传输与处理以及显示打印等功能用微控制器控制，实现了测量过程的自动化，因此智能仪器的自动化水平较高。另外，由于智能仪器一般都配有 GPIB、RS232C、RS485、USB 等标准通信接口，可以接收计算机的命令，使其具有可程控操作的功能，方便与计算机和其他仪器一起组成用户所需要的多种功能的自动测量系统，完成更复杂的测试任务。

## 8.1.3 智能仪器的发展趋势

### 1. 微型化

随着微电子、微机械、信息等技术的不断发展，具有传统智能仪器功能、体积小的

微型智能仪器技术不断成熟，其在自动化技术、航天、军事、生物技术、医疗等领域具有独特的作用。随其价格的不断降低，应用领域将不断扩大。

### 2. 多功能化

多功能化是智能仪器仪表的一个特点。例如，为了设计速度较快和结构较复杂的数字系统，仪器生产厂家制造了具有脉冲发生器、频率合成器和任意波形发生器等功能的函数发生器。这种多功能的综合型产品不但在性能上比专用脉冲发生器和频率合成器高，而且在各种测试功能上提供了较好的解决方案。

### 3. 人工智能化

人工智能化是利用计算机模拟人的智能，使智能仪器在视觉(图形及色彩)、听觉(语音识别及语言领悟)、思维(推理、判断、学习与联想)等方面代替一部分人的脑力劳动，具有一定的人工智能作用，无须人的干预可自主地完成检测或控制任务，解决用传统方法很难解决或根本无法解决的问题。

### 4. 虚拟仪器

虚拟仪器的功能不再是专用的硬件实现，而是在同一套硬件上，只要改变数据采集系统和软件，就可以形成不同的测量仪器。图形化编程语言建立的虚拟仪器面板，完成对仪器的控制、数据采集、数据分析和数据显示功能，虚拟仪器系统由用户定义，仪器可重用和重新配置，系统功能、规模可通过修改软件、更换仪器硬件而增减。"软件即仪器"成为流行的说法。

### 5. 网络化

计算机网络技术的日益成熟提供了将测控、计算机和通信技术相结合的可能。利用网络技术将各个分散的测量仪器设备连在一起，各仪器设备之间通过网络交换数据、信息，实现各种数据、信息之间跨地域、跨时间的传输与交换，使测量不再是单个仪器设备相互独立操作的简单组合，而是一个统一的、高效的整体，实现各仪器资源的共享和测量功能的优化，是国防、通信、铁路、航空、航天、气象以及制造等行业或领域的发展趋势。

## 8.2　虚　拟　仪　器

随着计算机技术的发展，传统仪器开始向计算机化方向发展。虚拟仪器(Virtual Instrument，VI)是 20 世纪 80 年代出现的一种仪器，它是现代计算机技术、仪器技术及其他技术完美结合的产物，是对传统仪器概念的重大突破。虚拟仪器技术的提出与发展，标志着 21 世纪自动测试与电子测量仪器技术发展的一个重要方向。

### 8.2.1 虚拟仪器概述

#### 1. 虚拟仪器的概念

传统仪器一般是一台独立的装置，从外观上看，它一般是由操作面板、信号输入端口、检测结果输出这几个部分组成。操作面板上一般有一些开关、按钮、旋钮等，检测结果的输出方式有数字显示、指针式表头显示、图形显示及打印输出等。

从功能方面分析，传统仪器可分为信号的采集与控制、信号的分析与处理、结果的表达与输出等部分。传统仪器的功能都是通过硬件电路或固化软件实现的，而且由仪器生产厂家给定，其功能和规模一般都是固定的，用户无法随意改变其结构和功能。传统仪器大都是一个封闭的系统，与其他设备的连接受到限制。另外，传统仪器价格昂贵，技术更新慢(周期为5～10年)，开发维护费用高，性能价格比低。随着计算机技术、微电子技术和大规模集成电路技术的发展，出现了数字化仪器和智能仪器。尽管如此，传统仪器还是没有摆脱独立使用和手动操作的模式，在较为复杂的应用场合或测试参数较多的情况下，使用起来还是不太方便。

基于以上原因，传统仪器很难适应信息化时代对仪器的需求。可以设想，在必要的数据采集硬件和通用计算机支持下，通过软件来实现仪器的部分和全部功能，如图 8-2 所示。这就是设计虚拟仪器的核心思想。

图 8-2　虚拟仪器与传统仪器对比

30 多年前，美国 NI 公司提出了虚拟仪器(VI)概念，由此引发了传统仪器领域的一场重大变革，从而开创了"软件即仪器"的先河。虚拟仪器是在计算机硬件平台上，配以 I/O 接口设备，由用户自行设计虚拟控制面板和测试功能的一种面向应用的计算机仪器系统。虚拟仪器以计算机为核心，充分利用计算机强大的图形界面和数据处理能力，以多种形式表达输出检测结果，利用计算机强大的软件功能实现信号数据的运算、分析、处理，由 I/O 接口设备完成信号的采集、测量与调理，从而完成各种测试功能的一种计算机仪器系统。

在虚拟仪器中，硬件仅仅是为了解决信号的输入与输出，软件才是整个仪器的关键。虚拟仪器通过软件将计算机硬件资源与仪器硬件有机地融合为一体，可方便地与网络设备、外设和其他设备连接，从而把计算机强大的计算处理能力和仪器硬件的测量、控制能力结合在一起，大大缩小了仪器硬件的成本和体积，并通过软件实现对数据的显示、存储以及分析处理，模块可重用和重新配置，用户可以通过软件构造几乎任意功能的仪器，而不必重新购买新的仪器，节省费用，技术更新速度快。

另外，虚拟仪器和智能仪器都是计算机与仪器密切结合的产物，而不同之处在于计算机与仪器的结合方式不同。智能仪器是将计算机装入仪器中，含嵌入式系统的智能仪器功能日趋强大，而虚拟仪器是将仪器装入计算机中，以通用的计算机硬件及操作系统为依托，实现各种仪器功能。

2. 虚拟仪器的组成

虚拟仪器由通用仪器硬件平台和应用软件组成，通用仪器硬件平台主要包括计算机和 I/O 接口设备两部分，具体如图 8-3 所示。

计算机一般为一台 PC 或者工作站，它是硬件平台的核心。I/O 接口设备主要完成被测输入信号的采集、放大、模/数转换。根据实际情况采用不同的 I/O 接口硬件设备，如数据采集卡／板（DAQ）、GPIB 总线仪器、VXI 总线仪器、串口仪器等，分别利用计算机和它们作为仪器硬件平台就可以构成 PC-DAQ 系统、GPIB 系统、VXI 系统、PXI 系统和串口系统等五种类型虚拟仪器测试系统。无论上述哪种虚拟仪器测试系统，都是通过应用软件将仪器硬件与通用计算机相结合。

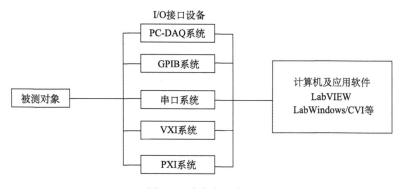

图 8-3 虚拟仪器组成

（1）PC-DAQ 系统。这种方式利用计算机扩展槽和外部接口，将信号测量硬件设计为计算机插卡或外部设备，直接插接在计算机上，再配上相应的应用软件，组成计算机虚拟仪器测试系统。这是目前应用最为广泛的一种计算机虚拟仪器组成形式。为了有效利用现有的技术资源和发挥传统仪器的某些优势，还可以采用 GPIB 或串口形式的虚拟仪器结构。

（2）GPIB 系统。通用接口总线（General Purpose Interface Bus，GPIB）是仪器与各种控制器之间的一种标准接口，许多仪器都带有此接口，它的出现使电子测量独立的单台手工操作向大规模自动测试系统发展。

（3）串口系统。串口是计算机与传统仪器接口的一种方式，实现对满足一定协议的传统仪器与计算机的连接。计算机连接的仪器功能是专一的、固定的，完成测试任务并不依赖计算机，只是利用计算机的存储、显示、打印等功能，或对某些测试过程加以控制。此外，也可以将数据采集装置挂在计算机外面，通过 USB 口向计算机传输数据，比较适合用笔记本电脑组成便携式的测试系统。

(4) PXI 系统。PXI 系统是在 PCI 总线内核技术上增加了成熟的技术规范和要求形成的。这种虚拟仪器结构有一个带总线背板的多槽机箱，计算机被做成一个模块插在 0 槽中作为控制器，其他槽中可以插各种数据采集模块。

(5) VXI 系统。VXI 系统是一种高速计算机总线 VME 总线在 VI 领域的扩展，它具有稳定的电源，强有力的冷却能力和严格的 RFI/EMI 屏蔽。

如前所述，"软件即仪器"，应用软件是虚拟仪器的核心，虚拟仪器软件主要由应用程序和 I/O 接口仪器驱动程序两部分构成。

(1) 应用程序。应用程序包含实现虚拟面板功能的前面板软件程序，定义测试功能的流程图软件程序。

(2) I/O 接口仪器驱动程序。驱动程序用来完成特定外部硬件设备的扩展、驱动与通信。目前已有多种虚拟仪器的软件开发工具。

程序分为文本式编程语言(如 C、C++、Basic、LabWindows/CVI)和图形化编程语言两类(如 LabVIEW、HPVEE 等)。

### 3. 虚拟仪器的特点

虚拟仪器与传统仪器有很大的差别，传统仪器主要由硬件构成，需要操作者操作面板上的开关旋钮完成测量工作，其测试功能是由具体的电子电路来完成的。而在虚拟仪器中，其测试功能主要由软件完成，其操作面板变成了与实物控件相对应的图标，所以，虚拟仪器具有以下特点。

(1) 虚拟仪器的面板是虚拟的。虚拟仪器面板上的各种"控件"与传统仪器面板上的各种"器件"所完成的功能是相同的，它的外形是与实物相像的"图标"。对虚拟仪器的操作只需用鼠标点击相应图标即可。设计虚拟仪器面板的过程就是在前面板窗口中选取、摆放所需的图形控件的过程。虚拟仪器具有良好的人机交互界面，使用 LabVIEW 图形化编程语言，可在短时间内轻松完成一个美观而又实用的"虚拟仪器前面板"的设计，使整个设计过程变得轻松而有趣。

(2) 虚拟仪器测量功能是由软件编程实现的。在以计算机为核心组成的硬件平台支持下，可以通过不同测试功能的软件模块的组合来实现多种测试功能，虚拟仪器具有很强的扩展功能和数据处理能力。

(3) 开发研制周期短，技术更新速度快。传统仪器技术更新周期是 5～10 年，虚拟仪器技术的更新周期是 1～2 年。

(4) 具有开放性、模块化、可重复使用的特点。

(5) 通过使用标准接口总线和网卡，极易实现测量自动化、智能化和网络化。

## 8.2.2 图形化编程平台 LabVIEW

### 1. LabVIEW 简介

实验室虚拟仪器工程平台(Laboratory Virtual Instrument Engineering Workbench，LabVIEW)是美国 NI 公司开发的一种基于 G 语言(Graphics Language，图形化编程语言)

的虚拟仪器软件开发工具。

LabVIEW 是一种是用图标代码来代替编程语言创建应用程序的开发工具。在基于文本的编程语言中，程序的执行依赖于文本所描述的指令，而 LabVIEW 使用数据流编程方法来描述程序的执行。LabVIEW 用 G 语言，即用图标和连线代替文本的形式编写程序。与 VC、VB 等一样，LabVIEW 也是一种带有扩展库函数的通用程序开发系统。LabVIEW 的库函数包括数据采集，GPIB 和串口仪器控制，数据显示、分析与存储等。为了便于程序调试，LabVIEW 还带有传统的程序开发调试工具，例如，可以设置断点，可以单步执行，也可以激活程序的执行过程，以动画方式查看数据在程序中的流动。

LabVIEW 是一个通用编程系统，它不但能够完成一般的数学运算与逻辑运算和输入输出功能，它还带有专门的用于数据采集和仪器控制的库函数和开发工具，尤其还带有专业的数学分析程序包，基本上可以满足复杂的工程计算和分析要求。LabVIEW 环境下开发的程序称为 VI，因为它的外形与操作方式可以模拟实际的仪器。实际上，VI 类似于传统编程语言的函数或子程序。

利用 LabVIEW，设计者可以像搭积木一样，轻松组建一个测量系统和构造自己的仪器面板，而无须进行任何烦琐的计算机代码的编写。LabVIEW 还带有专门的函数库和数学分析程序包，可以满足复杂的工程计算和分析要求。在 LabVIEW 环境下开发的程序称为 VI。开发成功的虚拟仪器可脱离 LabVIEW 环境，用户最终使用的是与实际的硬件仪器相似的操作面板。

VI 由一个用户界面、图标代码和一个接口板组成。接口板用上层的 VI 调用该 VI。VI 具有以下特点。

（1）用户界面由于类似仪器的面板，也称前面板。前面板包括旋钮、按钮、图形和其他控制元件与显示元件以完成用鼠标、键盘向程序输入数据或从计算机显示器上观察结果。

（2）VI 用图标代码和连线来完成算术和逻辑运算。图标代码是对具体编程问题的图形解决方案。图标代码即 VI 的源代码。

（3）VI 具有层次结构和模块化的特点。它们可以作为顶层程序，也可以作为其他程序的子程序。VI 代码内含的 VI 称为子程序 subVI。

（4）VI 程序使用接口板来替代文本编程的函数参数表，每个输入和输出的参数都有自己的连接端口，其他的 VI 可以由此向 subVI 传递数据。

总之，LabVIEW 建立在易于使用的图形化编程语言 G 语言上。G 语言大大简化了科学计算、过程监控和测试软件的开发，并可以在更广泛的范围内得以应用。

2. LabVIEW 程序开发环境

将 LabVIEW 7 Express 光盘插入 CD 驱动器后，只需运行安装光盘中的 Setup 程序，选择必要的安装选项即可完成，如图 8-4 所示。为了控制 DAQ、VXI、GPIB 等硬件设备，在 LabVIEW 系统安装完成后，还必须安装 NI 公司提供的仪器驱动程序。

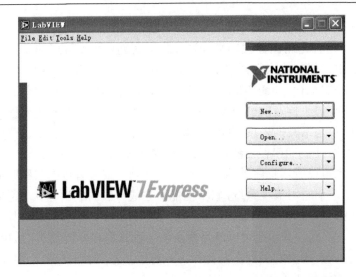

图 8-4　LabVIEW 7 Express 启动界面

双击 LabVIEW 快捷方式图标即可启动 LabVIEW。界面右侧有 4 个按钮，每个按钮都包含按钮主体和下拉菜单。单击按钮主体则弹出相应的对话框，单击右侧下拉按钮则弹出下拉菜单。当用户单击 New VI 按钮右侧下拉按钮，并在下拉菜单中选择 Blank VI 时，LabVIEW 会生成一个空 VI，空 VI 包括两个窗口：一个是前面板窗口，用于设计和编辑前面板对象，另一个是框图程序窗口，用于设计和编辑框图程序。 在前面板窗口和框图程序窗口，设有编辑对象用的工具条，工具条图标功能如表 8-1 所示。

表 8-1　窗口工具条功能一览表

| 项目 | 功能 |
| --- | --- |
| 运行按钮 | 程序正常运行时箭头是实心状。如果程序有错误，箭头变为断开的实心状 |
| 连续运行按钮 | 单击此钮程序反复运行，再单击此按钮退出连续运行模式 |
| 停止按钮 | 程序运行后变亮。单击此钮程序立即停止 |
| 暂停按钮 | 此按钮在暂停与运行间切换 |
| 高亮度执行按钮 | 程序以连续单步方式运行，并可以在程序代码窗口中看到数据流动 |
| 单步调试 | 三个按钮依次表示单步运行的进入节点、跨越节点和跨出节点的方式 |
| 13pt Application Font | 设置界面上字符的字体、大小、风格及颜色等 |
| | 用于对界面的对象进行排列 |

主菜单栏共有七个子菜单，功能分别如下。

（1）File（文件）子菜单。在进入 LabVIEW 窗口后，如果想进行新建（New）、打开（Open）、保存（Save）、打印（Print）、关闭（Close）等操作，可单击 File 中的相应选项。

（2）Edit（编辑）子菜单。将文式编程语言中常用的 Cut（剪切）、Copy（复制）、Paste（粘贴)、Delete(删除)功能用于 LabVIEW 中的图标及控件的操作。

（3）Operate(操作)子菜单。该子菜单选项有 Run、Stop、Suspend When Called、Print at Completion 等。

（4）Tools(工具)子菜单。该子菜单主要用于仪器及数据采集板通信、比较 VI、编译程序、允许访问 Web 服务器及其他选项。

（5）Browse(浏览)子菜单。该子菜单主要用于定位 VI 的各个层次。

（6）Windows(窗口)子菜单。该子菜单主要用于弹出 Diagram （流程图）编辑窗口、Frone Panel 设计窗口、Tools Palette 、Functions Palette 和 Controls Palette 等操作。

（7）Help(帮助)子菜单。该子菜单主要用于获取帮助信息。

3. 基本 VI 简介

图 8-5 和图 8-6 是一个正弦信号发生器 VI 的前面板和框图程序，前面板有一波形显示控制，在框图程序中，有与之对应的图标端口和模拟信号产生 VI。VI 由程序前面板、框图程序、图标/连接端口组成。

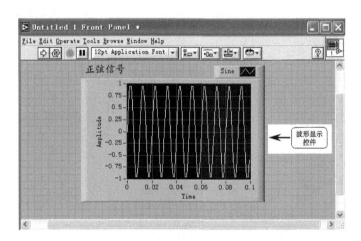

图 8-5　正弦信号发生器前面板

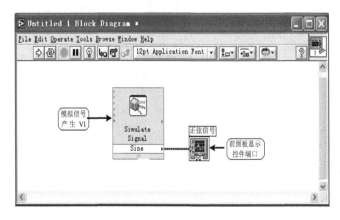

图 8-6　正弦信号发生器框图程序

(1)前面板。前面板是用于设置输入数值和观察输出结果的图形化用户界面，前面板中的输入量称为控制(control)，用来设置和修改 VI 的输入量。输出量称为指示(indicator)，用来指示 VI 程序输出的数据。控制和指示包括各种旋钮、按钮、开关、表头、图标和图形等。为使前面板便于操作和美观，还有一类控件称为装饰(decoration)，其作用是对前面板图标进行编辑和修饰。

(2)框图程序。框图程序由节点、端口和数据连线组成。节点是程序的执行元素，相当于文本语言中的语句、函数或子程序。LabVIEW 有 4 种节点类型：功能函数、结构控制、代码端口和子 VI 节点。功能函数是执行各种数学运算、文件输入输出等基本操作的节点，以图标的形式出现，供用户使用。结构控制节点被用来实现结构化程序控制命令，如循环控制、条件分支控制和顺序控制等。代码端口节点是框图程序与用户提供的 C 语言文本程序的接口。子 VI 节点是为编程方便而专门设计的一段子程序，将其封装成功能函数节点的形式供用户调用。与功能函数节点的区别是用户可以修改其节点代码。

端口是数据在框图程序和前面板之间、节点和节点之间传输而经过的端口。控制和指示端口：用于前面板对象和框图程序交换数据。节点端口：每个节点都有一个或数个数据端口，用以输入和输出数据。数据连线代表程序执行过程中的数据流。

### 8.2.3　LabVIEW 模板

控件模板包含各种控制件和显示件，可用来创建程序前面板；功能模板包含编辑程序代码所涉及的 VI 程序和函数，这些 VI 程序和函数根据类型的不同被分组放在不同的子模板内，具体如图 8-7 所示。一般在启动 LabVIEW 后，这两个模板会自动显示出来。控件模板只对前面板编辑有效，即只在前面板窗口激活时才显示，功能模板只对代码编辑有效，即只在代码窗口激活时才显示。

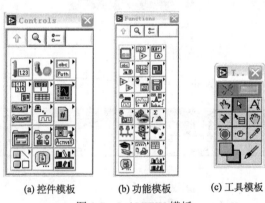

(a) 控件模板　　　　(b) 功能模板　　　　(c) 工具模板

图 8-7　LabVIEW 模板

另外一个重要的编程工具是工具模板，该模板上的工具可以对前面板和代码窗口中的对象进行编辑。选择不同的工具，光标变成不同的操作方式，可以修改和操作前面板对象和图标代码。

顶端的三个按钮为搜索导航按钮，用户使用它们查找制定控件的位置。表 8-2 给出了 15 个子模板，用以创建不同风格的控件，根据不同情况进行选择。

**表 8-2　控件模板的构成及其子模板项**

| 图标 | 名称及用途 | 成员项 |
| --- | --- | --- |
| | 数值模板：数字型控件及显示件 | 滑钮(slides)、旋钮(knobs)、拨码盘(dials)、数显框(digital displays)、颜料盒(color boxes)、指针表(meters) |
| | 布尔量子模板：布尔型控件及显示件 | 按钮(buttons)、开关(switches)和指示灯(lights) |
| | 字符串和路径子模板：字符串和文件路径的控件及显示件 | 字符串(string)和文件路径(path)。文件路径控件支持从资源管理器到控件的鼠标拖放功能 |
| | 数组与簇子模板：数组与簇控件及显示件 | 数组(array)和簇(cluster)的控件和显示件。同时还包含错误信息的控制和显示以及多页标签控件(tab)和可变类型数据控件(variant) |
| | 列表框和表格子模板：列表框和表格类的控件和显示件 | 一列和多列的列表框(listbox)和表格(table)的控件和显示件 |
| | 图形子模板：以图形或实时图表形式显示数据的控件或显示件 | 包含数据曲线图、波形图、密度图表及各种三维曲面和曲线显示件。同时还包含与图形相关的数据类型控件 |
| | 枚举及单选框子模板：枚举及单选框的控件或显示件 | 文本单选框、菜单单选框、图形单选和枚举变量的显示件和控制件 |
| | I/O 接口子模板：与硬件有关的 VISA、IVI 数据源和 DAQ 的通道名等 | 与 DAQ、VISA、IVI 有关的数据源名称或通道名称等 |
| | 参考数子模板：作为对文件、目录、设备和网络连接的唯一参考 | 包括应用参考、VI 参考、控制参考、事件参考、TCP 参考、UDP 参考等 |
| | 对话框子模板：专为对话框而设计的控制显示件和按钮等 | 包含数字控制件、文本控制件、单选框控制件和一些按钮 |
| | 经典控件子模板：6.0 版以前的 2D 控件模板 | 其内容与控件主模板的内容类似，但控件的外观都是 2D 的 |
| | ActiveX 控件子模板：在 LabVIEW 中使用 ActiveX 控制件 | ActiveX 容器、可变类型的控制件和显示件及 ActiveX 对象的参考数 |
| | 装饰子模板：设计程序界面用的图形装饰对象 | 各种装饰用的矩形框和线条 |
| | 调用用户订制的控件 | 无子模板 |
| | 用户子模板：显示 user.lib 目录下的控件 | 根据 user.lib 目录下的内容而异 |

## 1. 控件模板

控件模板的调用方法：

(1)执行 Windows→Show Controls Palette 操作。

(2)使用 Object Shortcut Menu 工具，单击前面板设计窗口中的空白位置。
(3)右击窗口的任一空白区域。

## 2. 功能模板

功能模板如图 8-7(b)所示，表 8-3 给出了各个功能子模板。功能模板的调用方法：
(1)执行 Windows→Show Functions 操作。
(2)用工具模板上的 Object Popup 工具，单击流程图编辑窗口的空白位置。
(3)右击窗口空白区域。

表 8-3　功能模板的构成及其子模板项

| 图标 | 名称及用途 | 成员项 |
|---|---|---|
| | 程序结构子模板：与程序的分支与循环有关的逻辑控制 | 顺序结构、Case 分支、For 循环、While 循环、公式节点、事件驱动、全局变量和局部变量 |
| | 数学运算子模板：常用的数学函数、运算符和数学常量 | 算术、三角、对数和复数的数值运算符和数据类型转换符 |
| | 布尔值子模板：逻辑和布尔量函数 | 逻辑运算符，布尔常量和数据类型转换符 |
| | 字符串子模板：操作字符串的函数 | 字符串常量、运算符和函数，以及字符串与其他数据类型的转换函数 |
| | 数组子模板：处理数组的函数 | 数组的运算、比较、搜索及与簇的数据类型转换 |
| | 簇子模板：处理簇的函数 | 簇的创建与分解，与数组类型的转换 |
| | 比较子模板：用于比较数值、布尔值和字符串的函数 | 用于比较数值、布尔值和字符串的函数，以及极值与数据类型判别的函数 |
| | 时间与对话框子模板：时间控制和对话框等函数 | 时间日期和对话框函数，事件触发函数和错误信息处理函数 |
| | 文件子模板：文件输入输出函数 | 文件的读写，路径变量和高级文件属性与操作 |
| | 数据采集子模板：驱动数据采集卡的函数 | 模拟输入/输出、数字量输入/输出、计数器、硬件设置与校准和信号调理函数 |
| | 图形与波形子模板：与波形有关的各种函数 | 波形函数的创建与分解、波形属性的读写、波形函数的数学运算、文件操作和数学分析 |
| | 信号分析子模板：各种工程数学和信号分析函数 | 数学分析、逐点分析、信号处理、波形测量、波形调理、波形特征监测等函数 |
| | 仪器接口子模板：仪器控制的编程接口函数 | 仪器、GPIB、VISA、串口等驱动函数 |
| | 图像及运动控制子模板：图像采集、分析、运动控制 | 图像采集子模板、图像工具子模板、柔性运动控制子模板、数字控制子模板 |

续表

| 图标 | 名称及用途 | 成员项 |
|---|---|---|
|  | 数学分析子模板：提供高级数学分析函数 | 10 个子模板：公式、一元和二元函数计算、微积分函数计算、概率和统计分析、曲线拟合、矩阵运算与分析、一维和二维数值分析、优化分析、零点计算、数值函数模板 |
|  | 通信子模板：实现应用程序之间的数据交换和网络传输 | 6 个子模板：ActiveX 函数、DataSocket 函数、Hiq 函数、TCP 函数、UDP 函数、无线通信函数 |
|  | 应用程序控制子模板：控制程序运行各种函数 | 应用程序的打开及调用、程序停止及退出控制等 |
|  | 图形及声音控制子模板：创建图形显示及声音控制 | 包括三维数据显示子模板、绘图子模板、绘图函数子模板、图形格式子模板、声音控制子模板 |
|  | 教学子模板：用于初学者入门 | 包括 LabVIEW 教学用的各种例子 |
|  | 报表生成子模板：创建和控制应用程序报表 | 包括报表的创建、打印、存储、分解、字体设置、表格操作、表格样式子模板和高级报表子模板 |
|  | 高级调用子模板：DLL 调用和第三方编程语言调用等 | 库函数及 DLL 调用、第三方编程语言调用、数据类型控制子模板、同步控制子模板、端口读写函数、注册表访问函数 |
|  | 程序选择子模板：调用函数模板外的函数 | 文件打开对话框来选择函数或子程序 |
|  | 用户程序子模板：用户函数的位置 | 根据用户存储的函数各异 |

### 3. 工具模板

一个完整的应用程序还需要在面板和代码之间建立通信联系，在函数之间建立数学和逻辑关系。LabVIEW 使用工具模板来完成这一任务。在 Windows 菜单中选 "Show Tools Palette" 或按住 Shift 键，单击鼠标右键，即可弹出如图 8-7(c)所示的工具模板。

模板中包含用于创建、修改及调试程序的 11 个工具，当选中某一工具后，鼠标的光标就变为特定的形状。从左至右、从上至下，各个工具的用途如表 8-4 所示。

#### 表 8-4　工具模板的构成

|  | 自动选择：如果按下自动选择工具按钮，当鼠标在面板对象或程序对象图标上移动时，系统自动从工具模板中选择相应的工具。如果该按钮没有被按下，需要手动选择相应的操作按钮 |
|---|---|
|  | 操作工具：用于操作前面板控制量和显示量。当它指向一个文本型控制量，如数字或字符串时，光标形状就变为一个文本操作符 |
|  | 定位工具：用于选中、移动对象或改变对象大小 |

| | |
|---|---|
| 标签工具：用于输入标签文本或创建浮动标签 | |
| 连线工具：用于在图标代码中为两个对象连线，表达一种赋值关系。连线工具置于某一节点端口时，代码窗口内会显示出端口功能。如果从 Help 窗口选了 Show Help Window ，则该工具置于某一连线上时，帮助窗口会显示出该线的数据类型 | |
| 对象弹出菜单工具：该工具置于某一对象上单击可弹出对象的快捷菜单 | |
| 滚动工具：用于在窗口内滚动整个图形，而无须使用滚动条 | |
| 断点工具：用于为程序、函数及结构设置断点 | |
| 探针：用于在图标代码中设置探针用以调试程序 | |
| 取色工具：用于从窗口中提取颜色设置当前色 | |
| 颜色设置工具：用鼠标单击下一块板设置背景色，点击上一块板设置前景色。设置颜色可以从弹出的调色板中选取，也可以用取色工具从当前窗口中提取 | |

## 8.2.4　LabVIEW 程序构成

以下通过一个简单的 LabVIEW 程序的创建过程来认识 LabVIEW 编程的基本方法。这里介绍的是一个随机数发生器程序，作为第一个例子此处详细说明编程的每一个细节。

首先创建新的应用程序，在程序启动处单击按钮新建或者从菜单 File→New VI 进入程序设计界面，一般先设计用户界面即前面板。如果没有显示工具模板，则单击菜单 Window→Show Tool Palette。鼠标点击工具模板顶端的按钮使之处于自动选择状态。如果没有显示控件模板，则单击菜单 Window→Show Controls Palette。

在控件模板中单击布尔量子模板 Controls→Boolean，并在其中选择停止按钮(Stop Buttom) 如图 8-8 所示。这样就在前面板中出现了一个按钮。点击这个按钮，在快捷菜单中选择 ，以取消按钮标签的显示。单击导航按钮 返回控件模板的顶层菜单。

在控件模板中单击图形子模板 Controls→Graph，选择曲线图表(waveform chart)。在前面板适当位置单击放置曲线图表，此时该图表的标签处于编辑状态，可以直接修改标签文本，输入"随机数曲线图"。也可以双击该标签编辑标签文本。修改图表的显示刻度值，双击纵轴刻度–10.0 修改为 0，双击纵轴刻度 10.0 修改为 5.0。已经完成的用户界面如图 8-9 所示。

下面创建该程序的代码。一般情况下前面板和代码窗口是同时打开的，用鼠标单击代码窗口 Block Diagram Window 即可激活代码窗口，也可以选择菜单 Window→Show Diagram，还可以使用快捷键 Ctrl+E 在前面板和代码窗口之间切换。

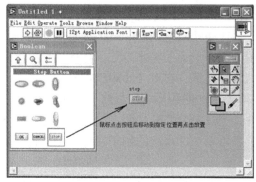

图 8-8　前面板建立

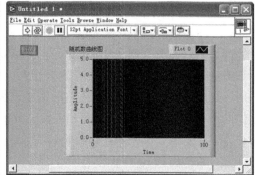

图 8-9　组态完的前面板

如果没有显示函数模板，则单击菜单 Window→Show Functions Palette。在函数模板中单击数学运算子模板 Functions→Numeric，并从中选择随机数函数⬚，将鼠标移动到适当位置，单击放置。同样方法在数学运算子模板中选择乘法运算符▷，对于所有对象可以用鼠标拖动移动到指定位置。将鼠标移动到随机数函数⬚，直到该函数出现数据端口⬚，单击鼠标并移动鼠标到乘法运算符的第一个端口，单击鼠标完成连线，右击乘法运算符的第二个端口，在弹出的快捷菜单中选择 Create→Constant，输入 5.0，将乘法运算的结果▷赋值给曲线图显示量。

以下增加程序控制功能。在函数模板中单击程序结构子模板 Functions→Structures，选择(单击)While 循环⬚，在如图 8-10 所示的左上角单击，移动鼠标画矩形并使所有代码位于矩形内。此时矩形的左下角和右下角出现的图标⬚，⬚分别代表循环的次数(只读)和循环条件。用连线工具连接 stop 按钮和循环条件。由于按钮的默认值为 Fault，而在按下时为 True。在循环条件图标上右击，在快捷菜单上选择 Stop if true，图标⬚变为⬚，这样在按钮被按下时 While 循环结束。程序代码如图 8-11 所示。

运行程序，单击工具栏图标⬚，或菜单 Operate→Run 或 Ctrl+R。停止程序的运行单击 stop 按钮。将程序保存为"随机数曲线图.vi"。

从以上介绍可以看出，用 LabVIEW 生成应用程序十分简单快捷。

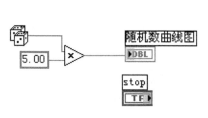

图 8-10　While 循环

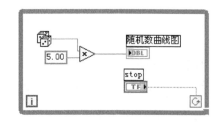

图 8-11　组态完的程序

由于 LabVIEW 目前没有提供中文版本，因此所有的在线帮助文件和电子手册都是英文版的。但是 LabVIEW 为不同的用户提供的帮助却是非常详尽的。在 LabVIEW 环境中按下 F1 键启动帮助系统，相当于 Help 菜单的子项 VI, Function, & How-To Help…帮助系统如图 8-12 所示，这是一个与 Windows 风格一致的帮助系统。对于初学者而言，可以先看一下系统提供的多媒体教学资料，该资料在帮助系统的 Tutorial 项目中。但是这里的内容只是简单介绍 LabVIEW 的工作环境、程序设计的基本方法、程序的数据流向等基本内容，声音和动画方式的教学让人更加容易理解。在对 LabVIEW 有了基本的了解后，则可以借助 LabVIEW 提供的例子来编写各种功能和要求的程序。查找 LabVIEW 提供的所有例子，即单击 Help→Find Examples，则 LabVIEW 按照文件夹或任务的性质两种方式显示例子的列表，如图 8-12 所示。读者可以在感兴趣的例子文件夹上双击展开文件夹，直到出现 LabVIEW 程序文件。

在编程或阅读例子文件时，可以使用上下文帮助信息在线查阅正在使用的各种编程函数的详细注释信息，即单击 HELP→Show Context Help。

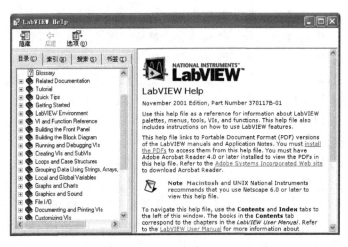

图 8-12　LabVIEW 帮助文档

如果希望系统地阅读 LabVIEW 提供的随机电子文档和各种手册，单击 HELP→Search the LabVIEW Bookshelf，该菜单会引出所有 PDF 格式文档目录及其链接，可以在线阅读或打印这些文档。

# 8.3　自动测试系统

## 8.3.1　自动测试系统的产生

随着科学技术和生产的发展，对电子测量提出了越来越高的要求。特别是电子计算机的广泛应用，在各个领域引起了巨大的反响。测试内容日趋复杂，测试工作量急剧增加，对测试设备在功能、性能、测试速度、测试准确度等方面的要求也日益提高。在这种形势下，传统的人工测试已经很难满足要求，发展自动化测试成为必然的出路。对自动测试的迫切需要主要体现在以下几个方面。

(1)测试任务复杂、工作量大，对测试系统的功能、性能要求越来越高。例如，有些大规模或超大规模集成电路，每个集成电路上有上百万个元件，电路构造复杂，需要测试的参数很多。其中有些集成电路的测试还需要在复杂的定时条件下加入多种输入信号，通过有限的端子，在规定的时间内快速进行多种测试。这些测试若采用人工测试，就不仅是费时费事的问题，而是往往无法完成测试要求，因此只有采用自动测试装置才能对它进行全面的测量。

随着生产规模增加、产品复杂程度提高，生产领域的测试也日趋繁重。对生产过程和产品的测试、检验手段是否完善，是提高经济效益、维护产品信誉和增加竞争力的重要方面。在现代化的生产中，用于测试的工时和费用均占 20%～30%。现代国防武器，如导弹、飞机上的电子设备，其价值甚至可能占整体的 60%～70%。在这些领域中采用自动测试系统，不仅可解决很多测试中遇到的困难，降低工时和费用，而且对国民经济的发展也会起到良好的作用。

自动测试系统通常采用计算机控制，它具有很强的实时控制、逻辑判断、记忆存储和运算处理能力。这种系统可按事先编好的程序快速、准确地进行操作，可以自动切换测试点和进行巡回检测，容易适应测试内容复杂、工作量大的要求。另外，利用计算机的功能，还可以把一些复杂的测试加以简化。

(2) 要求测试速度快。在现代科技和生产领域，对测试速度要求越来越高。在传统的人工测试中，一般只能先取得测试数据，再经人工分析数据，最后才能根据分析的结果去调整或改进生产过程。但是现代化的生产线往往要求实时检测和自适应处理。在自动测试系统中，用计算机指挥操作，还可以自动校准、自动调整测试点、自动切换量程和频段，自动记录和处理数据，测试速度通常是人工测试无法比拟的。只有采用自动测试，才能提供足够快的速度进行实时测量、实时处理和实时控制，使测试、分析和测试结果的应用融为一体。

(3) 要求测量的准确度高。自动测试系统首先是在那些对测试要求严格的军事部门发展起来的。在这些部门中，测试人员的疏忽可能造成严重的后果。采用自动测试系统，可以严格按照程序自动操作，避免操作人员由于测试技术、生理上的分辨力及偶然疏忽造成的差错，即使非熟练人员上机操作，通常对测试结果也不会产生影响。

(4) 危险或测试人员难以进行测试场地的测试。随着人类活动或探索领域的发展，要求测试的范围也不断扩大。其中有些具有一定的危险性或有损测试人员健康的地方，还有些测试人员难以进入的场合。例如，对核爆炸现场、海底、高寒山区、高炉、管道内部的测试，均可通过自动测试取得结果。

(5) 要求长期进行定时或不间断测试。为了发现一些偶然出现的异常情况或间歇性故障，或者为了检测某些不定期出现的客观现象，在生产和科技领域常要求进行定时地或不间断地测试。如果采用人工测试，即使测试人员的责任心很强，这种测试也是困难的。这种要求，只有采用自动测试系统才容易及时发现问题、及时报警和处理。

### 8.3.2　自动测试系统的发展

一般意义的自动测试系统是对那些能自动完成激励、测量、数据处理并显示或输出测试结果的一类系统的统称。通常这类系统是在标准的测控系统总线或仪器总线(GPIB、VXI、PXI 等)的基础上组建成的，并且具有高速度、高精度、多功能、多参数和宽测量范围等众多特点。工程上的自动测试系统(Automatic Test System，ATS)往往针对一定的应用领域和被测对象，并且常以应用对象命名，如飞机自动测试系统、发动机自动测试系统、雷达自动测试系统、印制电路板自动测试系统等，也可以按照应用场合来划分，如可分为生产过程用自动测试系统、场站维护用自动测试系统等。

自动测试系统的研制可以追溯到 20 世纪 50 年代中期美国的军事需要，其发展经历了专用型向通用型发展的过程，近年来，则着眼于建立整个自动测试系统体系结构。自动测试系统经历的时间虽然不算太长，但却得到了迅速的发展和普及。它的发展大体上可以分为三个阶段。

### 1. 第一代自动测试系统——专用系统

早期的自动测试系统多为专用系统，是针对某项具体测试任务而设计的，通常称为第一代自动测试系统。专用系统是针对具体测试要求而研制的，主要用于测试工作量很大的重复测试，高可靠性的复杂测试，用来提高测试速度或者用于人员难以进入的恶劣环境。常见的第一代自动测试系统主要有数据自动采集系统、产品自动检验系统、自动分析及自动检测系统等。

第一代自动测试系统至今仍有少量应用，它们能完成大量的、复杂的测试任务，承担繁重的数据分析、信息处理工作，快速、准确地给出测试结果。在测试系统功能丰富、性能提高、使用方便等很多方面比人工测试有明显改进，甚至可以完成不少人工测试无法完成的任务。这类系统是从人工测试向自动测试迈出的重要一步，是本质上的进步，它在测试功能、性能、测试速度和效率，以及使用方便等方面，显示出很大的优越性。

第一代自动测试系统的缺点突出表现在接口及标准化方面，带来的突出问题如下。

(1)复杂的被测对象的所有功能、性能测试若全部采用专用系统，则需要设计者自行解决系统中仪器与仪器、仪器与计算机的接口问题；当系统比较复杂时，研制工作量很大，费用高昂，保障设备的机动能力降低。

(2)这类系统是针对特定的被测对象而研制的，系统的适应性不强,若改变测试内容，则需要重新设计电路，根本的原因是其接口不具备通用性。一旦被测对象退役，为其服务的一大批专用系统也随之报废。因此，很快就发展了采用标准化通用接口总线的第二代自动测试系统。

### 2. 第二代自动测试系统——标准化总线系统

20 世纪 70 年代，自动测试系统解决了标准化的通用接口总线问题，进而使自动测试系统进入了目前应用最广泛的第二代。它是在标准的接口总线的基础上，以搭积木方式组建的系统。系统中的各个设备(计算机、可程控电子仪器、可程控开关等)均为台式设备，每台设备都配有符合接口标准的接口电路，典型自动测试系统如图 8-13 所示。组装系统时，凡是配有这种标准接口的仪器和计算机，不分生产厂商，都可以借助一条无源电缆总线按积木式互联，灵活地组成各种不同用途的自动测试系统，以完成较复杂的测试任务。积木式特点使得这类系统更改、增减测试内容很灵活，而且设备资源的复用性好。

这类自动测试系统具有极强的通用性和多功能性。系统中的通用仪器既可作为自动测试系统中的设备来用，亦可作为独立的仪器使用，它可以在不同时期，针对不同的测试任务要求，只需增减或更换"挂"在它上面的仪器设备，编制相应的测试软件，灵活地组建不同的自动测试系统，显示出了很大优越性，因此得到了广泛的应用，特别适用于要求测量时间极短而数据处理量极大的测试任务中，以及测试现场对操作人员有害或操作人员参与操作会产生人为误差的测试场合。

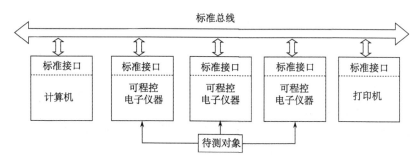

图 8-13　典型自动测试系统框图

这类自动测试系统由计算机、多台可程控仪器以及标准接口三者组成。计算机作为系统的控制者，通过执行测试软件，实现对测量过程的控制及处理；可程控仪器设备是测试系统的执行单元，具体完成采集、测量、处理等任务；接口由计算机及各可程控仪器中的标准接口和标准总线两部分组成。从计算机系统结构的角度看，这类自动测试系统是一个分布式多微机系统，系统内的各智能仪器并行工作，它们各自具备完备的硬件和软件，因而能相对独立地工作，它们之间通过外部总线完成系统内的各种信息的变换和传输任务。

目前普遍使用的一种可程控仪器的接口系统，是在 1872 年由美国惠普(HP)公司首先提出的，后来定名为 HPIB。这套系统陆续为美国电气和电子工程师学会(IEEE)及电工委员会(IEC)所接受，并正式颁布了标准文件。对这套系统最常用的称谓是通用接口总线(GPIB)系统，它也被称为 IEC 625 及 IEEE 488 系统。这套系统也被我国采用，并制定了相应的国家标准。GPIB 系统是第二代自动测试系统的典型代表，特别适合于科学研究或武器装备研制过程中的各种试验、验证测试，因此它是目前使用最多的系统。此外，应用比较广泛的系统，还有串行接口系统 RS-232、RS-422 和 RS-485。

测量和仪器的一个重要发展方向就是充分利用计算机的软硬件，包括在自动测试系统中利用计算机上已经配置了的接口和总线。近年来，在微机上普遍配置了 USB(通用串行系统)和 LAN(局域网)总线，特别是新生产的微机几乎 100%配有一个至多个 USB接口。用 USB 也可构成虚拟仪器。第二代自动测试系统一般为台式或装架叠放式的。每台仪器除可程控外，通常也可通过仪器面板人工操作。

基于 GPIB 的自动测试系统的主要缺点如下。

(1)总线的传输速率不够高(最大传输速率为 1MB/s)，很难以此组建高速、大数据吞吐量的自动测试系统。

(2)这类系统是由一些独立的台式仪器用 GPIB 串接组建而成的，系统中每台仪器都有自己的机箱、电源、显示面板、控制开关等。从系统角度看，这些机箱、电源、显示面板、开关大部分都是重复配置的，它阻碍了系统的体积、重量的进一步降低。因此，以 GPIB 为基础，按积木式难以组建体积小、重量轻的自动测试系统。对于某些应用场合，特别是对体积、重量方面的要求很高的军事领域，已不能适应。

3. 第三代自动测试系统——虚拟化、模块化和网络化的标准化系统

第一、二代自动测试系统虽然比人工测试显示出前所未有的优越性，但是在这些系统中，电子计算机并没有充分发挥作用，整个系统和工作过程基本上还是对人工测试的模拟。20 世纪 70 年代中期提出了第三代自动测试系统的概念，在这一代的仪器系统中，计算机处于核心地位。为了使仪器系统的硬件设备尽量少，传统仪器的许多硬件乃至整个仪器都可以被计算机软件代替，计算机软件和测试仪器将更加紧密地结合在一起。为了使仪器系统的硬件设备尽量少，传统仪器的许多硬件乃至整个仪器都可以被计算机软件所代替。例如，只使用一块 A/D 转换卡，借助于计算机功能，在软件的配合下就可以实现多种仪器的功能，如数字万用表、数字存储示波器、数字频谱分析仪、数字频率计等。在新一代仪器系统中，计算机处于核心地位。

在第三代自动测试系统中，用计算机软件代替了传统仪器的某些硬件，即将原智能仪器中的测量部分配以相应的接口电路制成各种仪器卡，插入计算机的总线插槽或扩展箱内，而原智能仪器所需的键盘、显示器以及存储器等均借助于计算机的资源，通过计算机直接产生测试信号和测试功能。这样，仪器中的一些硬件甚至整件仪器都从系统中消失了，而由计算机及其软件来完成它们的功能，形成了一种所谓的虚拟仪器，如图 8-14 所示。

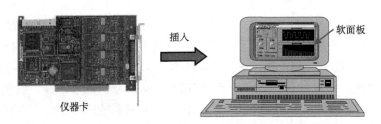

图 8-14　个人仪器构成

虚拟仪器的显著特点是用"软面板"实现对仪器的操作。"软面板"是显示在 CRT 上用作图软件生成的仪器面板图形(类似仪器硬面板)，用户通过操作鼠标移动光标的方式控制软面板上的按键、旋钮等。由于个人仪器和系统充分地利用计算机的软件硬件资源，因而相对传统的智能仪器和由智能仪器构成的 GPIB 系统来说，极大地降低了成本，大幅缩短了研制周期，显示出了广阔的发展前景。

近年来，许多公司开发出很多出色的仪器开发系统软件包，其中基于图形设计的用户接口和软件开发环境是最流行的发展趋势。在这方面最有代表性的软件产品是 NI 公司的 LabVIEW、HP 公司的 VEE 等。这些软件系统本身就带有各厂家生产的各类仪器的

驱动软件、软面板等，同时还提供上百种数学运算及包括 FFT 分析、数字滤波、回归分析、统计分析等数字信号处理功能。当测试人员建立一个仪器系统时，只要调出代表仪器的图标，输入相关的条件和参数，并用鼠标按测试流程将有关仪器连接起来，就完成了设计工作。利用这些软件，用户可根据自己的不同要求和测试方案开发出各种仪器，从而彻底突破过去仪器功能只能由厂家定义而用户无法按自己的意愿改变的传统模式，获得传统仪器无法比拟的效果，这样就摆脱由硬件构成一件件仪器再连成系统的传统概念。因此，从某种意义说，计算机就是仪器，软件就是仪器。

模块化也是第三代自动测试系统的重要特征，它的代表产品是 20 世纪 80 年代和 90 年代分别推出的 VXI 和 PXI 总线的模块化仪器系统。其中，VXI 总线表示 VME 总线在仪器领域的扩展（VMEbus eXtensions for Instrumentation），PXI 总线表示 PCI 总线在仪器领域的扩展（PCI eXtensions for Instrumentation），它们的仪器和其他器件都是标准尺寸的模块，插于主机箱内，因此这种系统被称为具有主机箱的模块式或卡式系统。模块通过主机箱内多层背板上的连接器插件与 VXI 或 PXI 总线相连。在 GPIB 系统等第二代系统中，总线只用于标准化接口，至于仪器内部所需的供电和信号线，则由仪器厂商分别自行解决。而在 VXI 或 PXI 总线中，总线可用于仪器内部，例如各仪器可共用总线供给的电源，并从总线获得时钟信号、同步信号等多种信号。装于主机箱内部的器件都配置统一的地址图，并根据统一分配占据需要的操作寄存器存储空间，这些都使系统形成统一的整体。

VXI 或 PXI 总线与 GPIB 总线相比其性能有了较大幅度提高。例如，VXI 总线中的地址线和数据线均可高至 32 位，数据传输速率的上限可高至 40MB/s，此外还定义多种控制线、中断线、时钟线、触发线、识别线和模拟信号线等；PXI 总线是 PCI 总线（其中的 Compact PCI 总线）向仪器/测量领域的扩展，其中数据传输速率为 132~264MB/s。以这两种总线为基础，可组建高速、大数据吞吐量的自动测试系统。系统中，仪器、设备或嵌入计算机均以 VXI（或 PXI）总线的形式出现，众多模块化仪器/设备均插入带有 VXI（或 PXI）总线插座、插槽、电源的 VXI（或 PXI）总线机箱中，仪器的显示面板及操作，用统一的计算机显示屏以软面板的形式来实现，避免了系统中各仪器、设备在机箱、电源、面板、开关等方面的重复配置，大大降低了整个系统的体积、重量，并能在一定程度上节约成本。目前，尚有一部分仪器不能以 VXI（或 PXI）总线模块的形式提供，因此，在以 VXI 总线系统为主的自动测试系统中，还可以用 GPIB 总线灵活连接所需的GPIB 台式仪器。

基于 VXI、PXI 等先进的总线构成的第三代自动测试系统集中了智能仪器、个人仪器和 GPIB 系统的优点，具有数据传输率高、数据吞吐量大、体积小、重量轻、系统组建灵活、扩展容易、资源复用性好、标准化程度高等多种优点，因此得到迅速发展和推广，是当前先进的自动测试系统，特别是军用自动测试系统的主流组建方案。

### 8.3.3　自动测试系统的组成

自动测试系统由硬件和软件组成，硬件包括自动测试设备（ATE）和被测单元适配器，软件包括测试软件及文档、软件开发环境。自动测试系统的实际组成如图 8-15 所示。

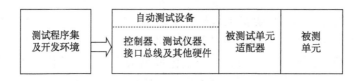

图 8-15　自动测试系统的组成

### 1. 自动测试设备

自动测试设备(Automatic Test Equipment，ATE)是指用来完成测试任务的全部硬件和相应的操作软件，一般包括计算机、测试仪器、接口总线及其他硬件，测试仪器通常都应该能接受计算机程控，它可包含信号源、测量及分析仪器、电源及开关等很多品种。

1)控制器

控制器主要是计算机，如小型机、高性能工作站、个人计算机、微处理机、单片机等，计算机是自动测试系统的核心，同时配备必要的磁盘驱动器、CRT 显示器、键盘、打印机等外部设备。测试软件在测试控制器上运行，实现对测试过程的控制。

2)测试仪器

测试仪器用于采集各种测试信号，如万用表、频率计、示波器、频谱分析仪等；激励资源为被测单元工作提供必要的测试激励信号，如函数发生器、D/A 转换器等；电源系统为被测单元工作提供各种交/直流电源。

3)开关系统

开关系统在自动测试系统中实现被测单元接口和测试资源间的连接与通道切换。借助开关系统，自动测试系统设计者可以充分利用有限的测试资源满足被测单元测试信号完备性需求，降低整个测试系统的成本。

4)信号接口装置

由于被测设备的输入/输出接口类型和信号定义各式各样，要实现自动测试设备与被测单元间的规范、快速物理连接，必须经过信号接口装置。接口装置包括 ATE 中的信号接口及与被测单元配套的测试夹具，如测试接口适配器、被测单元连接固定装置及各种测试电缆等。

5)接口总线

接口总线是自动测试系统中最有特色的部分，常用的接口总线有 GPIB、VXI 总线、PXI 总线等。接口总线常用来在计算机与计算机、计算机与终端、终端与终端之间进行通信，计算机就是通过它们来程控仪器的。

### 2. 被测试单元适配器

被测对象(Unit Under Test，UUT)连到 ATE 通常要求有相应的接口设备，称为被测试单元适配器 (Test Unit Adapter，TUA)，它完成 UUT 到 ATE 的连接，为 ATE 中的各个信号点到 UUT 中的 I/O 引脚指定信号路径。TUA 常采用插接的方式连接，ATE 部分只要稍加改动往往能适应多种被测对象。

3. 测试程序集及开发环境

现代自动测试系统还特别重视测试文档和软件开发工作，它们大大提高了编程效率并利于系统的使用、维护和改进。如若突出测试程序集的概念，自动测试系统也可认为由三大部分组成，即自动测试设备(ATE)、测试程序集(TPS)和 TPS 软件开发工具。

测试程序集(TPS)是与被测对象及其测试要求密切相关的。典型的测试程序集由两部分组成，即测试程序软件，被测对象测试所需的各种文件。

测试程序软件通常用标准测试语言写成。对有些 ATE，其测试软件是直接用通用计算机语言，如 C 语言编写的。ATE 中的计算机运行测试软件，控制 ATE 中的激励设备、测量仪器、电源及开关组件等，将激励信号加到需要加入的地方，并且在合适的点测量被测对象的相应信号，然后再由测试软件来分析测量结果并确定可能是故障的事件，进而提示维修人员剔除或更换某一个或几个部件。

测试程序集软件开发工具指开发测试软件要求一系列的工具统称，有时也被称为 TPS 软件开发环境，不同的自动测试系统所能提供的测试程序集软件开发工具有所不同，它可包括 ATE 和 UUT 仿真器、ATE 和 UUT 描述语言、编程工具(如各种编译器)等。

## 8.3.4　自动测试系统接口总线

自动测试系统首先要解决互联设备在机械、电气、功能上兼容，以保证各种命令和测试数据在互连设备间准确无误地传递，可程控设备的标准接口总线解决了这一问题。20 世纪 70 年代至今相继出现了多种自动测试系统使用的标准接口总线，如前所提及的 RS-232C、GPIB、VXI、PXI、USB 等。采用标准总线的优点在于：可以根据具体测试任务的需要，选用现成的标准总线接口的仪器，组建自动测试系统，系统也可以随时改建或重建。现在重点阐述 GPIB、VXI、PXI 三种标准接口总线的内容。

1. GPIB

GPIB 是国际通用的仪器接口标准。一般情况下，智能仪器都配有 GPIB 标准接口。GPIB 标准接口包括接口与总线两部分。接口部分由各种逻辑电路组成，与各仪器装置安装在一起，用于对传送的信息进行发送、接收、编码和译码。总线部分是一条无源多芯电缆，用于传输各种消息，消息指的是总线上传递的各种信息。

1) GPIB 基本特性

由 GPIB 接口总线组成的自动测试系统主要由设备、接口和总线三部分组成，图 8-16 为具有 GPIB 接口的仪器通过 GPIB 连接起来的标准接口总线系统。

在一个 GPIB 标准接口总线系统中，有一个控制计算机负责管理各仪器设备的工作并响应其他仪器设备提出的请求和处理测量结果，这个作为控制器的主设备称为控者(Controller)。控者是数据传输过程中的组织者和控制者，通常由计算机担任。在一个系统中允许有多个设备充当控者，但同一时刻只能允许一个设备控制总线，该控者称为责任控者。测试过程中能对系统控制权实行管理和分配的设备称为系统控者，它在任何时候都可以收回对总线的控制权。一个系统中，系统控者只能由一台设备担任，但责任控者则可由多台设备轮流担任，控制权在设备之间的转移称为控者转移。系统要进行有效的通信联络，至少有"讲者""听者""控者"三类仪器装置。讲者是通过总线发送仪器消息的仪器装置，如测量仪器、数据采集器、计算机等。听者是通过总线接收由讲者发出消息的装置，如打印机等。一个 GPIB 系统中，可以设置多个讲者、听者和控者，不允许有两个或两个以上的讲者或控者同时起作用，但允许多个听者同时工作。控者、听者、讲者称为系统功能的三要素，系统中的某一个装置可以具有三要素中的一个、两个或全部功能。例如，系统中的计算机可以兼顾实现"讲者"、"听者"与"控者"的功能。

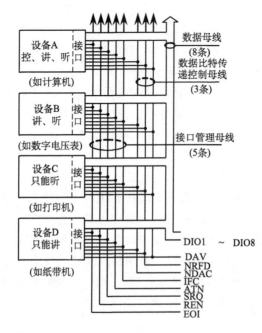

图 8-16 由 GPIB 接口总线组成的自动测试系统

我国采用的 24 线总线插座从装置背后看去如图 8-17 所示，各引脚所对应的信号线如表 8-5 所示，其中 GND($n$) 表示第 $n$ 引脚所接信号线的地回路。

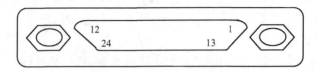

图 8-17 GPIB 24 线总线插座

GPIB 上的所有设备都应有自己的识别号，以区分设备，该识别号称为地址。GPIB采用 5bit 编址，因此共有 32 个地址码。通常，责任控者使用一个字节中低 5 位对设备寻址，5 位全 1 作为不听或不讲，故实际只能发送 31 个地址，这 31 个地址称为主地址。如果再加一个副地址，由于主副地址的有效数目皆为 31，所以使用副地址的寻址，最大地址容量可扩大至 31×31=961 个。

表 8-5　GPIB 插座引脚对应的信号线

| 引脚 | 信号线 | 引脚 | 信号线 | 引脚 | 信号线 |
|---|---|---|---|---|---|
| 1 | DIO1 | 9 | IFC | 17 | REN |
| 2 | DIO2 | 10 | SRQ | 18 | GND6 |
| 3 | DIO3 | 11 | ATN | 19 | GND7 |
| 4 | DIO4 | 12 | 屏蔽 | 20 | GND8 |
| 5 | EOI | 13 | DIO5 | 21 | GND9 |
| 6 | DAV | 14 | DIO6 | 22 | GND10 |
| 7 | NRFD | 15 | DIO7 | 23 | GND11 |
| 8 | NDAC | 16 | DIO8 | 24 | 逻辑地线 |

GPIB 是一种比特并行、字节串行的接口系统，采用异步通信方式，最高数据传输速率为 1MB/s。任何一个 GPIB 设备从功能上都可分为设备功能和接口功能两大部分。

设备功能为设备本身的功能，因此不同设备差异很大，不可能标准化。接口功能则是为设备互连和通信而设计的功能，它是一个在电气、机械和功能上都被标准化的部分。GPIB 定义了 10 种接口功能，称为接口功能集，如表 8-6 所示。

表 8-6　GPIB 接口功能集

| 序号 | 接口功能 | 符号 | 序号 | 接口功能 | 符号 |
|---|---|---|---|---|---|
| 1 | 源方挂钩(Source Handshake) | SH | 6 | 远地/本地(Remote/Local) | R/L |
| 2 | 受方挂钩(Acceptor Handshake) | AH | 7 | 并行查询(Paraller Poll) | PP |
| 3 | 讲者或扩大讲者(Talker or Extended Talker) | T 或 ET | 8 | 器件清除(Device Clear) | DC |
| 4 | 听者或扩大听者(Listener or Extended Listener) | L 或 EL | 9 | 器件触发(Device Trigger) | DT |
| 5 | 服务请求(Service Request) | SR | 10 | 控者(Controller) | C |

系统中的某个设备，不一定需要配置全部的 10 种功能，可根据具体情况选配若干功能。控者、讲者或扩大讲者、听者或扩大听者、源方挂钩、受方挂钩是 5 种基本接口功能。

2) GPIB 信号

GPIB 是一条 24 芯电缆，其中 16 根用作信号线，8 根为双向数据总线、3 根为数据挂钩联络线和 5 根为接口管理控制线。总线上最多可接 15 台仪器。数据在第一个器件与最后一个器件之间传递距离为总线电缆总长，此长度不能超过 20m，每个器件之间电缆一般为 2m，过长的传输距离不能保证高速下的可靠的通信；采用总线扩展器，数据距离可达 500m。

GPIB 标准接口总线中的 16 根信号线按功能可分为以下三组。

（1）8 根双向数据总线(DIO1～DIO8)的消息以字节为单位串行发送，信息是远地多线信息，包括控者发出的各种指令、地址，讲者发出的各种数据以及各器件发出的状态数据等，所传递消息的类型由其余两组信号线加以区分。通常，数据字节用 ASCⅡ或 ISO-7 bit 代码，DIO1 为 LSB。

(2) 3 条数据挂钩联络线用于控制数据总线的时序，以保证数据总线能正确、有节奏地传输信息，这种传输技术称为三线挂钩技术。三线挂钩指的是讲者、控者、听者之间的逻辑连接与接续关系，定义如下。

数据有效(Dada Valid，DAV)线。当数据线上出现有效数据时，讲者置 DAV=1，示意听者从数据线上接收数据；当数据线上的消息是无效的，讲者置 DAV=0，示意听者不能从数据线上接收消息。

数据未就绪(Not Ready For Data，NRFD)线。由听者共同控制，听者用此线向讲者传输是否准备好的消息。NRFD=1 表示至少有一个听者尚未准备好接收数据，讲者不能在数据线上传递消息；NRFD=0 表示所有听者已经准备好接收数据，讲者可以在数据线上传递消息。

数据未收到(Not Data Accepted，NDAC)线。由听者共同控制，在讲者发出 DAV 消息宣布数据有效之后，听者利用此线传输是否已接收的消息。NDAC=1 表示至少有一个听者还没有从数据线上接收完消息，讲者或控者必须等待，直到全部听者都已接收完数据；NDAC=0 表示所有听者已经从数据线上接收完消息。

注意：NRFD 和 NDAC 的命名方式没有采用 RFD 和 DAC，采用的是负逻辑。由于 NRFD 和 NDAC 由所有的听者共同激励，可能有的令 NRFD 和 NDAC 为 0，有的令 NRFD 和 NDAC 为 1，而同一条线不能有两个电平，只能由一个电平起主导作用。由于 NRFD 和 NDAC 下逻辑上使用线与，低电平的逻辑 1 是主导，即低电平压制了高电平。因此，直到系统中速度最慢的设备接收到数据后，下一个数据位才能置于数据母线上。

(3) 5 条接口管理控制线，用于控制 GPIB 总线接口的状态，定义如下。

注意(Attention, ATN)线。该线由控者使用，用来指明数据线上数据的类型。当 ATN=1 时，数据总线上的信息是由控者发出的，用于管理接口部分工作的消息(命令、设备地址等)，一切设备均要接收这些信息；当 ATN=1 时，数据总线上的信息是由讲者发出的，用于完成仪器自身工作的仪器消息(数据、设备的控制命令等)，所有听者都必须听。ATN 由 0 变为 1 时表示控者要由空闲进入工作，此时现行讲者与听者间的挂钩要立即中断。

接口清除(Interface Clear, IFC)线。该线由控者使用，当 IFC=1 时，整个接口系统恢复到初始状态。规范规定 IFC=1 至少保持 100μs 以上，才能令 IFC=0，使各个器件的接口功能正常运行。

远程控制(Remote Enable, REN)线。该线由控者使用，当 REN=1 时，表明由来自数据母线的信息控制程控仪器，即仪器可能处于远程控制状态，从而封锁设备面板上的手工操作；当 REN=0 时，仪器处于本地工作方式，即仪器受面板开关的人工调整和控制。

服务请求(Service Request, SRQ)线。所有设备的请求线是"线或"在一起的，任意设备将此线变为 SRQ=1 时，就表示它遇到出于控者预料之外的情况，向控者提出服务请求，即要求控者中断当前执行的事件，允许它变为讲者，报告情况。

结束或识别(End Or Identify，EOI)线。此线与 ATN 配合使用，EOI=1、ATN=0 表示

讲者已传递完一组数据；EOI=1、ATN=1 表示控者要进行识别操作，要求设备把它们的状态放在数据线上。

三线挂钩的过程可简述为：在一次挂钩开始，讲者首先宣布数据无效(DAV=0)，并等待听者发出是否准备好接收数据的信息。若听者包括不止一个器件，其中只有部分器件准备好了，NRFD 线为低电平，即告诉讲者未准备好接收数据，只有听者所有设备都准备好了，NRFD 线才为高电平。这时，讲者才发出数据有效的 DAV 信号。讲者向听者传送一个数据字节。因为各听者接收数据的速度不同，只要有一个听者未接收完数据，NDAC 线就处于低电平，直到全部听者都收到这个数据，NDAC 才变为高电平，从而允许再传送下一个数据。

3) GPIB 标准接口的功能

智能化测量仪器中每一个仪器装置都具有接口功能和仪器功能。接口功能是指完成各仪器设备之间正确通信，确保系统正常工作的能力，即通过 GPIB 标准接口实现自动测量与控制所必需的逻辑功能。这里，把为完成接口功能而传递的消息称为接口消息。仪器功能的任务是把收到的控制信息变成仪器设备的实际动作，如调节频率、调节信号电平、改变仪器工作方式等，这与常规仪器设备的功能基本相同，把为完成仪器功能而传递的消息称为仪器消息。

GPIB 标准接口定义了 10 种接口功能，每种接口功能均赋予器件一种能力，每个设备都可根据需要来配备相应接口功能，而不一定需要配齐全部 10 种接口功能。

(1)讲者(T)或扩大讲者(TE)接口功能。T 或 TE 接口功能赋予设备一种经 DIO 线把数据发送到其他设备的能力，在测量过程中，T 功能的分配是动态的，但同一时刻最多有一个讲者起作用。每个具有讲者能力的设备都必须配置 T 或 TE 功能，而系统中的一个 T 功能的获得必须事先通过讲者寻址来指定。

(2)听者(L)或扩大听者(LE)接口功能。该功能赋予设备一种从母线上接收数据所设立的能力，它是每个具有听者能力都必须配置的。同一时刻可以有多个听者。

(3)源方挂钩(SH)功能。该功能是讲者或控者发送数据时必须具备的，它与一个或多个接收多线信息的设备的受方挂钩功能相结合，控制消息传输的开始与结束，从而保证数据可靠地异步传输。同一时刻只能有一个源方挂钩功能起作用。

(4)受方挂钩(AH)功能。该功能赋予听者或控者设备接收数据时的挂钩能力，是要接收寻址、命令或数据的器件必须具备的。

(5)控者(C)接口功能。该功能赋予设备具有控制 GPIB 系统中设备数据流动的能力，一般来说，自动测试系统都由计算机来控制和管理。根据测试任务的要求，控者通过接口向其他设备发送地址码，以指定系统总线上当前的听者和讲者，从而决定数据传送方向；通过接口向其他设备发送接口命令，以执行设备的清除、触发、查询等接口操作；检测总线上的服务请求，并实施串行或并行查询，以识别服务请求源。

(6)服务请求(SR)功能。该功能不仅赋予设备出现故障时可向责任控者提出请求的功能，以便控者中断当前工作来对当前设备进行服务，而且为正常运行的设备与控者联系而提供了一种渠道。

(7)远地/本地(R/L)功能。该功能赋予设备在远程控制、本地控制之间选取的能力，即向设备表明应使用来自面板的操作控制信息，或是使用来自接口的程控数据信息。

(8) 设备清除(DC)功能。该功能赋予设备响应责任控者发出的设备清除命令而恢复到初始状态。

(9) 设备触发(DT)功能。该功能赋予设备响应责任控者发出的设备触发命令而启动某种设备功能操作的能力。

(10) 并行查询(PP)功能。该功能赋予设备响应责任控者发出的并行查询能力。

### 2. VXI 总线

GPIB 是一种外部总线，适用于一个实验室内相距 20m 的各设备互连。20 世纪 80 年代中期，随着测试系统的模块化集成发展，单卡仪器或个人计算机仪器系统的出现，研究标准化的模块化仪器接口总线问题摆在人们面前。

以 VXI 为代表的主机箱式模块化仪器系统主要包括 VXI 和 PXI 两种仪器系统，它们都属于标准化的第三代自动测试系统。VXI 系统和 PXI 系统有很多相似之处，它们都是把仪器设备及嵌入式计算机做成模块或插卡插入主机箱内工作，因此，这两种系统也被称为模块式仪器系统。

VXI 系统与 PXI 系统在组成形式、总线结构和各种原理等方面很相似。PXI 系统是较后推出的，虽然与 VXI 系统相比，它也有一些明显的优点，如价格较低、数据速度更快、作为其基础的 PCI 总线应用较为普遍等，但是总体来说，VXI 系统的性能更理想、功能更丰富、软硬件标准化程度都很高，也得到世界最大跨国仪器公司的支持，产品与GPIB 一起得到了包括军方在内诸多高端客户的重点采用，因此，主机箱式模块化仪器系统以 VXI 系统为代表进行介绍。只要理解了这个系统，掌握 PXI 系统也是很容易的。

#### 1) VXI 系统的发展及特性

VXI 系统是 VME 计算机总线在仪器领域的扩展。在 VXI 系统提出以前，微计算机在测量和仪器领域的应用主要有两个方面：一是将微计算机置于仪器内部，构成智能仪器；二是在 GPIB 系统中担任控者。但是随着对仪器和系统功能和性能的要求越来越高，仪器中微计算机的任务不断加重，软件比重和内存容量越来越大。此外，仪器在很多方面也像微计算机靠拢，如清单显示、键盘控制、字符显示和打印输出等。因此，与其为多品种、相对小批量的微机化仪器各配一套专用微计算机，还不如直接利用现成的个人计算机，把仪器特有部分做成模块，与标准个人计算机配合使用，直接利用后者丰富的通用软件和标准化硬件，可以明显地减小体积和增加性价比。从另一个角度看，随着微计算机和微机化仪器的普及，在自动测试系统中包含的重复部件越来越多。例如，一个系统中可能包含微计算机、数字示波器、逻辑分析仪、频谱分析仪等，它们都包含显示器、键盘、存储器等部件，造成过高的成本和明显的浪费。因此，需要统筹地考虑仪器与微计算机的系统结构。在这些背景下，1982 年出现了一种与个人计算机配合的模块化仪器。

模块化仪器以它突出的优点显示了很强的生命力，但在早期，这种仪器没有统一的标准，更换微计算机不够方便，各厂家的产品兼容性差，用户在组建系统时难以在众多产品中进行选择配套，这成了模块化仪器发展的主要障碍。因此，对它的标准化提出了强烈的要求。

1987 年，IEEE 着手进行一个标准项目 P1155，目的是发展一个高速的模块式仪器总线，这就是后来的 VXI 总线。1987 年 4 月，国外 VXIbus 联合体开展了基于计算机总线（VMEbus）来制定模块化仪器系统总线标准的工作，称为 VXIbus（VMEbus Extensions for Instrumentation），即 VME 总线在仪器领域的扩展。1987 年 7 月公布了 VXIbus 技术规范草案初稿。随后又有更多厂家加入 VXI 联合体。几经修改，VXIbus Rev1.2 和 VXIbus Rev1.3 相继于 1988 年 6 月和 1989 年 7 月问世，受到国际上的普遍重视。1988 年 7 月 IEEE-P1155 采纳 VXIbus Rev1.2 作为 IEEE 工业用标准。1992 年 9 月经 IEEE 标准局批准为 IEEE-1155-1992 标准。

为了解决系统级互操作问题，1993 年 9 月，国外的 VXI 产品制造商联合成立了另一个关于 VXI 的组织——VXI 即插即用联盟（VXI Plug & Play System Alliance）。其宗旨是提供 VXI 系统级的规则，从而使不同厂家提出的 VXI 部件更容易地被集成在一起。

VXI 总线直接源于工业微机的 VME 总线，并在此基础上扩展了仪器需要的链式和星形两种触发总线、时钟和同步总线、本地总线、模块识别线和模拟信号线，还补充了仪器需要的几种供电电源。可以说，VXI 系统是基于计算机并行内总线的开放式、标准化、模块化的仪器系统。

VXI 系统是由 VXI 仪器模块构成的，在结构上是将系统的各个 VXI 仪器模块插入一个机箱内，构成一个子系统。VXI 系统可由 1 至多个子系统构成。通常每个机箱内最大可插入 13 个模块，寻址 256 个设备，每个设备都是具有唯一逻辑地址的单位，它是系统中的基本逻辑成分。机箱和模块都可在不同的系统中重复使用，可像积木一样灵活地组建各种系统。1998 年 8 月新修订的 VXI 2.0 版本规范采用了 VME 总线的最新技术，提供了 64 位扩展能力，数据率最高可达 80MB/s。此外，还不断融入诸多新计算。例如，制定网络功能的 TCP/IP 仪器规范，吸收了 1998 年 8 月成立的可互换虚拟仪器基金会的有关规范，采用 IEEE 1394 接口，电缆和零槽实现外主控计算机对 VXI 机箱的控制。VXI 在该系统中围绕机械、电气、控制方式、通信协议、冷却、电磁兼容、软面板、驱动程序、I/O 控制等很多方面制定了标准规程，从各方面保证了系统的兼容性。VXI 总线具有模块化结构、数据传输率高、体积小、重量轻、功耗少、性价比高、易于发挥计算机能力和易于构成虚拟仪器等诸多优点，特别是它的标准化所带来的开放性和灵活性，受到各界的普遍重视，并获得了广泛的应用。

2）VXI 测试系统硬件

硬件是组建系统的基础，应根据测试任务的要求，合理配置硬件使系统的性价比最高，VXI 系统的硬件配置主要考虑主机箱、仪器模块和控制器的选用。

（1）VXI 主机箱。VXI 系统是一个以 VXI 机箱为单位构成的一个子系统。每个机箱内有 5～13 个插槽供插入 VXI 仪器模块。主机箱的背板为高质量的多层印制电路板，其上印制着 VXI 总线，模块与 VXI 总线之间通过连接器连接。连机器有 $P_1$、$P_2$、$P_3$ 三种，其中 $P_1$ 是必需的，$P_2$、$P_3$ 是可选择的。较大的 VXI 测试系统可由若干机箱（若干子系统）来组建。

VXI 机箱分为 A、B、C、D 四种。A 型继承了 VME 总线的单连接器结构（$P_1$），很少用；B、C 型均为双连接器（$P_1$、$P_2$），两者插入模块的尺寸不一样，C 型模块约为 B 型模块的 2 倍；D 型为三连接器（$P_1$、$P_2$、$P_3$），和 B、C 型相比，D 型机箱加强了局部总线和触发能力。VXI 机箱分为普通机箱、微波机箱和加固机箱，可根据应用环境来选用。

（2）VXI 模块器件与仪器。VXI 模块产品已逾千种，而且新模块还在不断增加。测试仪器模块有数字万用表、数字示波器、逻辑分析仪、频谱分析仪、射频信号合成器、频率计数器、功率计、变频器、衰减器、多种 A/D 转换器和多路调理器等。激励源有任意波形发生器、脉冲发生器、噪声发生器、频率合成器和多种 D/A 转换器等。开关/多路复用模块包括射频多路复用器、微波开关、扫描开关、继电器多路复用器、矩阵开关、光测试开关、通用开关等。

通常情况下，一个 VXI 子系统只包括一个具有 13 个槽位的 C 尺寸的机箱，机箱最左边的槽位称为 0 号槽，插在该槽位的模块为 VXI 总线控制器，故又称为 0 号槽控制器。一个 VXI 总线的子系统最大可容纳 256 个设备，每个设备都有相应的地址，该地址可以是槽位固有的，也可以是 0 号槽控制器分配的。

（3）由于 VXI 系统是 VME 系统在仪器领域的扩展，因而它保留了 VME 系统的总线，并在此基础上扩展了若干总线以适应仪器系统的需要。从性质和特点上分，VXI 系统共有 VME 计算机总线、时钟和同步总线、星形总线、触发总线、本地总线、模拟总线、模块识别总线、电源线等 8 种。

（4）控制器。VXI 测试系统中的主控计算机具有资源管理和 0 号槽功能。它控制系统的总线操作、测试操作和数据处理。主控计算机可分为内嵌式和外接式两种。外接式控制器与 VXI 总线系统相连，必须经过总线转换接口，使外接式计算机总线能与 VXI 总线进行可靠的信息交换，如 1394-VXI 转换器、GPIB-VXI 转换器和 VXI-MXI 转换器等。

VXI 总线的 0 号槽控制器是一个 VXI 总线系统的核心部分，以下介绍三种典型的零槽控制方式。

（1）GPIB 控制方式。图 8-18（a）为 GPIB 控制方式的原理图。该系统在通用计算机中插入 GPIB 接口板，在 VXI 主机箱 0 号槽插入作为 0 号槽控制器的 GPIB-VXI 转换器用于连通两种总线，在计算机和 VXI 系统之间进行信息交换。在这种方式下，每个 VXI 仪器分配有 1 个独立的 GPIB 地址，计算机像控制一台 GPIB 仪器那样控制 VXI 仪器。这种方案的缺点是 VXI 总线的数据传输速度可达 40MB/s，而 GPIB 的标准数据传输速率为 1MB/s，远远低于 VXI 总线，可能形成整个测试系统的数据交换的瓶颈，制约了 VXI 系统性能的发挥。

（2）MXI 总线控制方式。图 8-18（b）为 MXI 总线控制方式的原理图。该系统的硬件主要包括插入通用计算机的接口板、位于 VXI 主机箱的 VXI-MXI 模块、MXI 电缆以及仪器模块。MXI 多系统扩展接口总线，通过在物理上分离的多个设备之间的内存映射，可实现多个 VXI 主机箱间的 32 位数据交换。其优点是可以直接映射 VXI 内存空间，数据传输速率较高（可达 23MB/s），性价比高、升级灵活、易于多 VXI 机箱的扩展连接，但它仍未充分发挥出 VXI 总线强大的数据流通能力。

（3）内嵌入计算机控制方式。图 8-18（c）为内嵌式计算机控制方式的 VXI 总线自动测试系统原理图。这种方案是将一台计算机嵌入 VXI 主机箱 0 号槽中，应用时只需接上显示器、键盘和鼠标等外设即可实现 VXI 控制。嵌入式控制器可以直接采用字串行协议与 VXI 消息基器件进行通信，也可以直接访问寄存器基器件，同时它采用共享内存方式实现数据交互，还能直接操作 VXI 背板的触发和定时功能，是一种最直接的 VXI 控制方法。

内嵌式控制器是按 VXI 规范设计的计算机模块，插入主机箱的 0 号槽，通常占据 1~4 个槽位的空间，内嵌式控制器与 VME 计算机总线和高性能的 VXI 仪器总线兼容，支持 VME 周期操作和 VXI 字节串行通信规范，通常具有零槽服务和提供通用计算机的某些能力。

内嵌入计算机控制方式具有体积小、速度快、支持实时多任务运行的特点，且电磁兼容性好。更重要的是计算机直接与背板总线连接能使数据传输速率最快。这种方式的缺点是受 VXI 主机箱物理空间及计算机性能的限制、升级不灵活和价格高等。

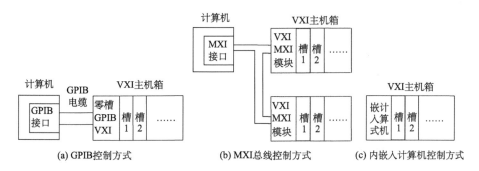

图 8-18　VME 典型零槽控制方式

比较以上三种测试系统的硬件方案，GPIB 控制方式的硬件方案适用于对总线控制实时性要求不高，并需要在系统中集成较多 GPIB 仪器的场合；由于内嵌入计算机控制方式在系统的紧凑性、数据传输速率和电磁兼容方面具有优势，因而在要求较高的场合备受青睐；MXI 总线控制方式具有较高的性价比，便于系统扩展和升级。

## 思考题与习题

8-1　试述智能仪器的基础组成及功能。

8-2　智能仪器有哪些特点？

8-3　智能仪器的发展趋势是什么？

8-4　虚拟仪器与传统仪器相比有哪些优点？

8-5　什么是虚拟仪器的前面板和后面板？

8-6　自动测试系统的迫切需要主要体现在哪几个方面？

8-7　简述自动测试系统的发展过程及各个过程的特征。

8-8　简述自动测试系统的组成结构及各个部分的作用。

8-9　　GPIB 的特性有哪些？

8-10　在 GPIB 系统中，什么是控者、责任控者、非责任控者和系统控者？

8-11　GPIB 信号为什么采用负逻辑?

8-12　试述 GPIB 三线挂钩的过程。

8-13　VXI 总线和 GPIB 相比有哪些突出的优点?

8-14　什么是仪器驱动器, 它与 VISA 相比有哪些特点?

8-15　简述 SCPI 程控仪器模型?

# 参 考 文 献

陈立周, 2009. 电气测量[M]. 5 版. 北京：机械工业出版社.

陈荣保, 江琦, 李奇越, 2014. 电气测试技术[M]. 北京：机械工业出版社.

陈尚松, 郭庆, 雷加, 2009. 电子测量与仪器[M]. 2 版. 北京：电子工业出版社.

费业泰, 2010. 误差理论与数据处理[M]. 6 版. 北京：机械工业出版社.

古天祥, 王厚军, 习友宝, 等, 2004. 电子测量原理[M]. 北京：机械工业出版社.

郭天祥, 2009. 51 单片机 C 语言教程：入门、提高、开发、拓展全攻略[M]. 北京：电子工业出版社.

蒋焕文, 孙续, 2008. 电子测量[M]. 3 版. 北京：中国计量出版社.

李希文, 赵建, 2008. 电子测量技术[M]. 西安：西安电子科技大学出版社.

梁威, 2004. 智能传感器与信息系统[M]. 北京：北京航空航天大学出版社.

林钢, 2004. 常用电子元器件[M]. 北京：机械工业出版社.

林占江, 2007. 电子测量技术[M]. 2 版. 北京：电子工业出版社.

刘建清, 2006. 从零开始学电子测量技术[M]. 北京：国防工业出版社.

刘建清, 2007. 从零开始学电子元器件识别与检测技术[M]. 北京：国防工业出版社.

潘仲明, 2010. 仪器科学与技术概论[M]. 北京：高等教育出版社.

秦云, 2008. 电子测量技术[M]. 西安：西安电子科技大学出版社.

王川, 陈传军, 2008. 电子仪器与测量技术[M]. 北京：北京邮电大学出版社.

王松武, 蒋志坚, 2002. 电子测量仪器原理及应用（Ⅰ）通用仪器[M]. 哈尔滨：哈尔滨工程大学出版社.

吴国忠, 丁振荣, 楼正国, 2002. 常用电子仪器的原理、使用及维修[M]. 杭州：浙江大学出版社.

张大彪, 王薇, 2007. 电子测量仪器[M]. 北京：清华大学出版社.

张国雄, 2008. 测控电路 [M]. 3 版. 北京：机械工业出版社.

张前毅, 2007. 电路阻抗变换分析[J]. 吉林广播电视大学学报, (2)：92-94.

朱欣华, 姚天忠, 邹丽新, 2011. 智能仪器原理与设计[M]. 北京：中国计量出版社.